Lambacher Schweizer 10
Mathematik für Gymnasien

Bayern

von
Prof. August Schmid
Prof. Dr. Ingo Weidig

erarbeitet von
Herbert Götz, Uttenreuth
Manfred Herbst, Herzogenaurach
Christine Kestler, Holzkirchen
Hans-Georg Kosuch, Coburg
Dr. Johannes Novotný, Schwabach
Barbara Sy, Nürnberg
Thomas Thiessen, Erlangen

Ernst Klett Verlag
Stuttgart · Leipzig

Zum Schulbuch gehört der LS-Lösungen-und-Materialien-Band 10 (3-12-731963-7).
In den LS-Grundwissen-Heften (in Doppeljahrgangsstufen) sind die Inhalte und Aufgaben zum Wiederholen, Üben und Kontrollieren von Grundwissen und Grundfertigkeiten zusammengefasst.
LS Grundwissen 5/6 (3-12-731165-5)
LS Grundwissen 7/8 (3-12-731565-3)
LS Grundwissen 9/10 (3-12-731765-7)

1. Auflage 1 7 6 5 | 2017 2016 2015

Internetadresse: www.klett.de

Redaktion: Dr. U. Weiser, H. Günthner
Zeichnungen: U. Bartl, Weil der Stadt; R. Hungreder, Leinfelden; U. Schwarz, Schwäbisch Gmünd
Bildkonzept Umschlag: SoldanKommunikation, Stuttgart
Titelbild: Getty Images, Digital Vision
Reproduktion: Meyle + Müller, Medien-Management, Pforzheim
DTP-Satz: media office GmbH, Kornwestheim
Druck: PHOENIX PRINT GmbH

Printed in Germany
ISBN 978-3-12-731960-6

Inhaltsverzeichnis

I Kreis und Kugel

II Trigonometrie aus geometrischer und funktionaler Sicht

III Exponentialfunktion und Logarithmus

* Lerneinheiten, die mit einem Stern gekennzeichnet sind, bieten eine Ergänzung zu den Inhalten des Lehrplans.

Liebe Schülerin, lieber Schüler,

mit dem erfolgreichen Beenden dieses Schuljahres wirst du deinen ersten Bildungsabschluss, die Mittlere Reife, erwerben. In Vorbereitung auf einen möglichen Einstieg ins Berufsleben oder den Übertritt in die gymnasiale Oberstufe werden im Mathematikunterricht die wichtigsten Themengebiete zu einem ersten Abschluss gebracht:

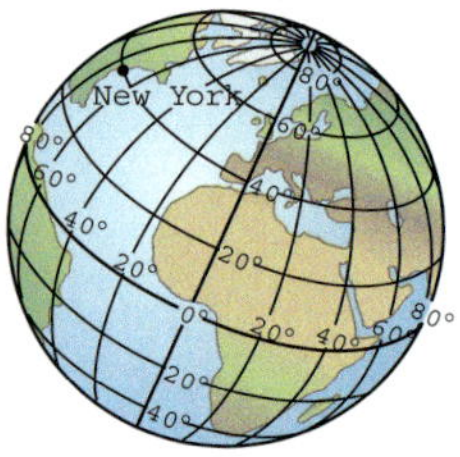

Im Zusammenhang mit Berechnungsverfahren für die Kreiszahl π werden in Kapitel I Fragestellungen am Kreis und an der Kugel betrachtet und geometrische Probleme auf der Erdkugel gelöst.
Daran anschließend hast du mit deiner Klasse Gelegenheit, in diesem fachlichen Kontext einen Einblick in Struktur und Arbeitsweisen eines Seminars in Mathematik zu gewinnen. Dies kann dir die Entscheidung für das richtige Seminar erleichtern, welche du im Verlauf dieses Schuljahres für Jahrgangsstufe 11 treffen wirst.

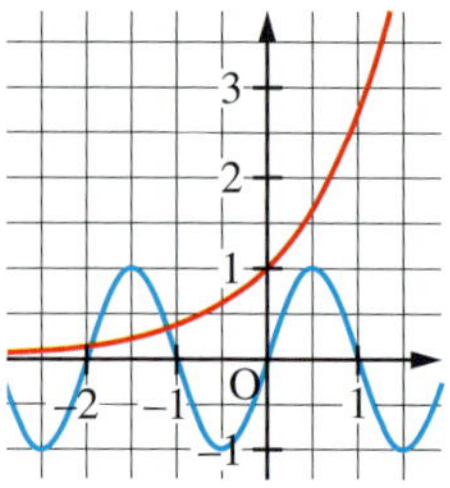

Die Seitenverhältnisse sin und cos im rechtwinkligen Dreieck, die du im vergangenen Jahr in Geometrie kennen gelernt hast, werden in Kapitel II zu trigonometrischen Funktionen verallgemeinert. Diese sind ein unverzichtbares Hilfsmittel, um jegliche Schwingungsvorgänge (mechanische, akustische, elektromagnetische) zu beschreiben.

Wachstumsvorgänge begegnen uns häufig im Alltag. Um sie zu betrachten und damit zusammenhängende Problemstellungen, z. B. das Bevölkerungswachstum auf der Erde, untersuchen zu können, werden Exponentialfunktionen und Logarithmen benötigt (Kapitel III).

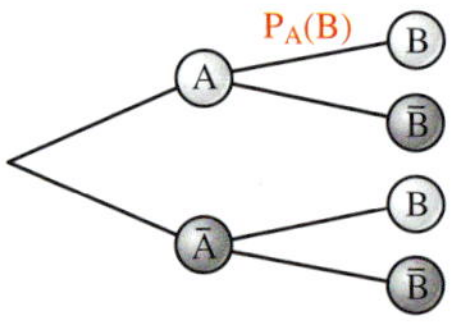

Anhand von Baumdiagramm und Vierfeldertafel wird in Kapitel IV die bedingte Wahrscheinlichkeit eingeführt. Das Verständnis dieses Begriffs ist häufig hilfreich, um statistische Daten richtig einzuschätzen oder sogar manipulative Darstellungen zu erkennen.

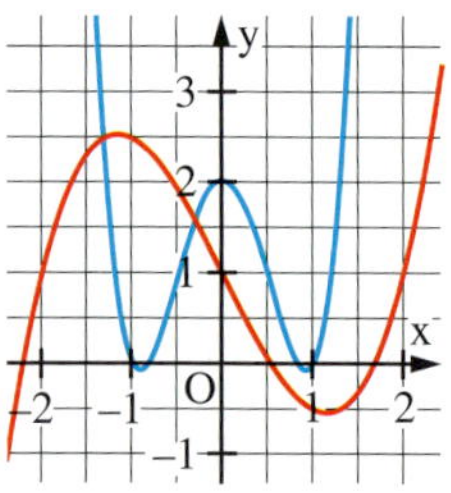

Im Kapitel V werden mit den ganzrationalen Funktionen weitere wichtige Funktionen behandelt und in Kapitel VI schließlich für Funktionen aller bisher bekannter Typen spezielle Eigenschaften, z. B. deren Symmetrie untersucht.

Wie in den Vorgängerbänden kannst du dein Wissen systematisch mit Hilfe der Rückblicke am Ende der Kapitel wiederholen und die nebenstehenden Aufgaben zur Übung bearbeiten und selbstständig anhand der Lösungen kontrollieren.
Mit den G-Aufgaben kannst du prüfen und sicherstellen, die wichtigsten mathematischen Fertigkeiten auch längerfristig zu beherrschen.

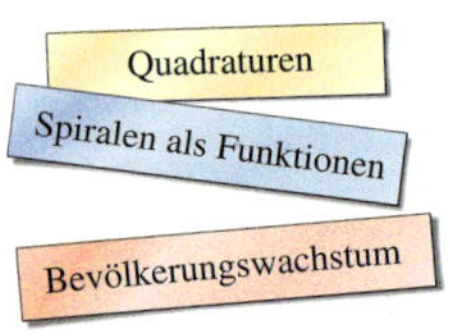

Interessante Ausblicke und Fragestellungen findest du wiederum auf den Themen- und Lesetextseiten, sowie im abschließenden Kapitel Vernetzende Aufgaben.

Viel Erfolg wünschen

Zum Aufbau des Buches

Jedes Kapitel umfasst:
- mehrere Lerneinheiten,
- Themenseiten, Lesetexte und/oder ein Projekt
- einen Rückblick.

- Zum Aufbau einer **Lerneinheit**:
  Jede Lerneinheit beginnt mit **hinführenden Aufgaben**, die zum Kern der Lerneinheit führen, jedoch das Ergebnis der Lerneinheit nicht vorwegnehmen. Sie sind so gestaltet, dass sie eigene Aktivität und eigenes Überlegen herausfordern. Diese Aufgaben stellen ein Angebot dar und lassen so der Lehrerin/dem Lehrer alle methodische Freiheit.
  Der anschließende **Lehrtext** formuliert in knapper, aber schülerverständlicher Vorgehensweise den Gegenstand der Lerneinheit.

Im Kasten wird **Wichtiges** in einprägsamer Form zusammengefasst.

  Die vollständig bearbeiteten **Beispiele** bieten den Schülerinnen und Schülern Hilfe für das selbstständige Lösen von Aufgaben. Bei den Lösungen wird Wert auf die Wahl geeigneter Strategien und auf wichtige Gedankenschritte und Begründungen gelegt.

  Auf der Randspalte werden zusätzliche Informationen, Anmerkungen, Hilfestellungen und Querverweise angeboten.

  Der **Aufgabenteil** bietet ein sehr reichhaltiges Auswahlangebot. Eine sinnvolle Auswahl ist hier geboten. Die Aufgaben reichen von grundlegenden Routineaufgaben über zahlreiche Aufgaben im mittleren Schwierigkeitsbereich bis zu schwierigen Aufgaben. Wenn hoher Zeitaufwand oder Schwierigkeitsgrad vielleicht nicht unmittelbar ersichtlich sind, wurde die Aufgabe mit einem *Stern gekennzeichnet. Im Sinne eines vernetzenden Lernens beziehen sich viele Aufgabenstellungen nicht nur auf die gegenwärtige Lerneinheit, sondern sind mit anderen Themenkreisen verbunden. Die den Aufgabenteil abschließenden Aufgaben – gekennzeichnet durch ein vorangestelltes **G** – dienen dazu, unabhängig vom aktuellen Lehrstoff Grundwissen und Grundfertigkeiten ständig zu trainieren.
  An geeigneter Stelle wurden Aufgaben für die Benutzung elektronischer Hilfsmittel (Taschenrechner, Tabellenkalkulation, DGS) konzipiert. Solche Aufgaben sind im Buch mit dem TR-Symbol bzw. PC-Symbol gekennzeichnet. Darüber hinaus ist es bei vielen Aufgabenstellungen sinnvoll, ein DGS oder eine Tabellenkalkulation einzusetzen. Um Schülern jedoch einen eigenständigen Umgang mit diesen Systemen zu ermöglichen, wird hierbei nicht jedes Mal explizit auf deren Einsatz verwiesen.

  Zu vielen Aufgaben, die mit einem DGS gelöst werden können, befinden sich passende DGS-Dateien im Internetauftritt des Verlags. www.klett-verlag.de/mathematik/lambacher-schweizer-extra/

- Die **Themenseiten** stellen Anwendungen der Inhalte des jeweiligen Kapitels in **einem Kontext** vor oder sprechen im Sinne einer mathematischen Exkursion ergänzende mathematische Fragen an.
  Die **Lesetexte** sind als Anregung für Schülerinnen und Schüler gedacht, sich mit mathematischen Fragen auseinander zu setzen. Hier sind keine Aufgaben ausformuliert.
  Die **Projekt**seiten regen an, mit der ganzen Klasse motivierende, interessante Projekte durchzuführen.

- Den Abschluss jedes Kapitels bildet ein zweiseitiger **Rückblick**. Hier sind die wichtigen Lerninhalte in prägnanter Form zusammengestellt. Auf der zweiten Seite bieten **Aufgaben zum Üben und Wiederholen** den Schülerinnen und Schülern die Gelegenheit, ihre Kenntnisse und Fähigkeiten auch mit Blick auf eine schriftliche Arbeit zu testen.
  Die Lösungen zu diesen Aufgaben befinden sich im Anhang des Buches.

Das letzte Kapitel bietet umfangreichere und komplexere Aufgaben an, die geeignet sind, am Ende eines Schuljahres noch einmal wesentliche Inhalte in einer vernetzenden Weise zu wiederholen.

*1 Näherungsweise Bestimmung der Kreiszahl π

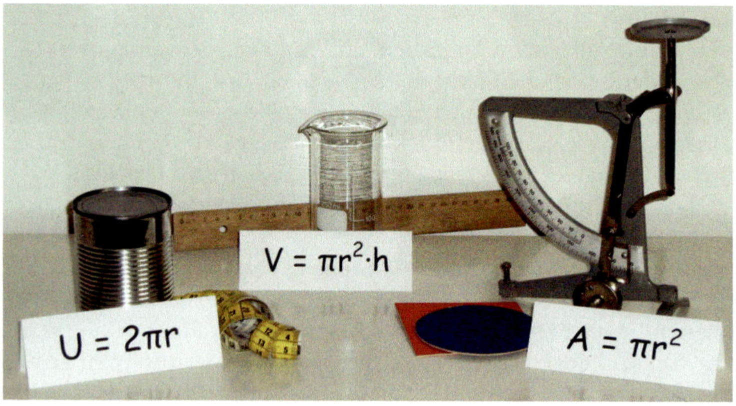

1
Mathematiker beschäftigen sich schon seit langer Zeit mit den verschiedensten Verfahren, um Näherungswerte für die Zahl π zu finden.
a) Recherchiere verschiedene dieser historischen Verfahren. Betrachte hierzu auch die unten gezeichnete Karte.
b) Beschreibe verschiedene Möglichkeiten, sich experimentell Näherungswerte von π zu verschaffen, und ermittle selbst einen Näherungswert für π. Anregungen gibt das linke Foto.

2
Der Umfang eines Kreises lässt sich annähernd ermitteln durch die Umfänge von ein- bzw. umbeschriebenen regelmäßigen Vielecken.
a) Berechne für die rechts gezeichneten Quadrate und Achtecke jeweils den Umfang in Abhängigkeit vom Kreisradius r.
b) Wie ändern sich die Umfänge der ein- bzw. umbeschriebenen Vielecke, wenn man die Eckenzahl immer weiter erhöht?

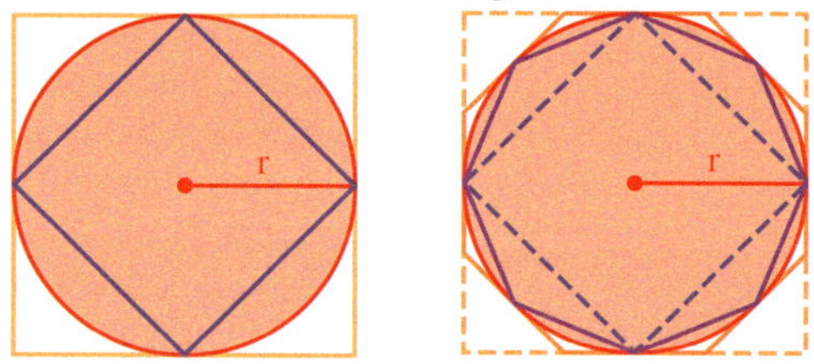

Wir wissen bereits, dass sich für einen Kreis mit Radius r der Umfang U bzw. der Flächeninhalt A mit Hilfe der Formel $U = 2\pi r$ bzw. $A = \pi r^2$ berechnen lässt.
Für die Kreiszahl π haben wir bisher mit dem Wert 3,14 gerechnet.

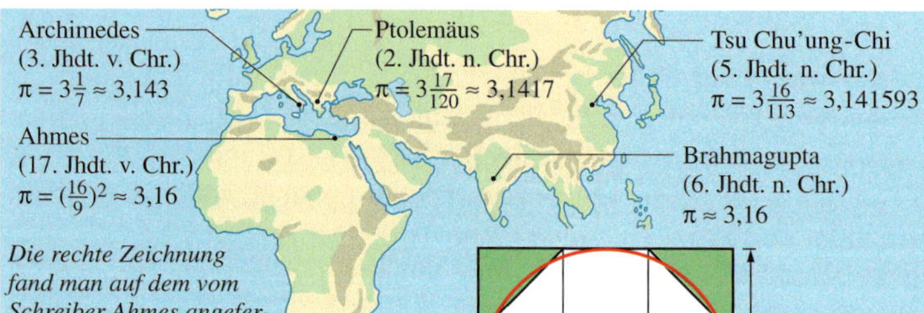

Bereits in frühen Kulturen wurden Methoden gefunden, um mit Hilfe von Flächen- oder Umfangsberechnungen Näherungswerte für π zu erhalten.

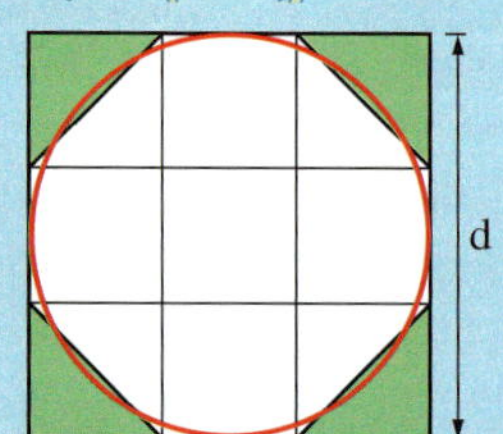

Die rechte Zeichnung fand man auf dem vom Schreiber Ahmes angefertigten Papyrus Rhind aus der Zeit 1650 v. Chr. Er wurde 1858 von dem englischen Archäologen A. H. Rhind erworben und nach ihm benannt. Er wird heute im Britischen Museum in London aufbewahrt.

Bei der nun vorgestellten Methode, die schon vor etwa 3500 Jahren von den Ägyptern entwickelt wurde, wird eine Abschätzung des Flächeninhalts verwendet.
Der Flächeninhalt des Kreises wurde durch den Flächeninhalt des weißen Achtecks angenähert, also $A \approx \frac{7}{9}d^2$.

Die Ägypter wollten den Flächeninhalt als Quadrat einer Länge mit rationaler Maßzahl darstellen und nahmen daher noch folgende Näherung vor: $A \approx \frac{7}{9}d^2 = \frac{63}{81}d^2 \approx \frac{64}{81}d^2 = \left(\frac{8}{9}d\right)^2$
Setzt man noch $d = 2r$, so ergibt sich: $A \approx \left(\frac{8}{9}\cdot 2r\right)^2 = \left(\frac{16}{9}\right)^2 \cdot r^2$
Daraus ergibt sich als Näherung für π: $\pi \approx \left(\frac{16}{9}\right)^2 \approx 3{,}16$

Archimedes von Syrakus (287–212 v. Chr.) gilt als der größte Mathematiker der Antike.

Bei dem folgenden Verfahren, das auf Archimedes von Syrakus zurückgeht, wird eine Abschätzung des Kreisumfangs verwendet. Archimedes bestimmte als Erster die Kreiszahl π systematisch, indem er den Kreis zwischen regelmäßige Vielecke einschachtelte, d. h., die Länge des Kreisumfangs durch die Längen der Umfänge der ein- und der umbeschriebenen Vielecke eingrenzte. Er begann bei der Berechnung der Umfänge beim regelmäßigen 6-Eck. Dann berechnete er aus dem Umfang des 6-Ecks mit dem Satz des Pythagoras den Umfang des 12-Ecks usw. Diese Methode der Eckenverdopplung führte er bis zum 96-Eck fort und fand die Beziehung:

$$3\tfrac{10}{71} < \pi < 3\tfrac{1}{7}.$$

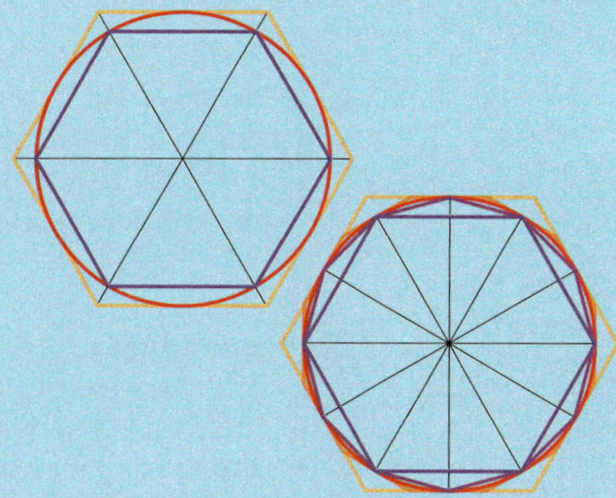

Das vollständige Verfahren von Archimedes wird in Aufgabe 6 betrachtet.

Archimedes' große Leistung liegt darin, dass sich dieses Verfahren über das 96-Eck hinaus beliebig weiter fortsetzen lässt, und sich somit die Kreiszahl π beliebig genau bestimmen lässt.

Bei dem im Folgenden dargestellten Verfahren werden zur Näherung von π Abschätzungen für den Kreisumfang verwendet.

Dabei wird einem Kreis mit Radius r, wie in der Abbildung, ein regelmäßiges n-Eck einbeschrieben und eines umbeschrieben. Durch Vergrößern der Eckenzahl n wird der Umfang des Kreises durch die entsprechenden Umfänge der n-Ecke immer besser angenähert.

Erinnerung:
Im rechtwinkligen Dreieck gilt:

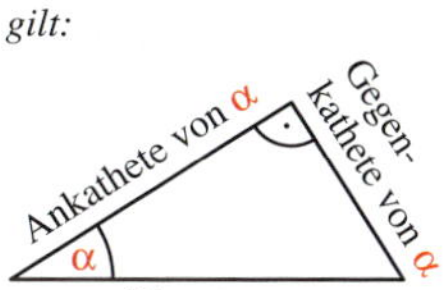

$\sin\alpha = \frac{\text{Gegenkathete}}{\text{Hypotenuse}}$

$\cos\alpha = \frac{\text{Ankathete}}{\text{Hypotenuse}}$

$\tan\alpha = \frac{\text{Gegenkathete}}{\text{Ankathete}}$

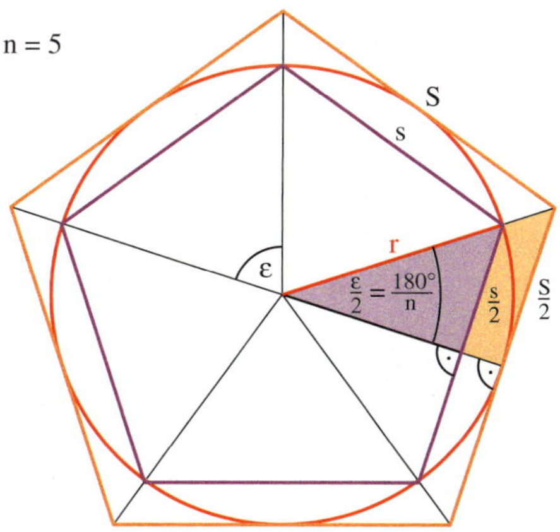

Es gelten die folgenden Beziehungen:

$$\varepsilon = \frac{360°}{n} \;\Rightarrow\; \frac{\varepsilon}{2} = \frac{180°}{n}$$

$$\sin\frac{\varepsilon}{2} = \frac{\frac{s}{2}}{r} \;\Rightarrow\; \frac{s}{2} = r\cdot\sin\frac{\varepsilon}{2} = r\cdot\sin\left(\frac{180°}{n}\right)$$

$$\tan\frac{\varepsilon}{2} = \frac{\frac{S}{2}}{r} \;\Rightarrow\; \frac{S}{2} = r\cdot\tan\frac{\varepsilon}{2} = r\cdot\tan\left(\frac{180°}{n}\right)$$

Also gilt für den Umfang u_n des einbeschriebenen regelmäßigen n-Ecks:

$$u_n = n\cdot s = n\cdot 2r\cdot\sin\left(\frac{180°}{n}\right)$$

und für den Umfang U_n des umbeschriebenen regelmäßigen n-Ecks:

$$U_n = n\cdot S = n\cdot 2r\cdot\tan\left(\frac{180°}{n}\right).$$

Da der Kreisumfang U immer zwischen den Umfängen des ein- und des umbeschriebenen Vielecks liegt, d. h. $u_n < U < U_n$, ergibt sich: $u_n < 2\pi r < U_n$ bzw. $\frac{u_n}{2r} < \pi < \frac{U_n}{2r}$.

Mit den oben hergeleiteten Formeln für u_n und U_n ergeben sich die in der rechten Tabelle aufgeführten Näherungswerte.
In der Tabelle kann man erkennen, wie sich mit wachsender Eckenzahl n die Umfänge der ein- bzw. umbeschriebenen Vielecke immer mehr annähern und somit die Kreiszahl π immer besser eingeschachtelt wird.
So ergibt sich z. B. für n = 10 000:

$$3{,}141\,592\,6 < \pi < 3{,}141\,592\,8$$

n	$\frac{u_n}{2r}$	$\frac{U_n}{2r}$
6	3,000 000 0	3,464 101 6
7	3,037 186 2	3,371 022 3
8	3,061 467 5	3,313 708 5
9	3,078 181 3	3,275 732 1
10	3,090 169 9	3,249 197 0
⋮	⋮	⋮
100	3,141 075 9	3,142 626 6
1000	3,141 587 5	3,141 603 0
10 000	3,141 592 6	3,141 592 8

Heinrich Lambert (1728–1777) zeigte, das π eine irrationale Zahl ist.

Erst im 18. Jahrhundert wurde gezeigt, dass sich π nicht als Bruchzahl darstellen lässt, also irrational ist.

Die Kreiszahl π ist eine irrationale Zahl. Es ist $\pi = 3{,}1415926535897...$
Durch verschiedene Verfahren lassen sich Näherungswerte für π bestimmen.
Beispielsweise lässt sich der Kreisumfang durch Berechnung des Umfangs von ein- und umbeschriebenen Vielecken einschachteln und damit π beliebig genau angeben.

Bemerkungen

– Üblicherweise rechnet man für die Zahl π mit dem Wert 3,14 oder mit dem Taschenrechnerwert.
– Heute kann man mit Hilfe leistungsstarker Computer die Zahl π schon auf mehr als eine Billion Stellen genau berechnen. Beispielsweise lag im Jahr 2008 der Rekord bei 1 241 000 000 000 Stellen nach dem Komma.

Beispiel 1

Einem Kreis mit Radius 3 cm wird ein regelmäßiges 20-Eck einbeschrieben. Berechne den Umfang des Vielecks und bestimme die relative Abweichung vom Kreisumfang auf Promille genau.

Da die Abweichung nur auf Promille genau angegeben werden soll, genügt die Genauigkeit des Taschenrechnerwertes für π.

Lösung:

Umfang des Vielecks: $u_n = n \cdot 2r \cdot \sin\left(\frac{180°}{n}\right) = 20 \cdot 6\,\text{cm} \cdot \sin\left(\frac{180°}{20}\right) \approx 18{,}772\,136\,\text{cm}$

Kreisumfang (mit dem Taschenrechnerwert für π): $U = 2\pi r = 6\,\text{cm} \cdot \pi \approx 18{,}849\,556\,\text{cm}$

Relative Abweichung: $\frac{(U - u_n)}{U} = \frac{0{,}077\,42}{18{,}849\,556} \approx 0{,}004\,107\,3 \approx 4‰$

Beispiel 2

Beachte: Will man bei einem Tabellenkalkulationsprogramm einen Sinus-, Cosinus- oder Tangenswert von einem Winkelmaß in Grad berechnen, so muss zusätzlich der Befehl BOGENMASS oder RAD vor dem Winkelmaß eingegeben werden.

Ermittle mit Hilfe eines Tabellenkalkulationsprogramms, welche Eckenzahl man wählen muss, um mit dem auf Seite 9 gezeigten Verfahren die Kreiszahl π auf die zweite Nachkommastelle genau angeben zu können.

Lösung:

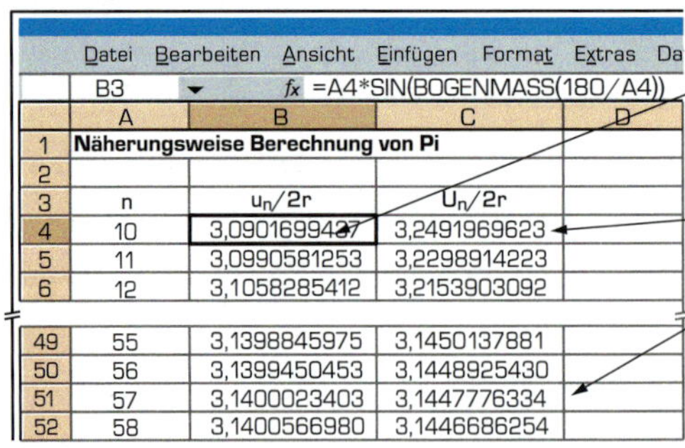

	A	B	C	D
1	Näherungsweise Berechnung von Pi			
2				
3	n	$u_n/2r$	$U_n/2r$	
4	10	3,0901699437	3,2491969623	
5	11	3,0990581253	3,2298914223	
6	12	3,1058285412	3,2153903092	
49	55	3,1398845975	3,1450137881	
50	56	3,1399450453	3,1448925430	
51	57	3,1400023403	3,1447776334	
52	58	3,1400566980	3,1446686254	

Formel zur Berechnung von $\frac{u_n}{2r}$:
= A4*SIN(BOGENMASS(180/A4))

Formel zur Berechnung von $\frac{U_n}{2r}$:
= A4*TAN(BOGENMASS(180/A4))

Ab der Eckenzahl $n = 57$ kann mit diesem Verfahren die Kreiszahl π auf 2 Nachkommastellen genau angegeben werden.

Eine passende Tabellenkalkulationsdatei befindet sich im Internetauftritt.

Aufgaben

3

Der Erdradius liegt zwischen 6356 km und 6378 km. Berechne daraus den Erdumfang mit $\pi \approx 3{,}14$ ($\pi \approx 3{,}1416$; $\pi \approx 3{,}14159$).
Was könnte man demnach sinnvoll als mittleren Erdumfang angeben?

Üblicherweise wird der mittlere Erdradius mit 6370 km angegeben.

4

Alte Handwerkerregel:

Kreisumfang = Durchmesser mal 3 plus 5%.

Mit welcher Näherung für π wurde gerechnet? Gib den Fehler in Prozent an.

Dann machte er das „Meer". Es wurde aus Bronze gegossen und maß zehn Ellen von einem Rand zum anderen; es war völlig rund und fünf Ellen hoch. Eine Schnur von dreißig Ellen konnte es rings umspannen.

Projektvorschlag:
Erstellt in einer Gruppe Plakate zum Thema „π". Recherchiert dazu im Internet oder in Lexika die Geschichte der Kreiszahl π.

Erinnerung:
Ein Verfahren, bei dem immer wieder der gleiche Schritt wiederholt wird, nennt man Iterationsverfahren.

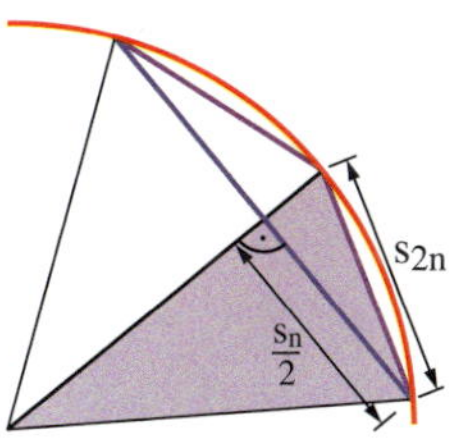

Aufgabe 6 lässt sich gut in einer Gruppe mit Arbeitsteilung bearbeiten: Die „Geometer" leiten die Formel für den Umfang u_n her (vgl. a)).
Die „Computerfachleute" erstellen das Tabellenkalkulationsprogramm (vgl. b)).
Die „Algebraiker" formen den Term um (vgl. c)).

Die sogenannte Quadratur des Kreises ist nicht möglich. Näheres dazu findest du im Thema auf Seite 27.

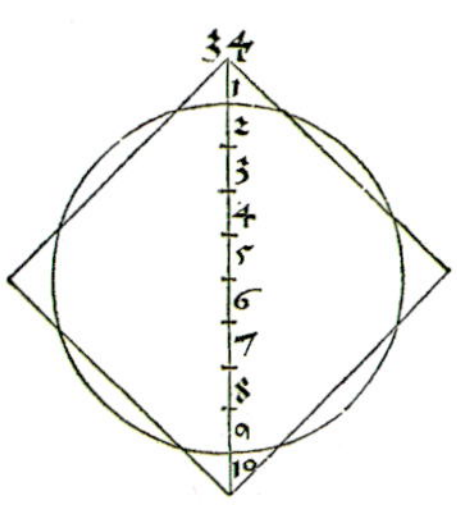

5
In der Bibel (Altes Testament, 1. Buch der Könige 7,23) wird ein Wasserbecken aus dem Tempel Salomons (um 950 v. Chr.) beschrieben. Welcher Näherungswert für π ergibt sich aus diesem Bibelzitat auf dem Rand?

6
Archimedes benutzte bei seinem Verfahren die Methode der Eckenverdopplung, indem er mit Hilfe des Satzes von Pythagoras aus dem Umfang eines n-Ecks den Umfang des 2n-Ecks bestimmte. Er begann bei der Berechnung der Umfänge mit dem regelmäßigen 6-Eck und berechnete daraus den Umfang des regelmäßigen 12-Ecks usw. Die Iterationsformel zur Berechnung des Umfangs u_{2n} des einbeschriebenen 2n-Ecks aus dem Umfang u_n des einbeschriebenen n-Ecks lautet in heutiger Schreibweise:

$$u_{2n} = 2n \cdot s_{2n} = 2n \cdot \sqrt{\frac{1}{2} - \frac{1}{2}\sqrt{1 - \left(\frac{u_n}{n}\right)^2}}$$

Dabei geht man von einem Kreis mit einem Radius von einer halben Längeneinheit aus.

a) Leite die oben angegebene Formel her und berechne mit dem Taschenrechner die Werte für $n = 6, 12, 24, 48, 96$.
b) Berechne mit Hilfe eines Tabellenkalkulationsprogramms die Werte für u_n bis $n = 1\,572\,864$.
Welches Problem taucht dabei auf?
c) Durch Erweitern erhält man aus der obigen Formel die abgeänderte Iterationsformel: $u_{2n} = \frac{2u_n}{\sqrt{2 + 2\sqrt{1 - \left(\frac{u_n}{n}\right)^2}}}$
Begründe die Gültigkeit dieser Formel und führe das Programm erneut mit der neuen Formel durch.

7
Albrecht Dürer (1471–1528) hat in seinem Buch „Underwysung der messung" angegeben, wie man zu einem Quadrat einen Kreis finden kann, der ungefähr denselben Inhalt wie das Quadrat hat: Zeichne in das Quadrat die Diagonale und zerlege sie in 10 gleiche Teile. Nimm 8 Teile als Durchmesser des Kreises. Welchem Wert von π entspricht diese Näherung?

8
Wie viele Nachkommastellen von π muss man mindestens kennen, um den Umfang eines Kreises mit dem Durchmesser 10,00 m (100,00 m; 1000,00 m) auf Zentimeter genau berechnen zu können?

9
Wie genau sind diese Werte? Gib den absoluten und den relativen Fehler im Vergleich zum Taschenrechnerwert auf 5 Nachkommastellen genau an.

a) 3 (Babylonien)
b) $\left(\frac{16}{9}\right)^2$ (Ägypten, um 2000 v. Chr.)
c) $\sqrt{2} + \sqrt{3}$ (Platon, 400 v. Chr.)
d) $3\frac{1}{7}$; $3\frac{10}{71}$ (Archimedes, um 250 v. Chr.)
e) $3\frac{17}{120}$ (Ptolemäus, um 150 n. Chr.)
f) $\frac{355}{113}$ (Tsu Chung Chi, 470 n. Chr.)
g) $\sqrt{10}$ (Brahmagupta, um 600 n. Chr.)

10
Am 9.2.2008 lag der Ankaufswert von 1 g Platin bei 39,552 €. 1 cm³ Platin hat eine Masse von 21,5 g. Um wie viel wich an diesem Tag der Geldwert eines 5,0 cm hohen Platinzylinders mit einem Durchmesser von 4,0 cm vom wahren Geldwert ab, wenn man mit $\pi = 3{,}14$ statt mit dem Taschenrechnerwert rechnet?

11
Führt in Gruppenarbeit das folgende Experiment mehrfach aus:
Zeichnet einen Kreis mit Radius 10 cm und das umbeschriebene Quadrat mit Seitenlänge 20 cm. Lasst nun auf eure Zeichnung „Konfetti" fallen und zählt aus:
(1) Anzahl der Konfetti im Kreis,
(2) Anzahl der Konfetti außerhalb des Kreises, aber innerhalb des Quadrats.
Wie kann man mit Hilfe dieses Experiments einen Näherungswert für π erhalten?

G 12
Skizziere zunächst ohne Rechnung die maximale Steigung einer Straße, die du mit dem Fahrrad bewältigen kannst. Berechne danach die von dir skizzierte Steigung.

2 Kreissektor und Bogenmaß

1
Welchen Weg legt die Spitze des 7 cm langen Minutenzeigers einer Uhr in
a) einer Stunde, b) einer Viertelstunde,
c) 10 Minuten, d) einer Minute
zurück?

2
Bestimme möglichst genau die Länge des Bogens und den Flächeninhalt der rechts gezeichneten Kreisstücke.

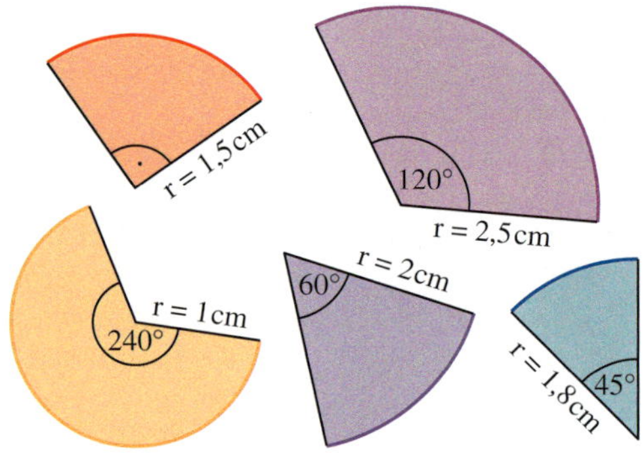

In der linken Figur nennt man die orange gefärbte Fläche **Kreissektor** (oder Kreisausschnitt), den Winkel α **Mittelpunktswinkel** und den dazugehörigen Teil der Kreislinie **Kreisbogen**.

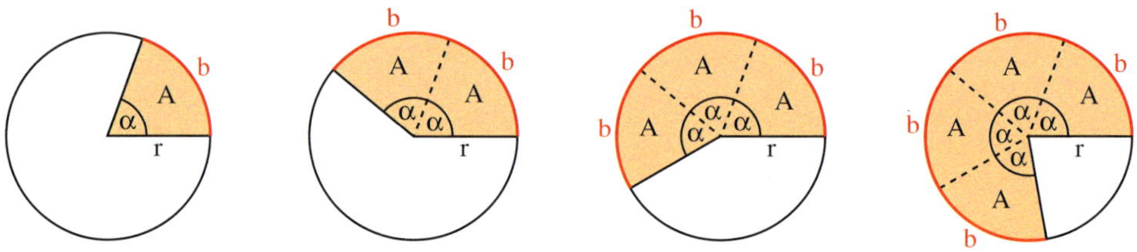

Die Abbildungen zeigen:
Die Länge des Bogens und der Flächeninhalt des Kreissektors sind proportional zum Mittelpunktswinkel.

Da dem Winkel 360° der Umfang des Vollkreises $2\pi r$ entspricht, gilt:

$$\frac{b}{2\pi r} = \frac{\alpha}{360°} \quad \Rightarrow \quad b = \frac{\alpha}{360°} \cdot 2\pi r$$

Da dem Winkel 360° der Flächeninhalt des Vollkreises πr^2 entspricht, gilt:

$$\frac{A}{\pi r^2} = \frac{\alpha}{360°} \quad \Rightarrow \quad A = \frac{\alpha}{360°} \cdot \pi r^2$$

Der Faktor $\frac{\alpha}{360°}$ gibt den Anteil vom Bogen am Umfang bzw. von der Sektorfläche an der Vollkreisfläche an.

In einem Kreis mit Radius r gilt für einen Kreissektor mit Mittelpunktswinkel α:

Länge des Kreisbogens: $\mathbf{b = \frac{\alpha}{360°} \cdot 2\pi r}$

Flächeninhalt des Kreissektors: $\mathbf{A = \frac{\alpha}{360°} \cdot \pi r^2}$

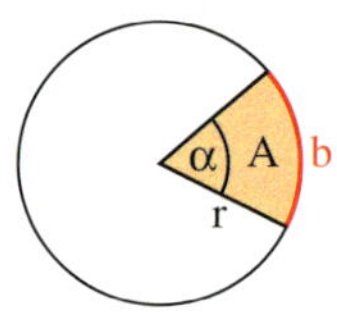

Man kann die Kreissektorfläche auch direkt aus der Bogenlänge und dem Radius berechnen:

$$A = \frac{\alpha}{360°} \cdot \pi r^2 = \left(\frac{\alpha}{360°} \cdot 2\pi r\right) \cdot \frac{r}{2} = b \cdot \frac{r}{2}$$

Also gilt: $A = \frac{1}{2} b r$

Die Größe eines Winkels kann man auch mit Hilfe seiner Bogenlänge angeben.
Aus der obigen Formel für die Bogenlänge folgt: $\frac{b}{r} = \frac{\alpha}{360°} \cdot 2\pi = \frac{\alpha}{180°} \cdot \pi$
Dieser Quotient aus Bogenlänge und Radius hängt nur von α ab und kann daher als Maß für den Winkel α verwendet werden.
Man bezeichnet diesen Quotienten als das **Bogenmaß** des Winkels α.

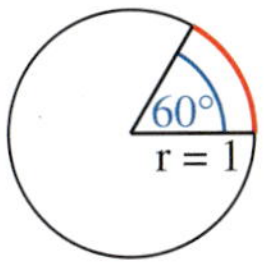

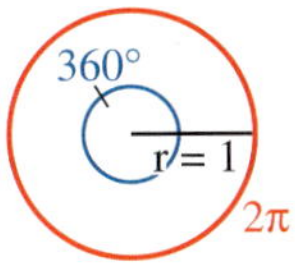

Einen Kreis mit dem Radius 1 Längeneinheit und somit dem Umfang 2π nennt man Einheitskreis. Im Einheitskreis stimmen das Bogenmaß eines Winkels und die Maßzahl der zugehörigen Bogenlänge überein.
Beispielsweise hat der Winkel α mit dem Gradmaß 60° das Bogenmaß $\left(\frac{60°}{360°}=\right)\frac{1}{6}$ von 2π, also $\frac{\pi}{3}$.

> Für den Zusammenhang von Gradmaß und Bogenmaß gilt:
> $$\frac{\alpha \text{ im Bogenmaß}}{2\pi} = \frac{\alpha \text{ im Gradmaß}}{360°}$$

Wichtige Bogenmaße:

α im Gradmaß	0°	30°	45°	60°	90°	180°	270°	360°
α im Bogenmaß	0	$\frac{\pi}{6} \approx 0{,}52$	$\frac{\pi}{4} \approx 0{,}79$	$\frac{\pi}{3} \approx 1{,}05$	$\frac{\pi}{2} \approx 1{,}57$	$\pi \approx 3{,}14$	$\frac{3\pi}{2} \approx 4{,}71$	$2\pi \approx 6{,}28$

Bemerkung
Fehlt bei einer Winkelangabe das Gradsymbol, so ist die Winkelgröße im Bogenmaß angegeben. Beispielsweise ist $\alpha = 4$ eine Angabe im Bogenmaß, im Gegensatz zu $\alpha = 4°$.

Beispiel 1
Berechne für einen Kreissektor in einem Kreis mit Radius $r = 5\,\text{cm}$
a) die Länge des Kreisbogens zum Mittelpunktswinkel $\alpha = 54°$,
b) den Mittelpunktswinkel zu einer Kreissektorfläche von $A = 40\,\text{cm}^2$.

Lösung:
a) $b = \frac{\alpha}{360°} \cdot 2\pi r$
$= \frac{54°}{360°} \cdot 2\pi \cdot 5\,\text{cm} \approx 4{,}7\,\text{cm}$

b) $A = \frac{\alpha}{360°} \cdot \pi r^2$
$\Rightarrow \alpha = \frac{360° \cdot A}{\pi \cdot r^2} = \frac{360° \cdot 40\,\text{cm}^2}{\pi \cdot 25\,\text{cm}^2} \approx 183°$

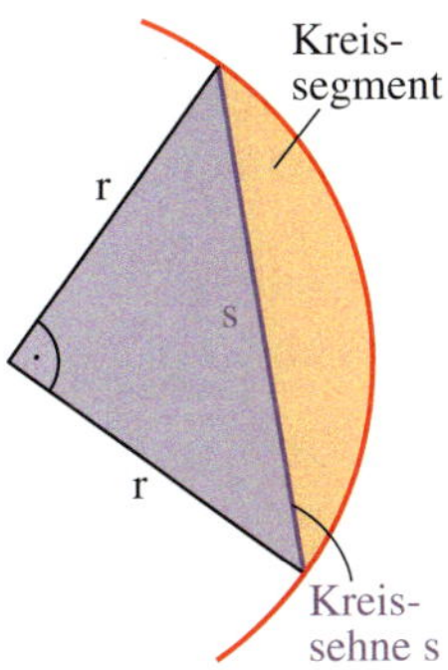

Beispiel 2
Berechne den Flächeninhalt des in der Zeichnung orange gefärbten **Kreissegments** (Kreisabschnitts) zum Mittelpunktswinkel $\alpha = 90°$ in Abhängigkeit vom Radius r.
Lösung:
$$A = A_{\text{Sektor}} - A_{\text{Dreieck}} = \frac{\alpha}{360°} \cdot \pi r^2 - \frac{1}{2} g \cdot h = \frac{90°}{360°} \cdot \pi r^2 - \frac{1}{2} r \cdot r = \frac{1}{4}\pi r^2 - \frac{1}{2} r^2 = \frac{1}{4} r^2 (\pi - 2)$$

Beispiel 3
Rechne um:
a) 36° in das Bogenmaß,
b) 0,8 in das Gradmaß,
c) $\frac{5\pi}{6}$ in das Gradmaß.

Lösung:
a) $\alpha = \frac{36°}{360°} \cdot 2\pi = \frac{\pi}{5} \approx 0{,}63$
b) $\alpha = \frac{0{,}8}{2\pi} \cdot 360° = \frac{144°}{\pi} \approx 46°$
c) $\alpha = \frac{5\pi}{6 \cdot 2\pi} \cdot 360° = \frac{5}{12} \cdot 360° = 150°$

Aufgaben

Lösungssalat zu 3:
(Werte teilweise gerundet)

3
Rechne jeweils in das andere Maß um. Gib das Ergebnis auf Grad genau bzw. als Vielfaches von π an

a) 15° b) $\frac{\pi}{5}$ c) 75° d) 1
e) $\frac{11\pi}{6}$ f) 120° g) 2,5 h) $\frac{7\pi}{10}$
i) 315° k) $\frac{5\pi}{4}$ l) 135° m) 210°
n) 240° o) 0,82 p) 345° q) 4,5

4
a) Ein Kreis hat einen Umfang von 120 cm. Berechne im Kopf die Bogenlänge für die Mittelpunktswinkel 180°, 6°, 270°, 300°, 45°, 18°, 9°, 15°.
b) Ein Kreis hat einen Flächeninhalt von $180\,\text{cm}^2$. Berechne im Kopf die Kreissektorfläche für die Mittelpunktswinkel 120°, 60°, 240°, 40°, 30°, 20°, 12°.

Bogenlänge b in cm oder Kreissektorfläche A in cm²:

42,4	E
23,7	T
16,3	O
1,86	P
15,4	S
47,1	E
2,18	A
21,2	R
5,6	M
0,94	E
169,6	B

5

Berechne für einen Kreis mit Radius r die Bogenlänge b und den Flächeninhalt A des Kreissektors mit dem Mittelpunktswinkel α. Die Ergebnisse ergeben richtig zugeordnet ein Lösungswort.

a) $r = 9{,}0\,\text{cm}$, $\alpha = 30°$
b) $r = 9{,}0\,\text{cm}$, $\alpha = 60°$
c) $r = 1{,}8\,\text{dm}$, $\alpha = \frac{\pi}{3}$
d) $r = 18{,}0\,\text{cm}$, $\alpha = 0{,}31$
e) $r = 60\,\text{mm}$, $\alpha = \frac{5\pi}{6}$
f) $r = 1{,}2\,\text{dm}$, $\alpha = 113°$
g) $r = 2{,}40\,\text{cm}$, $\alpha = 37°$
h) $r = 8{,}0\,\text{mm}$, $\alpha = 1{,}18$
i) $r = 3{,}2\,\text{cm}$, $\alpha = 275°$

6

a) Bestimme den Flächeninhalt und den Umfang der in den Figuren (1) – (3) farbig markierten Flächen.

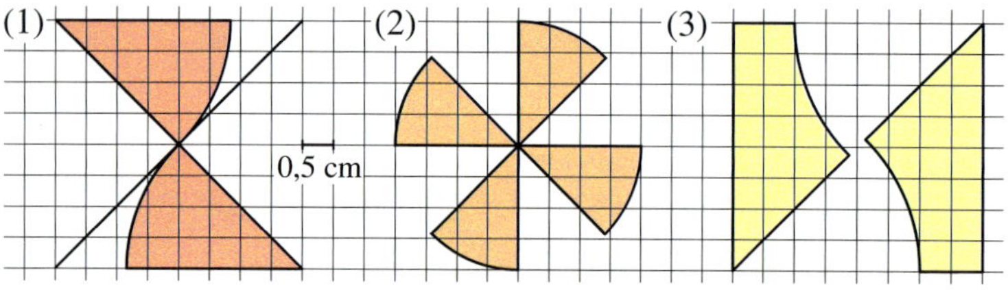

b) Entwirf selbst für deinen Nachbarn Aufgaben wie in Teilaufgabe a).

7

Berechne zu einem Bogen der Länge b im Kreis mit Radius r den zugehörigen Mittelpunktswinkel α.

a) $r = 45\,\text{cm}$, $b = 5\,\text{dm}$
b) $r = 1{,}4\,\text{m}$, $b = 100\,\text{cm}$
c) $r = 3{,}5\,\text{cm}$, $b = 10{,}0\,\text{cm}$

8

Berechne den Flächeninhalt eines Kreissektors mit $r = b = 1{,}00\,\text{m}$.

9

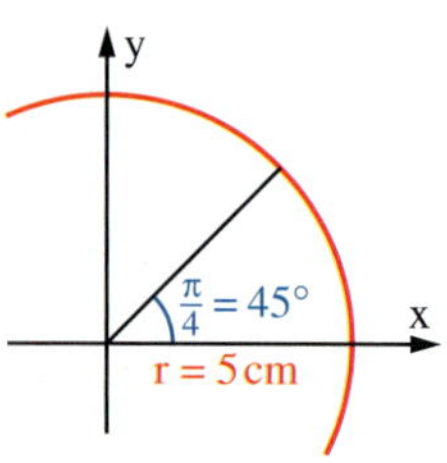

Zeichne in ein Koordinatensystem einen Kreis mit Radius $r = 5\,\text{cm}$, der den Ursprung als Mittelpunkt hat. Markiere, wie auf der Randspalte gezeigt, die Mittelpunktswinkel $\frac{\pi}{6}$, $\frac{\pi}{3}$, $\frac{\pi}{2}$, $\frac{2\pi}{3}$, $\frac{5\pi}{6}$, π, $\frac{7\pi}{6}$, $\frac{4\pi}{3}$, $\frac{3\pi}{2}$, $\frac{5\pi}{3}$, $\frac{11\pi}{6}$, 2π.

10

Ein Pizzabäcker backt Pizzas mit zwei verschiedenen Durchmessern. Der Durchmesser der großen Pizza ist doppelt so groß wie der Durchmesser der kleinen Pizza. Der Bäcker zerlegt seine Pizzas immer in 8 gleich große Stücke. Ein Stück der kleinen Pizza bietet er für 1 € an. Wie viel wird er für ein Stück der großen Pizza verlangen? Begründe.

11

a) Stelle die Größe der Kontinente der Erde in einem Kreisdiagramm dar. Die Gesamtfläche des Diagramms entspreche der Landfläche der Erde.
b) Zeichne ein weiteres Kreisdiagramm, bei dem auch die Wasserfläche berücksichtigt wird.

12

Die Grundfläche eines Kegels hat den Inhalt $20\,\text{cm}^2$. Die Kegelhöhe beträgt $5{,}6\,\text{cm}$.

a) Berechne das Volumen des Kegels.
b) Berechne die Mantelfläche des Kegels.

13

Berechne den Inhalt der Fensterflächen und die Länge der Bögen für die vier angegebenen Fälle.

a) romanischer Rundbogen

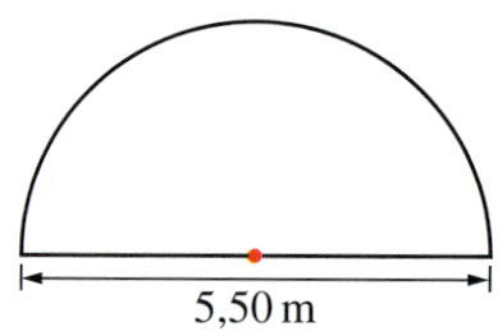

b) romanischer Flachbogen

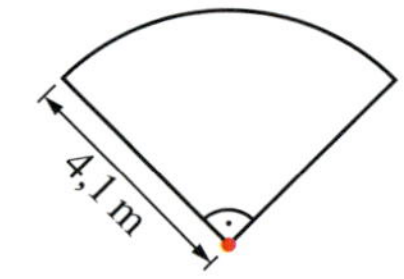

c) gotischer Spitzbogen

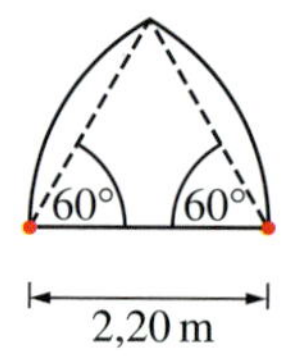

d) gedrückter gotischer Spitzbogen

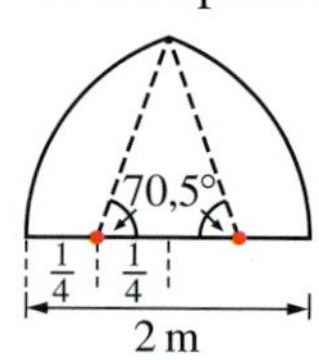

e) Sucht selbst nach Kreisbogenfiguren, z. B. nach Kirchenfenstern. Schätzt ihre Maße ab, skizziert sie und bestimmt ihren Flächeninhalt und Umfang.

14

Die Karten ergeben richtig einander zugeordnet ein Lösungswort.

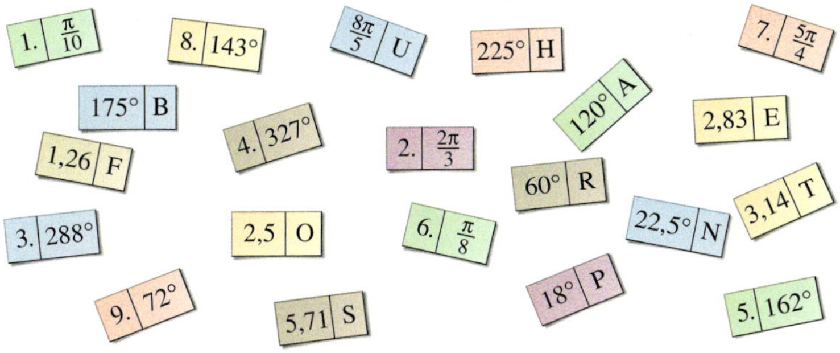

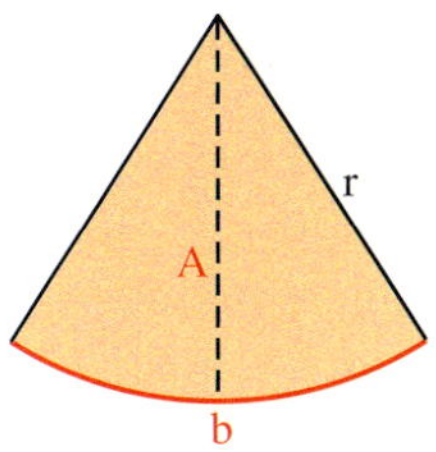

Vergleiche $A = \frac{1}{2}br$ mit der Flächenformel für das Dreieck.

15

Bestimme für einen Kreisausschnitt mit dem Flächeninhalt A und der Bogenlänge b den Kreisradius und den Mittelpunktswinkel α.

a) $A = 170\,cm^2$, $b = 20{,}0\,cm$
b) $A = 58{,}9\,cm^2$, $b = 11{,}8\,cm$
c) $A = 1{,}00\,m^2$, $b = 1{,}00\,m$

16

Berechne die fehlenden Angaben der Kreissektoren.

	a)	b)	c)	d)	e)	f)	g)
r	2,0 m	4,8 m	50 cm	8,0 cm			
α	$\frac{\pi}{6}$				40°	0,87	
b		60 dm	9 dm				30 dm
A				$0{,}8\,dm^2$	$15{,}0\,cm^2$	$4{,}25\,m^2$	$18\,m^2$

17

Wie groß muss der Winkel α sein, damit die beiden markierten Flächen jeweils gleich groß sind?

a)

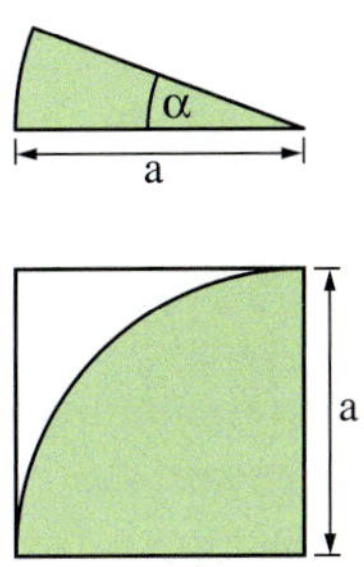

b)

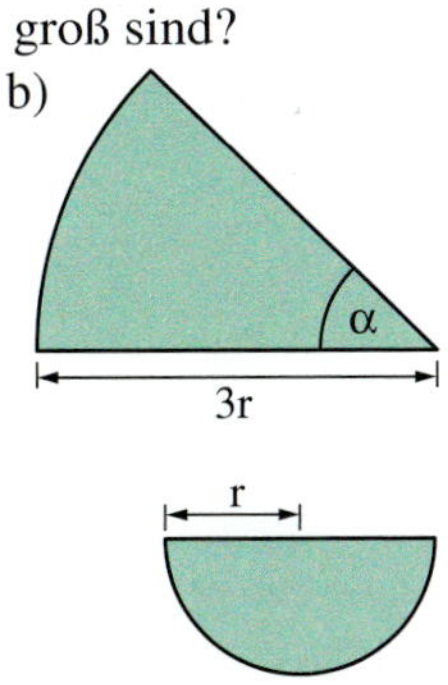

c)

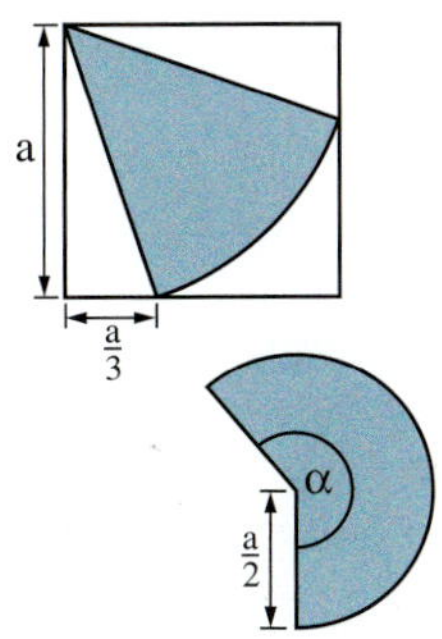

d) Erfindet in einer Gruppe ähnliche Aufgaben.

18

Richtig oder falsch? Begründe.
In einem Kreissektor entspricht

a) dem doppelten Mittelpunktswinkel die doppelte Bogenlänge,
b) dem halben Radius die halbe Bogenlänge,
c) dem dreifachen Radius die dreifache Kreissektorfläche,
d) der vierfachen Kreissektorfläche der doppelte Radius,
e) der doppelten Bogenlänge die vierfache Kreissektorfläche.

19

Berechne den Flächeninhalt eines Kreissegments (vgl. Beispiel 2). Fertige zuerst eine Skizze an.

a) $r = s = 6{,}0\,cm$
b) $r = 8\,cm$ und $\alpha = 120°$
c) $\alpha = \frac{\pi}{2}$ und $r = 7{,}5\,cm$

20

a) Aus einer Schokotorte mit dem Durchmesser 26 cm und der Höhe 5 cm wird ein Stück zum Mittelpunktswinkel 40° herausgeschnitten. Wie viele Kalorien nimmt man mit diesem Stück Torte zu sich? ($1\,cm^3$ dieser Schokotorte hat eine Masse von 0,5 g und 100 g enthalten 1500 Kilojoule.)
b) Der Durchmesser (die Höhe) einer anderen Torte ist um 25 % größer.
Um wie viel Prozent erhöht sich dadurch die Masse bzw. die Anzahl der Joule eines Tortenstücks? Begründe.

21

Ein Satellit umkreist die Erde in 280 km Höhe über dem Erdboden. Zu einer Umkreisung braucht er etwa $1\frac{1}{2}$ h. Welchen Weg legt der Satellit in 1 Stunde zurück? Welche Bahngeschwindigkeit in $\frac{km}{s}$ hat er?

22

Drei Münzen mit gleichem Durchmesser liegen so auf einem Tisch, dass sie sich paarweise berühren. Berechne den Umfang und den Flächeninhalt der zwischen den Münzen eingeschlossenen Fläche in Abhängigkeit vom Radius der Münzen.

23

Bestimme den Flächeninhalt und den Umfang der Kreisbogenfiguren. Die markierten Punkte stellen jeweils Kreismittelpunkte dar.

a)

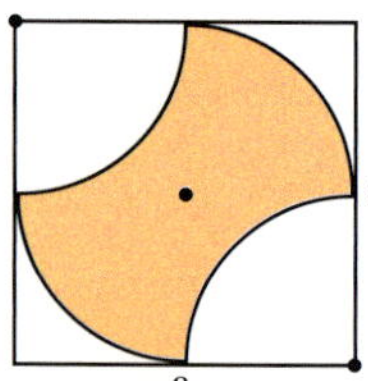

b)

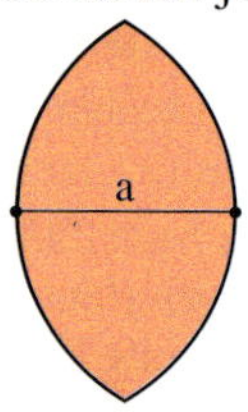

c)

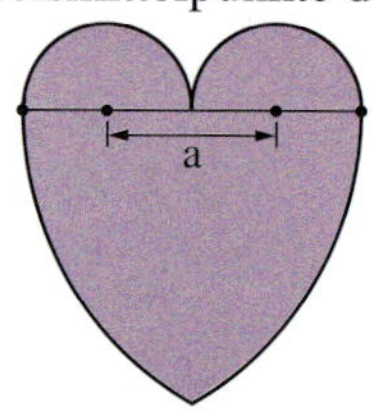

*d)

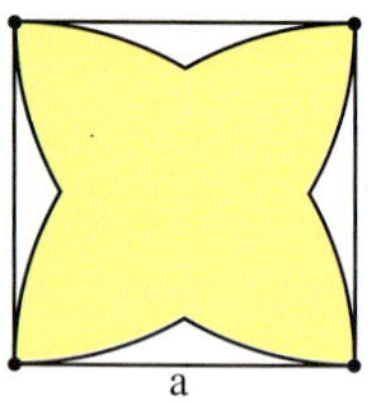

e)

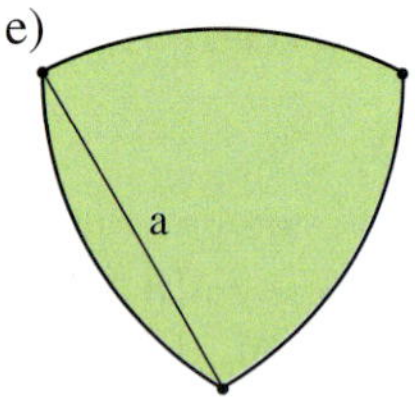

f)

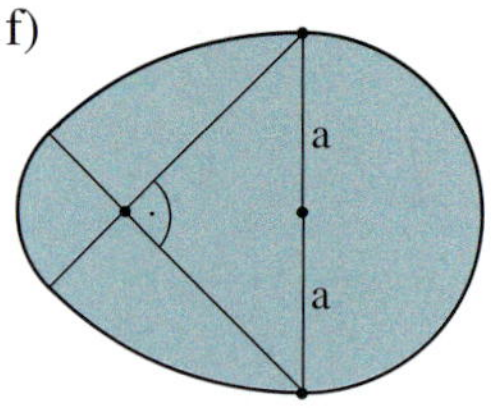

24

Berechne den Mittelpunktswinkel eines Kreissektors, dessen Flächeninhalt so groß ist wie der des Quadrats über dem Radius.

25

Berechne in Abhängigkeit von r den Umfang und den Flächeninhalt

a) der „Sichel“, b) des „Giftzahns“.

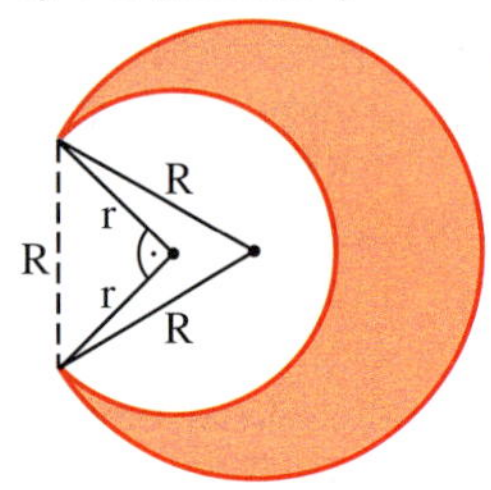

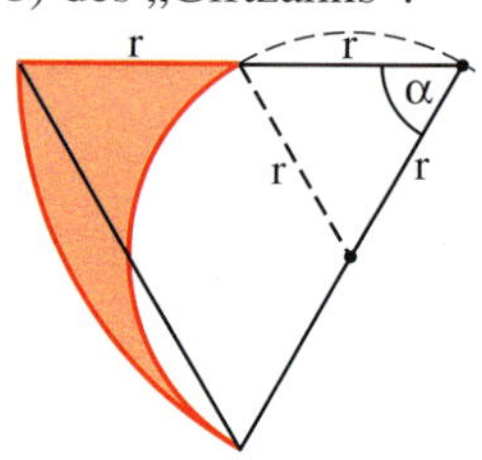

26

Zeichne in einen Einheitskreis einen Sektor zum Mittelpunktswinkel $\alpha = \frac{\pi}{6}$. Wähle als Längeneinheit 10 cm.

a) Markiere in diesem Sektor eine Strecke, die die Länge $\sin\frac{\pi}{6}$ Längeneinheiten besitzt. Begründe.
b) Miss deine Strecke und vergleiche mit dem theoretischen Wert für $\sin\frac{\pi}{6} = \sin 30°$.
c) Berechne wie auf der Randspalte beschrieben

$\sin\frac{\pi}{6}$;	cos 1,0472;	sin 4;
cos 5;	$\cos\frac{\pi}{5}$;	$\sin 3\pi$.

Du kannst den Wert für $\sin\frac{\pi}{6}$ auch direkt mit dem Taschenrechner berechnen, obwohl der Winkel im Bogenmaß gegeben ist. Dafür muss der Taschenrechner vom Gradmaß (DEG) ins Bogenmaß (RAD) umgestellt werden.

27

Der griechische Gelehrte Eratosthenes von Kyrene bestimmte bereits im 3. Jh. v. Chr. näherungsweise den Erdumfang, obwohl zu dieser Zeit die Kugelgestalt der Erde umstritten war.

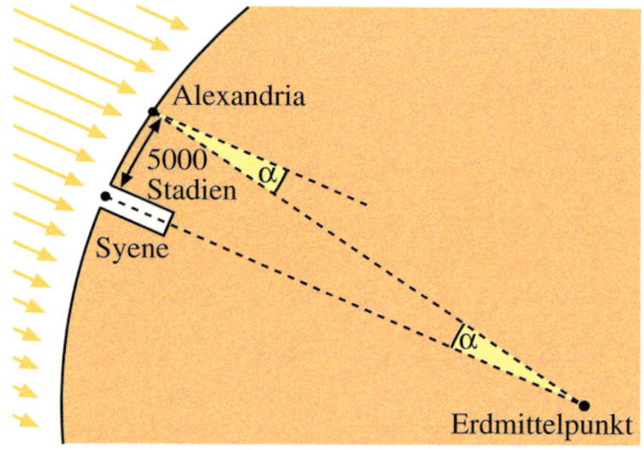

Eratosthenes wusste, dass die Sonne am Tag des Sommeranfangs mittags in Syene (heute Assuan) bis auf den Boden eines tiefen Brunnens fiel. Zur gleichen Zeit warf ein lotrecht aufgestellter Stab in Alexandria, das etwa 5000 Stadien (1 Stadion betrug etwa 150 m) weiter nördlich liegt, einen Schatten.

a) Wie lässt sich aus der Schattenlänge s und der Länge des Stabes l der Winkel α bestimmen? Fertige eine Zeichnung an.
b) Für α ist der Wert 7,2° überliefert. Berechne daraus den von Eratosthenes berechneten Erdumfang.

G 28

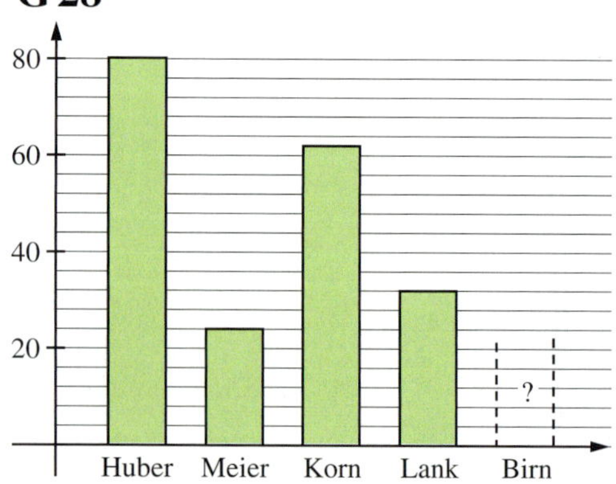

Die Bauern Huber, Meier, Korn und Lank haben die im Diagramm ablesbare Zahl von Kühen. Mit Bauer Birn zusammen haben sie durchschnittlich je 48,4 Kühe. Wie viele Kühe hat Bauer Birn?

3 Volumen der Kugel

1

Da der Flächeninhalt eines Kreises proportional zu r^2 ist, kann man annehmen, dass das Volumen einer Kugel proportional zu r^3 ist, also $V = p \cdot r^3$ mit einem geeigneten Proportionalitätsfaktor p. Nehmt verschieden große Kugeln und messt ihr Volumen mit einem Überlaufgefäß. Etwa welchen Proportionalitätsfaktor p erhaltet ihr, ausgehend von euren Versuchsergebnissen?

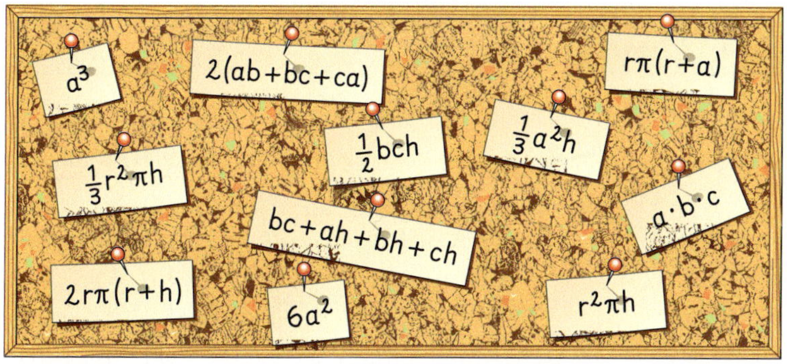

2

Woran kannst du erkennen, welcher der Terme auf der Pinnwand ein Volumen, welcher einen Oberflächeninhalt beschreibt? Ordne die Terme den folgenden Körpern zu.

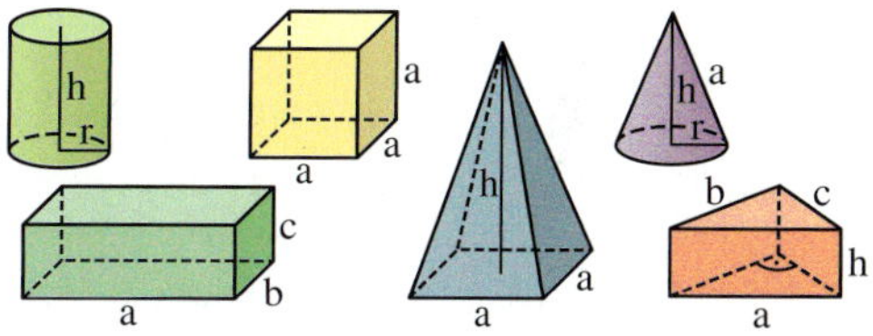

Um das Volumen einer Kugel experimentell zu bestimmen, wird ein Zylinder, dessen Höhe und Grundkreisdurchmesser gleich groß wie der Kugeldurchmesser sind, mit Wasser gefüllt. Die Kugel verdrängt beim vollständigen Eintauchen in den Zylinder genau die Wassermenge, die ihrem Volumen entspricht.

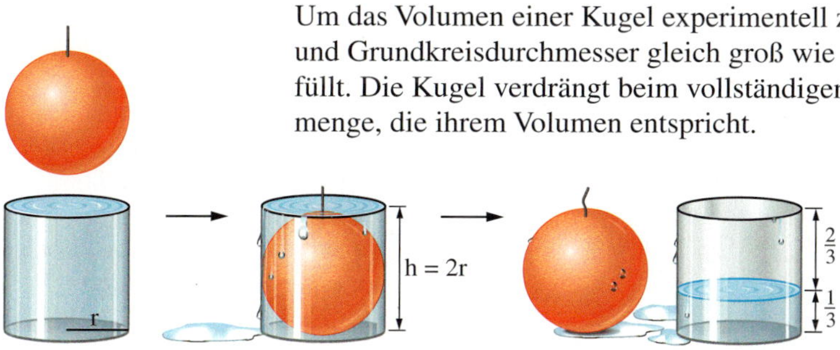

Es zeigt sich, dass das Kugelvolumen etwa zwei Drittel des Zylindervolumens beträgt, also

$$V_{Kugel} \approx \frac{2}{3} \cdot V_{Zylinder} = \frac{2}{3} \cdot \pi r^2 h = \frac{2}{3} \cdot \pi r^2 \cdot 2r \quad (\text{da } h = 2r) = \frac{4}{3} \cdot \pi r^3$$

Es gilt sogar exakt:

Ist r der Radius einer **Kugel**, so gilt für ihr Volumen: $\mathbf{V = \frac{4}{3}\pi r^3}$

Zum Beweis dieser Formel werden wir folgenden Satz benutzen:

Der Satz von Cavalieri wurde bereits in Band 9 betrachtet.

Satz von Cavalieri:
Wenn für zwei Körper gilt:
(1) Die Flächeninhalte der Grundflächen sind gleich: $G_1 = G_2$;
(2) sie haben gleiche Höhen;
(3) Schnittflächen im gleichen Abstand parallel zur Grundfläche haben den gleichen Flächeninhalt: $S_1 = S_2$,
dann haben beide Körper das gleiche Volumen.

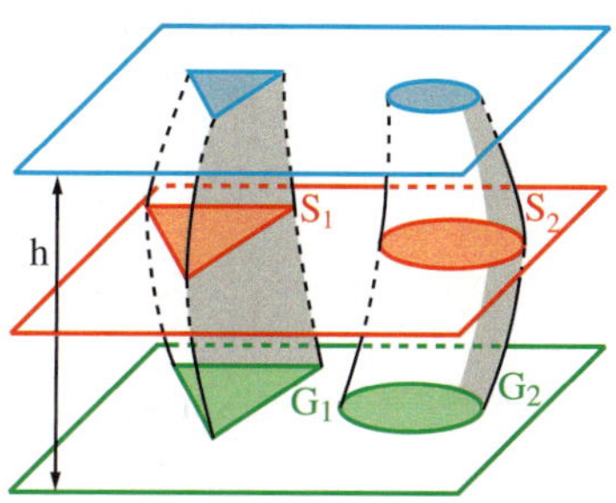

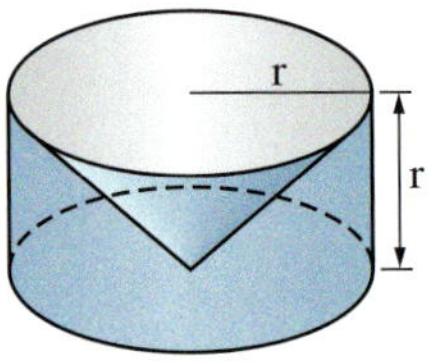

Vergleichskörper für die Anwendung des Satzes von Cavalieri.

Strategie: *Betrachten einer geeigneten Ebene*

Beweis der Volumenformel

Für den Beweis ist es einfacher, nur eine Halbkugel mit dem Radius r zu betrachten. Für diese Halbkugel gibt es einen geeigneten volumengleichen Vergleichskörper, dessen Volumen wir berechnen können. Dieser Vergleichskörper entsteht durch das Herausbohren eines Kegels aus einem Zylinder. Zylinder und Kegel haben dabei die gleiche Grundfläche mit dem Radius r und die gleiche Höhe r. Dass die Halbkugel und dieser Vergleichskörper das gleiche Volumen haben, wird im Folgenden mit dem Satz von Cavalieri gezeigt.

In der Höhe h wird durch beide Körper eine Schnittfläche parallel zur Grundfläche gelegt:

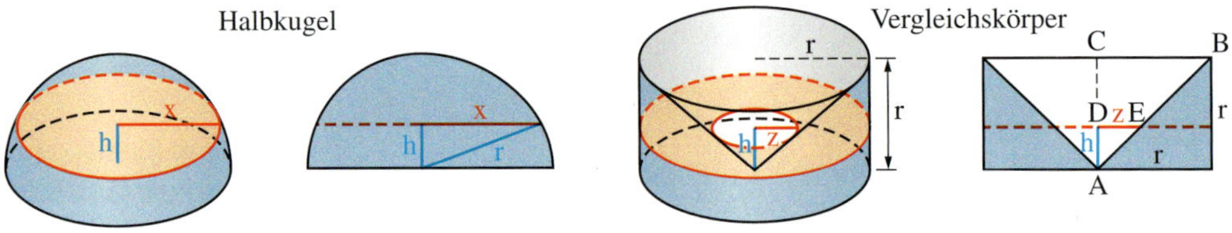

Vergleicht man die Schnittflächen (Kreis bzw. Kreisring), so ergibt sich für die Flächeninhalte:

$A_{Kreis} = x^2 \cdot \pi$

Mit dem Satz des Pythagoras gilt:

$r^2 = h^2 + x^2 \quad \Rightarrow \quad r^2 - h^2 = x^2.$

Einsetzen in die obige Flächenformel ergibt: $A_{Kreis} = (r^2 - h^2) \cdot \pi$

$A_{Kreisring} = r^2\pi - z^2\pi = (r^2 - z^2) \cdot \pi$

Da Δ AED wie Δ ABC gleichschenklig und rechtwinklig ist, gilt: $h = z$.

Einsetzen in die obige Flächenformel ergibt: $A_{Kreisring} = (r^2 - h^2) \cdot \pi$

Also haben die Halbkugel und der Vergleichskörper für jede Schnitthöhe h inhaltsgleiche Querschnittsflächen und mit dem Satz von Cavalieri folgt ihre Volumengleichheit.

Also gilt: $V_{Halbkugel} = V_{Vergleichskörper} = V_{Zylinder} - V_{Kegel} = \pi r^2 \cdot r - \frac{1}{3} \cdot \pi r^2 \cdot r = \frac{2}{3} \cdot \pi r^3$

und damit für das Volumen der gesamten Kugel: $V_{Kugel} = \frac{4}{3}\pi r^3$

Beispiel

Die abgebildete „Fuller-Kuppel" in Orlando (Florida) hat etwa die Form einer Kugel.

a) Berechne ihr Volumen.

b) Wie viel Prozent dieses Volumens beträgt das Volumen einer Kugel mit halbem Radius?

c) Wie groß wäre etwa der Radius einer Kugel mit einem Volumen von 10 000 m³?

Lösung:

a) $V = \frac{4}{3}\pi r^3 = \frac{4}{3}\pi \cdot (25\,m)^3 \approx 6{,}5 \cdot 10^4\,m^3$

b) Da das Volumen proportional zu r^3 ist, hat die Kugel mit halbem Radius das $\left(\frac{1}{2}\right)^3$-fache Volumen: $\left(\frac{1}{2}\right)^3 = \frac{1}{8} = 12{,}5\,\%$

c) $r = \sqrt[3]{\frac{3V}{4\pi}} = \sqrt[3]{\frac{30\,000}{4\pi}}\,m \approx 13{,}4\,m$

Aufgaben

Dichte von

Eis: $0{,}9\,\frac{g}{cm^3}$

Stahl: $7{,}8\,\frac{g}{cm^3}$

Blei: $11{,}3\,\frac{g}{cm^3}$

3

Fa. Mayer versendet 10 Mio. Stahlkugeln für Kugellager mit dem Durchmesser 1 mm. Welches Transportmittel (Güterzug, Sattelschlepper, Kleinlaster oder Pkw) würdest du wählen?

4

a) Welche Masse hat ein Hagelkorn mit einem Durchmesser von 4 cm?

b) Welchen Durchmesser hat eine Bleikugel von 10 g?

(Dichteangaben siehe Randspalte).

Lösungssalat zu 5 a):

5

a) Berechne das Volumen einer Kugel mit dem Radius $r = 2{,}3\,\text{cm}$ (5 cm; $\left(\sqrt[3]{2}\right)^5$ m) und gib das Ergebnis in dm^3 an.

b) Berechne den Radius einer Kugel mit dem Volumen $V = 905\,\text{mm}^3$ ($1\,\text{m}^3$; $1{,}15\,l$).

6

a) Bestimme jeweils das Volumen.

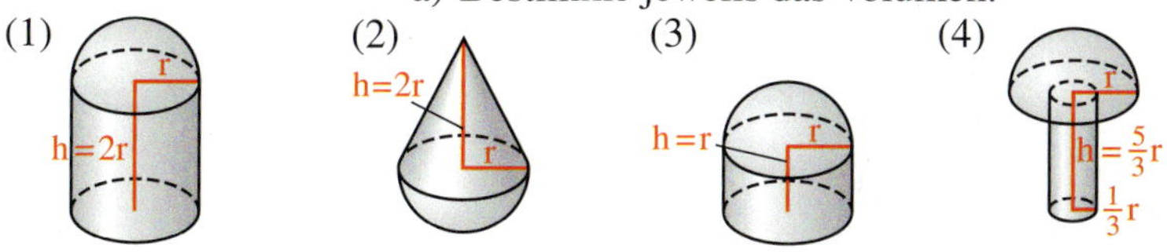

b) Skizziere selbst zwei ähnliche Körper und lass deinen Nachbarn bzw. deine Nachbarin das Volumen bestimmen.

9

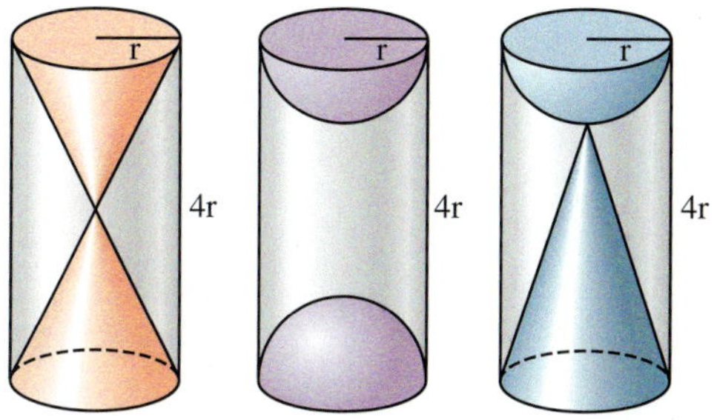

a) Schätze, welcher der drei hellgrauen Restkörper das kleinste Volumen hat.

b) Bestimme nun das Volumen der einbeschriebenen farbigen Körper und das der hellgrauen Restkörper in Abhängigkeit von r und berechne dann für $r = 1{,}5\,\text{cm}$.

Der „Stein des guten Glücks", eines der ersten nichtfigürlichen Denkmäler in Deutschland. Er steht im Garten von Goethes Haus in Weimar.

7

Der „Stein des guten Glücks" wurde 1777 auf Goethes Anregung hin aus Sandstein errichtet. Der Würfel symbolisiert das Statische, Gefestigte und Ruhende, die darüber liegende Kugel das Dynamische, Bewegliche und das Glück. Der Würfel hat eine Kantenlänge von 88 cm und die Kugel hat einen Durchmesser von 77 cm.
$1\,\text{cm}^3$ Sandstein hat eine Masse von 2,6 g.

a) Schätze die Masse des Würfels und der Kugel.

b) Berechne die Masse des Denkmals.

Das Pantheon, der „allen Göttern" geweihte Tempel in Rom, wurde unter Kaiser Hadrian zwischen 118 und 125 n. Chr erbaut.

8

Das Pantheon in Rom ist der größte Rundtempel der römischen Antike. Der Aufriss zeigt den Rundbau mit dem Kuppelgewölbe. Die beeindruckende Wirkung des Innenraums beruht auf der gleichen Größe von Durchmesser und Höhe. Berechne das Volumen des umbauten Raums.

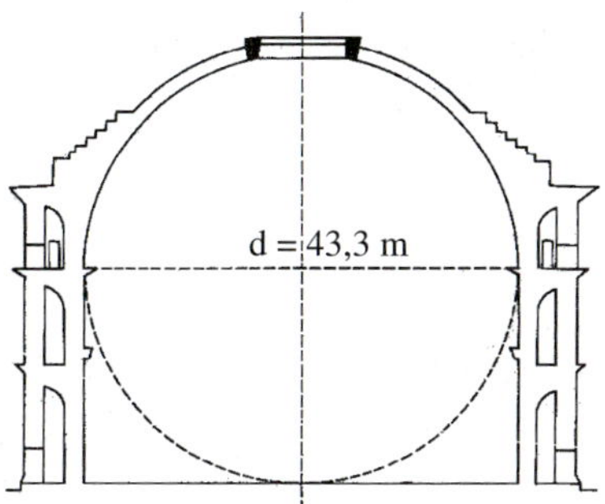

10

Das Atomium in Brüssel, geschaffen 1958 zur internationalen Weltausstellung (EXPO), stellt das Modell eines 165 Millionen Mal vergrößerten Eisenmoleküls dar. Es blieb als einziges Bauwerk dieser Ausstellung erhalten. Die 102 m hohe Konstruktion besteht aus neun Kugeln von je 18 m Durchmesser, die miteinander durch 24 m lange Röhren (Durchmesser 3 m) verbunden sind.

a) Berechne das Volumen dieses Molekülmodells (ohne Stützpfeiler) unter Vernachlässigung der gekrümmten Ansatzstellen der Verbindungsröhren.

b) Sucht nach weiteren Kunstwerken, Gebäuden etc., die kugelförmige Teile aufweisen. Überlegt euch dazu Aufgabenstellungen, bearbeitet diese und präsentiert eure Ergebnisse.

11

Findling „Maglesten" in Südschweden, Ansicht von Westen

Ansicht von Süden

Findlinge (Irrblöcke oder Erratika) sind größere Gesteinsblöcke, die durch Gletscher von ihrem Ursprungsgebiet über weite Entfernungen transportiert wurden. Da Schweden während der Eiszeit vollständig von Eis bedeckt war, gibt es dort zahlreiche Findlinge. Schätze die Masse des abgebildeten Granitfindlings aus Südschweden. Die Dichte von Granit beträgt $2{,}9\,\frac{g}{cm^3}$.

12 💻

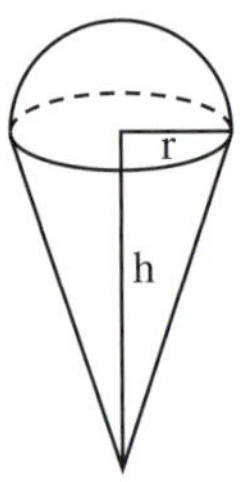

a) Eine Eisdiele bietet Eis in Eistüten mit $h = 11\,cm$ und $r = 2\,cm$ an. Wie viel ml Eis bekommt man, wenn sich über der ganz mit Eis gefüllten Tüte noch eine Halbkugel aus Eis befindet?

b) Zeichne mit Hilfe eines Funktionsplotters einen Graphen für die Eismenge in Abhängigkeit vom Radius im Bereich zwischen 0 cm und 3 cm. Die Höhe h der Eistüte soll immer 11 cm betragen.

c) Mit welchem Radius muss man eine Eistüte mit der Höhe 11 cm herstellen, wenn die Eisportion 100 ml betragen soll?

*13

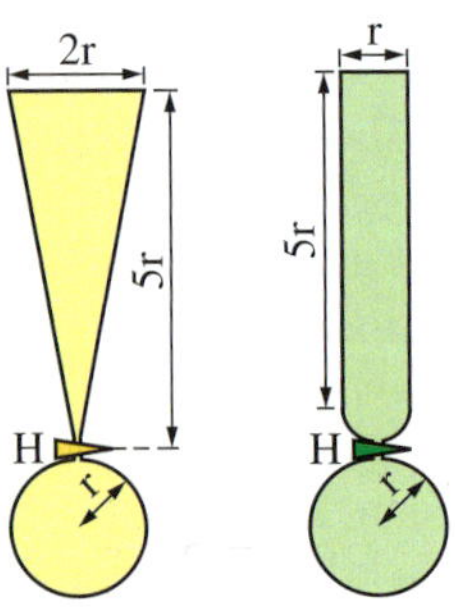

Bei den gezeichneten Geräten ist der obere Körper (links besteht er aus einem Kegel, rechts aus einem Zylinder und einer Halbkugel) ganz mit Wasser gefüllt; dann wird der Hahn H geöffnet. Wie hoch über H steht das Wasser jeweils im oberen Körper, wenn die untere Kugel halb gefüllt ist?

14

Aus einem Holzwürfel mit Kantenlänge 10 cm soll eine möglichst große Kugel hergestellt werden. Matthias behauptet, dass dabei etwa 50 % Abfall anfallen.
Was meinst du dazu? Schätze zunächst.

15

Ein Wasserhahn tropft. Alle 2 Sekunden fällt ein nahezu kugelförmiger Tropfen mit einem Durchmesser von 4 mm. Wie viel Liter Wasser gehen dadurch im Laufe einer Woche verloren? Schätze zuerst.

16

Berechne die Wandstärke einer Hohlkugel

a) aus Kupfer (Dichte $8{,}93\,\frac{g}{cm^3}$) mit dem Außendurchmesser 24,0 cm und der Masse 9,124 kg,

b) aus Glas (Dichte $2{,}5\,\frac{g}{cm^3}$) mit dem Innendurchmesser 9,6 cm und der Masse 1,54 g.

17

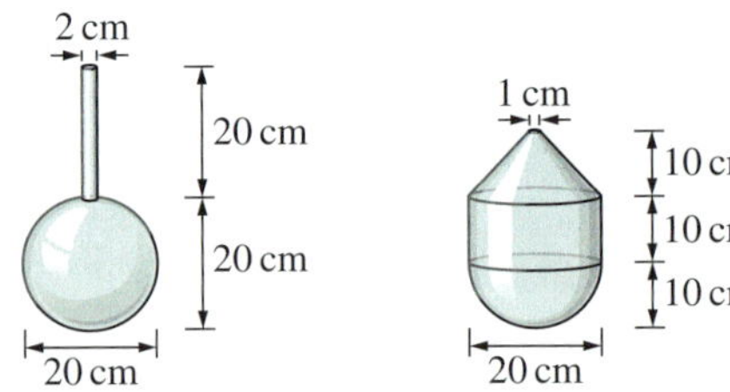

Die Gefäße werden mit gleichmäßig zufließendem Wasser gefüllt.

a) Nach 96 Sekunden ist das linke Gefäß ganz gefüllt. Welche Zeit entfällt dabei etwa auf das Füllen des Zylinders? Skizziere einen Graphen, der die Funktion f: *Zeit* ↦ *Füllhöhe* veranschaulicht.

b) Wie lange dauert es etwa, bis das rechte Gefäß bei gleicher Zuflussgeschwindigkeit gefüllt ist? Beschreibe den Verlauf des Füllgraphen, ohne ihn zu zeichnen.

G 18

Welcher Art ist der Term? Überschlage seinen Wert und berechne ihn dann exakt.

a) $-6{,}2 - \left(1\frac{2}{3} + 4\frac{1}{5} : 10\frac{1}{2}\right) \cdot (-2{,}5)$

b) $\dfrac{\left(\frac{21}{5} + 21{,}9\right)}{2^{-2}}$

c) $\left(\sqrt{17} + 1\right)\left(\sqrt{17} - 1\right)$

4 Oberflächeninhalt der Kugel

1
Je stärker der Fußball aufgepumpt ist, desto mehr ähnelt er einer Kugel. Wie könnte man seinen Oberflächeninhalt näherungsweise berechnen? Beschreibe deine Vorgehensweise.

Während man die Oberfläche eines Zylinders oder Kegels in der Ebene abwickeln und so den Flächeninhalt bestimmen kann, ist dies bei der Kugeloberfläche nicht möglich.

***Strategie:** Zurückführen auf Bekanntes*

Um eine Formel für den Oberflächeninhalt einer Kugel zu finden, kann man sich die Kugel in sehr viele kleine pyramidenähnliche Körper zerlegt denken, deren Spitzen sich im Kugelmittelpunkt treffen. Je größer die Anzahl n dieser Körper ist, desto weniger sind die Grundflächen gekrümmt. Deshalb lässt sich das Volumen eines solchen Körpers näherungsweise als Volumen V_i $(i = 1, ..., n)$ einer Pyramide P_i mit dem Grundflächeninhalt G_i und dem Kugelradius r als Höhe berechnen, d.h. $V_i = \frac{1}{3} G_i \cdot r$.

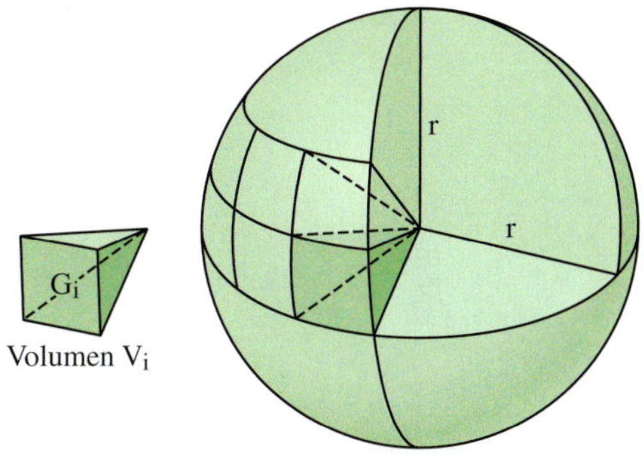

Damit gilt für das Volumen V* bzw. für die Oberfläche O* des aus diesen Pyramiden zusammengesetzten Körpers:

$$\left.\begin{array}{l} V^* = \frac{1}{3}\cdot(G_1 + G_2 + ... + G_n)\cdot r \\ O^* = \qquad G_1 + G_2 + ... + G_n \end{array}\right\} \Rightarrow \quad O^* = \frac{3}{r}\cdot V^*$$

Wird n immer größer, so nähert sich V* dem Volumen $V = \frac{4}{3}\pi r^3$ der Kugel beliebig genau und ebenso O* dem Oberflächeninhalt O der Kugel.

$$\Rightarrow \quad O = \frac{3}{r}\cdot V = \frac{3}{r}\cdot\frac{4}{3}\pi r^3 = 4\pi r^2$$

> Ist r der Radius einer **Kugel**, so gilt für ihren Oberflächeninhalt: $\mathbf{O = 4\pi r^2}$

Beispiel 1
Der Oberflächeninhalt einer Halbkugel beträgt $1\,m^2$. Wie groß ist ihr Volumen?

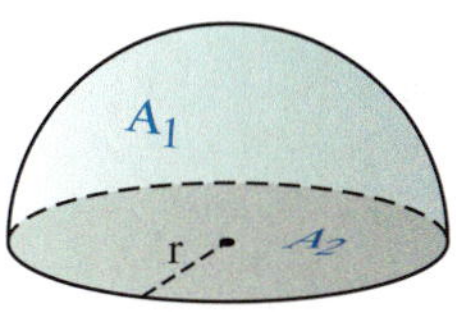

Lösung:

$$O = A_1 + A_2 = \frac{1}{2}\cdot 4\pi r^2 + \pi r^2 = 3\pi r^2 \quad\Rightarrow\quad r^2 = \frac{O}{3\pi} \quad\Rightarrow\quad r = \sqrt{\frac{O}{3\pi}}$$

$$V = \frac{1}{2}\cdot\frac{4}{3}\pi r^3 = \frac{2}{3}\pi\left(\sqrt{\frac{O}{3\pi}}\right)^3 = \frac{2}{3}\pi(3\pi)^{-\frac{3}{2}}\cdot O^{\frac{3}{2}}$$

$$= 2\cdot 3^{-\frac{5}{2}}\cdot\pi^{-\frac{1}{2}}\cdot 1\cdot m^3 \approx 0{,}0724\ m^3$$

Beispiel 2

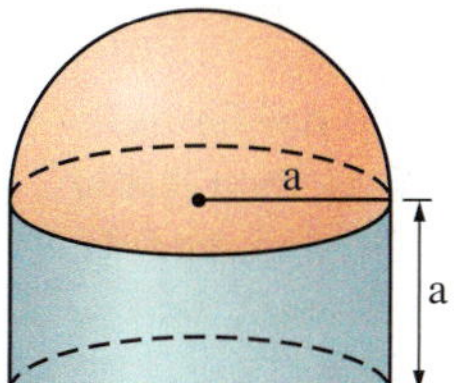

a) Gib eine Formel für das Volumen und den Oberflächeninhalt des nebenstehenden Körpers an.
b) Bestimme den Wert für a, für den sich als Oberflächeninhalt $O = 200\,cm^2$ ergibt.

Lösung:
a) $V = V_{Zylinder} + V_{Halbkugel}$
$= \pi a^2 \cdot a + \frac{1}{2}\cdot\frac{4}{3}\pi a^3 = 1\frac{2}{3}\pi a^3$
$O = \pi a^2 + 2\pi a\cdot a + \frac{1}{2}\cdot 4\pi a^2 = 5\pi a^2$
b) $a = \sqrt{\frac{O}{5\pi}} = \sqrt{\frac{200\,cm^2}{5\pi}} \approx 3{,}57\,cm$

Aufgaben

Lösungssalat zu 2a) – c) (Angaben in dm, dm² bzw. dm³):

2
Bei einer Kugel ist eine von den drei Größen r, V und O gegeben. Berechne jeweils die beiden fehlenden.

a) $r = 4{,}23\,m$ b) $O = 1809{,}6\,cm^2$
c) $V = 26\,244\,\pi\,l$ d) $r = 5{,}15\,m$
e) $O = 14\,cm^2$ f) $V = 343\,m^3$

3
Suche kugel- oder halbkugelförmige Gegenstände, schätze ihr Volumen und ihren Oberflächeninhalt. Bestimme anschließend den Radius über den Umfang und überprüfe deine Schätzung durch Rechnung.

4
Bestimme das Volumen V und den Oberflächeninhalt O der dargestellten Körper.

(1)
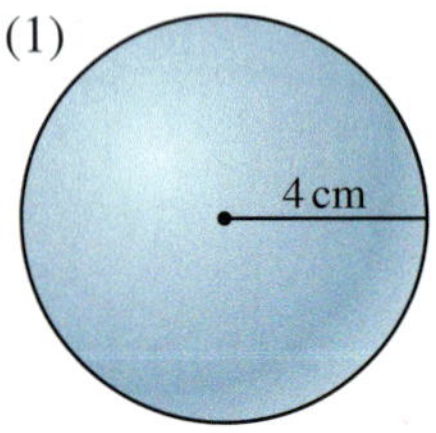

(2)
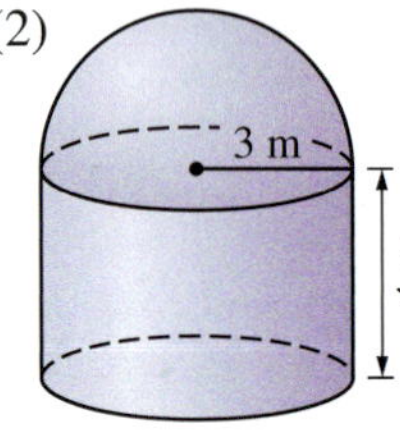

(3)
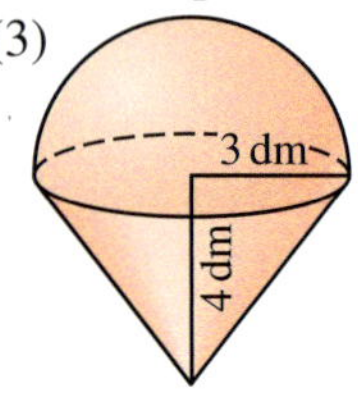

5
Ein kugelförmiger Gaskessel mit 36 m Durchmesser soll einen neuen Anstrich erhalten. Wie viel Farbe wird benötigt, wenn 1 kg für $2{,}4\,m^2$ reicht?

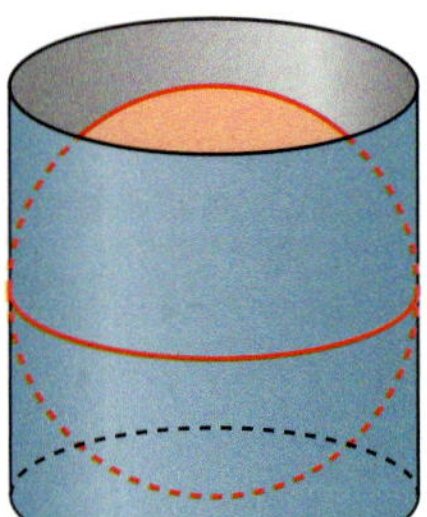

6
a) Wie viel Prozent des zur Verfügung stehenden Raumes bleiben leer, wenn man eine Kugel in einen möglichst kleinen zylinderförmigen Körper verpackt?
b) Vergleiche die Kugeloberfläche mit dem Mantelinhalt des verwendeten Zylinders.

7
Welchen Durchmesser und welchen Oberflächeninhalt hat eine Kugel der Masse 10,0 kg aus Eis der Dichte $0{,}92\,\frac{g}{cm^3}$?

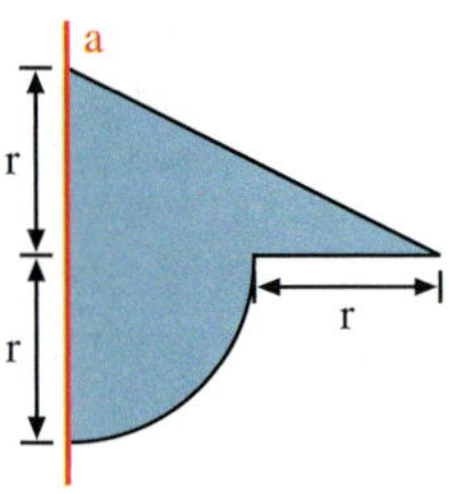

8
Die Fläche links rotiert um die Achse a.
a) Beschreibe den Drehkörper.
b) Stelle eine Formel für das Volumen auf.
c) Bestimme r so, dass $V = 85{,}75\,\pi\,cm^3$ ist.

9
Ein Würfel und eine Kugel haben jeweils das Volumen $V = 1\,m^3$. Vergleiche ihre Oberflächeninhalte.

10
Eine Moschee hat als Kuppel eine vergoldete Halbkugel mit Durchmesser $d = 23\,m$.
a) Wie viel m^2 Oberfläche ist vergoldet?
b) Nimm an, die Kuppel ist mit einer Blattgoldschicht von 0,0001 mm Dicke vergoldet. Welche Masse hat die Goldschicht (Dichte von Gold: $19{,}3\,\frac{g}{cm^3}$)?

11
a) Für den Umfang der Bälle sind folgende Mindest- und Höchstmaße vorgegeben:

Volleyball	Fußball	Basketball
65–67 cm	68–71 cm	75–78 cm

Welche Maße kann jeweils der Durchmesser und das Volumen annehmen?
b) Ein Basketball hat das Volumen $8\,dm^3$ und eine Masse von 650 g. Welchen Durchmesser muss der Ring eines Basketballkorbs mindestens haben, damit der Ball hindurchpasst?

12
Bei einer Kugel wird der Radius verdoppelt. Nicolas behauptet, dass sich dann auch Volumen und Oberflächeninhalt verdoppeln. Was meinst du dazu? Begründe.

13
Ein kugelförmiger Luftballon wird zu einem Ballon mit
a) doppeltem Volumen
b) doppelter Oberfläche
c) doppeltem Umfang
aufgeblasen. Wie ändert sich dabei jeweils der Radius des Ballons?

*14
Eine Kugel, ein Zylinder und der Grundkreis eines Kegels haben denselben Radius. Bestimme die Höhe des Zylinders und des Kegels so, dass alle drei Körper
a) das gleiche Volumen haben,
b) den gleichen Oberflächeninhalt haben.

Unter dem Volumen der Hohlkugel verstehen wir den Rauminhalt der Kugelschale der Dicke d.

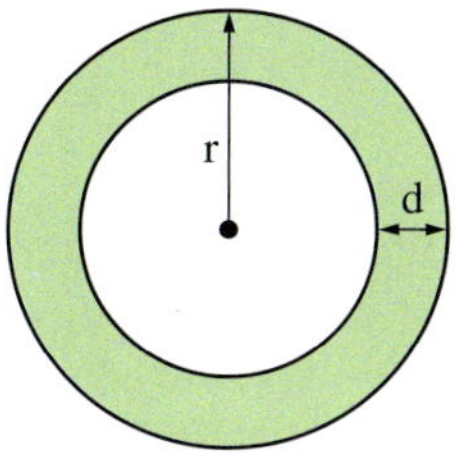

15

a) Zeige: Für eine Hohlkugel mit dem Außendurchmesser 2 r und der Wandstärke d gilt die Volumenformel
$V = \frac{4}{3}\pi(3r^2d - 3rd^2 + d^3)$.

b) Berechne das Volumen V für $r = 1{,}8\,dm$ und $d = 0{,}1\,cm$ bzw. $d = 0{,}001\,cm$.

c) Ist der Wert von d sehr viel kleiner als der von r, so gilt näherungsweise:
$V \approx 4\pi r^2 d$.
Begründe diese Näherung.

d) Erkläre, wie man mit diesem Ergebnis alternativ die Formel für den Oberfächeninhalt einer Kugel herleiten kann.

16

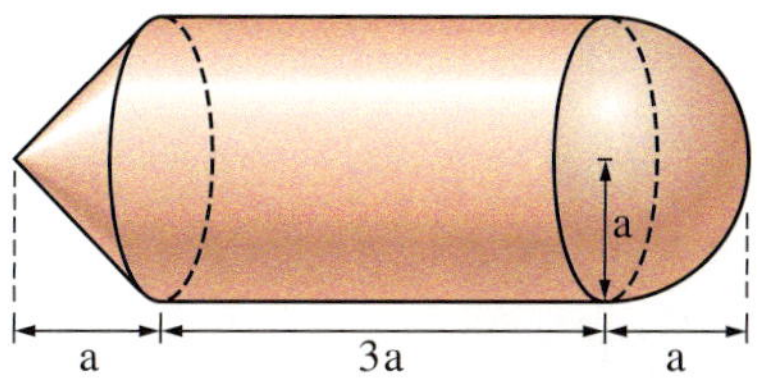

a) Gib eine Formel für das Volumen und den Oberflächeninhalt des obigen Körpers an.

b) Bestimme den Wert für a, für den sich $V = 62{,}5\,\pi\,cm^3$ ergibt.

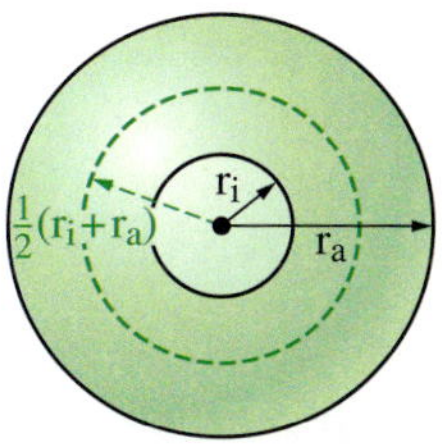

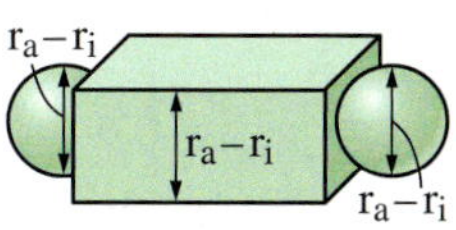

17

Eine Hohlkugel hat den äußeren Radius r_a und den inneren Radius r_i.

a) Welchen Oberflächeninhalt O hat eine Kugel mit dem Radius $r = \frac{1}{2}(r_a + r_i)$ (Mittelwert der beiden Radien r_a und r_i)?

b) Zeige, dass das Volumen der Hohlkugel genauso groß ist, wie die Summe der Volumina von einen Quader mit der Grundfläche O und der Höhe $r_a - r_i$ und von zwei Kugeln mit dem Durchmesser $r_a - r_i$.

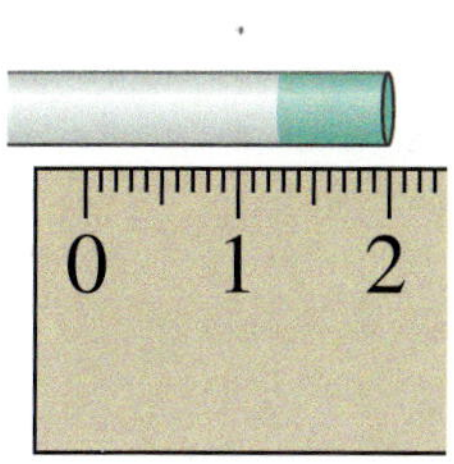

18

Tina taucht einen Trinkhalm mit 5 mm Durchmesser in eine Seifenlauge und nimmt ihn dann wieder heraus. Aus dem Pfropfen, der sich am Ende des Halms gebildet hat, bläst sie eine Seifenblase von 70 mm Durchmesser. Wie dick ist etwa die Haut dieser Seifenblase?

19

Gibt es eine Kugel, mit $x\,cm^2$ Oberflächeninhalt und $x\,cm^3$ Volumen (d. h. die Maßzahlen stimmen überein)?

20

Aus vier kleinen Kugeln aus Knetmasse mit Radius $r = 1\,cm$ wird eine Kugel geformt.

a) Welchen Radius hat die neue Kugel?

b) Stefan behauptet, dass die Oberfläche der neuen Kugel viermal so groß ist wie die von einer der kleinen Kugeln.
Prüfe nach und gib an, um wie viel Prozent die Oberfläche der neuen Kugel größer oder kleiner ist als die von einer der vier kleinen Kugeln.

21

Eine Kugel, eine Halbkugel und ein Würfel haben das gleiche Volumen $V = 500\,cm^3$. Vergleiche ihre Oberflächeninhalte. Schätze, bevor du rechnest.

***22**

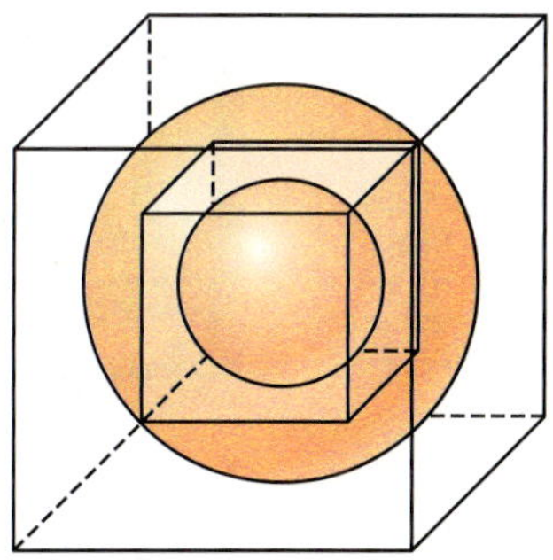

Einem Würfel ist eine Kugel einbeschrieben. Dieser Kugel ist wieder ein Würfel einbeschrieben, dessen Ecken auf der Kugeloberfläche liegen. Diesem Würfel ist noch eine weitere Kugel einbeschrieben.

a) Bestimme die Radien der Kugeln und die Kantenlänge des kleinen Würfels, wenn der große Würfel die Kantenlänge a hat.

b) Bestimme die Volumina und die Oberflächeninhalte der Würfel und Kugeln und vergleiche sie jeweils miteinander. Gib auch in Prozent an.

c) Stelle eine Vermutung über die Volumina eines weiteren einbeschriebenen Würfels und einer Kugel anhand deiner vorherigen Ergebnisse auf.

23

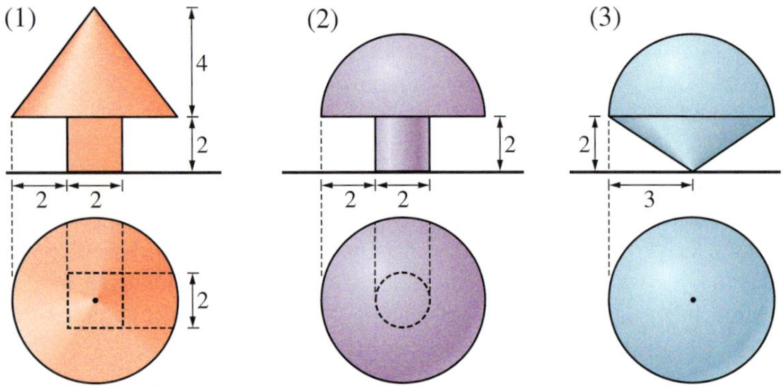

a) Skizziere jeweils ein Schrägbild der im Grundriss (Draufsicht) und Aufriss (Vorderansicht) dargestellten Körper.
b) Berechne Volumen und Oberflächeninhalt der einzelnen Körper.

24

Im Pariser Kulturpark La Villette steht eine spiegelnd verkleidete Kugel mit dem **Radius 18 m**. *Sie beherbergt ein Kino, in dem auf einer gekrümmten Rundumleinwand Filme vorgeführt werden.*

$\frac{7}{8}$ der Kugeloberfläche sind mit 6433 nahezu gleichseitigen Dreiecken bedeckt. Wie lang muss die Seite eines solchen Dreiecks sein, wenn die Abweichung zwischen der Verkleidung und der idealen Kugeloberfläche vernachlässigt werden kann?

25

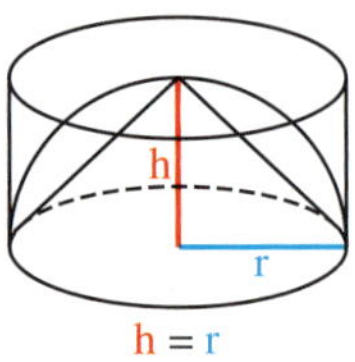

Ein Kegel, bei dem Grundkreisradius und Höhe gleich lang sind, wird einer Halbkugel und diese wiederum einem Zylinder einbeschrieben.
a) Archimedes von Syrakus entdeckte, dass die Volumina von Zylinder, Halbkugel und Kegel im Verhältnis 3 : 2 : 1 stehen. Begründe diese Behauptung.
b) Wie verhalten sich die Oberflächeninhalte der drei Körper zueinander?

26

Eine Kugel hat den gleichen Rauminhalt wie ein gerader Zylinder mit $h = 2r$. Bestimme den Oberflächeninhalt der Kugel in Abhängigkeit vom Zylinderradius r.

*27

In eine Kugel ist ein Quader mit den Kanten $a = 12{,}5\,cm$, $b = 10{,}1\,cm$ und $c = 5{,}2\,cm$ einbeschrieben, so dass alle seine Ecken Punkte der Kugeloberfläche sind. Berechne Oberflächeninhalt und Volumen der Kugel.

28

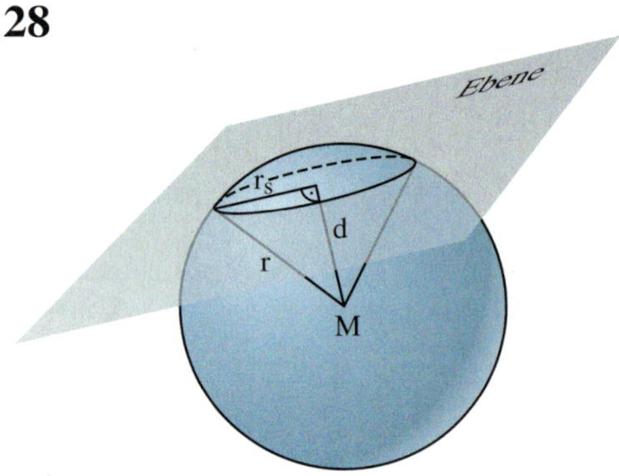

Eine Kugel mit dem Oberflächeninhalt $O = 28\pi\,cm^2$ wird im Abstand $d = 2\,cm$ vom Mittelpunkt M von einer Ebene geschnitten.
a) Berechne den Radius r der Kugel.
b) Wie groß ist der Flächeninhalt A der Schnittfläche?

G 29

In einer Urne sind 5 Kugeln. Sie tragen die Zahlen von 1 bis 5. Uwe zieht eine Kugel, merkt sich die Zahl und legt sie wieder zurück. Dann zieht er ein zweites Mal. Mit welcher Wahrscheinlichkeit ist auf der zweiten Kugel eine größere Zahl als auf der ersten?

G 30

Wahr oder falsch? Begründe.
a) Wenn ein Dreieck gleichschenklig ist, dann gilt der Zusammenhang $a^2 + b^2 = c^2$ nie.
b) Wenn in einem Dreieck der Zusammenhang $a^2 + b^2 = c^2$ gilt, dann kann das Dreieck nicht gleichseitig sein.

*5 Anwendungen an der Erdkugel

1

Eine Kugel soll durch einen ebenen Schnitt in zwei Teile geteilt werden. Beschreibe die dabei entstehende Schnittfläche. Wie muss der Schnitt geführt werden, damit die Schnittfläche möglichst groß ist? Was lässt sich dann über das Volumen der beiden Kugelteile sagen?

Erdradius: 6370 km

Auch wenn die Erde an den Polen leicht abgeplattet ist, kann man sie für viele Überlegungen angenähert als Kugel betrachten und mit einem mittleren Erdradius von 6370 km rechnen.

Das Gradnetz der Erde

Die Angabe der Lage jedes Punktes auf der Erdoberfläche wird durch das Gradnetz aus Längen- und Breitenkreisen ermöglicht. Die **Längenkreise** verlaufen durch Nord- und Südpol. Halbe Längenkreise, die an den Polen enden, nennt man Meridiane. Die geographische Länge wird vom Nullmeridian (durch Greenwich bei London) jeweils bis 180° ostwärts oder westwärts gemessen. **Breitenkreise** verlaufen in Ost-West-Richtung parallel zueinander. Die geographische Breite wird vom Äquator mit 0° jeweils bis 90° an den Polen gemessen.

Jeder Punkt der Erde wird durch Angabe von geographischer Länge und Breite festgelegt, z. B. liegt New York auf 40° n. Br. (nördliche Breite), 74° w. L. (westliche Länge).

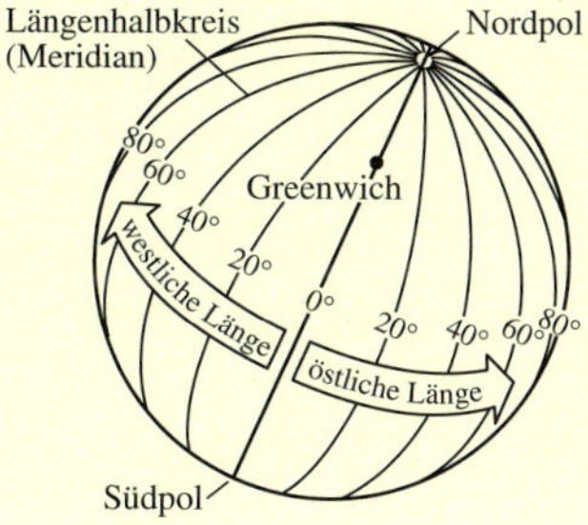

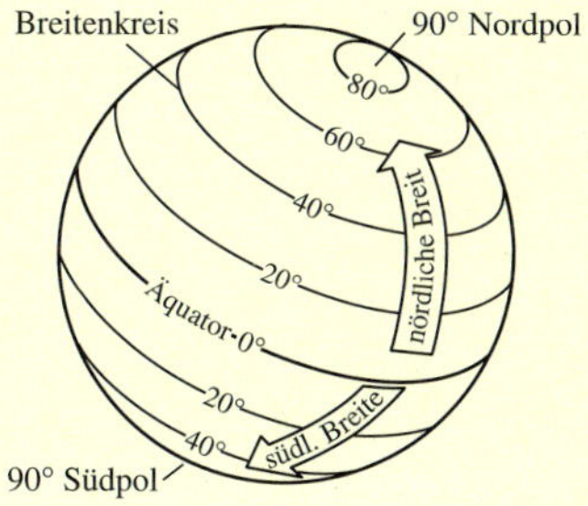

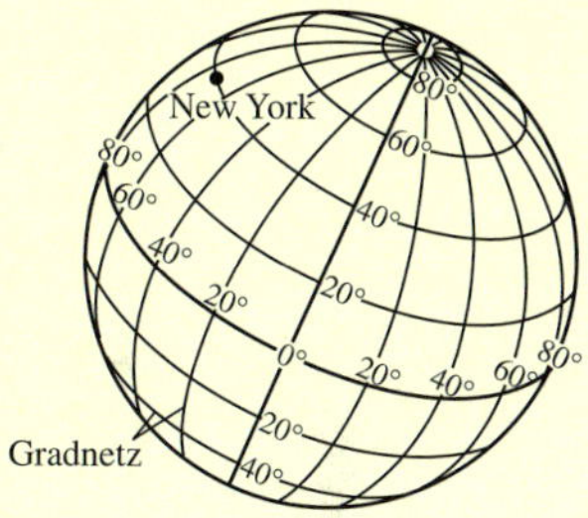

Bei einem Schnitt durch eine Kugel erhält man als Schnittfläche immer einen Kreis. Die größten Kreise entstehen, wenn die Schnittebene durch den Kugelmittelpunkt M geht. Diese Kreise nennt man deshalb **Großkreise**, alle anderen Schnittkreise heißen **Kleinkreise**.
Die Entfernung zwischen zwei Punkten auf einer Kugeloberfläche wird entlang des Großkreises gemessen, der durch diese zwei Punkte geht.
Alle Längenkreise der Erde sowie, als einziger Breitenkreis, der Äquator sind Großkreise.

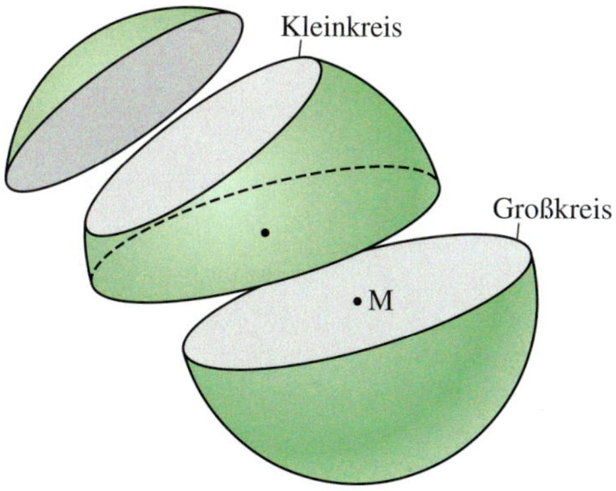

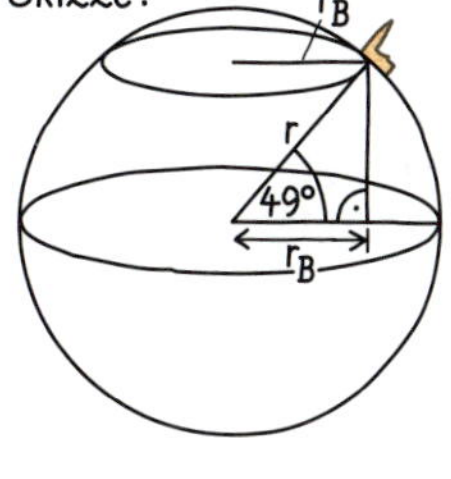

Beispiel

Berechne den Umfang des Breitenkreises, der durch Regensburg (49° n. Br. /12° ö. L.) geht.
Lösung:
Mit dem Erdradius $r \approx 6370\,\text{km}$ erkennt man anhand der Skizze: $\cos 49° = \frac{r_B}{6370\,\text{km}}$
Der Taschenrechner liefert $r_B \approx 4179\,\text{km}$ und damit $U = 2\pi \cdot r_B \approx 26\,258\,\text{km}$.

Rechne mit einem mittleren Erdradius von 6370 km.

2

a) Berechne den Oberflächeninhalt der Erde.

b) Etwa 70 % der Erdoberfläche sind von Wasser bedeckt. Wie viele km^2 werden von Land eingenommen?

c) Warum ist der tatsächliche Oberflächeninhalt der Landfläche größer? Erläutere.

d) Berechne das Volumen der Ozeane unter der Annahme, dass ihre durchschnittliche Tiefe 3800 m beträgt.

r mittlerer Radius in km
U Umfang in km
O Oberfläche in km^2
V Volumen in km^3
ϱ mittlere Dichte in $\frac{kg}{dm^3}$
m Masse in t

3

a) Berechne für die folgenden Himmelskörper die fehlenden Größen U, O, V, m.

	Erde	Mond	Sonne
r	6370	1738	695 300
ϱ	5,56	3,35	1,41

b) Bestimme für alle Größen das Verhältnis $\text{Größe}_{\text{Erde}} : \text{Größe}_{\text{Mond}} : \text{Größe}_{\text{Sonne}}$.

c) Gertrud behauptet: „Da der Durchmesser des Mondes etwa ein Viertel von dem der Erde ist, sind auch der Oberflächeninhalt und das Volumen des Mondes etwa ein Viertel von dem der Erde.“
Was sagst du dazu?

4

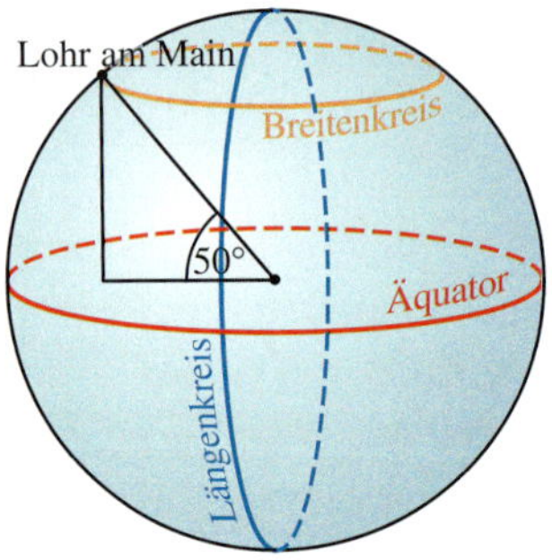

Da sich die Erde einmal in etwa 24 Stunden um sich selbst dreht, fahren wir eigentlich immer in einem „Karussell“.

Für eine 360°-Rotation benötigt die Erde 23 h 56 min 4 s (= 1 Sterntag). Eine vollständige Umdrehung relativ zur Sonne dauert durchschnittlich 24 h (1 Sonnentag).

a) Wie schnell fährt das „Karussell“ am Äquator? Schätze zuerst.

b) Berechne den Weg, den ein Ort mit der geographischen Breite 50° (z. B. Lohr am Main) infolge der Erddrehung innerhalb von 24 Stunden zurücklegt. Wie schnell fahren die Einwohner von Lohr am Main „Karussell“?

c) Mit welcher Geschwindigkeit bewegt sich deine Schule?

5

In Südamerika liegen die Städte Quito (Westküste) und Macapá (Ostküste) auf dem Äquator. Am Äquator beträgt der Erdradius 6378,14 km. Macapá liegt etwa auf 51° westl. Länge, Quito etwa auf 79° westl. Länge. Wie weit sind die beiden Städte voneinander entfernt?

6

Sydney und Buenos Aires liegen beide auf 34° südlicher Breite.

a) Recherchiere, auf welchem Längenkreis die Städte jeweils liegen.

b) Wie weit sind die beiden Städte entlang des Breitenkreises voneinander entfernt?

c) Spanne an einem Globus einen Faden zwischen beiden Städten und bestimme die Entfernung längs eines Großkreises näherungsweise. Vergleiche mit b).

7

Ein Flugzeug soll von München aus einmal die Erde umkreisen. Welche Flugroute ist kürzer – wenn das Flugzeug nach Norden oder nach Westen startet?

G 8

Wie kann man „die Hälfte der Zahl a“ schreiben? Überlege welche Antwort zutrifft.

a) $\frac{a}{2}$ b) $a - \frac{1}{2}$ c) $\frac{1}{2} \cdot a$ d) $a - \frac{a}{2}$
e) $0{,}5 \cdot a$ f) $\frac{1}{2}a$ g) $a - 50\,\%$ h) $a \cdot 50\,\%$

G 9

Bestimme die Funktionsterme f(x) der quadratischen Funktionen mit den Nullstellen $x_1 = -1$ und $x_2 = 3$. Auf welcher Geraden liegen die Scheitelpunkte? Skizziere einige Graphen dieser Funktionen.

Thema:

Quadraturen

Unter der **Quadratur** einer Fläche versteht man die Konstruktion eines inhaltsgleichen Quadrats zu einer vorgegebenen Fläche. Quadraturen haben bereits die Mathematiker der Antike fasziniert.

1
Welche Quadraturen sind rechts dargestellt? Begründe, dass jeweils die gelbe Fläche den gleichen Flächeninhalt hat wie das grüne Quadrat.

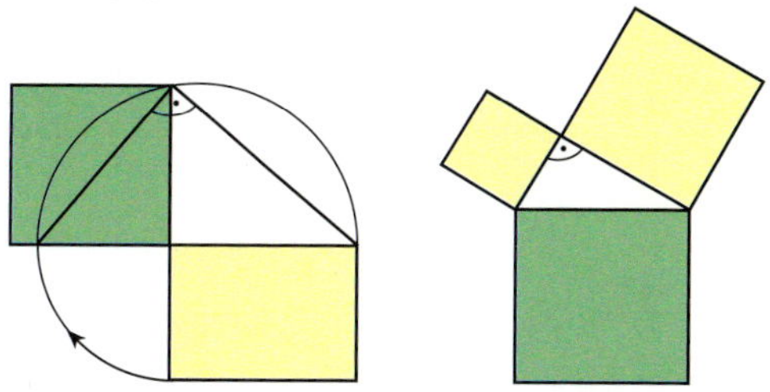

2
Zeige, dass die gelbe Fläche den gleichen Inhalt wie die grüne hat. Gib auch die Seitenlänge eines Quadrats mit gleichem Inhalt an.

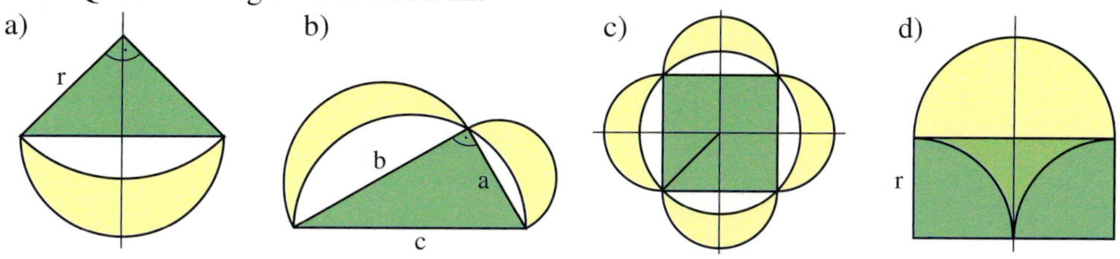

Die gelben Flächen in a) bis c) heißen auch „Möndchen des Hippokrates“ nach Hippokrates von Chios, um 440 v. Chr.

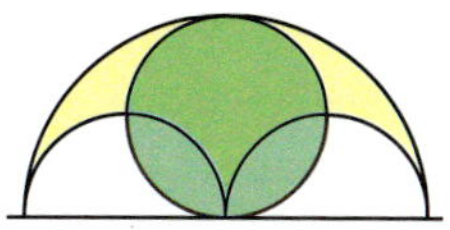

3
Zeige, dass in der linken Figur Kreis und „Doppelsichel“ den gleichen Flächeninhalt haben.

4
Welche Seitenlänge hat ein Quadrat, das den gleichen Flächeninhalt hat wie ein Kreis mit dem Radius $r = 1\,\text{cm}$?

Zu den berühmtesten geometrischen Problemen der Antike gehört die **Quadratur des Kreises** mit Zirkel und Lineal. Besondere Teile des Kreises wie in Aufgabe 2 kann man so in ein inhaltsgleiches Quadrat verwandeln.
Für den ganzen Kreis ist dies nicht möglich, wie erst 1882 der deutsche Mathematiker Carl Lindemann beweisen konnte. Er zeigte, dass man π (und damit auch $\sqrt{\pi}$) nicht mit Zirkel und Lineal konstruieren kann.

Wenn etwas als unmöglich gilt, vergleicht man dies häufig mit der Quadratur des Kreises.

5
Eine besonders gute Näherungskonstruktion für π stammt von A. Kochanski (1685):
(1) Zeichne einen Kreis um M mit dem Durchmesser $\overline{AA'}$ und die Tangente in A.
(2) Konstruiere mit Hilfe eines gleichseitigen Dreiecks einen Winkel von 30° an $\overline{MA}$. Nenne den Schnittpunkt des zweiten Schenkels mit der Tangente C.
(3) Trage auf der Tangente von C aus dreimal den Radius r ab. Nenne den Endpunkt D.
Dann gilt $\overline{A'D} \approx r \cdot \pi$.
a) Führe die Konstruktion für einen Kreis mit $r = 5\,\text{cm}$ aus. Miss die Länge von $\overline{A'D}$ und bestimme damit eine Näherung für π.
*b) Begründe an den Dreiecken CAM und A'AD: $\overline{A'D} = r \cdot \sqrt{13\tfrac{1}{3} - 2\sqrt{3}}$.
Wie genau ist die Näherung $\pi \approx \sqrt{13\tfrac{1}{3} - 2\sqrt{3}}$?

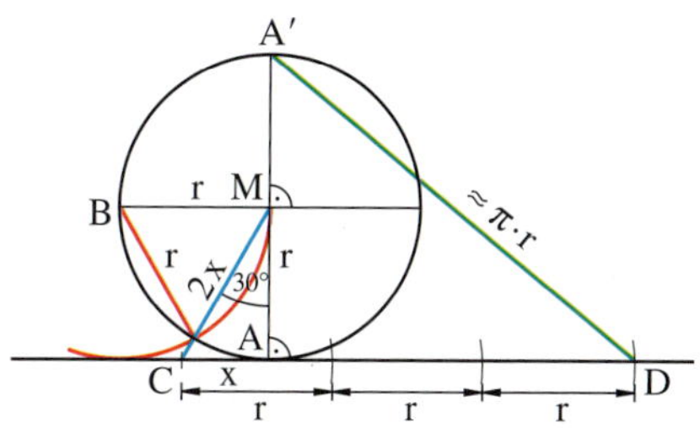

Lesetext:

Die Geschichte der Zahl π

Eine historische Quelle zur Geschichte der Kreiszahl π ist auch die Bibel. Im Alten Testament werden im Bericht über Salomons Tempelbau (um 950 v. Chr.) verschiedene Tempelgeräte beschrieben, darunter auch ein riesiges Gefäß, das für Waschungen der Priester gedacht war (vgl. Aufgabe 5 auf Seite 11).

In der Einheitsübersetzung von 1978 heißt es (1. Könige 7,23):

> *Dann machte er das „Meer". Es wurde aus Bronze gegossen und maß zehn Ellen von einem Rand zum anderen; es war völlig rund und fünf Ellen hoch. Eine Schnur von dreißig Ellen konnte es rings umspannen.*

Mit „völlig rund" ist sichtlich kreisförmig gemeint, also ist nach der Bibel $\pi = \frac{U}{d} = \frac{30}{10} = 3$.
Die Näherung $\pi \approx 3$ entspricht dem altbabylonischen Wert für π; es gibt aber ältere und wesentlich bessere Näherungen.

Die Ägypter kannten schon etwa 2000 Jahre vor Christus eine sehr genaue Berechnung des Flächeninhalts des Kreises. Im Papyrus Rhind (um 1650 v. Chr.), den du von früheren Lesetexten schon kennst, findet sich eine Darstellung dazu.

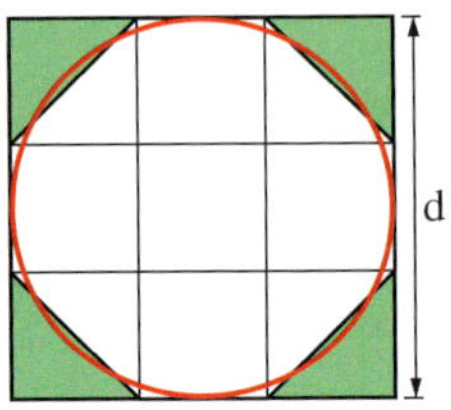

Um den Kreis wurde ein Quadrat gezeichnet, dessen Seitenlänge gleich dem Kreisdurchmesser d ist (vgl. Figur links). Dann zerlegte man das Quadrat in 9 gleich große Teilquadrate.
Als Näherung für den Flächeninhalt des Kreises wurde der Flächeninhalt des Achtecks genommen, also 7 der 9 Teilquadrate des Durchmesser-Quadrats:

$$A \approx \frac{7}{9}d^2.$$

Da man aber den Flächeninhalt als Quadrat einer Länge haben wollte (was schon der Idee der Quadratur entspricht), wurde weitergerechnet:

$$A \approx \frac{7}{9}d^2 = \frac{63}{81}d^2 \approx \frac{64}{81}d^2 = \left(\frac{8}{9}d\right)^2$$

Setzt man nun $d = 2r$,
so ergibt sich

$$A \approx \left(\frac{8}{9} \cdot 2r\right)^2 = \left(\frac{16}{9}\right)^2 \cdot r^2.$$

Wegen $A = \pi r^2$ gilt also: $\pi \approx \left(\frac{16}{9}\right)^2$

Mit $\pi \approx \left(\frac{16}{9}\right)^2 = 3{,}16049\ldots \approx 3{,}16$
wurde vor etwa 3500 Jahren eine Näherung für π gefunden, die sich um weniger als 1 % vom richtigen Wert unterscheidet.

Im Laufe der Zeit wurden immer bessere Näherungen für π bestimmt. Der heute oft verwendete Wert $\pi \approx 3{,}14$ stammt von Archimedes (287–212 v. Chr.). Er hat den Umfang des Kreises mittels Annäherung durch ein 96-Eck bestimmt und dabei gefunden:

$$3\tfrac{10}{71} < \pi < 3\tfrac{1}{7},$$

wobei für die mathematische Praxis $\pi \approx 3\frac{1}{7}$ benutzt wurde. (Es gilt $3\frac{1}{7} \approx 3\frac{10}{71} \approx 3{,}14$).
Das Näherungsverfahren des Archimedes ist auf Seite 9 beschrieben.

Aus der Schachtelung des Archimedes bestimmte Ptolemäus (85–165 n. Chr.) durch „angenäherte Mittelbildung" $\pi \approx 3\frac{17}{120}$. Er rechnete dabei wie in der babylonischen Mathematik mit 60er-Brüchen:

$$3\tfrac{1}{7} \approx 3\tfrac{8}{60} + \tfrac{27}{3600}; \quad 3\tfrac{10}{71} \approx 3\tfrac{8}{60} + \tfrac{34}{3600},$$

woraus er als Mittelwert $3\frac{8}{60} + \frac{30}{3600} = 3\frac{17}{120}$ bildete.

π = 3,14159265358979323846264338327950288419716939937510582097494459230781640628620899862803482534211706798214808651328230664709384460955058223172535940812848111745028410 2...

In der chinesischen Mathematik wurde anfangs mit $\pi = 3$ gerechnet.
Liu Hui (um 250 n. Chr.) bestimmte mit Hilfe eines 192-Ecks eine Schachtelung für π, später berechnete er an einem 3072-Eck

$$\pi \approx \frac{3927}{1250} = 3{,}1416.$$

Im 5. Jahrhundert n. Chr. findet sich bei Tsu Chung-chih $\pi \approx \frac{355}{113}$. Dies ist, wie man zeigen kann, die bestmögliche Näherung für π durch einen gewöhnlichen Bruch, dessen Nenner kleiner als 1000 ist. Eine Vorstellung über die Genauigkeit dieser Näherung erhält man, wenn man sie als Dezimalbruch schreibt. Es ergibt sich

$$\pi \approx \frac{355}{113} = 3{,}141\,592\,92\ldots$$

Dieser Wert ist auf 6 Dezimalen genau.

Ludolph van Ceulen (1540–1610) berechnete schließlich nach der Idee von Archimedes am 2^{62}-Eck (2^{62} ist im Zehnersystem geschrieben eine Zahl mit 19 Ziffern!) die Zahl π auf 35 Dezimalen genau. Er war auf diese Leistung so stolz, dass er in seinem Testament festlegte, dass diese Zahl auf seinem Grabstein eingemeißelt werden soll. Bis zum Ende des 19. Jahrhunderts nannte man ihm zu Ehren π die Ludolphsche Zahl.

Neben Näherungswerten in Form von Brüchen, also rationalen Zahlen, hat man auch versucht, Näherungen durch Quadratwurzeln anzugeben. Bei Brahmagupta (598–etwa 665 n. Chr.), einem indischen Mathematiker, findet man mit $\pi \approx \sqrt{10}$ einen relativ ungenauen Wert. Dagegen ist die von dem französischen Juristen und Mathematiker Jean François Viète (1540–1603), auch Vieta genannt (vgl. den Satz von Vieta für quadratische Gleichungen), gefundene Näherung $\pi \approx 1{,}8 + \sqrt{1{,}8}$ auf drei Dezimalen genau.
Hierher gehört auch die von Kochanski 1685 angegebene Näherung

$$\pi \approx \sqrt{13\tfrac{1}{3} - 2\sqrt{3}}\,,$$

vgl. Aufgabe 5 auf S. 27.

Wesentliche Fortschritte zur Bestimmung von π brachten neue Ideen zu Näherungsverfahren wie z. B. eines von Nikolaus von Kues. Auf der anderen Seite versuchte man, π durch unendliche Produkte oder Summen zu beschreiben.
Die bekannteste Darstellung stammt von Gottfried Leibniz (1646–1716):

$$\frac{\pi}{4} = 1 - \frac{1}{3} + \frac{1}{5} - \frac{1}{7} + \frac{1}{9} - \frac{1}{11} + - \ldots$$

Für eine praktische Berechnung der Zahl π ist diese Darstellung aber ungeeignet. Um z. B. π auf nur zwei Dezimalen genau zu erhalten, muss man etwa 300 Schritte rechnen. Besser geeignet ist z. B.

$$\pi = 2 \cdot \sqrt{3} \cdot \left(1 - \frac{1}{3 \cdot 3} + \frac{1}{3^2 \cdot 5} - \frac{1}{3^3 \cdot 7} + \frac{1}{3^4 \cdot 9} - + \ldots\right),$$

womit der englische Astronom Abraham Sharp (1651–1742) die Zahl π auf 72 Dezimalen genau berechnete. Heute hat man π mit Hilfe von Computern auf über eine Billion Dezimalen genau berechnet.

Zum Schluss ein „literarischer" Spaß:
Weinmeister hat 1878 einen Merkvers für die Zahl π gedichtet. Notiert man zu jedem Wort die Anzahl der Buchstaben, so erhält man π auf 23 Dezimalen:

3 , 1 4 1 . . .
Wie, o dies π
macht ernstlich so vielen viele Müh!
Lernt immerhin, Jünglinge, leichte Verselein,
wie so zum Beispiel dies dürfte zu merken sein.

„Jünglinge" lässt sich hierbei auch durch „Mägdelein" ersetzen, ohne dass sich die beschriebene Näherung für π ändert.
Folgende witzige Sentenz lehnt sich an Shakespeare an:

6,28,
two π
or not two π
that is the question

Hamlet as mathematician?

Leider wird im Englischen jedoch π als „pai" ausgesprochen

Lesetext:

Das W-Seminar in Mathematik

Neben dem „W-Seminar" wird noch ein „P-Seminar" besucht, in dem Kompetenzen für die spätere Berufswahl vermittelt werden.

Zur besseren Vorbereitung auf das wissenschaftliche Arbeiten an der Hochschule werdet ihr in der 11. und 12. Jahrgangsstufe des Gymnasiums ein sog. „W-Seminar" belegen. In diesem stehen die Vertiefung des fachlichen Wissens und die fachgebundene Methodenkompetenz im Mittelpunkt. Ihr werdet in diesem Seminar zu einem fachlichen Rahmenthema ein selbst gewähltes Teilthema bearbeiten und darüber eine Seminararbeit erstellen.
Schon in der 10. Klasse werden die Seminare den Neigungen entsprechend frei gewählt.

Eine intensive Beschäftigung mit Mathematik in einem W-Seminar erleichtert den Einstieg in viele Studiengänge wie z. B. Natur- und Ingenieurwissenschaften oder auch Psychologie und Wirtschaftswissenschaften. Außerdem können viele anwendungsbezogene Problemstellungen anhand mathematischer Denk- und Arbeitsweisen gelöst werden.

Möglicher zeitlicher Ablauf des W-Seminars:
10/2:
Wahl des Seminars aus dem Angebot der Schule
11/1:
Einführender Unterricht, Themenfindung für die Seminararbeiten
11/2:
Inhaltliche Arbeit am Teilthema, Zwischenpräsentationen
12/1:
Endfassung und Abgabe der Seminararbeiten, abschließend Präsentation der Seminararbeiten.

Im Folgenden wird der Ablauf eines solchen Seminars im Fach Mathematik exemplarisch am Thema **„Mathematik der Kugel"** vorgestellt. Dieses Thema ist wegen seiner zahlreichen Anwendungsmöglichkeiten in anderen Bereichen, wie z. B. Geographie, Navigation auf der Erdoberfläche und Astronomie interessant. Das Zeitraster auf dem Rand bietet einen groben Überblick zum Ablauf.

11/1 Einführender Unterricht und Themenfindung für Seminararbeiten
Beim einführenden Unterricht werden euch Kenntnisse zum Rahmenthema des Seminars vermittelt. Die Lehrkraft wird euch in wissenschaftliche Arbeitsweisen wie z. B. Quellensuche und richtiges Zitieren einführen. Daneben werden mögliche Seminararbeitsthemen vorgestellt oder entwickelt.

Wir leben auf einer Kugel, doch ist unsere Anschauung von der Geometrie in der Ebene geprägt. Im einführenden Unterricht werden deshalb zunächst grundlegende Begriffe der Kugelgeometrie erklärt, z. B. die Linie, welche die kürzeste Entfernung zwischen zwei Orten angibt.

In der folgenden Karte ist die Flugroute von München nach Vancouver gelb eingetragen.

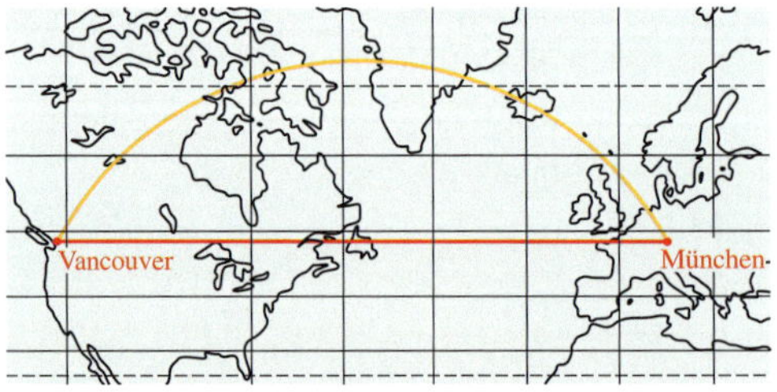

Warum wählt man diesen anscheinenden Umweg über Grönland, wenn die rot eingezeichnete Route doch viel kürzer scheint?
Der Blick auf die Erdkugel lässt die Antwort bereits erahnen.
Alle Kreise durch zwei Punkte auf der Kugel haben eine gemeinsame Sehne.

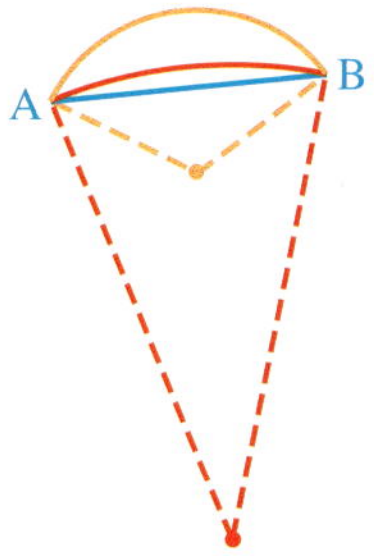

Die Abbildung auf dem Rand zeigt, dass der Kreisbogen zwischen A und B kürzer wird, wenn der Radius des Kreises wächst.
Jede Ebene durch die Punkte A und B schneidet die Kugel in einem Kreis. Geht die Ebene durch den Kugelmittelpunkt, so nimmt der Radius den größtmöglichen Wert an. Der Großkreisbogen zwischen zwei Punkten auf der Kugel gibt also die kürzeste Entfernung zwischen diesen Punkten an.

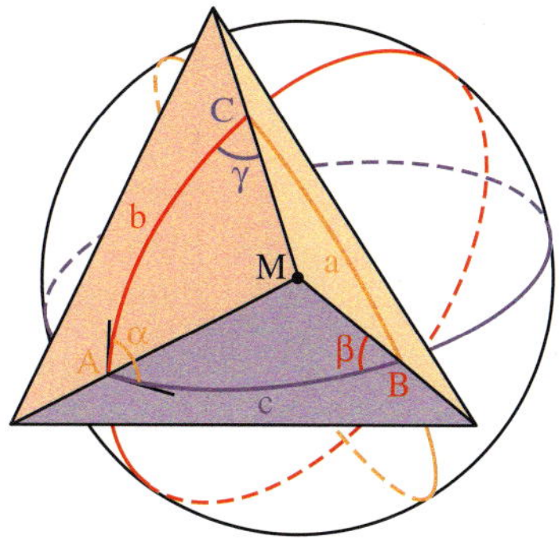

Die rechte Figur zeigt, wie die Seiten und Winkel eines Kugeldreiecks in Übertragung bereits erworbener Kenntnisse erklärt werden können.
Aus den im nächsten Kapitel zu erarbeiteten Sätzen zur Berechnung von Winkeln und Seiten im ebenen Dreieck können entsprechende Sätze über das Kugeldreieck abgeleitet werden.
Aufgrund beispielsweise dieser Kenntnisse lassen sich eine Reihe von Teilthemen in Seminararbeiten bearbeiten.

Die folgende Liste zeigt mögliche Seminararbeitsthemen:
- Kreise auf der Kugel und ihre Darstellung im Schrägbild
- Elementare Kugelgeometrie, Koordinatensystem auf der Kugel
- Das rechtwinklige Kugeldreieck
- Anwendungen des rechtwinkligen Kugeldreiecks, z. B. in der Kristallographie
- Umkugeln von Platonischen Körpern
- Berechnungen am allgemeinen Kugeldreieck
- Berechnungen an der „Erdkugel“
- Anwendungen der Kugelgeometrie in Schifffahrt und Luftfahrt (und Geographie)
- Funkortung
- Darstellung der Erdoberfläche auf Karten: Kartenprojektion
- Grundlagen der mathematischen Himmelskunde (Astronomische Koordinatensysteme)
- Die scheinbare Bewegung der Sonne
- Zeitmessung, Sonnenzeit, Sternzeit
- Bau von Sonnenuhren
- Ebene- und sphärische Geometrie im Vergleich, geschichtliche Entwicklung

11/1 Festlegung von Arbeitstiteln und Erstellung eines Arbeitsplans
Bei der Wahl eures Seminararbeitsthemas legt ihr zunächst einen vorläufigen Arbeitstitel für die Seminararbeit fest.
Nun erstellt jeder von euch einen individuellen Arbeitsplan für seine Seminararbeit.

Hinweise zum Arbeitsplan
- *feste Arbeitszeiten einführen und halten*
- *eigenen Lebensrhythmus und nötige Erholungszeiten beachten*
- *Zeitreserven für Unvorhergesehenes einplanen*

Vorteile eines Arbeitsplanes
- *neue Motivation beim Erreichen von Teilzielen*
- *kein unnötiger Stress*
- *man kann die Freizeit genießen*

Beispiel eines möglichen Arbeitsplan für das Teilthema **„Berechnungen an der Erdkugel“**

Dez - Jan:	Annäherung an das Thema, Experimentieren am Globus, Recherche in der Schulbücherei, in Bibliotheken oder im Internet, Literatur lesen und strukturieren
Feb - April:	Thema grob gliedern, skizzieren, eingrenzen und präzisieren
Mai - Aug:	Material strukturieren, evtl. weitere Literatursuche
Juli - Aug:	Rohfassung schreiben,
Sep:	Rohfassung überarbeiten, endgültige Gliederung machen und Endfassung schreiben
Okt:	Formales überprüfen (Zitate, Verweise usw.), Formatierung des Textes, Literaturverzeichnis, Deckblatt usw. erstellen und gründliches Korrekturlesen

11/1 Entwicklung der individuellen Seminararbeitsthemen
In dieser Phase müsst ihr selbstständig recherchieren, um euch so einen Überblick über weitere Aspekte eures Teilthemas sowie des Rahmenthemas zu erarbeiten. Ihr könnt so ggf. auch noch das Thema eurer Seminararbeit weiterentwickeln.
Dabei werdet ihr kontinuierlich von eurer Lehrkraft betreut. Eure Tätigkeiten und Zwischenergebnisse dokumentiert ihr dabei z. B. in Form von Rechercheprotokollen.

Um sich einen Überblick über ein Teilthema aus der obigen Liste zu verschaffen und das durch Recherchen gesammelte Wissen zu strukturieren, kann z. B. eine so genannte Mindmap (eine Ideen- bzw. Wissens-Landkarte) angefertigt werden. Diese macht auch Verbindungen und Beziehungen deutlich.

Es ist wichtig, frühzeitig eine Entscheidung zu treffen, was genau ausgearbeitet werden soll, damit man bei der Literatursuche gleich wirklich Passendes dazu auswählen kann.

Beispiel einer Mindmap zum Arbeitsthema: „Berechnungen an der Erdkugel“:

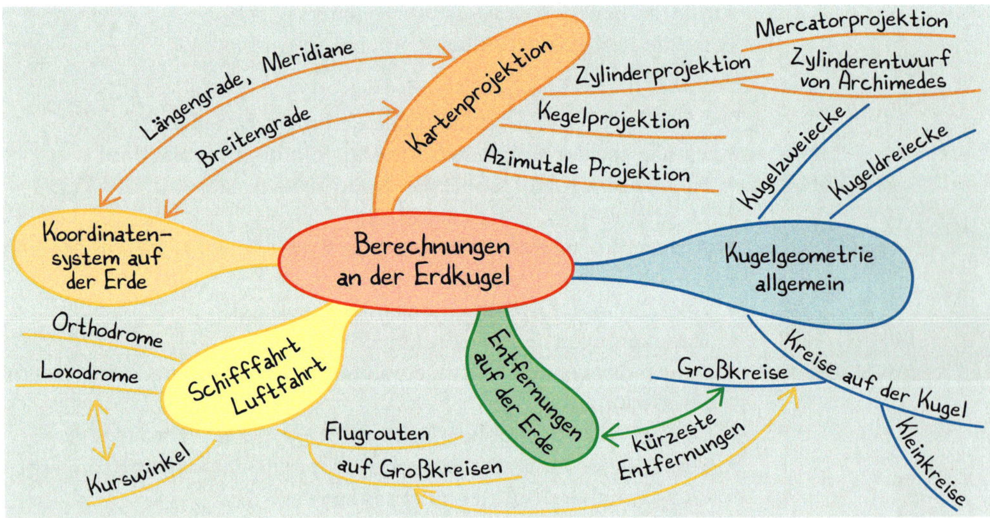

Diese Mindmap lässt erkennen, dass es kaum sinnvoll ist, alle gefundenen Teilbereiche ausführlich zu behandeln. Das eigentliche Seminararbeitsthema könnte z. B. eingeschränkt werden auf den Arbeitstitel: **„Abstände auf der Erde und Flugrouten“**

Möglichst bald sollte eine Gliederung erstellt werden. Diese kann am Anfang der Stoffsammlung wenige Punkte enthalten, die im Laufe des Arbeitsprozesses immer mehr ausgearbeitet werden und Grundlage der exakten Gliederung sind.

Eine Grobgliederung dazu könnte so aussehen:

1. Grundlagen der Kugelgeometrie
   1.1. Abstände, Winkel, Dreiecke
   1.2. Sätze über Kugeldreiecke
2. Koordinaten auf der Erdkugel
3. Abstandsberechnungen auf der Erde
4. Flugrouten bestimmen

11/2 Weiterentwickeln der Seminararbeitsthemen anhand der Grobgliederung und Festlegung des endgültigen Titels der Seminararbeit
In dieser Phase ist die Gliederung auszuarbeiten. Sind für die Erstellung der Arbeit Datenerhebungen oder die Durchführung von Experimenten notwendig, sollten diese spätestens in dieser Phase durchgeführt werden. Als Dokumentation eurer Tätigkeit dienen in dieser Phase z. B. Tagebücher, Niederschriften über die Beratungsgespräche, aber auch kurze Zwischenpräsentationen z. B. in Form von Kurzreferaten.

Bei der exakten Recherche ist zum einen Spürsinn gefragt. Es ist aber außerdem wichtig, sich grundlegende Techniken und Strategien des Aufzeichnens und Ablegens anzueignen.
Außerdem ist es wichtig, die Ergebnisse immer wieder zu systematisieren und zu strukturieren z. B. mit einer Mindmap.

Bei der Zwischenpräsentation kann zum besseren Verständnis bei den anderen Seminarteilnehmern ein einfacher Einstieg in das Thema gewählt werden, z. B. die Problemstellung von S. 30, unten. Dabei kann man schon mit den in der nächsten Lerneinheit erworbenen Kenntnissen die kürzeste Entfernung für zwei Orte auf demselben Breitenkreis ermitteln.

12/1 Schreiben der Seminararbeit
Wesentliche Arbeitsschritte sind die abschließende exakte Recherche, die Erstellung einer ausführlichen Gliederung und anschließend das tatsächliche Verfassen der Seminararbeit. Diese sollte einen Umfang von ca. 10 Textseiten, ohne Graphiken und Bilder usw. haben.

Bestandteile der Seminararbeit:
- Titelblatt
- Inhaltsverzeichnis (Gliederung der Arbeit)
- Darstellungsteil mit Einleitung, Hauptteil, Schluss
- Anhänge und Materialien
- Literaturverzeichnis
- evtl. Abbildungsverzeichnis, Abkürzungsverzeichnis, Verzeichnis der Anhänge

Beispiel für ein Inhaltsverzeichnis:

1.	Einleitung	1
2.	Grundlagen der Kugelgeometrie	2
	2.1 Abstände, Winkel, Kugeldreiecke	2
	2.2 Das Koordinatensystem auf der Erdkugel	4
3.	Sätze am rechtwinkligen Kugeldreieck	5
4.	Sätze am schiefwinkligen Dreieck	7
5.	Abstandsberechnungen auf der Erde	9
6.	Berechnungen von Kurswinkeln	10
	6.1 Flugrouten auf Großkreisen	10
	6.2 Flugrouten nach bestimmten Gesichtspunkten	11
7.	Zusammenfassung (Schlussteil)	12
8.	Anhang	13
9.	Literaturverzeichnis	15

12/1 Abgabe der Seminararbeiten und Abschlusspräsentation
Nach der Abgabe der Seminararbeiten bereitet ihr unter Betreuung eurer Lehrkraft nun noch die Abschlusspräsentation eurer Seminararbeit vor.

Beispiel für ein Plakat zu einer Abschlusspräsentation:

Anhand der folgenden Problemstellung lassen sich die Inhalte meiner Seminararbeit zum Thema **„Bestimmung von Flugrouten"** übersichtlich darstellen:
„Welches ist die kürzeste Flugroute zwischen München und Dubai?"

München: Länge $\lambda = -11{,}5°$, Breite $\varphi = 48°$
Dubai: Länge $\lambda = -55°$, Breite $\varphi = 25°$

Man betrachtet das Kugeldreieck MDN, das so genannte Poldreieck.
Mit Hilfe verschiedener Sätze am Kugeldreieck lässt sich, wie ich zeigen werde, die kürzeste Entfernung berechnen.

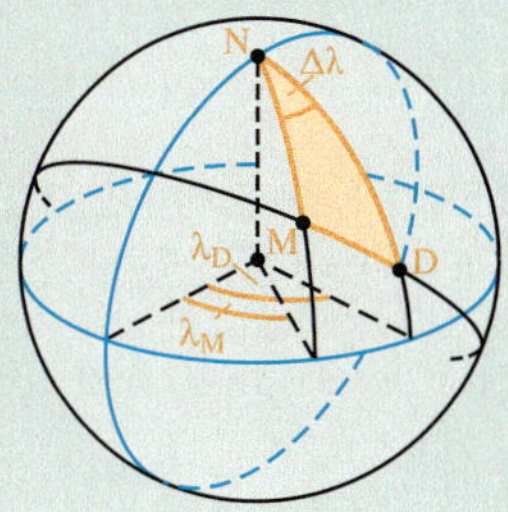

Rückblick

Die Kreiszahl π
Die Kreiszahl π ist eine irrationale Zahl. Durch verschiedene Verfahren lassen sich Näherungswerte für sie bestimmen. Beispielsweise lässt sich der Wert des Kreisumfangs durch Berechnung des Umfangs von ein- und umbeschriebenen Vielecken einschachteln und damit π beliebig genau angeben.

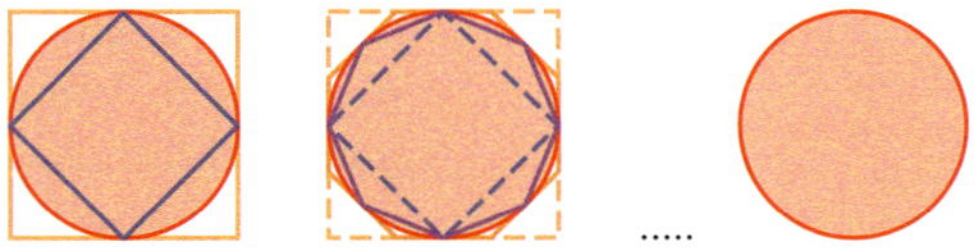

π = 3,1415926535897…

Kreissektor
In einem Kreis mit Radius r gilt für einen Kreissektor mit Mittelpunktswinkel α:
Länge des Kreisbogens:

$$\mathbf{b = \frac{\alpha}{360^\circ} \cdot 2\pi r}$$

Flächeninhalt des Kreissektors:

$$\mathbf{A = \frac{\alpha}{360^\circ} \cdot \pi r^2 = \frac{1}{2} b r}$$

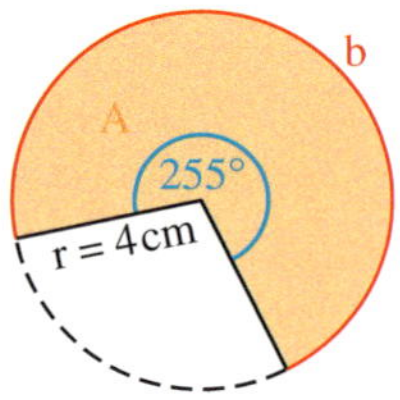

$b = \frac{255^\circ}{360^\circ} \cdot 2\pi \cdot 4\,cm$
$\approx 17{,}8\,cm$

$A = \frac{255^\circ}{360^\circ} \cdot \pi \cdot 16\,cm^2$
$\approx 35{,}6\,cm^2$

Bogenmaß
Die Größe eines Winkels α kann im Gradmaß oder im Bogenmaß angegeben werden.
Für den Zusammenhang von Gradmaß und Bogenmaß gilt:

$$\frac{\alpha \text{ im Bogenmaß}}{2\pi} = \frac{\alpha \text{ im Gradmaß}}{360^\circ}$$

2π entspricht 360° bzw.
π entspricht 180°

60° im Bogenmaß: $\frac{60^\circ}{360^\circ} \cdot 2\pi = \frac{\pi}{3} \approx 1{,}05$

0,52 im Gradmaß: $\frac{0{,}52}{2\pi} \cdot 360^\circ \approx 30^\circ$

Volumen der Kugel
Ist r der Radius einer Kugel, so gilt für ihr Volumen:

$$\mathbf{V = \frac{4}{3} \pi r^3}$$

$V = \frac{4}{3}\pi \cdot (5\,cm)^3$
$V = \frac{500}{3}\pi\,cm^3$
$V \approx 524\,cm^3$

Oberflächeninhalt der Kugel
Die Oberfläche einer Kugel lässt sich nicht in der Ebene abwickeln.
Ist r der Radius einer Kugel, so gilt für ihren Oberflächeninhalt:

$$\mathbf{O = 4\pi r^2}$$

$O = 4\pi \cdot (5\,cm)^2$
$O = 100\,\pi\,cm^2$
$O \approx 314\,cm^2$

Aufgaben zum Üben und Wiederholen

1

Berechne den Fehler, der sich ergibt, wenn man den Umfang zweier Kreise mit den Radien $r_1 = 5\,m$ und $r_2 = 5\,km$ mit dem Näherungswert $\pi \approx 3{,}14$ berechnet, anstatt mit dem Taschenrechnerwert für π. Bestimme auch den prozentualen Fehler, der sich jeweils ergibt. Was fällt dir dabei auf? Begründe diese Tatsache.

2

Berechne den Inhalt der folgenden Flächen.

a)
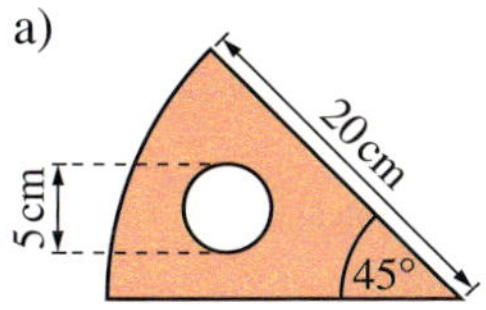

b)
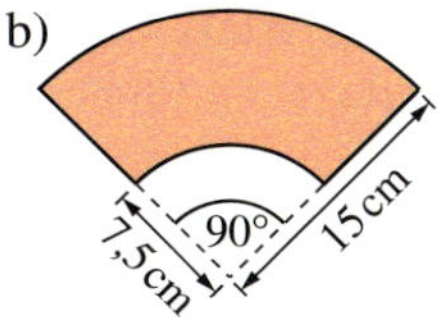

c)
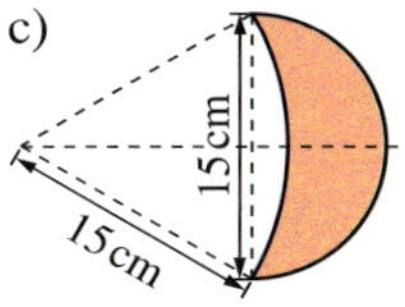

3

Bestimme das Volumen V und den Oberflächeninhalt O der dargestellten Körper.

a)
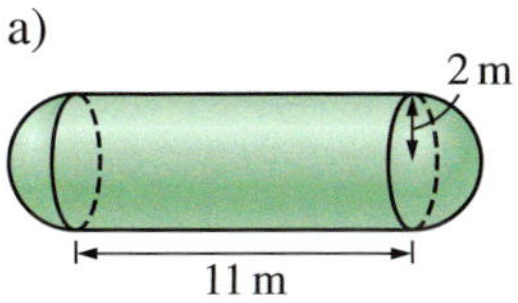

b)
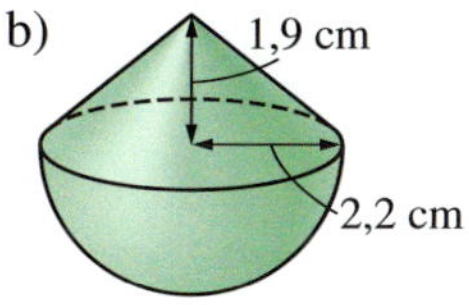

c)
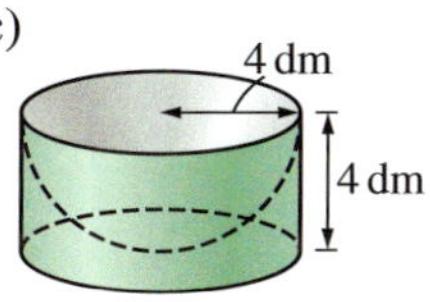

4

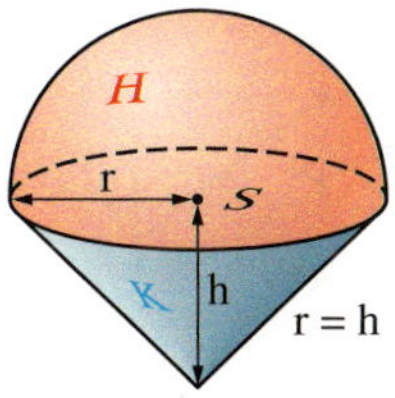

a) Beim nebenstehenden Körper soll die halbkugelige Oberfläche H rot und der Kegelmantel K blau gestrichen werden. In welchem Verhältnis steht der Verbrauch der beiden Farben?
b) Um wie viel Prozent ist die rot gestrichene Fläche größer als die Fläche des eingezeichneten Schnittkreises S?
c) Vergleiche das Volumen der Halbkugel H mit dem Volumen des Kegels K.

5

Ein Würfel der Kantenlänge a ist mit n^3 Kugeln vom Durchmesser $\frac{a}{n}$ gefüllt. Berechne Volumen und Oberflächeninhalt aller Kugeln zusammen und vergleiche mit dem Würfel. Wie hängt das Volumen des Restkörpers, also der „Luft“, von n ab?

Die Lösungen zu den Aufgaben dieser Seite findest du auf Seiten 164 und 165.

6

Rechne jeweils in das andere Maß um.

a) 72° b) 1,8 c) $\frac{\pi}{5}$ d) 243° e) $\frac{11\pi}{6}$

7

Berechne die fehlenden Angaben der Kreissektoren.

	a)	b)	c)	d)
r	9,5 cm	2,5 cm		4,0 cm
α	35°		$\frac{\pi}{3}$	
b		7,5 cm	12 cm	
A				17,6 cm²

8

Ein Öltropfen hat den Durchmesser 0,5 cm. Er verteilt sich als kreisförmiger Ölfleck mit 1 m Durchmesser. Wie dick ist er?

9

1000 gleich große Bleikugeln mit dem Durchmesser d werden zu einer einzigen Kugel zusammengeschmolzen.

a) Welchen Durchmesser hat diese Kugel?
b) Vergleiche ihre Oberfläche mit der Gesamtoberfläche der 1000 kleinen Kugeln.

10

Die Kugel auf einer Kirchturmspitze hat einen Durchmesser von 38 cm. Sie wird mit 10 g Gold vergoldet. 1 cm³ Gold wiegt 19,3 g. Wie dick ist die Goldschicht?

11

Die Sonne ist etwa 150 Millionen Kilometer von der Erde entfernt.

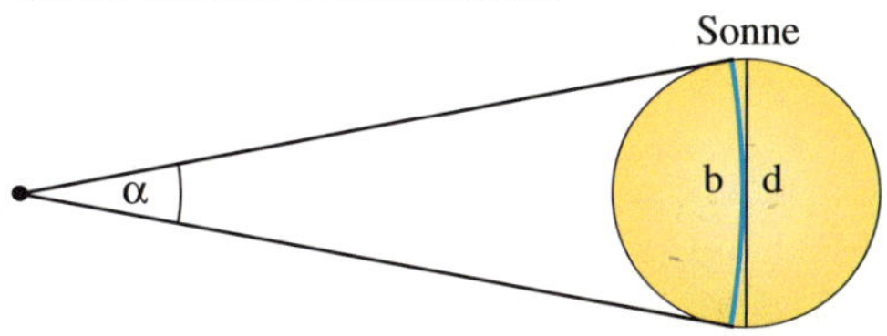

a) Man sieht sie von der Erde aus unter einem Winkel $\alpha = 0{,}53°$. Berechne die Länge des Bogens b als Näherung für den Sonnendurchmesser.
b) Um wie viel km weicht der Sonnendurchmesser von dieser Näherung ab? (Sonnendurchmesser $d = 1{,}392 \cdot 10^9\,m$)
c) Welchen Weg legt die Erde in einem Jahr (an einem Tag, in einer Stunde) auf ihrer Kreisbahn um die Sonne zurück?
d) Berechne ihre Bahngeschwindigkeit.

II Trigonometrie aus geometrischer und funktionaler Sicht

1 Sinus und Kosinus am Einheitskreis

Einheitskreis:
Kreis, dessen Radius 1 ist.

1

a) Bestimme für $\alpha = 30°$ die Koordinaten des Punktes P auf dem Einheitskreis.

b) Es gibt einen weiteren Punkt Q auf dem Einheitskreis mit dem y-Wert $\frac{1}{2}$. Welcher Winkel β gehört zu Q?

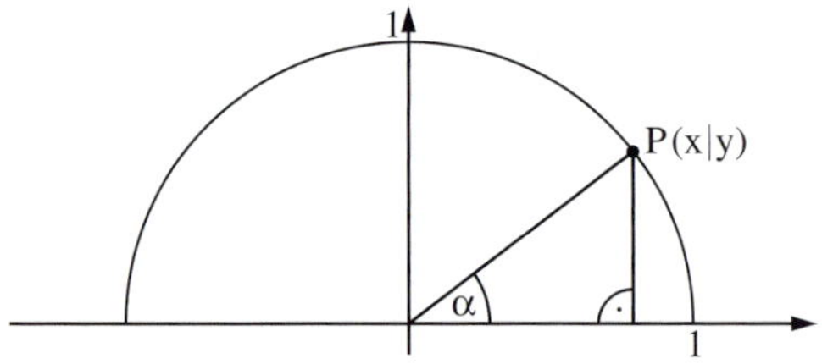

Viele geometrische Probleme wie z. B. die Berechnung stumpfwinkliger Dreiecke werden vereinfacht, wenn die Werte sin α und cos α auch für Winkel $\alpha > 90°$ erklärt sind. Zur Erweiterung der bisherigen Definition ist die Darstellung am Einheitskreis besonders gut geeignet.
Ist $P(x|y)$ ein Punkt im I. Quadranten auf dem Einheitskreis, so ist $x = \cos\alpha$ und $y = \sin\alpha$. Dies wird auch für stumpfe und überstumpfe Winkel beibehalten.

Definition: Ist $P(x|y)$ ein beliebiger Punkt auf dem Einheitskreis und α der Winkel mit der positiven x-Achse als erstem und der Halbgeraden von O durch P als zweitem Schenkel, so legt man fest:

$$\sin\alpha = y; \quad \cos\alpha = x$$

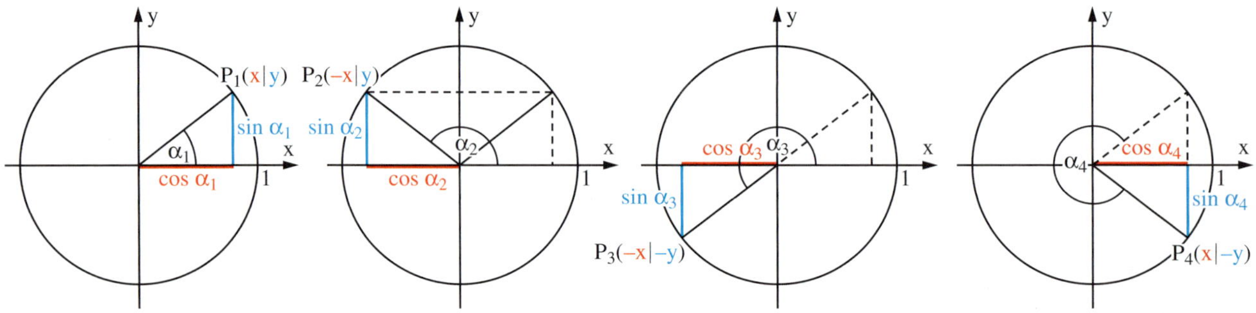

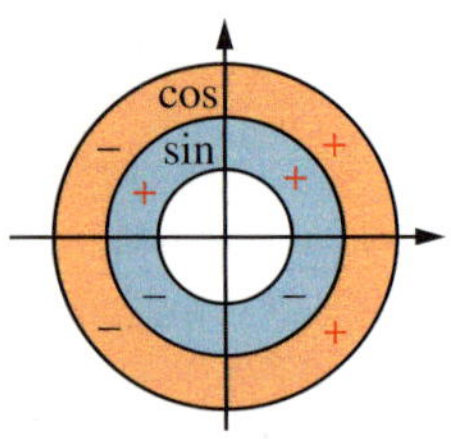

Vorzeichen von sin α und cos α in Abhängigkeit von α.

Die Erweiterung der Definition führt dazu, dass auch negative Sinus- und Kosinuswerte auftreten. Den Abbildungen ist zu entnehmen, wie sich die Sinus- und Kosinuswerte von Winkeln zwischen 90° und 360° auf diejenigen spitzer Winkel zurückführen lassen: Dazu wird der Punkt P_1 nacheinander an der y-Achse, der x-Achse und anschließend an der y-Achse gespiegelt; man erhält so die Punkte P_2, P_3 und P_4.
Ist α ein spitzer Winkel, so gilt:

$\sin(180° - \alpha) = \sin\alpha$	$\sin(180° + \alpha) = -\sin\alpha$	$\sin(360° - \alpha) = -\sin\alpha$
$\cos(180° - \alpha) = -\cos\alpha$	$\cos(180° + \alpha) = -\cos\alpha$	$\cos(360° - \alpha) = \cos\alpha$

Die Sinuswerte (Kosinuswerte) haben für den spitzen Winkel α sowie für die Winkel $180° - \alpha$, $180° + \alpha$ und $360° - \alpha$ den gleichen Betrag.
Das Vorzeichen lässt sich jeweils aus der Darstellung am Einheitskreis entnehmen.

Bemerkung
Die Beziehung $\sin^2\alpha + \cos^2\alpha = 1$ gilt nach der Definition auch für $\alpha > 90°$.

Manche Taschenrechner liefern für besondere Winkel auch exakte Werte.

Der Taschenrechner liefert zu jedem Winkel α mit $0° \leqq \alpha < 360°$ für Sinus und Kosinus einen Näherungswert mit dem entsprechenden Vorzeichen.
Will man umgekehrt zu vorgegebenen Sinus- und Kosinuswerten die Winkel bestimmen, ergibt sich eine Schwierigkeit: Zu jedem vorgegebenen Wert gehören im Allgemeinen zwei verschiedene Winkel, der Taschenrechner liefert jedoch nur einen.

$\sin\alpha = 0{,}9$ $\qquad\qquad$ $\cos\beta = -0{,}8$

Der Taschenrechner liefert gerundet:

$\alpha_1 = 64{,}2°$ $\qquad\qquad$ $\beta_1 = 143{,}1°$

Aus der folgenden Darstellung ergibt sich für den zweiten Winkel:

$\alpha_2 = 180° - \alpha_1 = 115{,}8°$ $\qquad\qquad$ $\beta_2 = 360° - \beta_1 = 216{,}9°$

Tastenfolge:

[SIN⁻¹] [0,9]

[COS⁻¹] [–] [0,8]

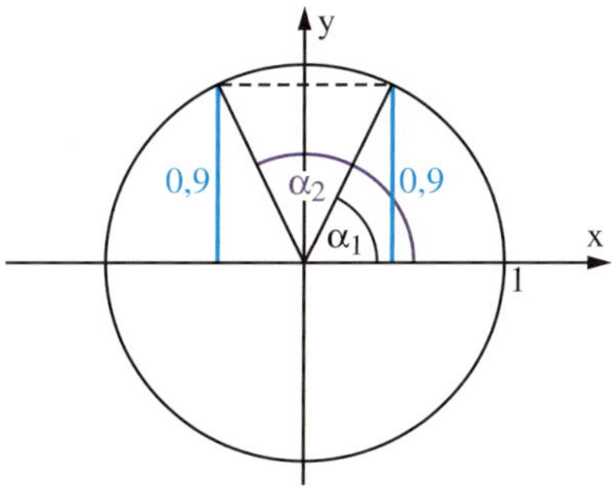

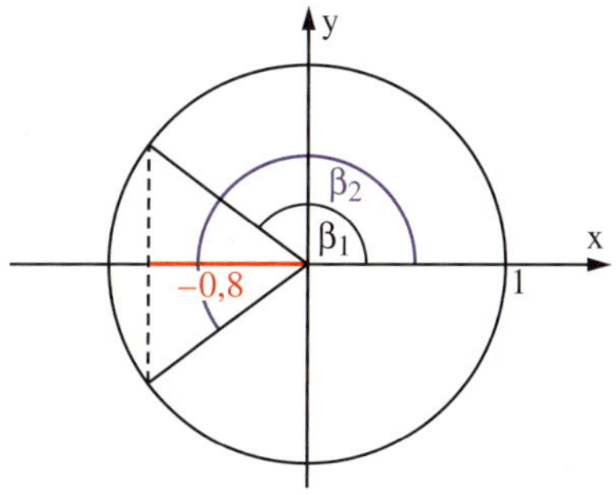

Will man $\sin\alpha = -0{,}5$ mit dem Taschenrechner lösen, gibt man
[SIN⁻¹] [–] [0,5] [=] ein.
In der Anzeige erscheint –30. Dies ist so zu verstehen: Denkt man sich den 2. Schenkel des Winkels im Uhrzeigersinn gedreht, so beschreibt man dies durch einen „negativen“ Winkel, d. h., der Winkel $-30°$ entspricht dem (gegen den Uhrzeigersinn) gezählten Winkel $360° - 30° = 330°$.

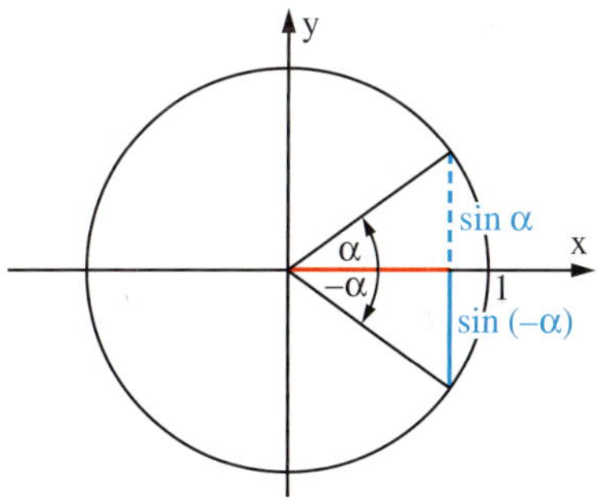

An dem Bild erkennt man außerdem:
Durch die Spiegelung an der x-Achse erhält man aus α stets $-\alpha$.
Daher gilt: $\sin(-\alpha) = -\sin\alpha$ und $\cos(-\alpha) = \cos\alpha$.

Erinnerung:

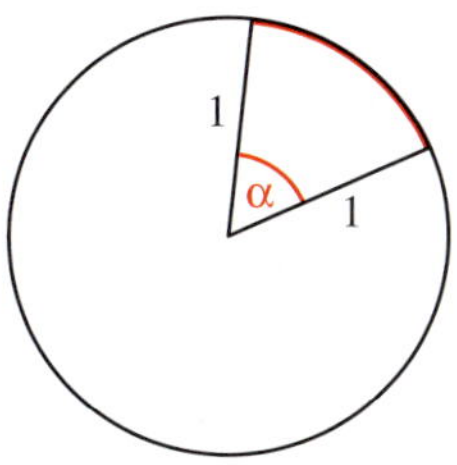

α im Gradmaß: 60°
α im Bogenmaß: $\frac{60°}{360°} \cdot 2\pi = \frac{\pi}{3}$

Wie im Kapitel I gezeigt, kann man die Größe eines Winkels statt im Gradmaß auch im Bogenmaß angeben. Im Einheitskreis stimmt das Bogenmaß eines Winkels mit der Maßzahl der zugehörigen Bogenlänge überein.
Mit dem Taschenrechner lassen sich Werte der Winkelfunktionen auch für Winkel, die im Bogenmaß gegeben sind, unmittelbar bestimmen bzw. zu gegebenen Werten die Winkelgrößen im Bogenmaß angeben. Dazu muss vor der Eingabe das Winkelmaß Rad entsprechend der Bedienungsanleitung als Modus gewählt werden. Im Anzeigenfeld erscheint dann üblicherweise das Symbol R oder RAD.
Es liefert z. B. die Eingabe [SIN] [(] [π] [:] [6] [)] [=] den Wert 0,5;
[SIN⁻¹] [–] [0,5] [=] den Wert $-\frac{\pi}{6}$ (= –0,523…).

Erinnerung:

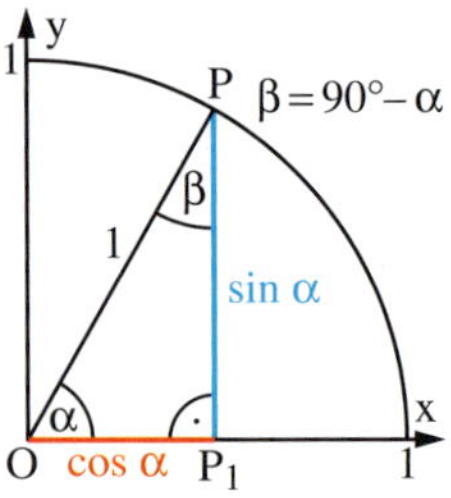

sin α = cos (90° – α)
cos α = sin (90° – α)

Beispiel 1

Es ist $\sin 48° = 0{,}7431$.

a) Für welche weiteren Winkel lassen sich daraus die zugehörigen Sinuswerte folgern? Erläutere mit einer Skizze.

b) Bestimme mit Hilfe der Beziehung $\sin\alpha = \cos(90° - \alpha)$ weitere Kosinuswerte.

Lösung:

a) $\sin(180° - 48°) = \sin 132° = 0{,}7431$
$\sin(180° + 48°) = \sin 228° = -0{,}7431$
$\sin(360° - 48°) = \sin 312° = -0{,}7431$

b) Es gilt $\cos(90° - 48°) = \sin 48°$,
also $\cos 42° = \sin 48° = 0{,}7431$.
Damit folgt:
$\cos(180° - 42°) = \cos 138° = -0{,}7431$
$\cos(180° + 42°) = \cos 222° = -0{,}7431$
$\cos(360° - 42°) = \cos 318° = 0{,}7431$

Skizze zu a)

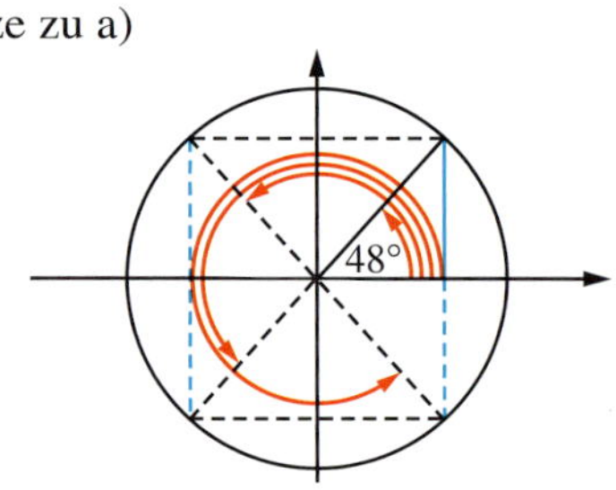

Beispiel 2

Bestimme alle Winkel im Grad- und Bogenmaß, für die gilt:

a) $\sin\alpha = -0{,}6088$ b) $\cos\beta = 0{,}9309$.

Fertige jeweils eine Skizze an.

Lösung:

a)

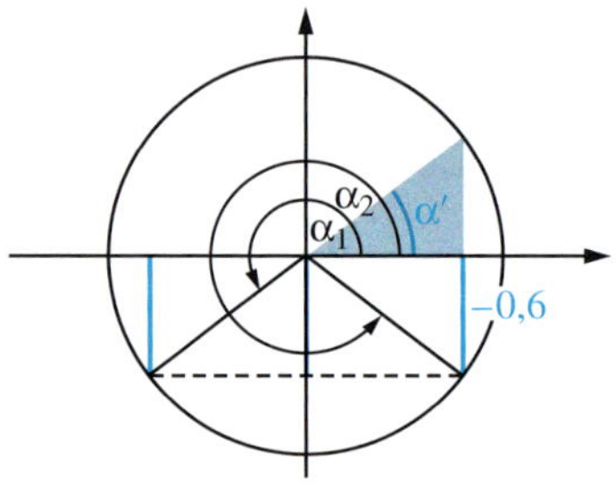

$\sin\alpha' = 0{,}6088 \quad \Rightarrow \quad \alpha' = 37{,}5°$
$\Rightarrow \quad \alpha_1 = 180° + \alpha' = 217{,}5°$
$\alpha_2 = 360° - \alpha' = 322{,}5°$

Umrechnung ins Bogenmaß:

$\alpha_1 = \frac{217{,}5°}{360°} \cdot 2\pi \approx 3{,}80$

$\alpha_2 = \frac{322{,}5°}{360°} \cdot 2\pi \approx 5{,}63$

b)

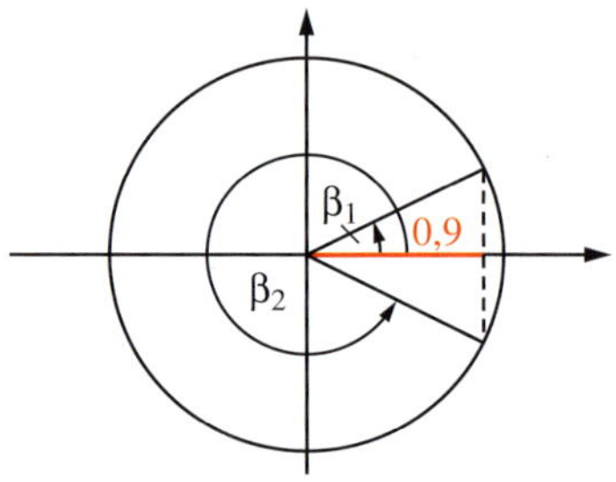

$\cos\beta = 0{,}9309$
$\Rightarrow \quad \beta_1 = 21{,}4°$
$\beta_2 = 360° - \beta_1 = 338{,}6°$

Umrechnung ins Bogenmaß:

$\beta_1 = \frac{21{,}4°}{360°} \cdot 2\pi \approx 0{,}37$

$\beta_2 = \frac{338{,}6°}{360°} \cdot 2\pi \approx 5{,}91$

Aufgaben

Lösungssalat zu 5:

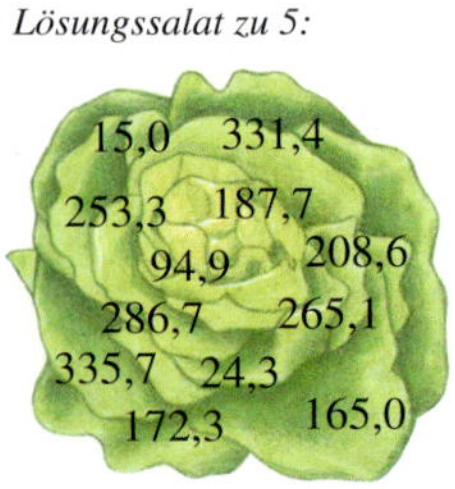

2

Bestimme zeichnerisch möglichst genau Werte für sin α und cos α.

a) $\alpha = 15°$ b) $\alpha = 105°$ c) $\alpha = 155°$
d) $\alpha = 205°$ e) $\alpha = 325°$ f) $\alpha = -35°$

3

Bestimme mit dem Taschenrechner. (Runde auf 4 Nachkommastellen.)

a) $\sin 160°$ b) $\cos 224°$ c) $\sin 234{,}5°$
d) $\cos 284{,}3°$ e) $\sin 311{,}7°$ f) $\cos 110{,}5°$

4

Bestimme mit Hilfe eines Einheitskreises:

a) $\sin 0°$; $\sin 90°$; $\sin 180°$; $\sin 270°$
b) $\cos 0°$; $\cos 90°$; $\cos 180°$; $\cos 270°$

5

Bestimme die beiden zwischen 0° und 360° liegenden Winkel α_1 und α_2, für welche gilt:

a) $\sin\alpha = 0{,}2588$ b) $\cos\alpha = 0{,}9112$
c) $\sin\alpha = -0{,}9580$ d) $\cos\alpha = -0{,}9909$
e) $\sin\alpha = -0{,}4782$ f) $\cos\alpha = -0{,}0857$

6
Für welche Winkel α ($0° \leqq \alpha < 360°$) ist
a) $\sin\alpha$ positiv und $\cos\alpha$ negativ
b) $\sin\alpha$ negativ und $\cos\alpha$ positiv
c) $\sin\alpha$ negativ und $\cos\alpha$ negativ

7
Welche Koordinaten hat ein Punkt auf dem Einheitskreis, wenn das Kreisbogenstück zwischen ihm und dem Schnittpunkt des Einheitskreises mit der positiven x-Achse 2 Längeneinheiten beträgt?

	Wichtige Werte für	
α	*sin α*	*cos α*
0°	0	1
30°	$\frac{1}{2}$	$\frac{1}{2}\sqrt{3}$
45°	$\frac{1}{2}\sqrt{2}$	$\frac{1}{2}\sqrt{2}$
60°	$\frac{1}{2}\sqrt{3}$	$\frac{1}{2}$
90°	1	0

8
Die Sinus- und Kosinuswerte für die Winkel 0°, 30°, 45°, 60° und 90° können exakt angegeben werden. (Vergleiche Tabelle auf der Randspalte.)
a) Gib mit diesen besonderen Werten die Werte für $\sin 135°$, $\sin\frac{7}{6}\pi$, $\cos\frac{4}{3}\pi$, $\sin\frac{7}{4}\pi$, $\cos 315°$ an.
b) Für welche Winkel gilt
$\sin\alpha = 1\left(0;\ -1;\ \frac{1}{2}\sqrt{2}\right)$ bzw.
$\cos\alpha = -\frac{1}{2}\sqrt{3}\ \left(0;\ 1;\ -\frac{1}{2}\right)$?

Zu Aufgabe 11b):

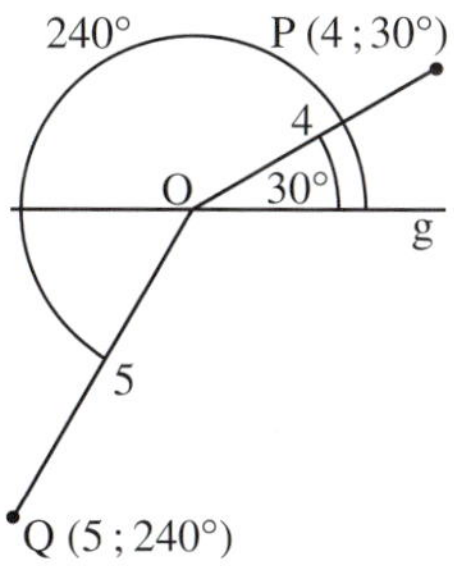

9
Wahr oder falsch? Begründe, ohne den Taschenrechner zu benutzen.
a) $\sin 217° = -2$
b) $\cos 120° = -\frac{1}{2}\sqrt{3}$
c) $\cos\frac{4}{3}\pi = \cos 120°$
d) $\sin 0{,}6428 = -0{,}6428$
e) $\sin 45° + \cos 225° = \sqrt{2}$
f) $\left(\sin\frac{\pi}{3}\right)^2 + \left(\cos\frac{5\pi}{3}\right)^2 = 1$
g) Überlege selbst entsprechende, entscheidbare Aufgaben und stelle sie deinem Nachbarn/deiner Nachbarin.

10 Tangenswerte
Die Beziehung $\tan\alpha = \frac{\sin\alpha}{\cos\alpha}$ $(\cos\alpha \neq 0)$ gilt auch für $0° \leqq \alpha < 360°$.
a) Bestimme für die vier Quadranten jeweils das Vorzeichen von $\tan\alpha$. Begründe das Vorgehen.
b) Berechne $\tan 60°$ ohne Taschenrechner.
c) Bestimme $\tan 112{,}5°$; $\tan 213{,}15°$; $\tan 298°\ 36'$; $\tan 0{,}625\,\pi$.
d) Für welche Winkel ε $(0 \leqq \varepsilon < 2\pi)$ gilt $\tan\varepsilon = -1{,}9697$?

11 Polarkoordinaten
Die folgende Darstellung zeigt und erläutert ein Radarbild.

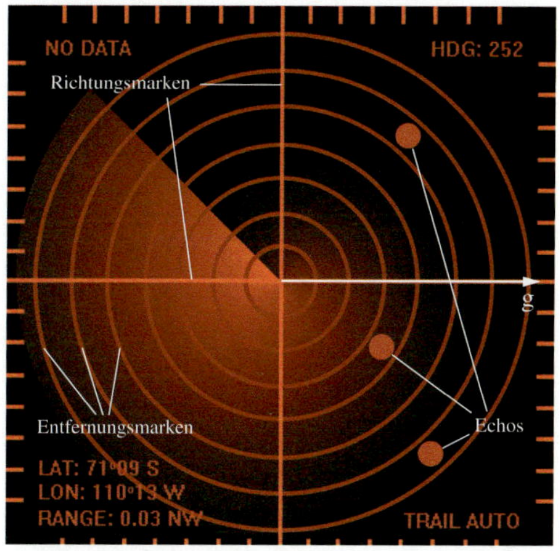

a) Wie arbeiten Radaranlagen und wo werden sie eingesetzt? Recherchiert in Arbeitsgruppen und stellt die Ergebnisse der Klasse vor.
b) Die folgende Figur zeigt, dass die Lage eines Punktes P auch durch die Angabe seiner Polarkoordinaten $(r;\ \varphi)$ eindeutig festgelegt werden kann.

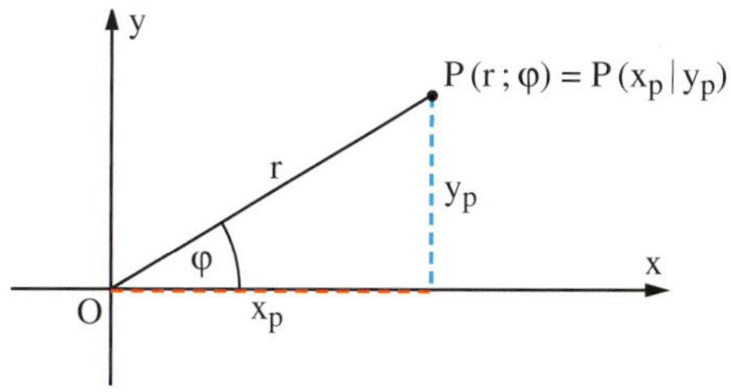

Bestätige rechnerisch, dass
$P(4;30°) = P(2\sqrt{3}\,|\,2)$ und
$Q(-2{,}5\,|\,-2{,}5\sqrt{3}) = Q(5;240°)$ gilt.
c) Bestimme näherungsweise für die Objekte auf dem Radarbild die Entfernung vom Zentrum und den Winkel zwischen dieser Verbindungsstrecke und g. (Die Radien benachbarter Kreise unterscheiden sich in Wirklichkeit um 1 km.) Gib ihre Polarkoordinaten an und rechne sie in x-y-Koordinaten um.

G 12
Löse die Gleichung.
a) $\frac{4}{x} = 2x$
b) $\frac{3}{x-1} = \frac{3}{x-2} - 1{,}5$

*2 Der Sinussatz

1 Seemeile (1 sm) beträgt 1,852 km.

Aufgaben a) und b) sind für DGS-Einsatz geeignet.

1

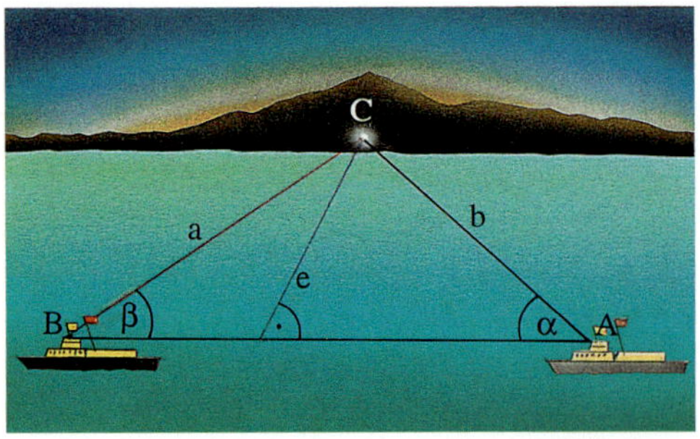

Ein Schiff peilt ein Leuchtfeuer an. Zuerst misst es den Winkel $\alpha = 57°$ und nach einer Fahrstrecke von 8,1 sm den Winkel $\beta = 38°$. Die Entfernung zum Leuchtfeuer ist in der Position A 5,0 sm, in Position B 6,8 sm.

a) Maya meint, dass die Entfernung a das 1,5-fache von b sein müsste. Welchen Fehler macht sie?

b) Wie groß ist der kürzeste Abstand, den das Schiff zum Leuchtfeuer hatte?

c) Wie lässt sich rechnerisch belegen, dass die Angaben korrekt sind?

***Strategien:** Zurückführen auf Bekanntes; Einzeichnen von Hilfslinien*

Um Berechnungen an nicht rechtwinkligen Dreiecken durchführen zu können, zeichnet man eine Höhe ein, um zwei rechtwinklige Dreiecke zu erhalten. Im Folgenden ist dies für ein spitzwinkliges und ein stumpfwinkliges Dreieck jeweils mit der Höhe h_c durchgeführt.

Dreieck ABC (α und β spitz)

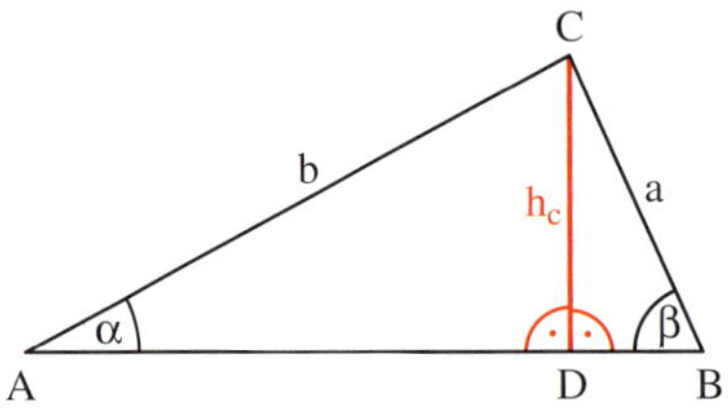

Dreieck ABC (α stumpf)

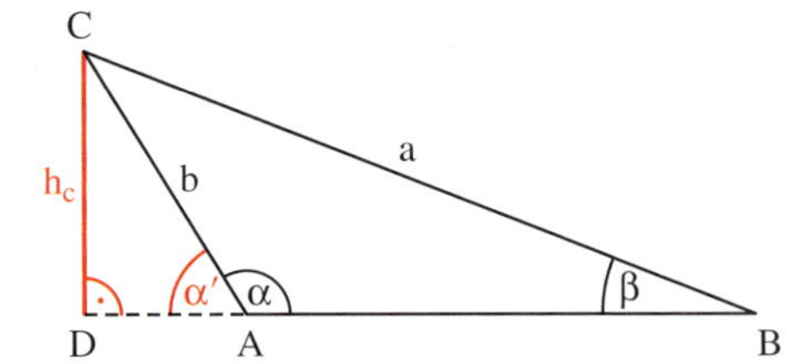

In Δ ADC und Δ DBC gilt:
$h_c = b \cdot \sin\alpha$ und $h_c = a \cdot \sin\beta$

In Δ DAC und Δ DBC gilt:
$h_c = b \cdot \sin\alpha'$ und $h_c = a \cdot \sin\beta$,
wobei $\sin\alpha' = \sin(180° - \alpha) = \sin\alpha$ ist.

Also gilt in beiden Fällen: $b \cdot \sin\alpha = a \cdot \sin\beta$

oder: $\frac{a}{b} = \frac{\sin\alpha}{\sin\beta}$.

Entsprechende Verhältnisgleichungen ergeben sich, wenn man anstelle der Höhe h_c die Höhe h_a oder h_b verwendet.

Sinussatz: In jedem Dreieck ABC verhalten sich die Längen zweier Seiten wie die Sinuswerte ihrer Gegenwinkel:

$$\frac{a}{b} = \frac{\sin\alpha}{\sin\beta};\ \frac{b}{c} = \frac{\sin\beta}{\sin\gamma};\ \frac{a}{c} = \frac{\sin\alpha}{\sin\gamma}$$

Der Sinussatz wurde erstmals bewiesen von Abu Nasr, Mathematiker und Astronom (geb. um 960 n. Chr. in der persischen Provinz Gilan, gestorben um 1036 in Ghazni, Afghanistan).

Da der Sinussatz eine Beziehung zwischen zwei Seiten und ihren Gegenwinkeln liefert, kann man mit ihm in einem beliebigen Dreieck fehlende Seiten und Winkel berechnen, wenn
eine Seite und zwei Winkel oder
zwei Seiten und der Gegenwinkel einer der beiden Seiten gegeben sind.

Beachte: Bei der Winkelberechnung liefert der Sinussatz zwar eindeutig den Sinuswert des gesuchten Winkels, aber nicht den Winkel, der spitz oder stumpf sein kann. Entsprechen die gegebenen Werte den Kongruenzsätzen SWW bzw. WSW oder SsW (vgl. Beispiel 1), so ist die Lösung eindeutig: der zutreffende Winkel lässt sich über die Winkelsumme oder die Seiten-Winkel-Beziehung im Dreieck ermitteln.

Seiten-Winkel-Beziehung: Der größeren Seite liegt der größere Winkel gegenüber und dem größeren Winkel die größere Seite.

Bemerkungen
- Mit dem Sinussatz können Stücke von Dreiecken berechnet werden, die bisher nur durch Konstruktion zu ermitteln waren.
- Der Sinussatz ist in der Vermessungspraxis wichtig, da Winkel meist leicht bestimmt werden können, Längen dagegen oft nicht.

Skizze:

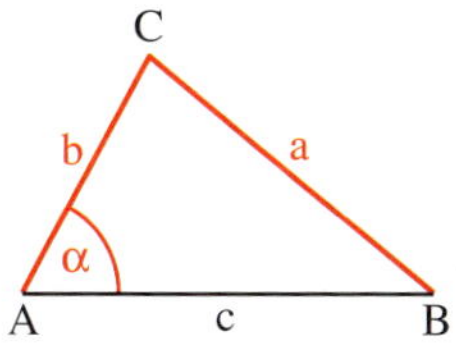

Beispiel 1
Von einem Dreieck ABC sind $a = 6\,\text{cm}$; $b = 4{,}5\,\text{cm}$ und $\alpha = 62°$ gegeben.
Berechne die Winkel β, γ und die Seite c.
Lösung:
α ist der Gegenwinkel der größeren Seite. Daher ist nach dem Kongruenzsatz SsW das Lösungsdreieck eindeutig.

$$\frac{a}{b} = \frac{\sin\alpha}{\sin\beta} \quad\Rightarrow\quad \sin\beta = \frac{b\cdot\sin\alpha}{a} = \frac{4{,}5\,\text{cm}\cdot\sin 62°}{6\,\text{cm}} \quad\Rightarrow\quad \beta_1 \approx 41{,}5°$$

($\beta_2 = 180° - \beta_1$ ist nicht die Lösung, da aus $b < a$ auch $\beta < \alpha$ folgen muss.)

$$\alpha + \beta + \gamma = 180° \quad\Rightarrow\quad \gamma = 180° - (\alpha + \beta) \approx 180° - (62° + 41{,}5°) = 76{,}5°$$

$$\frac{a}{c} = \frac{\sin\alpha}{\sin\gamma} \quad\Rightarrow\quad c = \frac{a\cdot\sin\gamma}{\sin\alpha} \approx \frac{6\,\text{cm}\cdot\sin 76{,}5°}{\sin 62°} \approx 6{,}6\,\text{cm}$$

Skizze:

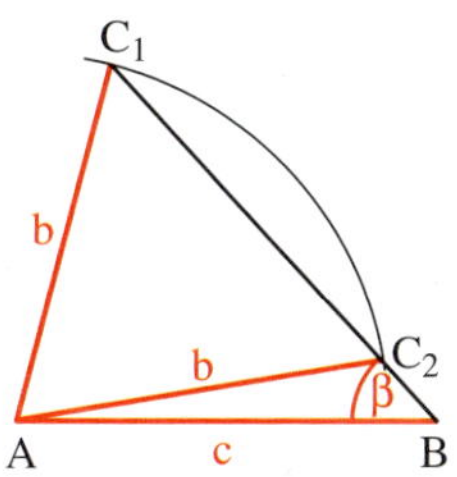

Beispiel 2
Von einem Dreieck ABC sind $b = 6\,\text{cm}$; $c = 7\,\text{cm}$ und $\beta = 33°$ gegeben.
Berechne die Seite a und die Winkel α und γ.
Lösung:
β ist der Gegenwinkel der kleineren Seite, also ist der Kongruenzsatz SsW nicht anwendbar, d. h., das Lösungsdreieck muss nicht eindeutig sein.

$$\frac{b}{c} = \frac{\sin\beta}{\sin\gamma} \quad\Rightarrow\quad \sin\gamma = \frac{c\cdot\sin\beta}{b} = \frac{7\,\text{cm}\cdot\sin 33°}{6\,\text{cm}} \quad\Rightarrow\quad \begin{cases}\gamma_1 \approx 39{,}5°\\ \gamma_2 \approx 140{,}5°\end{cases}$$

($\gamma_2 = 180° - \gamma_1$ ist eine zweite Lösung, da $\beta + \gamma_2 < 180°$ ist.)

$$\alpha + \beta + \gamma = 180° \Rightarrow \begin{cases}\alpha_1 = 180° - (\beta + \gamma_1) \approx 180° - (33° + 39{,}5°) = 107{,}5°\\ \alpha_2 = 180° - (\beta + \gamma_2) \approx 180° - (33° + 140{,}5°) = 6{,}5°\end{cases}$$

$$\frac{a}{b} = \frac{\sin\alpha}{\sin\beta} \quad\Rightarrow\quad \begin{cases}a_1 = \dfrac{b\cdot\sin\alpha_1}{\sin\beta} \approx \dfrac{6\,\text{cm}\cdot\sin 107{,}5°}{\sin 33°} \approx 10{,}5\,\text{cm}\\ a_2 = \dfrac{b\cdot\sin\alpha_2}{\sin\beta} \approx \dfrac{6\,\text{cm}\cdot\sin 6{,}5°}{\sin 33°} \approx 1{,}2\,\text{cm}\end{cases}$$

Hier gibt es zwei Dreiecke mit den gegebenen Stücken.

Skizze:

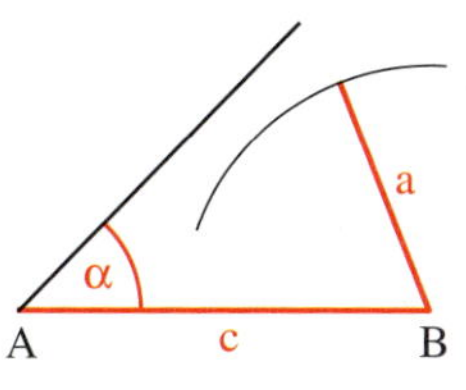

Beispiel 3
Prüfe rechnerisch, ob es ein Dreieck ABC mit $a = 5\,\text{cm}$; $c = 10\,\text{cm}$ und $\alpha = 37°$ gibt.
Lösung:
α ist der Gegenwinkel der kleineren Seite, also ist der Kongruenzsatz SsW nicht anwendbar, d. h., das Lösungsdreieck muss nicht eindeutig sein, falls es existiert.

$$\frac{a}{c} = \frac{\sin\alpha}{\sin\gamma} \quad\Rightarrow\quad \sin\gamma = \frac{c\cdot\sin\alpha}{a} = \frac{10\,\text{cm}\cdot\sin 37°}{5\,\text{cm}} \approx 1{,}2$$

Da Sinuswerte über 1 nicht möglich sind, gibt es kein solches Dreieck.

Aufgaben

2 🖳
Zeichne zunächst ein beliebiges Dreieck ABC und sodann weitere Dreiecke mit dem gleichen Winkel β und dem Winkel $\alpha' = 2\alpha,\ 3\alpha,\ 5\alpha$.
Miss jeweils die Winkel und die Seitenlängen a und b und bestätige den Sinussatz.
Die Aufgabe lässt sich auch gut mit Hilfe eines DGS lösen.

3
In dem auf dem Rand abgebildeten Dreieck ABC ist w_α Winkelhalbierende und M der Mittelpunkt der Seite c.
Notiere mit Hilfe der bezeichneten Strecken und Winkel den Sinussatz für
a) ΔABC b) ΔAMC c) ΔMBC
d) ΔABE e) ΔAEC

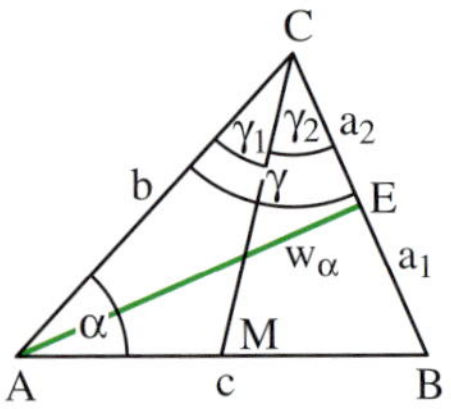

4
Berechne die fehlenden Seiten und Winkel des Dreiecks ABC. Warum gibt es jeweils nur eine Lösung?
a) $a = 4{,}5\,cm$; $b = 5{,}7\,cm$; $\beta = 70°$
b) $a = 40\,dm$; $c = 5\,m$; $\gamma = 25°$
c) $a = 7{,}5\,cm$; $b = 50\,mm$; $\alpha = 110°$
d) $a = 4{,}5\,cm$; $\alpha = 40{,}3°$; $\beta = 40{,}1°$
e) $b = 9{,}0\,dm$; $c = 0{,}58\,m$; $\beta = 141{,}5°$
f) $b = 8{,}4\,cm$; $\beta = 73{,}9°$; $\gamma = 40{,}1°$
Die gefundenen Werte lassen sich auch mit einem DGS überprüfen.

Lösungssalat zu 4: (angegeben jeweils eine Seite ohne Maßeinheit)

5
Bei einem Kanal wird von zwei Punkten A und B ein fester Punkt C auf dem gegenüberliegenden Ufer (vgl. Abbildung auf Randspalte) unter den Winkeln $\alpha = 40°$ und $\beta = 61°$ angepeilt.
Wie breit ist der Kanal?

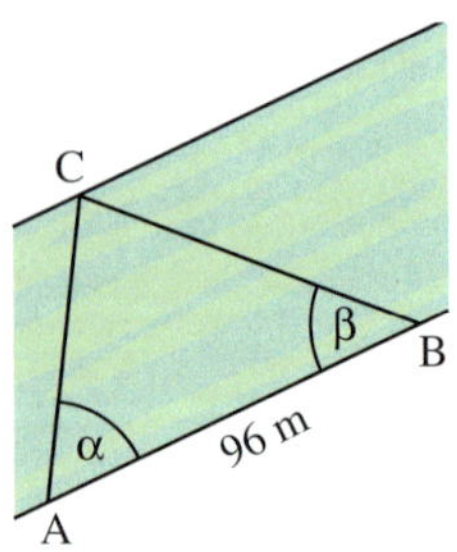

6
Zu den im Folgenden angegebenen Maßen gibt es jeweils zwei Dreiecke. Berechne die restlichen Seiten und Winkel beider Dreiecke und begründe, warum die Lösung nicht eindeutig ist.
a) $a = 33\,mm$; $b = 5{,}2\,cm$; $\alpha = 35°$
b) $b = 4{,}2\,m$; $c = 830\,cm$; $\beta = 30°$
c) $a = 8{,}5\,cm$; $c = 0{,}06\,m$; $\gamma = 33{,}5°$
d) $b = 7{,}0\,cm$; $c = 56\,mm$; $\gamma = 50°$

7
Untersuche rechnerisch, ob es zwei, ein oder kein Dreieck mit den angegebenen Maßen gibt. Berechne gegebenenfalls die fehlenden Stücke.
a) $a = 3\,cm$; $b = 6\,cm$; $\alpha = 30°$
b) $a = 3\,cm$; $b = 5\,cm$; $\alpha = 45°$
c) $a = 4{,}5\,cm$; $c = 5{,}5\,cm$; $\alpha = 40°$
d) $b = 5{,}8\,cm$; $c = 6{,}8\,cm$; $\beta = 60°$
e) $a = 8{,}0\,cm$; $c = 5{,}5\,cm$; $\alpha = 66°$; $\beta = 74°$
f) Überlege selbst entsprechende Aufgaben und stelle sie deinem Nachbarn.

8
Für das Dreieck ABC mit $a = 1{,}6\,m$, $b = 21\,dm$ und $\alpha = 36{,}5°$ wurden die fehlenden Stücke berechnet und in der folgenden Weise angegeben:

$c_1 = 0{,}69\,m$	$\beta_1 = 51{,}3°$	$\gamma_1 = 128{,}7°$
$c_2 = 2{,}69\,m$	$\beta_2 = 92{,}2°$	$\gamma_2 = 14{,}8°$

Die Ergebnisse sind allerdings durcheinandergeraten.
a) Kannst du sie ohne Rechnung korrekt zuordnen? Beschreibe deine Überlegung.
b) Wie groß ist die Wahrscheinlichkeit, dass die vier Winkel zufällig richtig angeordnet sind?

9
a) Welche Gleichungen ergeben sich, wenn man den Sinussatz auf ein rechtwinkliges Dreieck anwendet?
b) Zeige mit Hilfe des Sinussatzes:
In einem gleichschenkligen Dreieck ABC mit der Basis c gilt: $\frac{a}{c} = \frac{\sin\alpha}{\sin 2\alpha}$

10
Bestimme die fehlenden Seiten und Winkel eines Trapezes ABCD.
a) $a = 7\,cm$; $b = 4\,cm$; $c = 3{,}2\,cm$; $\alpha = 72°$
b) $a = 4{,}2\,m$; $b = 18\,dm$; $\alpha = 40°$; $\beta = 105°$

11
Im Dreieck ABC ist AD die Winkelhalbierende des Winkels α. Welche Beziehung zwischen $\overline{BD}$, $\overline{DC}$, b und c ergibt sich, wenn man den Sinussatz auf Dreieck ABD und Dreieck ADC anwendet?

12

Um die Höhe h eines Felsens zu bestimmen, wird der höchste Punkt von den Enden einer 200 m langen, auf den Felsen zulaufenden Standlinie [AB] aus angepeilt.
Es wird $\alpha = 30{,}11°$ und $\beta = 35{,}25°$ gemessen.

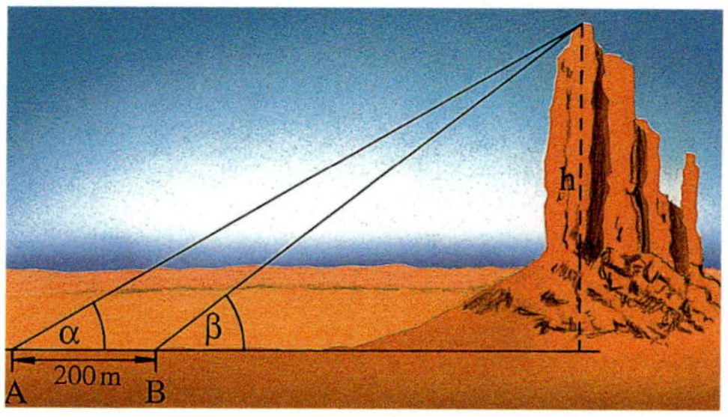

Berechne die Höhe h auf zwei Arten
a) mit Hilfe des Sinussatzes
b) ohne Verwendung des Sinussatzes. Beachte dazu den auf der Randspalte gegebenen Strategiehinweis.

Strategie: *Aufstellen und Lösen von Gleichungen*

13

Ein Schiff fährt mit einer Geschwindigkeit von 24 Knoten auf einem Kurs von 84° (siehe Erläuterung auf der Randspalte) entlang einer Küste.
Im Punkt A wird ein Leuchtfeuer unter 63° gegen die Nordrichtung angepeilt. 15 Minuten später wird das Leuchtfeuer unter 49,6° angepeilt.

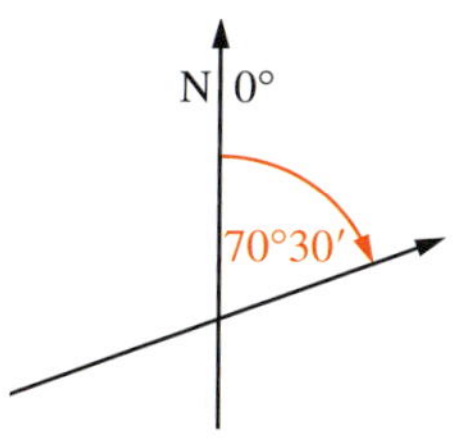

Fahrtrichtung Kurs: 70°30′

Die Kursrichtung wird als ***rechts****drehende Abweichung von der Nordrichtung (0°) angegeben.*
1 Knoten = 1 $\frac{sm}{h}$ = 1,852 $\frac{km}{h}$

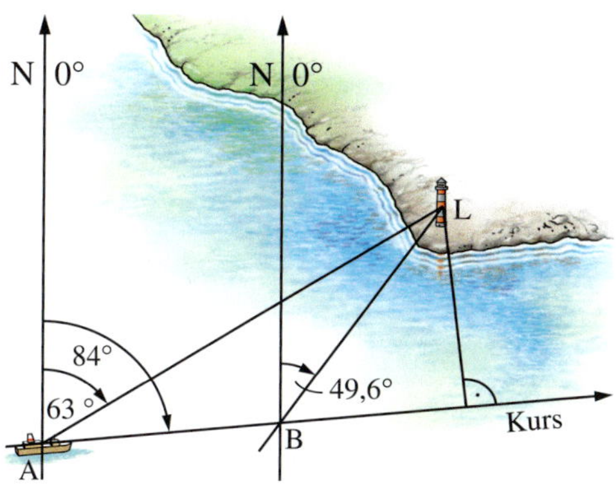

a) Wie weit war das Schiff zum Zeitpunkt der Peilungen vom Leuchtturm entfernt?
b) In welcher Entfernung vom Punkt B hat das Schiff auf seinem Kurs den kleinsten Abstand zum Leuchtturm?

14

Um die Höhe eines Berggipfels über dem Tal zu bestimmen, misst man in den Endpunkten einer horizontalen Standlinie [AB] mit $\overline{AB} = 300{,}2$ m die horizontalen Winkel $\alpha = 71{,}3°$ und $\beta = 59{,}1°$, ferner die Höhenwinkel $\gamma = 31{,}8°$ und $\delta = 29{,}3°$.

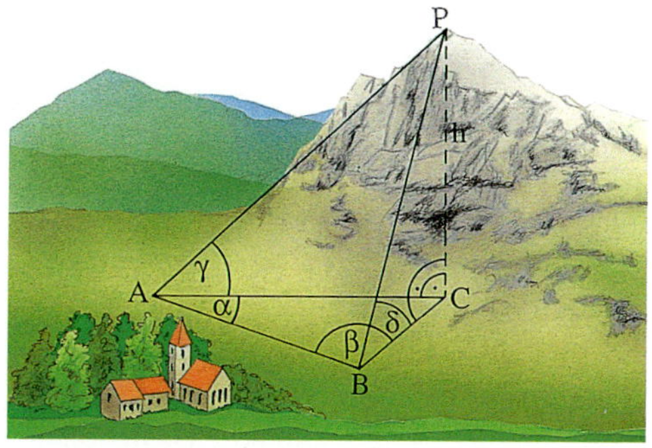

a) Berechne h. Welche Messung wird nicht gebraucht?
b) Berechne h mit dem nicht benutzten Wert und vergleiche die Ergebnisse.

*15

Bei schönem Wetter spiegelt sich das Matterhorn im Riffelsee (bei Zermatt). Von einem 120 m über dem See gelegenen Punkt A sieht man die Spitze des Berges unter dem Höhenwinkel $\beta = 10{,}25°$, ihr Spiegelbild unter dem Tiefenwinkel $\alpha = 11{,}80°$.

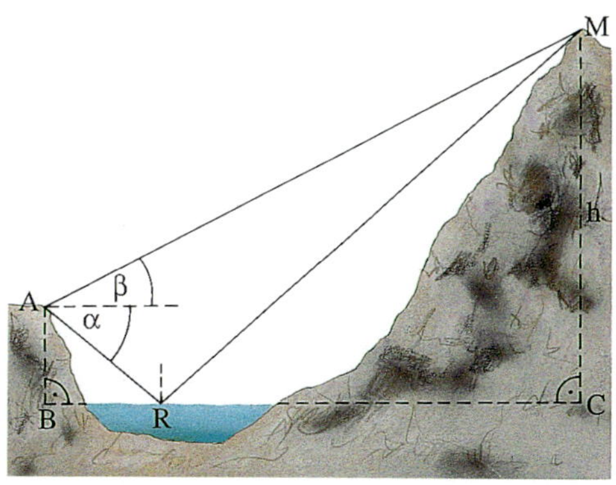

Wie viel Meter liegt der Gipfel des Matterhorns über dem Riffelsee?

G 16

Schreibe als Produkt.

a) $x^3 - x^2 - x$
b) $a^2 - 2ab + b^2$
c) $18s^2 + 2 + 12s$
d) $a^2 - a - 6$

*3 Der Kosinussatz

1
Beim Bau einer Eisenbahnstrecke soll ein Tunnel durch einen Berg gebohrt werden. Um die Länge des Tunnels zu bestimmen, werden vom Punkt A aus die Entfernungen b und c zu den Tunnelenden B und C und der Winkel α bestimmt.

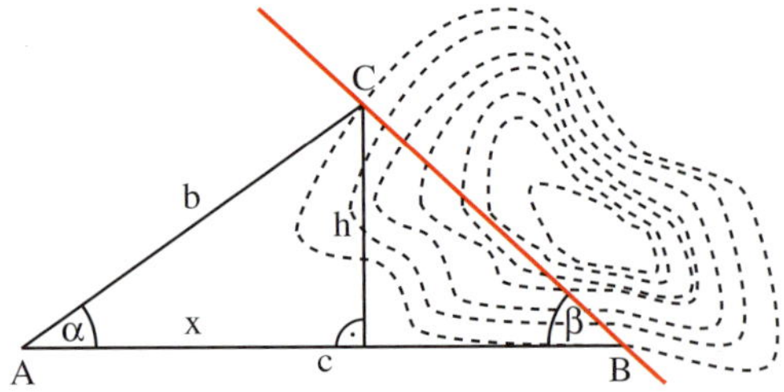

a) Für welche Größe von α ist die Berechnung der Tunnellänge besonders einfach?
b) Wie lässt sich mit Hilfe von h die Länge des Tunnels für $\alpha < 90°$ berechnen?

Sind bei einem Dreieck zwei Seiten und der eingeschlossene Winkel oder alle drei Seiten bekannt, so hilft der Sinussatz nicht weiter. Für diesen Fall benötigt man einen Zusammenhang zwischen den drei Seiten und einem Winkel.

Strategien: *Zurückführen auf Bekanntes; Einzeichnen von Hilfslinien*

Wenn im Dreieck ABC die Seiten a und b sowie der eingeschlossene Winkel γ gegeben sind, lässt sich die dritte Seite c bestimmen:

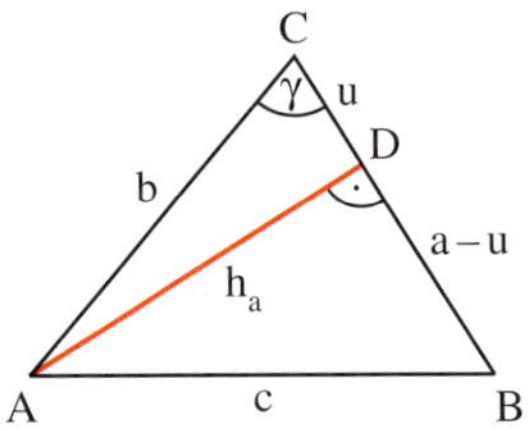

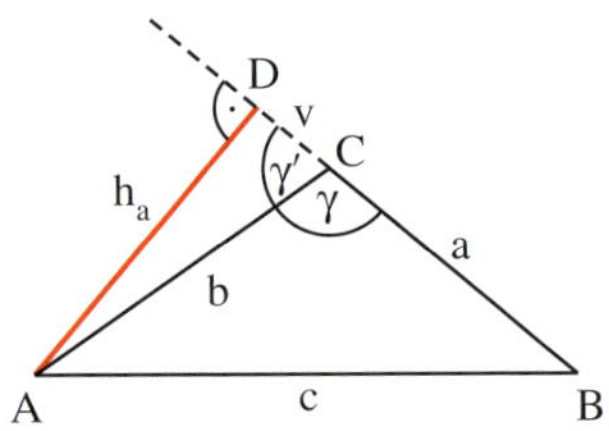

Für Δ ABC (γ spitz) gilt:
$u = b \cdot \cos\gamma$ und $h_a = b \cdot \sin\gamma$.
Nach dem Satz des Pythagoras gilt für das Dreieck ABD: $c^2 = (a - u)^2 + h_a^2$. Also:
$c^2 = a^2 - 2ab \cdot \cos\gamma + b^2 \cdot \cos^2\gamma + b^2 \cdot \sin^2\gamma$
$= a^2 - 2ab \cdot \cos\gamma + b^2 (\cos^2\gamma + \sin^2\gamma)$
$= a^2 + b^2 - 2ab \cdot \cos\gamma$

Für Δ ABC (γ stumpf) gilt:
$v = b \cdot \cos\gamma'$ und $h_a = b \cdot \sin\gamma'$.
Nach dem Satz des Pythagoras gilt für das Dreieck ABD: $c^2 = (a + v)^2 + h_a^2$. Also:
$c^2 = a^2 + 2ab \cdot \cos\gamma' + b^2 \cos^2\gamma' + b^2 \sin^2\gamma'$
$= a^2 + 2ab \cdot \cos\gamma' + b^2 (\cos^2\gamma' + \sin^2\gamma')$
$= a^2 + b^2 - 2ab \cdot \cos\gamma$

Erinnerung:
$\sin^2\alpha + \cos^2\alpha = 1$
und für $\alpha < 90°$ gilt:
$\cos(180° - \alpha) = -\cos\alpha$

Entsprechende Gleichungen ergeben sich für β und α als eingeschlossene Winkel.

Kosinussatz: In jedem Dreieck ABC gilt:
$a^2 = b^2 + c^2 - 2bc \cdot \cos\alpha$
$b^2 = a^2 + c^2 - 2ac \cdot \cos\beta$
$c^2 = a^2 + b^2 - 2ab \cdot \cos\gamma$

Der Kosinussatz wurde erstmals bewiesen von Al-Biruni, muslimischer Universalgelehrter, Mathematiker, Astronom und Karthograph (geb. 937 n. Chr. bei Chiwa, Usbekistan, gestorben 1048 in Ghazni, Afghanistan).

Im Sonderfall $\gamma = 90°$ geht die letzte Gleichung über in: $c^2 = a^2 + b^2$.
Man nennt deshalb den Kosinussatz auch den **„verallgemeinerten Satz des Pythagoras"**.

Mit Hilfe des Sinus- und Kosinussatzes lassen sich fehlende Seiten und Winkel eines beliebigen Dreiecks berechnen, wenn drei Stücke gegeben sind.
Mit dem Kosinussatz ergeben sich im Unterschied zum Sinussatz die Winkel eindeutig, denn bei einem sich ergebenden positiven (negativen) Kosinuswert ist der Winkel spitz (stumpf).

Skizze:

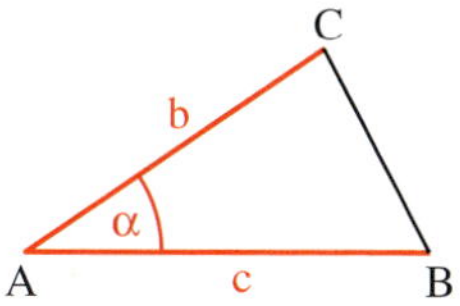

Hinweis:
Durch Rundungen können sich bei verschiedenen Lösungswegen (wie hier für β) voneinander geringfügig abweichende Werte ergeben.

Beispiel 1

Von einem Dreieck ABC sind $b = 4\,\text{cm}$; $c = 7\,\text{cm}$; $\alpha = 64°$ gegeben, Bestimme a, β und γ.

Lösung:

Nach dem Kongruenzsatz SWS ist das Lösungsdreieck eindeutig.

$a^2 = b^2 + c^2 - 2bc \cdot \cos\alpha = 16\,\text{cm}^2 + 49\,\text{cm}^2 - 56\,\text{cm}^2 \cdot \cos 64° \quad \Rightarrow \quad a \approx 6{,}4\,\text{cm}$

$\frac{b}{a} = \frac{\sin\beta}{\sin\alpha} \quad \Rightarrow \quad \sin\beta = \frac{b \cdot \sin\alpha}{a} = \frac{4\,\text{cm} \cdot \sin 64°}{6{,}4\,\text{cm}} \quad \Rightarrow \quad \beta \approx 34{,}2°$

(Der Winkel $\beta' = 180° - \beta \approx 145{,}8°$ ist wegen der Winkelsumme im Dreieck keine Lösung.)

$\alpha + \beta + \gamma = 180° \quad \Rightarrow \quad \gamma = 180° - (\alpha + \beta) = 180° - (64° + 34{,}2°) \quad \Rightarrow \quad \gamma \approx 81{,}8°$

Andere Möglichkeit zur Berechnung von β:

$b^2 = a^2 + c^2 - 2ac \cdot \cos\beta \quad \Rightarrow \quad \cos\beta = \frac{a^2 + c^2 - b^2}{2ac} \approx \frac{40{,}96\,\text{cm}^2 + 49\,\text{cm}^2 - 16\,\text{cm}^2}{89{,}6\,\text{cm}^2} \quad \Rightarrow \quad \beta \approx 33{,}4°$

Skizze:

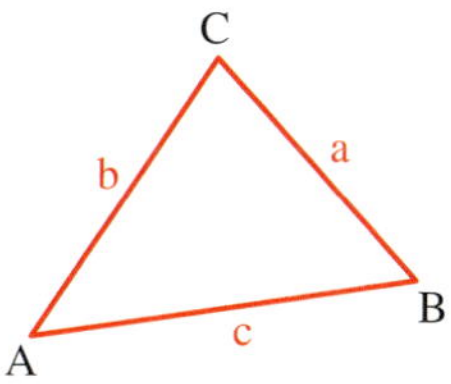

Beispiel 2

Von einem Dreieck sind $a = 11\,\text{cm}$; $b = 16\,\text{cm}$; $c = 9\,\text{cm}$ gegeben. Bestimme α, β und γ.

Lösung:

Nach dem Kongruenzsatz SSS ist das Lösungsdreieck eindeutig.

$a^2 = b^2 + c^2 - 2bc \cdot \cos\alpha \quad \Rightarrow \quad \cos\alpha = \frac{b^2 + c^2 - a^2}{2bc} = \frac{256\,\text{cm}^2 + 81\,\text{cm}^2 - 121\,\text{cm}^2}{2 \cdot 16 \cdot 9\,\text{cm}^2} = \frac{3}{4}$

$\Rightarrow \quad \alpha \approx 41{,}4°$

$b^2 = a^2 + c^2 - 2ac \cdot \cos\beta \quad \Rightarrow \quad \cos\beta = \frac{a^2 + c^2 - b^2}{2ac} = \frac{121\,\text{cm}^2 + 81\,\text{cm}^2 - 256\,\text{cm}^2}{198\,\text{cm}^2} = -\frac{3}{11}$

$\Rightarrow \quad \beta \approx 105{,}8°$

$\alpha + \beta + \gamma = 180° \quad \Rightarrow \quad \gamma = 180° - (\alpha + \beta) \approx 180° - (41{,}4° + 105{,}8°) \approx 32{,}8°$

Andere Möglichkeit zur Berechnung von β:

$\frac{b}{a} = \frac{\sin\beta}{\sin\alpha} \quad \Rightarrow \quad \sin\beta = \frac{b \cdot \sin\alpha}{a} \approx \frac{16\,\text{cm} \cdot \sin 41{,}4°}{11\,\text{cm}} \quad \Rightarrow \quad \begin{cases} \beta_1 \approx 74{,}1° \\ \beta_2 \approx 105{,}9° \end{cases}$

Der Winkel β_1 ist nicht die Lösung, denn der dann aus der Winkelsumme sich ergebende Winkel $\gamma_1 = 64{,}5°$ widerspricht der Seiten-Winkel-Beziehung im Dreieck: Wegen $a > c$ muss nämlich $\alpha > \gamma$ gelten.

Aufgaben

Lösungssalat zu 3:
(angegeben ist jeweils die Größe des Winkels β)

2

Formuliere den Kosinussatz in Worten. Erläutere, warum der Satz des Pythagoras ein Spezialfall des Kosinussatzes ist.

3

Berechne die fehlenden Seiten und Winkel des Dreiecks ABC.

a) $a = 4\,\text{cm}$; $b = 5\,\text{cm}$; $c = 6\,\text{cm}$
b) $b = 5\,\text{cm}$; $c = 4\,\text{cm}$; $\alpha = 60°$
c) $a = 3{,}7\,\text{m}$; $c = 62\,\text{dm}$; $\gamma = 107°$
d) $a = 50{,}8\,\text{cm}$; $b = 53{,}6\,\text{cm}$; $c = 39{,}4\,\text{cm}$
e) $a = 45{,}65\,\text{m}$; $b = 0{,}0678\,\text{km}$; $\gamma = 77{,}5°$
f) $b = 4{,}5\,\text{cm}$; $c = 5{,}0\,\text{cm}$; $h_c = 3{,}0\,\text{cm}$
g) $b = 226{,}3\,\text{m}$; $c = 0{,}3149\,\text{km}$; $\alpha = 103°$

Begründe jeweils aufgrund der Angaben, ob die Lösung eindeutig ist. In welchem Fall ist keine Aussage möglich?

4

In einem gleichschenkligen Dreieck ABC ist c die Basis; die Schenkel sind mit s bezeichnet. Die Basiswinkel sind α und β, der Winkel an der Spitze γ.

a) Berechne die Winkel des Dreiecks für den Fall, dass die Schenkel s doppelt so lang sind wie die Basis c. Warum sind alle Dreiecke mit dieser Eigenschaft ähnlich?
b) Welche Beziehung zwischen der Basis c, der Schenkellänge s und dem Winkel γ bzw. dem Winkel α liefert der Kosinussatz?
c) Berechne s auf zwei Arten für $c = 6\,\text{cm}$ und $\alpha = 54°$.
d) Bestimme c für $s = 10{,}5\,\text{m}$ und $\alpha = 38°$. Gibt es mehrere Lösungswege?

Erinnerung zu 11b):
Mit ω_β wird die Winkelhalbierende von β bezeichnet.

5

Von einem Dreieck ABC sind die Koordinaten der Eckpunkte im Koordinatensystem gegeben. Berechne die Seitenlängen und Winkelgrößen sowie den Flächeninhalt.

a) $A(-2|2)$; $B(3{,}5|2)$; $C(5|9)$
b) $A(-1|3)$; $B(4|-1)$; $C(1|5)$
c) Stelle deinem Nachbarn eine entsprechende Aufgabe und vergleicht eure Lösungswege.

6

Wie lang sind die Diagonalen einer Raute ABCD mit der Seitenlänge $a = 4{,}3\,\text{cm}$ und dem Winkel $\alpha = 74°$?

7

Ein Parallelogramm ABCD hat die Diagonalen $e = 8\,\text{cm}$ und $f = 14\,\text{cm}$; sie schneiden sich unter einem Winkel von 48°. Wie lang sind die Seiten des Parallelogramms?

8

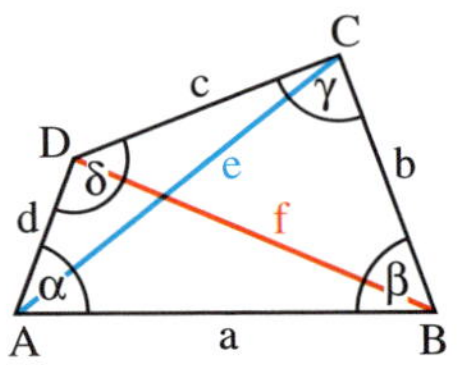

Berechne die fehlenden Seiten und Winkel des Vierecks ABCD. (Vgl. Figur auf dem Rand.)

a) $a = 12\,\text{cm}$; $b = 8\,\text{cm}$; $c = 6\,\text{cm}$; $d = 7\,\text{cm}$; $\beta = 65°$
b) $a = 6{,}3\,\text{m}$; $b = 45\,\text{dm}$; $c = 3{,}6\,\text{m}$; $d = 220\,\text{cm}$; $f = 6{,}0\,\text{m}$

9

Im Dreieck ABC ist $a = 7\,\text{cm}$; $c = 12\,\text{cm}$; $\beta = 57°$.

a) Um wie viel Prozent sind die Flächeninhalte der Quadrate über den Seiten a und b zusammen größer als der Flächeninhalt des Quadrates über c?
b) Bei welcher Größe von Winkel β sind diese Flächeninhalte gleich?

10

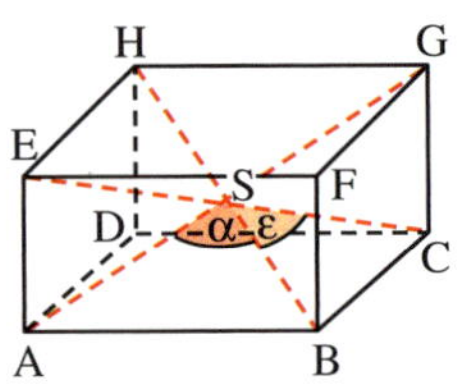

a) Ein Quader mit $\overline{AB} = 8\,\text{cm}$, $\overline{BC} = 6\,\text{cm}$ hat die Höhe $\overline{AE} = 3\,\text{cm}$. Die Raumdiagonalen schneiden sich im Punkt S. Berechne die Winkel $\alpha = \sphericalangle ASB$ und $\varepsilon = \sphericalangle BSC$, unter denen sich die Raumdiagonalen schneiden.
b) Berechne den Winkel ε entsprechend bei einem Würfel der Kantenlänge a.

11

Berechne im Dreieck ABC die fehlenden Seiten und Winkel.

a) $b = 4{,}5\,\text{cm}$; $c = 50\,\text{mm}$; $h_c = 0{,}3\,\text{dm}$
b) $c = 0{,}160\,\text{km}$; $h_a = 91\,\text{m}$; $w_\beta = 970\,\text{dm}$

12

In einem Kreis mit Radius r gehört zum Mittelpunktswinkel α die Sehne s.

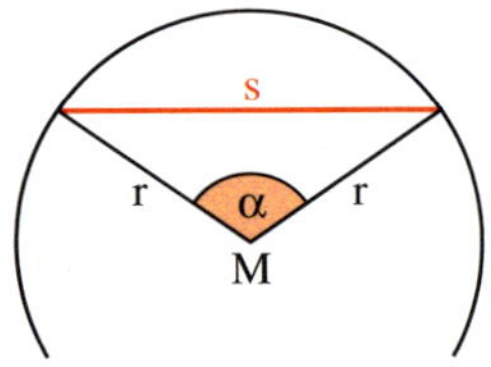

a) Berechne s für $r = 6\,\text{cm}$ und $\alpha = 70°$.
b) Ermittle α für $s = 9{,}5\,\text{cm}$ und $r = 6\,\text{cm}$.
c) Zeige, dass allgemein $s = r \cdot \sqrt{2(1 - \cos\alpha)}$ gilt. Mit welchen besonderen Werten lässt sich der Zusammenhang leicht überprüfen?

13

Eine schiefe Pyramide hat eine quadratische Grundfläche mit $a = 4\,\text{cm}$ und die Seitenkanten $\overline{AS} = \overline{DS} = 8\,\text{cm}$ und $\overline{BS} = \overline{CS} = 6\,\text{cm}$.

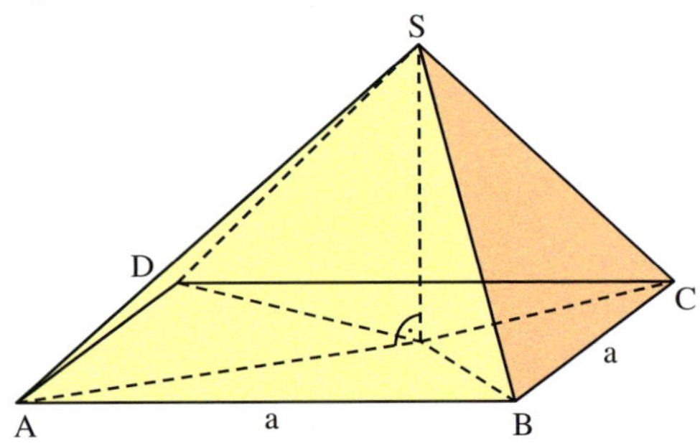

a) Unter welchen Winkeln sind die Seitenflächen gegen die Grundfläche geneigt?
b) Berechne den Oberflächeninhalt und das Volumen der Pyramide.

14

Prüfe, ob es ein Dreieck ABC mit den gegebenen Stücken gibt. Berechne gegebenenfalls die fehlenden Stücke.

a) $a = 7{,}2\,\text{cm}$; $c = 4{,}7\,\text{cm}$; $\alpha = 35°$
b) $a = 6{,}4\,\text{m}$; $b = 32\,\text{dm}$; $\beta = 42°$
c) $a = 1{,}3\,\text{km}$; $b = 2{,}6\,\text{km}$; $\alpha = 30°$; $\gamma = 60°$
d) $b = 3{,}5\,\text{cm}$; $c = 7{,}0\,\text{cm}$; $\beta = 30°$

1 Knoten = 1 $\frac{sm}{h}$

15
Ein Schiff fährt mit der Eigengeschwindigkeit von 18 Knoten in die Richtung SO. Es befindet sich in einer Meeresströmung aus östlicher Richtung mit der Strömungsgeschwindigkeit 1 Knoten. Um wie viel Grad weicht das Schiff von seinem Kurs ab?

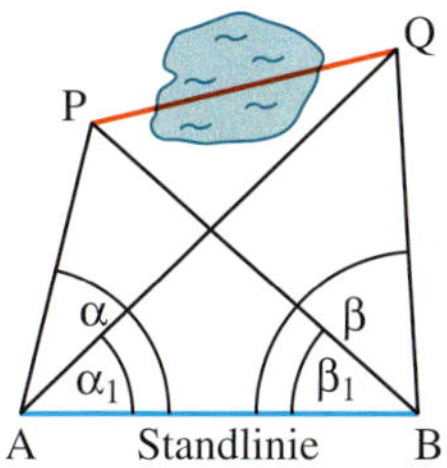

16 Vorwärts einschneiden
Um die Entfernung zweier Punkte P und Q zu bestimmen, zwischen denen sich ein Hindernis befindet, peilt man von den Endpunkten einer horizontalen Standlinie [AB] die Punkte P und Q an und misst die in der Abbildung auf der Randspalte markierten Winkel α, α_1, β und β_1.
Berechne $\overline{PQ}$ für die folgenden Werte:
$\overline{AB} = 364{,}7\,\text{m}$ ($234{,}5\,\text{m}$);
$\alpha = 68{,}2°$ ($111{,}8°$); $\alpha_1 = 34{,}9°$ ($41{,}4°$);
$\beta = 80{,}6°$ ($106{,}1°$) und $\beta_1 = 29{,}9°$ ($32{,}2°$).

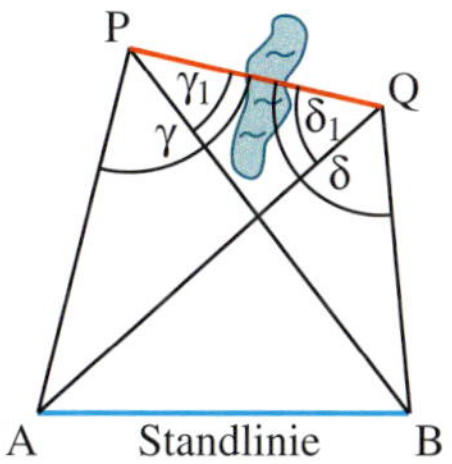

17 Rückwärts einschneiden
Um die Entfernung zweier zugänglicher Punkte P und Q zu ermitteln, zwischen denen ein Hindernis liegt, werden von den beiden Punkten die Endpunkte der Standlinie [AB] angepeilt. Gemessen werden $\overline{AB}$ sowie die in der Abbildung eingezeichneten Winkel.
Berechne $\overline{PQ}$ für $\overline{AB} = 1{,}8\,\text{km}$ ($2{,}8\,\text{km}$);
$\gamma = 68°$ ($110°$); $\gamma_1 = 42°$ ($41°$);
$\delta = 85°$ ($102°$) und $\delta_1 = 36°$ ($28°$).
Tipp: Berechne zunächst in dem ähnlichen Viereck PQ′A′B′ mit $\overline{PQ'} = 1\,\text{km}$ $\overline{A'B'}$;
$\overline{PQ}$ folgt dann aus $\overline{PQ} : \overline{PQ'} = \overline{AB} : \overline{A'B'}$.

Projektvorschlag: *Bestimmt im Schulgebäude oder -gelände Entfernungen, die sich nicht unmittelbar messen lassen.*

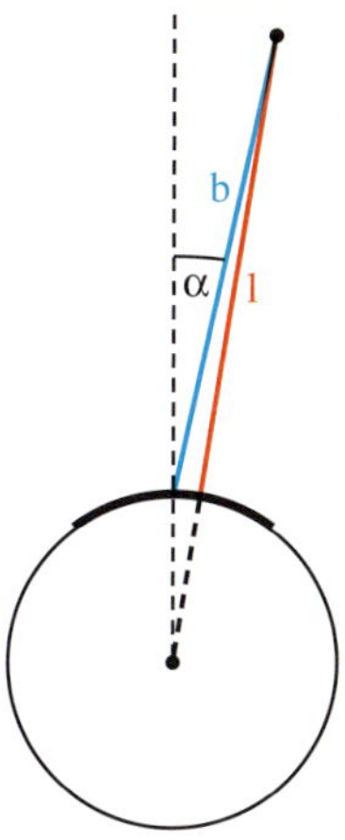

18
Beim Kugelstoßen wird eine Metallkugel aus dem Stoßkreis (Durchmesser 2,135 m) gestoßen.
a) Recherchiere, wie die Weite des Stoßes gemessen wird. Warum ist aufgrund des Messverfahrens die Stoßrichtung ideal, die durch den Kreismittelpunkt geht?
b) Die Weite eines Stoßes, der um $\alpha = 20°$ von der idealen Richtung abgewichen ist, wird mit $l = 19{,}95\,\text{m}$ gemessen. Berechne die tatsächliche Stoßweite b. Um wie viel Promille ist die gewertete Weite geringer als die tatsächliche?

19
Die Mittelpunkte zweier Kreise mit den Radien $r_1 = 4\,\text{cm}$ und $r_2 = 10\,\text{cm}$ haben den Abstand $d = 9\,\text{cm}$. Wie groß ist die gemeinsame Fläche beider Kreise?

20
Ein Quader hat Kanten der Länge $a = 5\,\text{cm}$, $b = 4\,\text{cm}$ und $c = 3\,\text{cm}$.

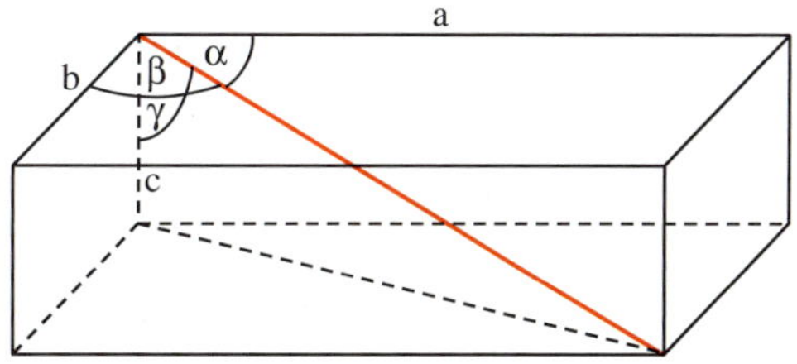

a) Berechne die Winkel α, β, γ, welche die eingezeichnete Raumdiagonale mit den Kanten a, b, c des Quaders bildet.
b) Zeige allgemein, dass stets $\cos^2\alpha + \cos^2\beta + \cos^2\gamma = 1$ gilt.

*21
Ein Keil wird mit der Kraft $K = 1\,\text{kN}$ in einen Baumstamm getrieben.

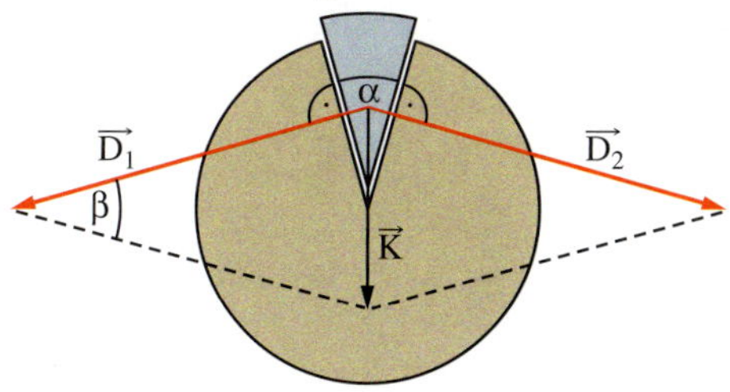

a) Berechne für $\alpha = 5°$ die Druckkräfte D_1 und D_2 ($D_1 = D_2 = D$), die den Stamm spalten.
b) Bei welchem Keilwinkel α ist die Kraft D gleich der Kraft K (bei welchem Winkel ist D doppelt so groß wie K)?

G 22
Berechne die Winkelgrößen α und β in der gegebenen Figur. Begründe deine Schritte.

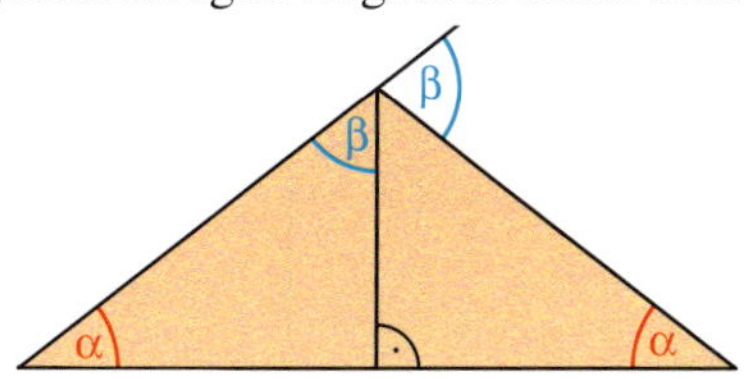

4 Trigonometrische Funktionen

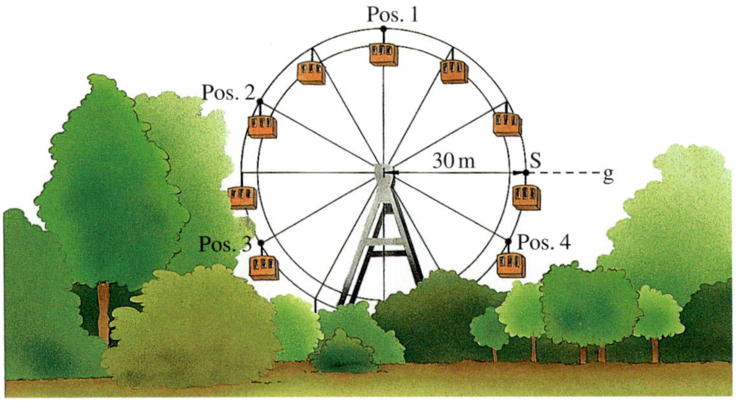

1

Das Riesenrad dreht sich gleichmäßig und macht in zwei Minuten eine Umdrehung. Eine Gondel befindet sich beim Start mit ihrem Aufhängepunkt im Punkt S.

a) Wie viel m über der Geraden g befindet sich ihr Aufhängepunkt in den markierten Positionen 1 bis 4?

b) Stelle die Höhe h des Aufhängepunkts (über g) in Abhängigkeit von der Zeit in einem Diagramm graphisch dar. Wähle auf der Zeitachse 1 cm für 10 s, auf der Höhenachse 1 cm für 10 m.

Mit Hilfe von Sinus und Kosinus lassen sich Kreisbewegungen beschreiben.
Startet z. B. wie in der nebenstehenden Figur ein Punkt P in $A(1|0)$ und umläuft den Ursprung auf dem Einheitskreis, so kann die jeweilige Position von P durch seine Koordinaten $P(\cos\alpha|\sin\alpha)$ oder $P(\cos x|\sin x)$ beschrieben werden, je nachdem, ob der Winkel im Grad- oder im Bogenmaß angegeben ist. So ergeben sich z. B. für $\alpha = 120°$ bzw. $x = \frac{2}{3}\pi$ für P die Koordinaten $P\left(-\frac{1}{2}\middle|\frac{1}{2}\sqrt{3}\right)$.

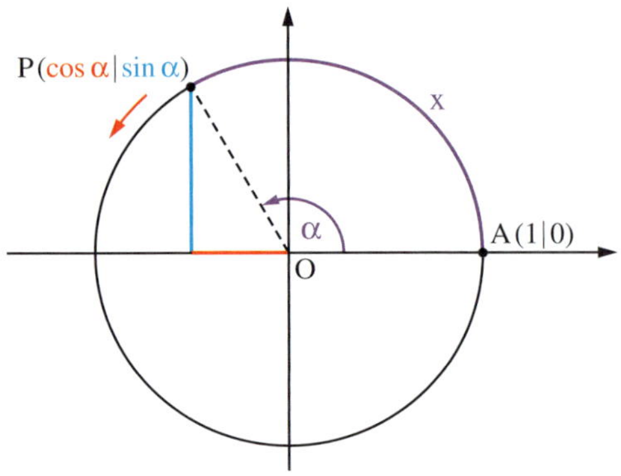

Erinnerung:
Statt Winkel in Grad zu messen, kann man auch die Maßzahl der zugehörigen Bogenlänge im Einheitskreis verwenden. Dieses Winkelmaß heißt Bogenmaß.

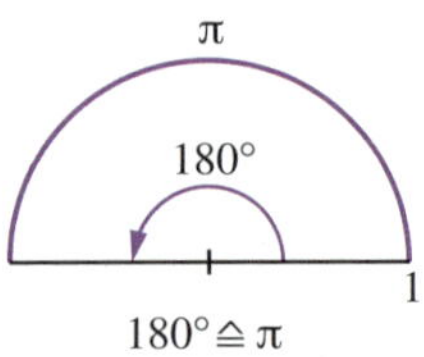

Die Funktionen

$\alpha \mapsto \sin\alpha$ und $\alpha \mapsto \cos\alpha$ für $0° \leqq \alpha < 360°$

werden zukünftig statt mit dem Gradmaß häufig mit dem Bogenmaß betrachtet:

$x \mapsto \sin x$ und $x \mapsto \cos x$ für $0 \leqq x < 2\pi$.

Mit der Schreibweise x statt α für die Variable der Funktion wird ausgedrückt, dass der Winkel im Bogenmaß, also durch eine reelle Zahl angegeben wird.

Trägt man in einem Koordinatensystem auf der waagrechten Achse das Bogenmaß und auf der senkrechten Achse die Sinus- und Kosinuswerte ab, so erhält man die folgenden Graphen:

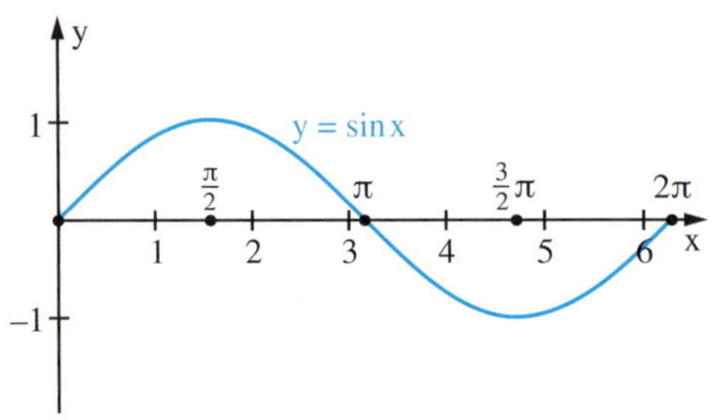

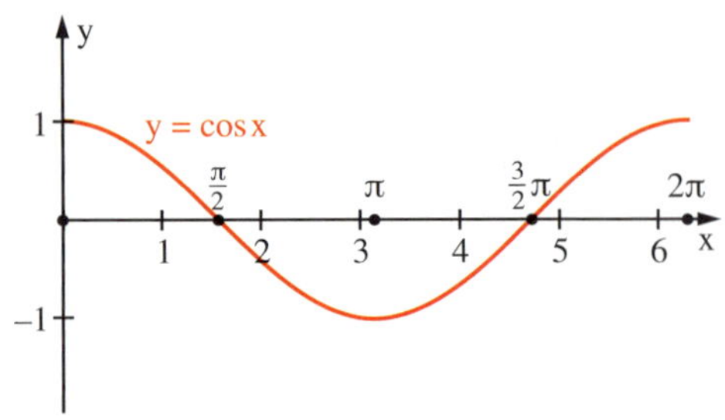

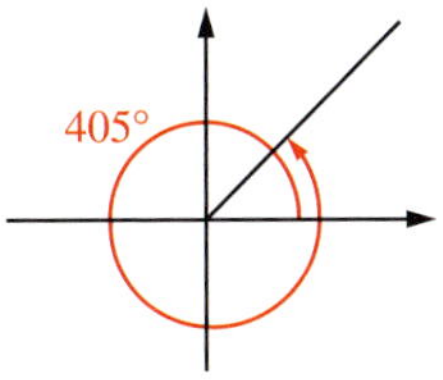

Häufig finden bei Kreisbewegungen mehrere Umdrehungen statt. Um auch diese Fälle zu beschreiben, führt man Winkel größer als 360° bzw. 2π ein.

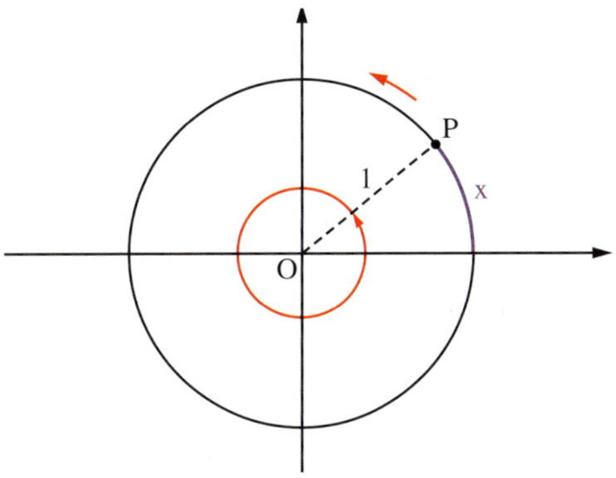

Betrachtet man wie oben die Bewegung eines Punktes P auf dem Einheitskreis, so gilt: Der Punkt $P(\cos x \mid \sin x)$ erreicht nach einem vollen Umlauf wieder dieselbe Position, d. h. seine Koordinaten sind dieselben; er hat dabei insgesamt den Weg $(x + 2\pi)$ auf dem Einheitskreis zurückgelegt. Da nach jedem weiteren vollen Umlauf, also nach 2, 3, …, k Umläufen, der Punkt P wieder dieselbe Position erreicht und damit dieselben Koordinaten hat, liegt die folgende Festsetzung nahe:

$\cos x = \cos(x + 1 \cdot 2\pi) = \cos(x + 2 \cdot 2\pi) = \cos(x + 3 \cdot 2\pi) = \ldots = \cos(x + k \cdot 2\pi)$ und
$\sin x = \sin(x + 1 \cdot 2\pi) = \sin(x + 2 \cdot 2\pi) = \sin(x + 3 \cdot 2\pi) = \ldots = \sin(x + k \cdot 2\pi)$.

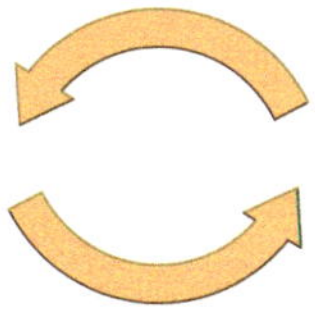

positiver Umlaufsinn

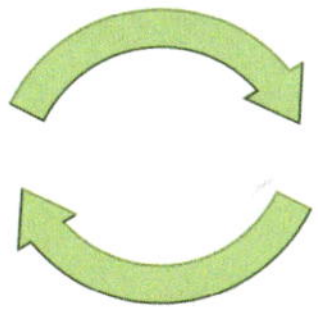

negativer Umlaufsinn

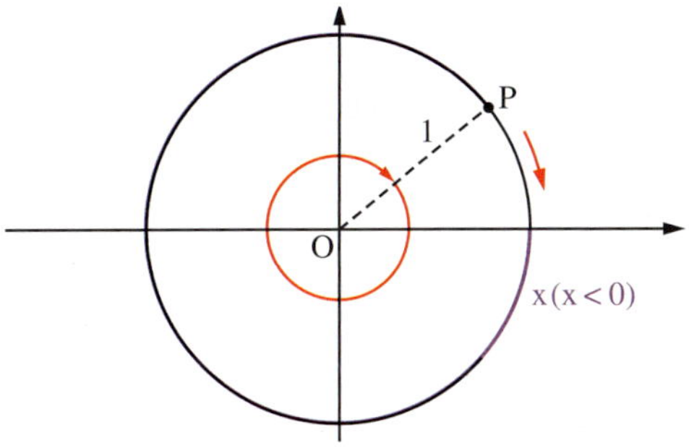

Ebenso hat der Punkt P wieder dieselben Koordinaten, nachdem er einen vollen Umlauf im Uhrzeigersinn, d. h. im negativen Umlaufsinn, ausgeführt hat. Setzt man bei negativem Umlaufsinn zurückgelegte Wege negativ an, dann befindet sich der umlaufende Punkt nach einem vollen Umlauf, also einem Weg von $(x - 2\pi)$ auf dem Einheitskreis, wieder in der Position $P(\cos x \mid \sin x)$.

Trigonometrische Funktionen
Durch die Festsetzung

$$\mathbf{\sin(x + k \cdot 2\pi) = \sin x} \quad \text{und} \quad \mathbf{\cos(x + k \cdot 2\pi) = \cos x}$$

für alle x mit $0 \leqq x < 2\pi$ und für alle $k \in \mathbb{Z}$
sind die Sinus- und die Kosinusfunktion für alle reelle Zahlen definiert.

Üblicherweise bezeichnet man die Menge aller Zahlen, die sich als Funktionswerte einer Funktion f ergeben, als **Wertemenge W_f** der Funktion. Die Sinus- und Kosinusfunktion haben die Wertemenge $W = [-1; 1]$.

Die folgende Abbildung zeigt die Graphen der Sinus- und Kosinusfunktion:

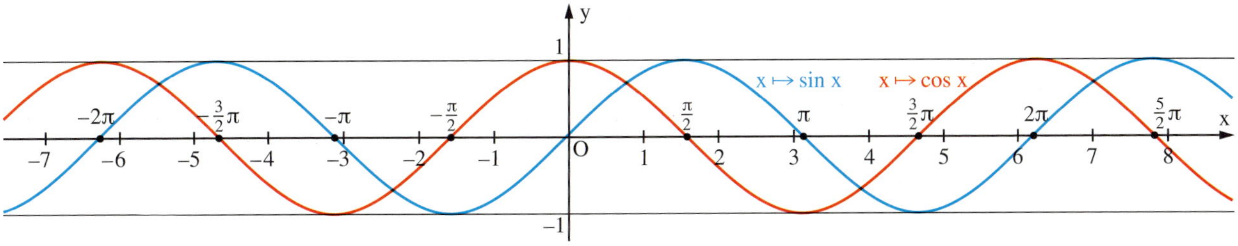

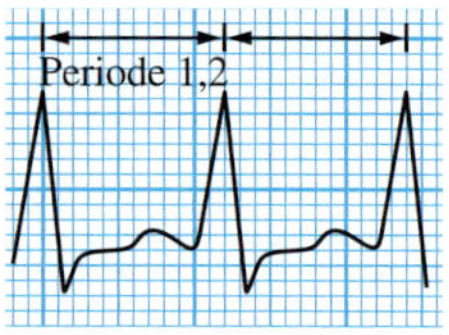

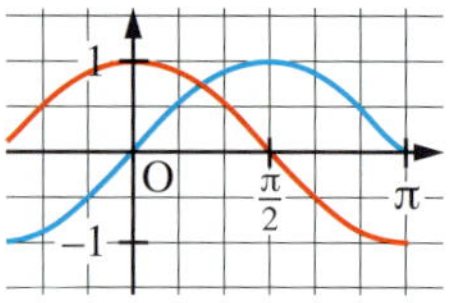

Da sich der Sinus- und Kosinuswert einer reellen Zahl nicht ändert, wenn man zu x ein ganzzahliges Vielfaches von 2π addiert oder subtrahiert, sagt man:
Die Sinus- und die Kosinusfunktion sind **periodisch** mit der **Periode 2π**.

Bemerkungen

- Statt vom Graphen der Sinus- bzw. Kosinusfunktion spricht man kurz auch von der **Sinus**- bzw. **Kosinuskurve**.
- Um Sinus- und Kosinuskurven einfach zeichnen zu können, wählt man auf der x-Achse für π häufig 6 (oder 12) Kästchen.
- An den Graphen auf der vorausgehenden Seite erkennt man, dass die Sinuskurve punktsymmetrisch bezüglich des Ursprungs, die Kosinuskurve achsensymmetrisch bezüglich der y-Achse ist.

Erinnerung:
Ggf. Taschenrechner in Bogenmaß (R oder RAD) umstellen! Unterscheide 11,7° und 11,7!

Strategie: *Veranschaulichen durch eine Skizze. Für viele Fragestellungen ist es hilfreich, die Sinus-(Kosinus-)Kurve oder den Einheitskreis zu skizzieren.*

Skizze:

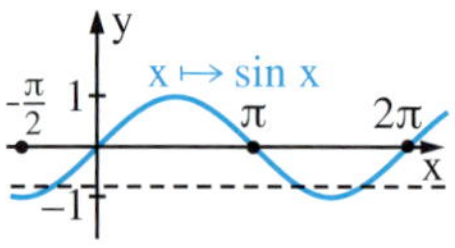

Skizze:

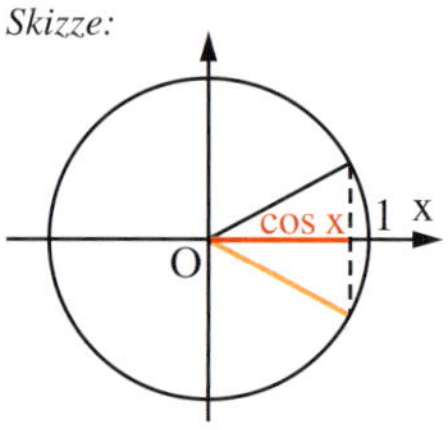

Beispiel 1

a) Bestimme mit dem Taschenrechner auf 4 Nachkommastellen genau:
$\sin 7{,}28$; $\cos 8{,}19$; $\sin(-11{,}67)$; $\cos\left(-\frac{9}{4}\pi\right)$
Erläutere für die beiden ersten Werte das Vorzeichen anhand der Funktionsgraphen.

b) Für welche x im Bereich $-\frac{\pi}{2} < x < \frac{5}{2}\pi$ gilt $\sin x = -0{,}8$? Lies die Werte näherungsweise an den Graphen auf Seite 49 ab und überprüfe sie mit dem Taschenrechner.

Lösung:

a) $\sin 7{,}28 \approx 0{,}8397$
Der Wert $x = 7{,}28$ liegt zwischen 2π und $\frac{5}{2}\pi$; in diesem Bereich sind die Sinuswerte positiv.
$\sin(-11{,}67) \approx 0{,}7811$
$\cos 8{,}19 \approx -0{,}3297$
Der Wert $x = 8{,}19$ liegt zwischen $\frac{5}{2}\pi$ und 3π; in diesem Bereich sind die Kosinuswerte negativ.
$\cos\left(-\frac{9}{4}\pi\right) = \frac{1}{2}\sqrt{2} \approx 0{,}7071$

b) Die Parallele zur x-Achse im Abstand 0,8 schneidet die Sinuskurve in $x_1 \approx -0{,}9$; $x_2 \approx 4{,}0$ und $x_3 \approx 5{,}3$.
Der Taschenrechner liefert: $x_1 \approx -0{,}9273$
Daraus folgt: $x_2 \approx \pi + 0{,}9273 \approx 4{,}0689$
$x_3 \approx 2\pi - 0{,}9273 \approx 5{,}3559$

Beispiel 2

Gib auf zwei Nachkommastellen gerundet alle Zahlen x an, für die $\cos x = 0{,}9211$.

Lösung:

Der Taschenrechner liefert: $x_1 \approx 0{,}3998 \approx 0{,}40$
Daraus folgt: $x_2 \approx 2\pi - x_1 \approx 5{,}88$, (Kosinus ist im 4. Quadrant positiv).
Wegen der Periode 2π sind alle $x \approx 0{,}40 + k\cdot 2\pi$ mit $k \in \mathbb{Z}$
und $x \approx 5{,}88 + k\cdot 2\pi$ mit $k \in \mathbb{Z}$ Lösungen.

Aufgaben

Merke:

$\sin 0 = \frac{1}{2}\sqrt{0} = \cos\frac{\pi}{2}$
$\sin\frac{\pi}{6} = \frac{1}{2}\sqrt{1} = \cos\frac{\pi}{3}$
$\sin\frac{\pi}{4} = \frac{1}{2}\sqrt{2} = \cos\frac{\pi}{4}$
$\sin\frac{\pi}{3} = \frac{1}{2}\sqrt{3} = \cos\frac{\pi}{6}$
$\sin\frac{\pi}{2} = \frac{1}{2}\sqrt{4} = \cos 0$

2

a) Zeichne die Graphen der Sinusfunktion $x \mapsto \sin x$ und der Kosinusfunktion $x \mapsto \cos x$ für $-\pi \leqq x \leqq 3\pi$ in dasselbe Koordinatensystem.

b) Entnimm den Graphen Näherungswerte für $\sin\frac{3}{4}\pi$; $\cos(-100°)$; $\sin\frac{11}{4}\pi$; $\cos\frac{5}{4}\pi$; $\sin 400°$; $\sin(-2{,}5)$; $\cos 8{,}7$; $\sin\left(-\frac{\pi}{3}\right)$.

3

Gib die folgenden Funktionswerte ohne Hilfe des Taschenrechners an. Nutze dazu die Werte für besondere Winkel.

a) $\sin 3\pi$ b) $\sin(-9\pi)$ c) $\cos 7\pi$
d) $\cos(-3\pi)$ e) $\sin\left(-\frac{5}{2}\pi\right)$ f) $\sin 390°$
g) $\cos\frac{5}{6}\pi$ h) $\cos 750°$ i) $\sin\frac{11}{2}\pi$
k) $\sin 585°$ l) $\cos\left(-\frac{9}{2}\pi\right)$ m) $\cos\frac{11}{4}\pi$

Zu Aufgabe 9:

h = Höhe des Ventils über der Straße

4

In Natur, Technik und im Alltag gibt es viele periodische Vorgänge. Welche kennst du? Beschreibe sie.

5

Bestimme mit Hilfe des Taschenrechners:

a) $\sin 7{,}45$ b) $\cos 7{,}94$ c) $\sin 470°$
d) $\sin(-8{,}50)$ e) $\cos(-778°)$ f) $\sin\left(-\frac{3}{8}\pi\right)$
g) $\cos(-6{,}89)$ h) $\sin 5\sqrt{2}$ i) $\cos 1{,}8\pi$
k) $\cos(5-\sqrt{3})$ l) $\sin\left(1+\frac{5}{8}\sqrt{5}\right)$

6

Der Oszillograph zeigt auf seinem Bildschirm eine „Sägezahnspannung“.

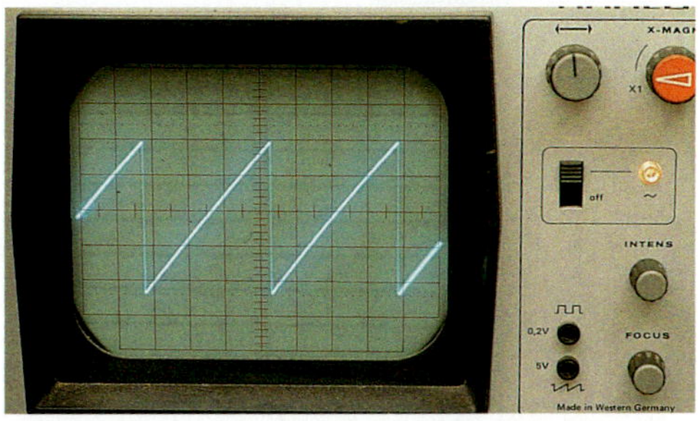

Bestimme die Periode dieses Spannungsverlaufs. (Der Abstand der senkrechten Gitterlinien entspricht 0,01 s.)

7

Die Abbildung zeigt den Ausschnitt eines Elektrokardiogramms (EKG), in dem der zeitliche Verlauf der durch die Bewegung des Herzmuskels entstehenden Spannung aufgezeichnet wird.

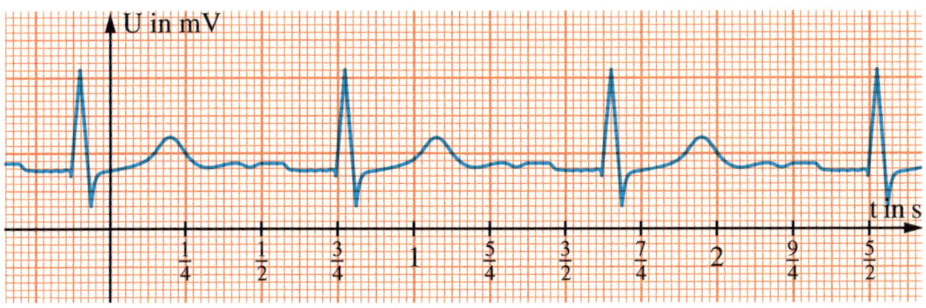

a) Wie viel Sekunden liegen zwischen zwei Herzschlägen?
b) Betrachte weitere Graphen, z. B. im Internet, und ermittle jeweils die „Herzfrequenz“. Wie sind Herzrhythmusstörungen im EKG zu erkennen?

8

Bestimme ohne Taschenrechner alle x mit $-2\pi \leqq x \leqq 2\pi$, für die gilt:

a) $\sin x = 1$ b) $\cos x = \frac{1}{2}\sqrt{2}$
c) $\cos x = -\frac{1}{2}\sqrt{3}$ d) $\sin x = -\frac{1}{2}$

9

Bei einem sich bewegenden Fahrrad wird folgende Funktion betrachtet:
h: *Zeit* ↦ *Höhe des Ventils über der Straße*

a) Erkläre, unter welcher Bedingung die Funktion h periodisch ist.
b) Skizziere einen möglichen Graphen der Funktion h.
c) Zeichne den Graphen für konkrete, an deinem Fahrrad ermittelte Werte und vergleiche mit deinem Nachbarn.

10

Ermittle einen Näherungswert, indem du die Periode von Sinus bzw. Kosinus beachtest und bekannte Werte verwendest.

Beispiel: $\sin 20 \approx \sin(3\cdot 2\pi + 1) \approx \sin 1$
$\approx \sin\frac{\pi}{3} = \frac{1}{2}\sqrt{3} \approx 0{,}9$

a) $\sin 15$ b) $\cos 22$ c) $\cos(-32)$
d) $\sin 753°$ e) $\sin(-45)$ f) $\cos 1300°$
g) Stelle deinem Nachbarn entsprechende Aufgaben und überprüfe den Schätzwert mit dem Taschenrechner.

11

Bestimme mit dem Taschenrechner auf zwei Nachkommastellen gerundete Näherungswerte für alle reellen Zahlen x mit $0 \leqq x < 2\pi$, für welche gilt:

a) $\sin x = 0{,}9396$ b) $\cos x = 0{,}6294$
c) $\cos x = -0{,}8870$ d) $\sin x = -1{,}0831$
e) $\sin x = -0{,}8500$ f) $\cos x = -0{,}1736$
g) $\cos x = -2{,}3460$ h) $\sin(-x) = 0{,}5519$

Begründe gegebenenfalls, warum es keine Lösungen gibt.

12

Bestimme auf zwei Nachkommastellen genau alle Zahlen $x \in \mathbb{R}$, für die die folgende Beziehung gilt. Skizziere zur Veranschaulichung jeweils den Funktionsgraphen.

a) $\cos x = 0{,}5$ b) $\sin x = 0{,}6$
c) $\sin x = -0{,}8$ d) $\cos x = -0{,}2$

Strategie: *Systematisches Probieren*

13

Gib jeweils drei Paare von Zahlen $a, b \in \mathbb{R}$ an, welche die angegebene Beziehung erfüllen.

a) $\cos a = \cos b$ b) $2a = 4 - b$
c) $\sin(b + \pi) = \sin a$ d) $\sin a = \sin 2b$
e) $a^2 - 2 = b^2$ f) $8^b = 2^a$

14

An der Tafel sind die folgenden Gleichungen angeschrieben.

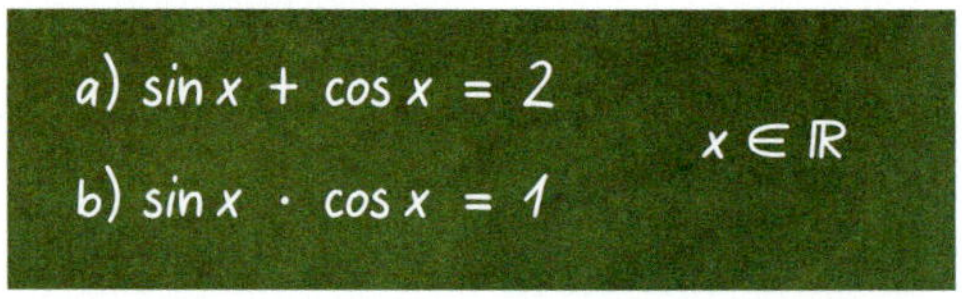

Was lässt sich über ihre Lösungen sagen?

15

Zu den folgenden Funktionen

f: $x \mapsto -0{,}1\,x - 2$
g: $x \mapsto \sin x$
h: $x \mapsto 0{,}2\,x^2 - 2x + 4$
k: $x \mapsto \frac{50}{x^2 + 25}$

gehören für $x \in [-10; +10]$ die auf den Kärtchen angegebenen Wertemengen.

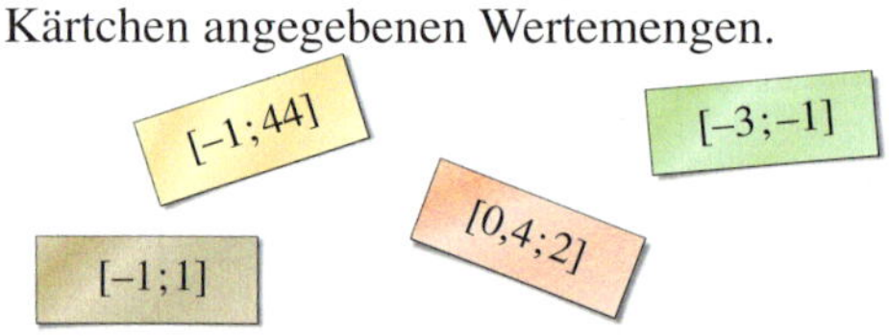

Ordne den Funktionen die Kärtchen zutreffend zu und begründe die Entscheidung. Skizziere zur Veranschaulichung die Graphen der Funktionen.

Strategie: *Veranschaulichen durch eine Skizze*

Erinnerung:
Die allgemeine quadratische Funktion hat die Funktionsgleichung $y = ax^2 + bx + c$; ihr Graph ist eine Parabel.

16

Bestimme eine quadratische Funktion, die für

a) $x \in [-\pi; \pi]$ b) $x \in [-2\pi; 2\pi]$

dieselbe Wertemenge hat wie die Kosinusfunktion.

Fertige eine Skizze an und erläutere kurz deine Überlegung.

17

Löse mit Hilfe der Graphen von Sinus- und Kosinusfunktion:

Für welche Winkel x mit $-6 \leqq x \leqq 6$ gilt

a) $\sin x = \cos x$, b) $\sin x = -\cos x$?

18

Für „kleine" x-Werte (z. B. 0,2; −0,01) gelten die folgenden Näherungen:

$\sin x \approx x$ und $\cos x \approx 1 - \frac{x^2}{2}$.

a) Veranschauliche beide Näherungen graphisch mit einem Funktionsplotter. Welche Graphen sind jeweils zu zeichnen?
b) Ermittle in beiden Fällen ein Intervall, in dem die Näherung gültig ist.

19

Begründe, dass für alle Winkel x gilt:

a) $(\sin x + \cos x)^2 = 1 + 2\sin x \cos x$
b) $\sin^4 x - \cos^4 x = \sin^2 x - \cos^2 x$

20

Löse die Gleichung $\cos x = 2x^2$ $(x \in \mathbb{R})$

a) näherungsweise mit Hilfe eines Funktionsplotters
b) auf 2 Nachkommastellen genau unter Verwendung eines Tabellenkalkulationsprogramms.

21

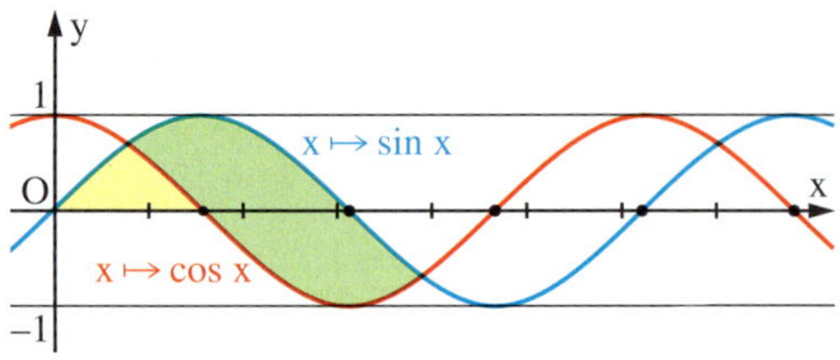

a) Berechne einen Näherungswert für den Inhalt des gelben Flächenstücks.
b) Bestimme mit Hilfe des in a) ermittelten Wertes näherungsweise den Flächeninhalt der „Wurst" (grün gefärbt). Dabei ist für den Flächeninhalt, den die Sinuskurve zwischen 0 und π mit der x-Achse einschließt, der Wert 2 anzunehmen.

Gib jeweils deine Überlegungen an.
Die Ergebnisse können auch mit einem geeigneten Funktionsplotter überprüft werden.

G 22

Ein Lieferant behauptet, dass in einer Packung mit 80 Schrauben höchstens 5 % unbrauchbar sind. Du greifst blind in die Packung und ziehst 2 unbrauchbare Schrauben. Wie wahrscheinlich ist dies, wenn die Angaben des Lieferanten stimmen?

5 Die allgemeine Sinusfunktion $x \mapsto a \cdot \sin(bx + c)$

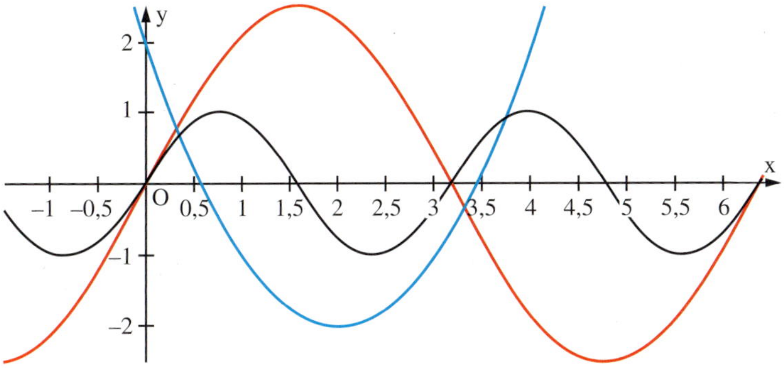

1 💻

a) Zeichne mit einem Funktionsplotter Graphen von Funktionen der Form $x \mapsto a \cdot \sin x$, $x \mapsto \sin(bx)$ und $x \mapsto a \cdot \sin(x + c)$ jeweils für mehrere verschiedene Werte von a, b, c. Beschreibe, wodurch sich diese Graphen von der Sinuskurve unterscheiden.

b) Welche Funktionsgleichungen könnten zu den im Bild gezeichneten Graphen gehören? Begründe die Antwort.

In Physik und Technik findet man oft periodische Vorgänge, deren zeitlicher Verlauf durch zur Sinuskurve ähnliche Graphen gekennzeichnet ist. Wie die Sinusfunktion $x \mapsto \sin x$ geeignet verändert werden kann, wird im Folgenden untersucht.

Funktionen der Form $x \mapsto a \cdot \sin x$, $x \in \mathbb{R}$ mit $a \neq 0$

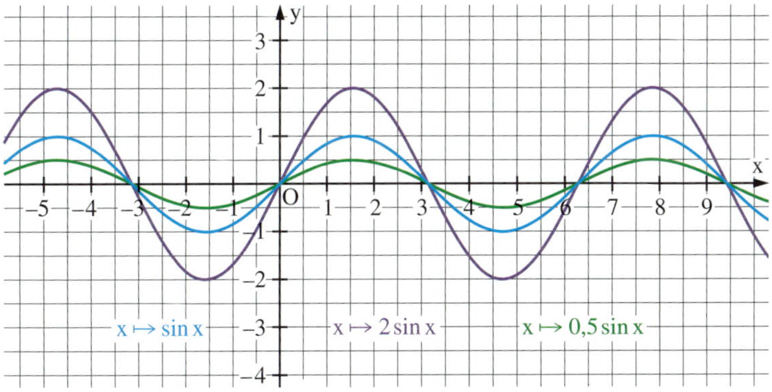

Für die Funktionen $f: x \mapsto \sin x$ und $g: x \mapsto a \cdot \sin x$ gilt:

$g(x) = a \cdot \sin x = a \cdot f(x)$

Die Figur zeigt: Der Graph von g entsteht aus dem Graphen von f durch Streckung ($|a| > 1$) oder Stauchung ($|a| < 1$) in y-Richtung. Ist $a < 0$, so erfolgt noch eine zusätzliche Spiegelung an der x-Achse.

Die Zahl $|a|$ gibt den größten Funktionswert an und heißt **Amplitude**.

Für $a \neq 0$ hat die Funktion $x \mapsto a \cdot \sin x$ die Periode 2π wie die Funktion $x \mapsto \sin x$.

Funktionen der Form $x \mapsto \sin(b \cdot x)$, $x \in \mathbb{R}$ mit $b > 0$

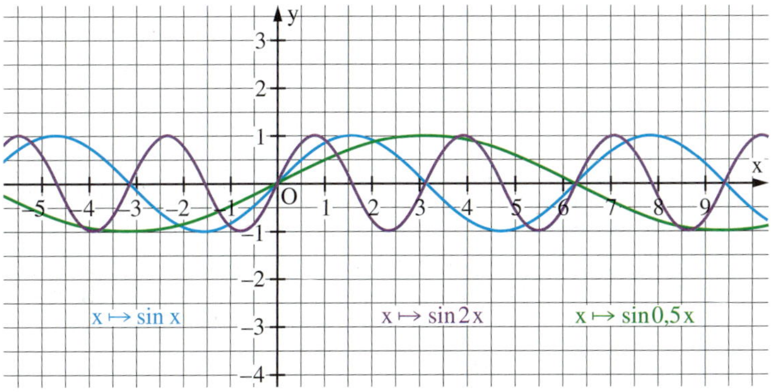

Für die Funktionen $f: x \mapsto \sin x$ und $g: x \mapsto \sin(b \cdot x)$ gilt:

$g\left(\frac{1}{b}x\right) = \sin\left(b \cdot \frac{1}{b}x\right) = f(x)$

Für $b = 2$ bedeutet das, dass die Funktion g den Funktionswert f(x) „bereits" an der Stelle $\frac{x}{2}$ annimmt.

Die Figur zeigt: Der Graph von g entsteht aus dem Graphen von f durch Stauchung ($b > 1$) oder Streckung ($b < 1$) in x-Richtung.

Die Periode der Funktion g ist $\frac{2\pi}{b}$.

Die Amplitude der Funktionen g und f ist 1.

Wegen $\sin(-x) = -\sin(x)$ gilt für negative b (z. B.: $b = -2$) $\sin(-2x) = -\sin(2x)$; somit lassen sich obige Aussagen auf $b < 0$ übertragen.

Funktionen der Form $x \mapsto \sin(x + c),\ x \in \mathbb{R}$

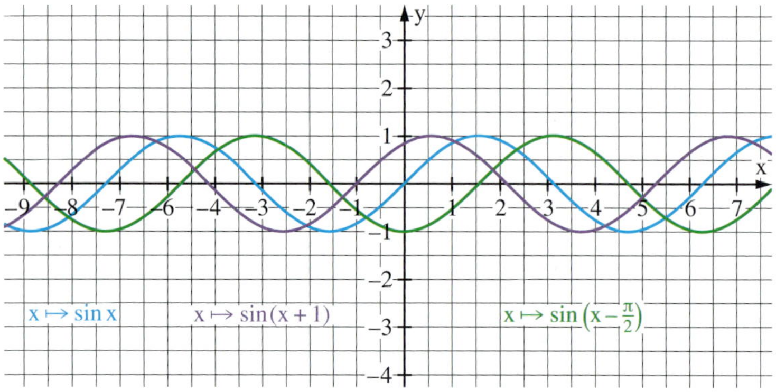

Für die Funktionen $f\colon x \mapsto \sin x$ und $g\colon x \mapsto \sin(x + c)$ gilt:
$g(x - c) = \sin(x - c + c) = f(x)$
Für z. B. $c = \pi$ nimmt die Funktion g den Funktionswert f(x) „bereits“ an einer Stelle an, die um π links von x liegt.
Die Figur zeigt: Der Graph von g entsteht aus dem Graphen von f durch eine Verschiebung um c nach links ($c > 0$) oder rechts ($c < 0$). Man nennt c auch die **Phasenverschiebung**. Die Periode von g und f ist 2π, die Amplitude ist 1.

Im Folgenden sind die drei beschriebenen Veränderungen des Graphen der Sinusfunktion zusammengefasst:

Die Art der Veränderung des Graphen der Sinusfunktion $x \mapsto \sin x$ ist an der Form der Funktionsgleichung erkennbar:

Strecken (oder Stauchen) in y-Richtung	Strecken (oder Stauchen) in x-Richtung	Verschieben in x-Richtung
$y = a \cdot \sin x$ **(a ≠ 0)**	$y = \sin(b \cdot x)$ **(b > 0)**	$y = \sin(x + c)$
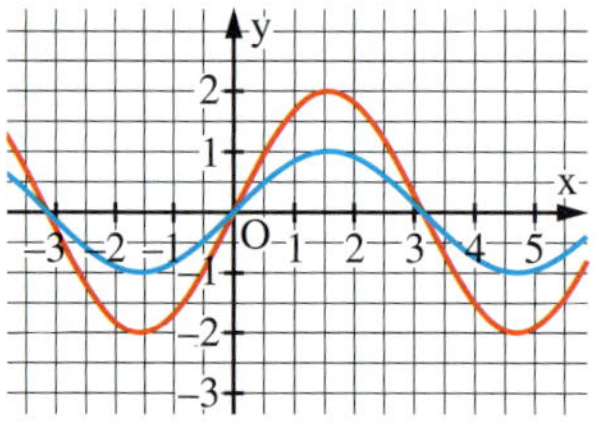	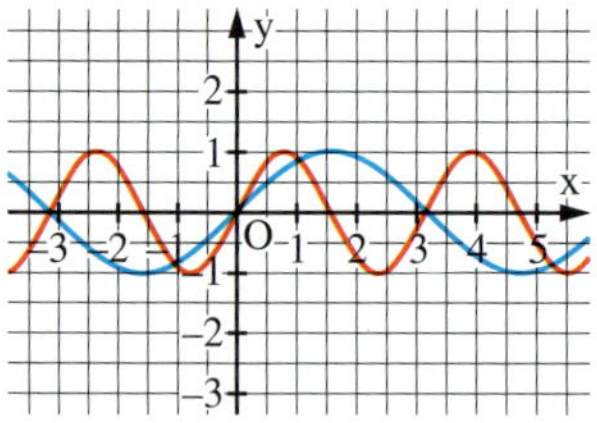	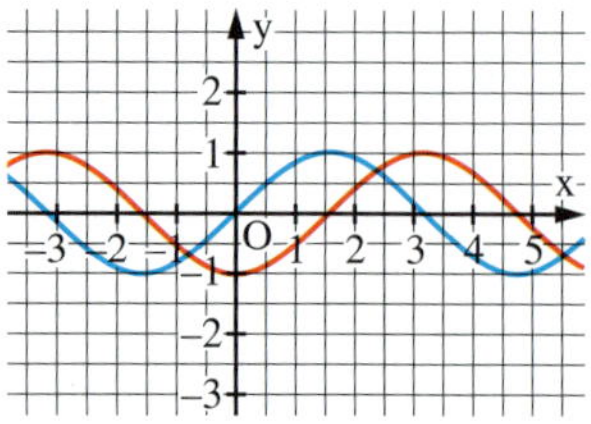
Amplitude a Periode 2π	Amplitude 1 Periode $\frac{2\pi}{b}$	Amplitude 1 Periode 2π

Oft ist es zur Beschreibung von zeitlich periodischen Vorgängen nötig, die drei vorher beschriebenen Veränderungen an der Sinuskurve zu kombinieren. Wenn der Term von der Form $x \mapsto a \cdot \sin(bx + c)$ ist, formt man um: $x \mapsto a \cdot \sin\left[b\left(x + \frac{c}{b}\right)\right]$
Die schrittweise Durchführung zeigt die folgende Figur am Beispiel
$f\colon x \mapsto 2\sin(2x + \pi) = 2\sin\left[2\left(x + \frac{\pi}{2}\right)\right]$.

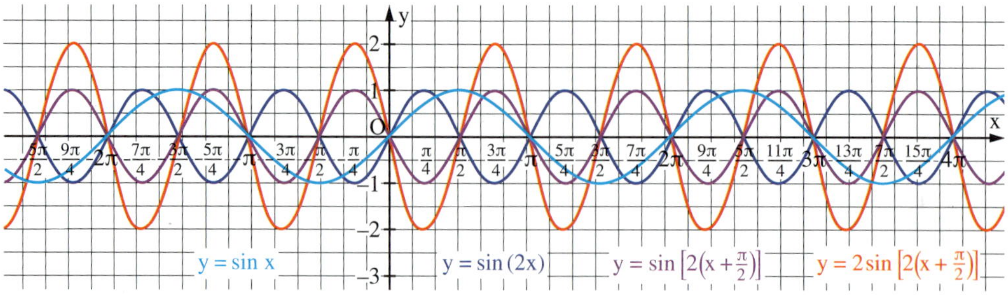

Es ist zweckmäßig, bei den Veränderungen an der Sinusfunktion in der beschriebenen Reihenfolge vorzugehen.

*Da die Kosinuskurve die um $\frac{\pi}{2}$ nach links verschobene Sinuskurve ist, gelten die Aussagen für die **allgemeine Kosinusfunktion** entsprechend.*

Den Graphen der **allgemeinen Sinusfunktion** $\mathbf{x \mapsto a \cdot \sin(bx + c) = a \cdot \sin\left[b\left(x + \frac{c}{b}\right)\right]}$, $a \neq 0$, $b > 0$, $x \in \mathbb{R}$ kann man sich so aus dem Graphen der Sinusfunktion $x \mapsto \sin x$ entstanden denken:

1. Stauchen (oder Strecken) der Sinuskurve in x-Richtung mit dem Faktor b, denn $\frac{2\pi}{b}$ ist die Periode (dunkelblauer Graph).
2. Verschiebung in x-Richtung um $\frac{c}{b}$ nach links bzw. für $c < 0$ nach rechts (violetter Graph).
3. Strecken (oder Stauchen) in y-Richtung mit dem Faktor $|a|$, denn $|a|$ ist die Amplitude (roter Graph).
   Ist $a < 0$, muss noch an der x-Achse gespiegelt werden.

Beispiel 1

Bestimme Amplitude und Periode der Funktion $f: x \mapsto \frac{1}{2}\sin(3x)$ und skizziere den Graphen im Intervall $\left[-\frac{\pi}{2}; \pi\right]$.

Lösung:

Amplitude: $a = \frac{1}{2}$ Periode: $\frac{2\pi}{b} = \frac{2\pi}{3}$

Tipp: Zum Skizzieren Nullstellen bestimmen.

Schnittpunkte mit der x-Achse:

$x_1 = 0;$

$x_2 = 0 + \frac{1}{2} \cdot \frac{2\pi}{3} = \frac{\pi}{3};$

$x_3 = 0 + \frac{2\pi}{3} = \frac{2\pi}{3};$

$x_4 = 0 + \frac{3}{2} \cdot \frac{2\pi}{3} = \pi;$

$x_5 = 0 - \frac{1}{2} \cdot \frac{2\pi}{3} = -\frac{\pi}{3}$

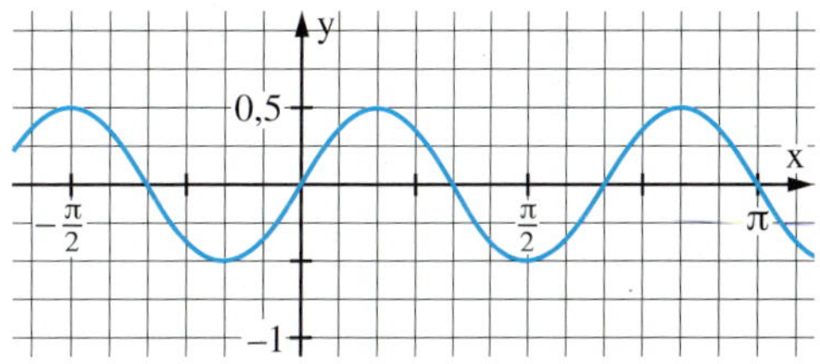

Beispiel 2

Bestimme für den nebenstehenden Graphen eine Funktionsgleichung der Form $y = a \cdot \sin(bx + c)$.

Lösung:

Der Abstand zweier benachbarter Nullstellen ist gleich einer halben Periodenlänge.

Amplitude: $a = 2$

Periode: $\frac{4}{3}\pi$ $\left(\text{Nullstellen bei } \frac{\pi}{2} \text{ und } \frac{7}{6}\pi\right)$

$\Rightarrow \quad b = \frac{2\pi}{\frac{4}{3}\pi} = \frac{3}{2}$

Verschiebung: um $\frac{\pi}{6}$ nach links, da der Graph steigend die x-Achse bei $-\frac{\pi}{6}$ schneidet.

$\Rightarrow \quad \frac{c}{b} = \frac{\pi}{6} \quad \Rightarrow \quad c = \frac{\pi}{4}$

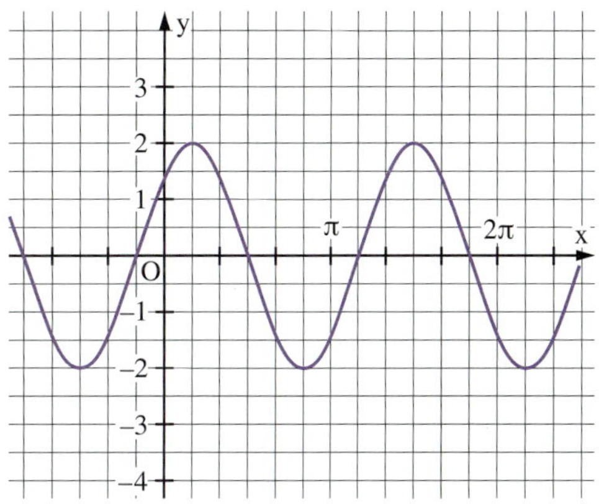

Funktionsgleichung: $y = 2\sin\left[\frac{3}{2}\left(x + \frac{\pi}{6}\right)\right] = 2\sin\left(\frac{3}{2}x + \frac{\pi}{4}\right)$

Aufgaben

2

Berechne die Funktionswerte der folgenden Funktionen für $x = 2$ $\left(5{,}4; -\frac{3}{2}; \frac{1}{3}\pi\right)$.

a) $x \mapsto 3\sin x$ b) $x \mapsto \sin\left(\frac{1}{2}x\right)$

c) $x \mapsto 2\sin\left(-\frac{1}{2}x\right)$ d) $x \mapsto 1{,}5\sin\left(2x + \frac{2}{3}\pi\right)$

3

Ein Oszilloskop zeigt eine sinusförmige Kurve der Amplitude 1,5; die Schnittpunkte mit der x-Achse sind bei 0,5, 2,1 und 3,7.

Bestimme die Funktionsgleichung.

Lösungssalat zu 4: (angegeben ist die Periode)

4

Bestimme Amplitude und Periode der Funktionen und skizziere die Graphen im Intervall $[-\pi; 2\pi]$. Wähle eine passende Einheit auf der x-Achse und der y-Achse.

a) $x \mapsto 2{,}5 \sin x$ b) $x \mapsto -2 \cdot \sin x$

c) $x \mapsto \sin\left(\frac{1}{3}x\right)$ d) $x \mapsto \frac{1}{2}\sin(3x)$

e) $x \mapsto \frac{2}{3}\sin\left(\frac{3}{4}x\right)$ f) $x \mapsto 2\sin\left(\frac{\pi}{2}x\right)$

5 💻

Bestimme Amplitude, Periode und Verschiebung. Für welche $x \in [-\pi; 2\pi]$ gilt $f(x) = 0$?
Zeichne mit einem Funktionsplotter die Graphen in diesem Intervall.

a) $x \mapsto \sin\left(x + \frac{1}{2}\pi\right)$ b) $x \mapsto 2\sin(x - 2\pi)$

c) $x \mapsto 2\sin x + 3$ d) $x \mapsto \frac{3}{2}\sin\left(2x - \frac{2}{3}\pi\right)$

e) $x \mapsto \sin x - \frac{2}{3}\pi$ f) $x \mapsto 2\sin\left(\frac{1}{2}x + \frac{1}{3}\pi\right)$

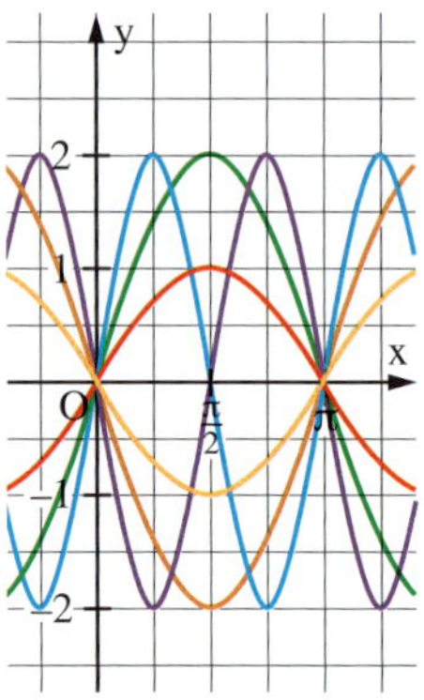

Welche Winkelfunktionen sind hier dargestellt?

6

Der blaue Graph in der Figur beschreibt den zeitlichen Verlauf der Spannung einer Überlandleitung von Wechselstrom, der rote Graph den der Spannung, mit der die Deutsche Bahn ihre E-Loks betreibt.

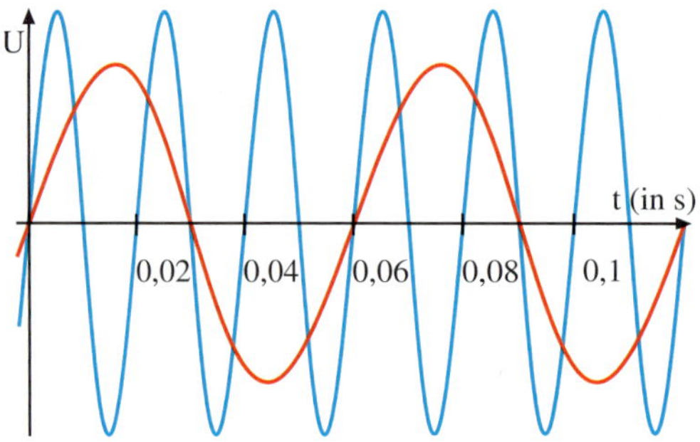

Die Amplitude beim Wechselstrom der Überlandleitung ist $20\,000\sqrt{2}$ Volt, beim Bundesbahnstrom $15\,000\sqrt{2}$ Volt. Gib für beide Spannungsverläufe einen Funktionsterm der Form $t \mapsto a \cdot \sin\left(\frac{2\pi}{T} \cdot t\right)$ an.

T bedeutet die Periode, auch Schwingungsdauer genannt.

7

Schreibe den Funktionsterm in der Form $a \cdot \sin(bt + c)$. Bestimme dann Amplitude, Periode und Verschiebung.

a) $t \mapsto 3\cos t$

b) $t \mapsto 2\cos\left(\frac{2\pi}{5} \cdot t + 0{,}4\right)$

c) $t \mapsto \frac{1}{2}\cos(2\pi \cdot t - \pi)$

8

Gegeben ist die Funktion $x \mapsto 2\sin x - 1$.

a) Berechne die Funktionswerte für $x = \frac{\pi}{2}\left(\frac{\pi}{4}; \frac{3}{2}\pi; 2\right)$.

b) Für welche x-Werte $(0 \leqq x < 2\pi)$ ergibt sich der Funktionswert $0\left(1; \frac{1}{2}\sqrt{2}\right)$?

c) Welches ist der größte (kleinste) Funktionswert, den die Funktion annimmt?

9

Erläutere jeweils an den Graphen die folgenden Beziehungen.

a) $\sin x = \sin(\pi - x)$

b) $\cos x = \sin\left(\frac{1}{2}\pi - x\right)$

10 💻

a)

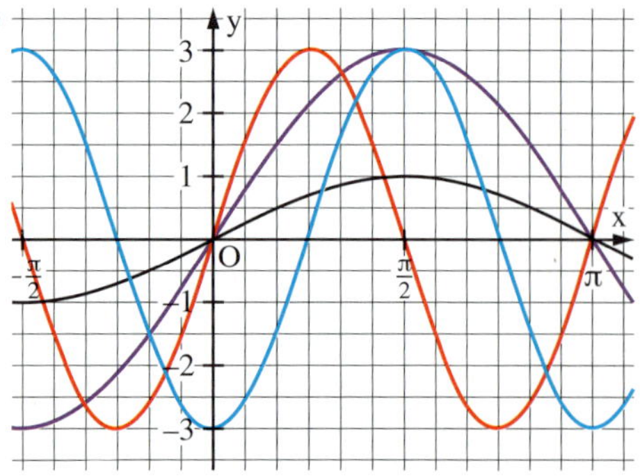

Ordne den gezeichneten Graphen die passenden Funktionsgleichungen zu.

$y = 3\sin(3x)$ $y = 3\sin(2x)$ $y = \sin x$ $y = 3\sin\left(2x - \frac{\pi}{2}\right)$ $y = 3\sin x$ $y = 3\sin\left(2x + \frac{\pi}{4}\right)$

b) Zeichne mit einem Funktionsplotter mehrere sinusförmige Graphen und lass deinen Nachbarn die Funktionsgleichung bestimmen.

11

Erläutere anhand einer Skizze, wie sich die Graphen der Funktionen unterscheiden:
$f: x \mapsto \sin x - 2$ und $g: x \mapsto \sin(x - 2)$

12

Eine Sinusfunktion hat die Wertemenge $[-3; 3]$ und eine Nullstelle bei $x = \pi$. Bestimme eine passende Funktionsgleichung.

13 Harmonische Schwingung

Schwingungen sind Vorgänge, die sich periodisch wiederholen. Ein Federpendel mit angehängtem Körper, das durch eine einmalige Auslenkung zum Schwingen gebracht wird, führt eine sogenannte harmonische Schwingung aus. Zeichnet man die Auslenkung des Körpers in Abhängigkeit von der Zeit t auf und beginnt mit der Zeitmessung bei einem Durchgang durch die Ruhelage nach oben, so erhält man das Bild einer Sinusfunktion.

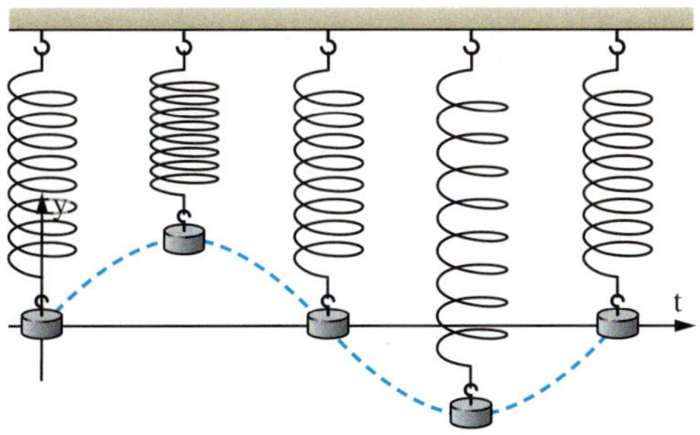

Die Sinusfunktion wird durch die Gleichung $y = A\sin\left(\frac{2\pi}{T} \cdot t\right)$ beschrieben.
Ein Federpendel hat die Amplitude $A = 12\,\text{cm}$ und die Schwingungsdauer $T = \frac{\pi}{2}$ Sekunden.

a) Stelle die Gleichung der Schwingung auf.
b) Wann gilt $y = A$, wann $y = 0$?
c) Welche Auslenkung hat der Körper für $t = \frac{\pi}{8}\,s \left(t = \frac{3}{8}\pi\,s;\ t = \frac{\pi}{3}\,s;\ t = \frac{2}{5}\pi\,s\right)$?
d) Zu welchem Zeitpunkt gilt $y = -12\,\text{cm}$ $(y = -6\,\text{cm})$?

14

Die Grafiken zeigen Gezeitenkurven.

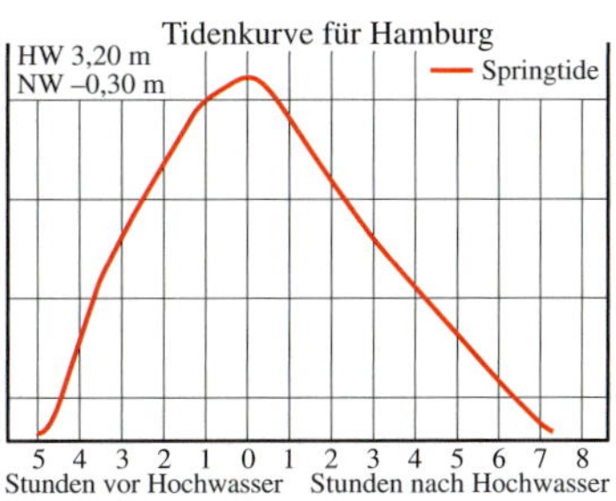

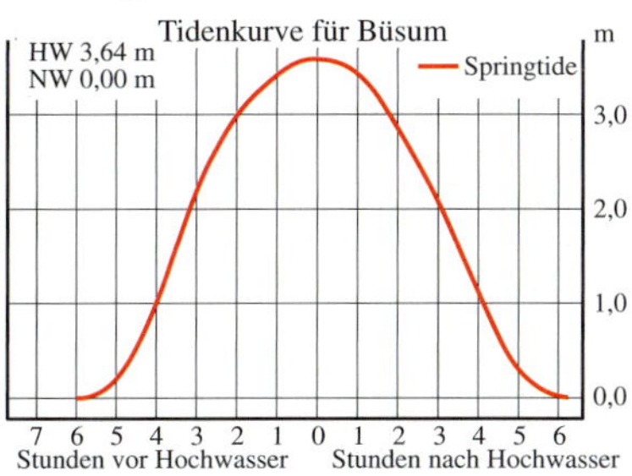

a) Erläutere, welche Kurve sich durch eine Sinusfunktion annähern lässt.
b) Stelle eine Näherungsfunktion auf und vergleiche die Werte mit den Messwerten.

15

Löse für $x \in \mathbb{R}$ näherungsweise grafisch die Gleichung
a) $\sin(2x) = 0{,}5x$
b) $2 \cdot \cos(-x) = -0{,}5x$
Überprüfe das Ergebnis mit einem Funktionsplotter oder dem Taschenrechner.

16

Auf dem Rand einer Kreisscheibe $(r = 0{,}8\,\text{m})$ ist ein Stift befestigt. Ein Motor dreht die Scheibe gleichmäßig mit 10 Umdrehungen pro Minute.

a) Welchen Weg legt der Stift in 1 Sekunde zurück?
b) Mit einem Parallellicht wird vom Stift auf einer vertikalen Wand ein Schatten erzeugt.

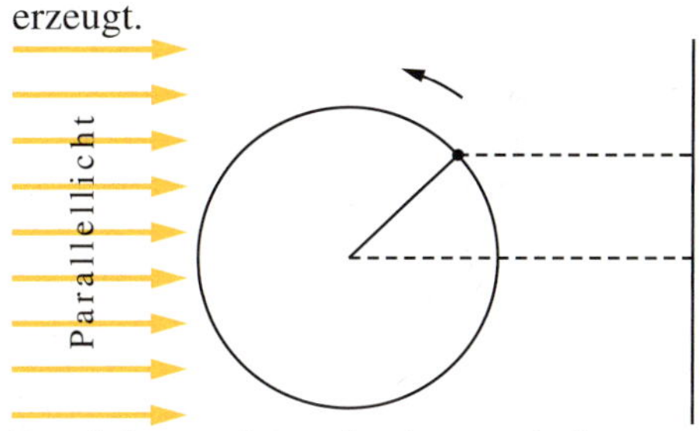

Der Schatten führt eine harmonische Schwingung aus. Ermittle die Gleichung für diese Schwingung in der Form $y = A\sin(b \cdot t)$.
c) Es wird mit Parallellicht zusätzlich ein Schatten am horizontalen Boden erzeugt. Skizziere in ein gemeinsames Koordinatensystem die Graphen beider Schattenbewegungen (Schwingungen).

G 17

a) Drei Tennisbälle sind in einem möglichst kleinen zylinderförmigen Behälter verpackt. Wie viel des zur Verfügung stehenden Raums bleibt dabei leer?
b) Vergleiche die Summe der drei Kugeloberflächen mit dem Mantelinhalt des zylinderförmigen Behälters.

G 18

Der Punkt $P(-5|0{,}5)$ liegt auf dem Graphen einer linearen Funktion der Form $f\colon x \mapsto mx - 3$. Berechne die Schnittstellen des Graphen mit den Koordinatenachsen.

Thema:

Spiralen als Funktionen

Der geometrisch besonderen Form einer Spirale, wie sie z. B. der nebenstehend abgebildete, auch Nautilusmuschel genannte Ammonit aufweist, begegnet man häufig in der Natur, Kunst und Technik.
Die mathematische Beschreibung von Spiralen in einem x-y-Koordinatensystem kann allerdings nicht mit einer Funktionsgleichung der Form $y = f(x)$ erfolgen, da z. B. bei einem Kreis oder einer Spirale einem x-Wert nicht mehr eindeutig ein einziger y-Wert zugeordnet werden kann.

Zu Polarkoordination siehe Aufgabe 11 auf Seite 39

Beschreibt man jedoch die Lage eines Punktes P, z. B. auf einem Kreis oder einer Spirale, durch seine Polarkoordinaten $(r; \varphi)$, d. h. durch die Maßzahl seines Abstands vom Ursprung O und den Winkel φ, den die Halbgerade [OP mit der x-Achse einschließt, so ist P eindeutig festgelegt.

Erinnerung:
Winkel können in Grad oder Bogenmaß angegeben werden.

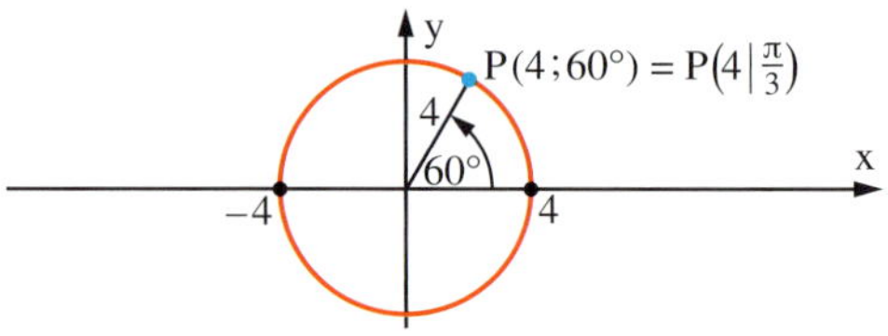

Mit Hilfe einer Funktionsgleichung $r = f(\varphi)$ lassen sich Kurven in Polarkoordinaten beschreiben. So wird z. B. ein Kreis um O mit dem Radius 4 durch $r(\varphi) = 4$ mit $0 \leqq \varphi < 2\pi$ beschrieben, da jedem Winkel φ der konstante Wert $r = 4$ zugeordnet wird.

In der nebenstehenden Figur ist der Graph der Funktion mit der Gleichung $r(\varphi) = 1 + \frac{1}{\pi} \cdot \varphi$ für den Bereich $0 \leqq \varphi \leqq 2\pi$ gezeichnet.
Wollte man drei vollständige Windungen der Spirale zeichnen, muss der Bereich $0 \leqq \varphi \leqq 6\pi$ $(= 3 \cdot 2\pi)$ gewählt werden.

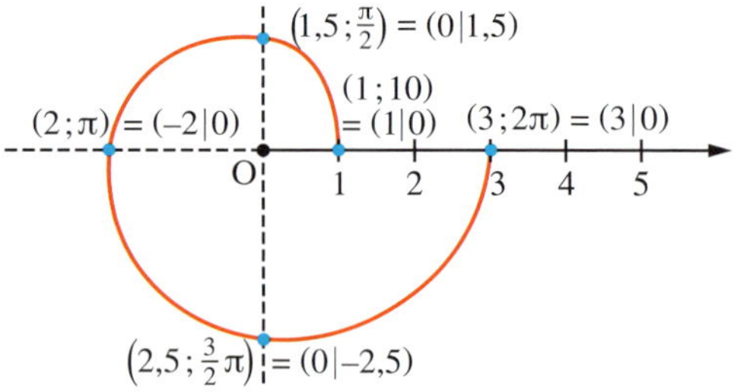

Archimedes wurde bei der Eroberung von Syrakus durch die Römer im Jahre 212 v. Chr. von einem römischen Soldaten erschlagen. Er war damals etwa 75 Jahre alt.

1 Archimedische Spiralen

Durch $r(\varphi) = a \cdot \varphi$ mit $a > 0$, $\varphi \geqq 0$ ist die Gleichung einer Spirale gegeben, die nach dem bedeutenden griechischen Wissenschaftler Archimedes benannt ist, der sie erstmals mathematisch beschrieben hat. Die Figur zeigt eine solche Spirale für $a = 0{,}5$.

a) Skizziere Spiralen für verschiedene Werte von a. Beschreibe deine Beobachtung.
b) Begründe: Je zwei benachbarte Punkte auf derselben Halbgeraden durch O haben den gleichen Abstand $2\pi a$.
c) Gib die Funktionsgleichung der Spirale an, bei der dieser Abstand 1 beträgt.
d) Die abgebildete Spirale $r(\varphi) = 0{,}5 \cdot \varphi$ beginnt in O. Nach wie vielen Windungen ist der Abstand 100 von O erreicht?

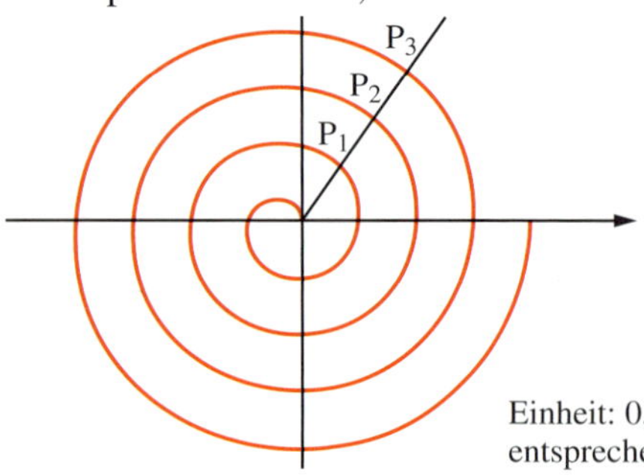

Einheit: 0,5 cm entsprechen π.

2

Durch einfache Veränderungen der Funktionsgleichung der archimedischen Spirale erhält man neue Formen von Spiralen. Häufig werden sie nach ihrer Form oder ihrem Entdecker bezeichnet. Nachfolgend sind die Funktionsgleichungen für einige Spiralformen angegeben. Es gilt stets: $a > 0$.

a) Fermatsche Spirale: $r(\varphi) = a \cdot \sqrt{\varphi};\ \varphi \geqq 0$

b) Hyberbolische Spirale: $r(\varphi) = \frac{a}{\varphi};\ \varphi > 0$

c) Spirale 3. Grades: $r(\varphi) = a \cdot \sqrt[3]{\varphi};\ \varphi \geqq 0$

d) Galileische Spirale: $r(\varphi) = a \cdot \varphi^2;\ \varphi > 0$

(1) 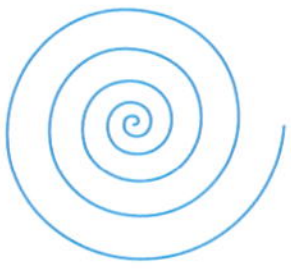

(2) 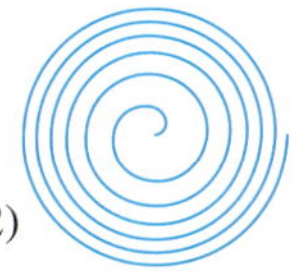

(3) 

(4) 

Ordne durch Überlegungen und Betrachten von Beispielen jeder Gleichung eine der abgebildeten Formen zu. Beschreibe dein Vorgehen und nenne Eigenschaften des Spiraltyps.

3 Spiralen erfinden

Erfinde mit deinem Nachbarn eine Funktionsgleichung für eine Spirale. Dabei sind z. B. auch Formen wie $r(\varphi) = 2 + 0{,}01 \cdot \varphi;\ \varphi < 0$ und $r(\varphi) = 1{,}2^{\varphi};\ \varphi > 0$ möglich.
Überlegt, wie der Graph eurer Spirale aussieht und überprüft mit einem Funktionsplotter.

Projektvorschlag: Spiralen in Natur, Kunst und Technik erkunden

Spiralen sind häufig vorkommenende Formen, welche Mathematiker, Naturwissenschaftler und Künstler zu allen Zeiten beschäftigt und zu Untersuchungen und Erklärungen angeregt haben. Die folgenden Informationen und Bilder geben einen Einblick in das umfassende Vorkommen von Spiralen in vielfältigen Bereichen:

- In der Pflanzen- und Tierwelt findet man Spiralen. Aus der Regelmäßigkeit des Wachstums aufeinander folgender Blätter oder Fruchtstände entstehen Spiralen.
- Hurrikans und Tornados bilden Spiralbahnen in das Wirbelzentrum.
- Im Weltall findet man die Spiralform bei vielen Galaxien.
- In der Entwicklung des Menschen von der Steinzeit bis heute kommt die Spirale in jeder Epoche in Kunst und Architektur vor.
- Die archimedische Spirale wird in der Technik verwendet. Beispielsweise werden auf einer CD oder Schallplatte die Daten spiralartig aufgezeichnet. Auch das Magnetband bei Audio- und Videokassetten wird spiralförmig aufgewickelt.

Auftrag:
Bildet Gruppen, die nach Themenschwerpunkten über das Vorkommen und die Verwendung von Spiralen recherchieren. Dokumentiert eure Ergebnisse und bereitet eine geeignete Präsentation vor.

Thema:

Überlagerung von Schwingungen

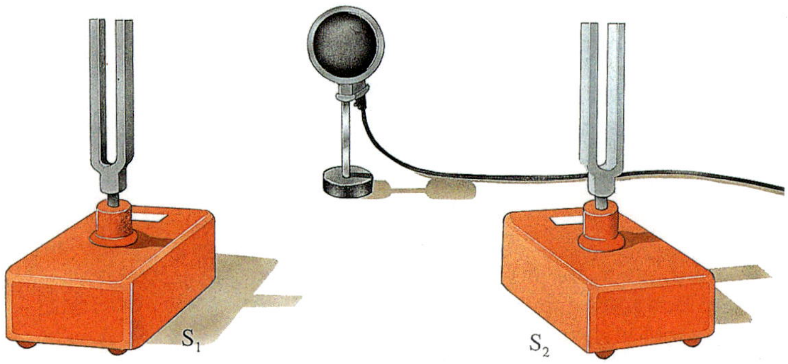

Einer Membran stehen zwei Schallquellen S_1 und S_2 gegenüber. Ein von der Schallquelle S_1 (bzw. S_2) erzeugter Ton bewirkt eine Schwingung der Membran, wobei die Funktion $f_1: t \mapsto f_1(t)$ bzw. $f_2: t \mapsto f_2(t)$ die Auslenkung eines Punktes der Membran aus der Ruhelage beschreibt.
Gehen von beiden Schallquellen gleichzeitig Töne aus, so wird die Bewegung eines Punktes der Membran durch die Funktion $f: t \mapsto f_1(t) + f_2(t)$ beschrieben.

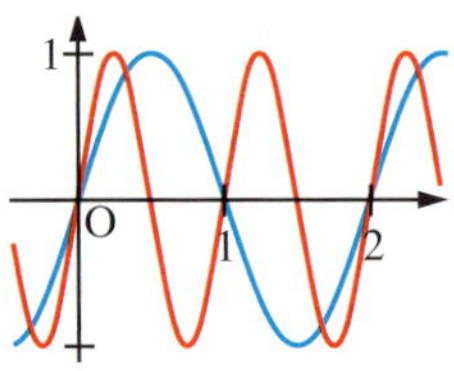

$y = \sin(\pi x)$; $f = 0{,}5\,s^{-1}$
$y = \sin(2\pi x)$; $f = 1\,s^{-1}$

In der Physik sagt man, die beiden **Schwingungen überlagern** sich; die resultierende Bewegung (eines Punktes der Membran) wird durch die **Summe der Funktionen** f_1 und f_2 beschrieben.
Die von einer Stimmgabel erzeugten Schwingungen einer Membran lassen sich durch Funktionen der Form $t \mapsto a \cdot \sin(b \cdot t + c)$ beschreiben. Dabei ist die Amplitude a ein Maß für die Lautstärke. Um die Periode $T\left(= \frac{2\pi}{b}\right)$ leicht ablesen zu können, schreibt man die Funktionen häufig in der Form $f(t) = a \cdot \sin\left(\frac{2\pi}{T} \cdot t + c\right)$. Man nennt T dann auch die **Schwingungsdauer** und ihren Kehrwert $f = \frac{1}{T}$ die **Frequenz**. Sie gibt die Anzahl der Schwingungsvorgänge pro Zeiteinheit an und ist ein Maß für die Tonhöhe.

Untersuchungen mit dem Funktionsplotter

1

Zeichne mit einem Funktionsplotter den Graphen der Summe der Funktionen $f_1 + f_2$.
Bestimme mit Hilfe des Graphen jeweils Periode und Amplitude der „Summenfunktion“.

a) $f_1: t \mapsto 2\sin t$; $f_2: t \mapsto 3\sin t$
b) $f_1: t \mapsto 7\sin(5t)$; $f_2: t \mapsto 4\sin(5t)$
c) $f_1: t \mapsto 2\sin t$; $f_2: t \mapsto 2\sin\left(t - \frac{\pi}{2}\right)$
d) $f_1: t \mapsto \sin(4t)$; $f_2: t \mapsto \sin(5t)$
e) $f_1: t \mapsto \sin(4t)$; $f_2: t \mapsto \sin\left(\frac{2\pi}{3}\right)t$
f) $f_1: t \mapsto \sin(1{,}7t)$; $f_2: t \mapsto \sin(1{,}8t)$

2

a) Der „Kammerton“ a erklingt mit einer Frequenz von 440 Schwingungen pro Sekunde. Das Tonintervall von a nach cis ist eine große Terz, d. h., die Frequenzen verhalten sich wie 4:5. Bestimme eine Funktion $f_1: t \mapsto \sin(a \cdot t)$ für den Kammerton a und entsprechend für den Ton cis. Zeichne mit einem Plotter die Graphen von f_1, f_2 und $f_1 + f_2$.
b) Bei einer Quinte (z. B. von a nach e) verhalten sich die Frequenzen wie 2:3. Verfahre wie in Aufgabe a).

3

Zeichne mit einem Funktionsplotter die Graphen von f_i bzw. g_i jeweils in ein Koordinatensystem. Was fällt dir auf?

$f_1(t) = \sin\left(t + \frac{\pi}{2}\right)$ | $f_2(t) = f_1(t) + \frac{\sin\left(3t + \frac{\pi}{2}\right)}{9}$ | $f_3(t) = f_2(t) + \frac{\sin\left(5t + \frac{\pi}{2}\right)}{25}$ | $f_4(t) = f_3(t) + \frac{\sin\left(7t + \frac{\pi}{2}\right)}{49}$

$g_1(t) = \sin t$ | $g_2(t) = g_1(t) - \frac{\sin(2t)}{2}$ | $g_3(t) = g_2(t) + \frac{\sin(3t)}{3}$ | $g_4(t) = g_3(t) - \frac{\sin(4t)}{4}$ | $g_5(t) = g_4(t) + \frac{\sin(5t)}{5}$

Theoretische Erklärungen zu den Untersuchungen

Zum Begriff Phasenverschiebung siehe Seite 54.

4

Begründe: Die Summe zweier allgemeiner Sinusfunktionen mit gleicher Frequenz und Phasenverschiebung ist wieder eine allgemeine Sinusfunktion mit gleicher Frequenz und Phasenverschiebung. Ihre Amplitude ist die Summe der beiden einzelnen Amplituden.

5

a) Zeige durch Anwenden der Formel $\sin x + \sin y = 2 \cdot \sin \frac{x+y}{2} \cdot \cos \frac{x-y}{2}$:

$$\sin(b_1 \cdot t + c_1) + \sin(b_2 \cdot t + c_2) = 2 \cdot \sin\left(\frac{b_1 + b_2}{2} \cdot t + \frac{c_1 + c_2}{2}\right) \cdot \cos\left(\frac{b_1 - b_2}{2} \cdot t + \frac{c_1 - c_2}{2}\right)$$

b) Folgere aus dem Ergebnis von Aufgabe a): Die Summe zweier allgemeiner Sinusfunktionen mit gleicher Amplitude und Frequenz ist eine allgemeine Sinusfunktion mit der gleichen Frequenz wie die beiden Summanden.

*6

Der schwarze Graph in der Figur gehört zu der Funktion $f\colon t \mapsto \sin(1{,}45\pi \cdot t) + \sin(1{,}5\pi \cdot t)$.

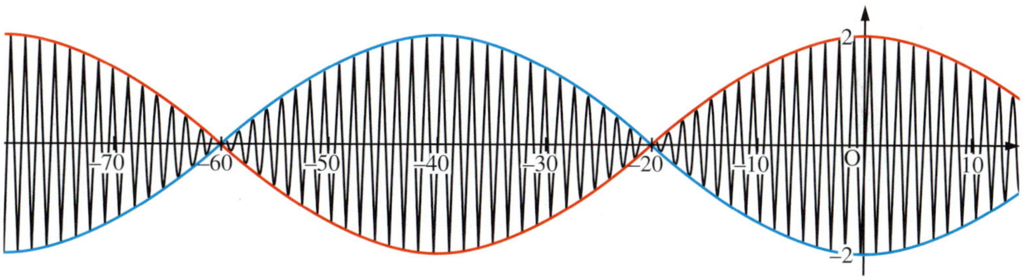

Eine Schwebung kann man erhalten, indem man an eine von zwei Stimmgabeln, die den gleichen Ton erzeugen, etwas Wachs klebt und sie damit gegenüber der anderen geringfügig verstimmt.

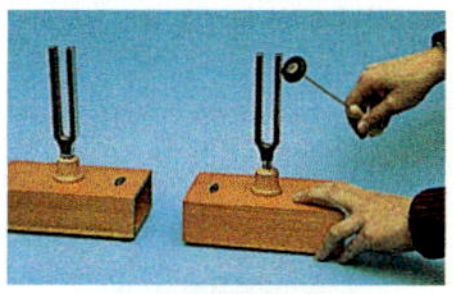

a) Begründe mit der in Aufgabe 5 a) angegebenen Formel, dass der Graph von f zwischen dem roten Graphen der Funktion $g\colon t \mapsto 2\cos(0{,}025\pi \cdot t)$ und dem blauen Graphen der Funktion $h\colon t \mapsto -2\cos(0{,}025\pi \cdot t)$ liegen muss.

b) Bei der Überlagerung zweier Schwingungen gleicher Amplitude, deren Frequenz sich nur geringfügig unterscheidet, ergibt sich ein Schwingungsbild wie das obige. Man spricht von einer **Schwebung**. Beschreibe, wie der entstehende Ton klingt.

7

Es lässt sich zeigen, dass die Überlagerung zweier Schwingungen streng genommen nur dann eine periodische Schwingungsfunktion ergibt, wenn das Verhältnis der Schwingungsdauern eine rationale Zahl ist, d. h. wenn es natürliche Zahlen p und q gibt mit $p \cdot T_1 = q \cdot T_2$. Welche der „Summenfunktionen“ in Aufgabe 1 sind periodisch, welche nicht?

Jean-Baptiste Fourier (1768–1830), französischer Mathematiker, einer der Begründer der mathematischen Physik.

Analyse von Schwingungen

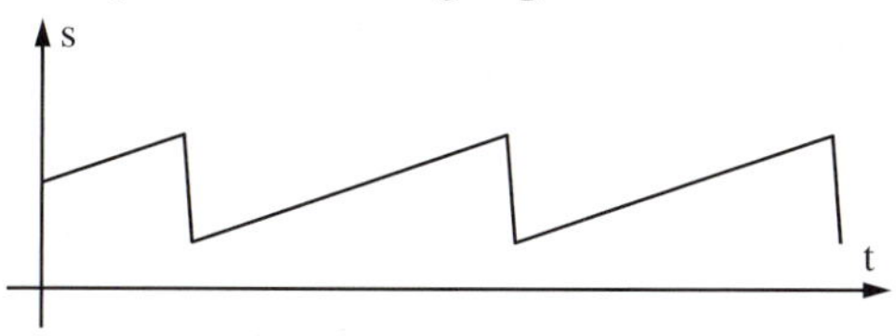

Die Figur zeigt den Graphen der zu einem Geigenton gehörenden Schwingungsfunktion. Diese Funktion ist keine allgemeine Sinusfunktion. Der Mathematiker Fourier hat jedoch nachgewiesen, dass sich jede periodische Funktion durch eine Summe von allgemeinen Sinusfunktionen, deren Frequenzen ganzzahlige Vielfache der Ausgangsfunktion sind, „beliebig genau“ annähern lässt. (Vergleiche auch mit Aufgabe 3.) Damit lassen sich auch die Ergebnisse über die Überlagerung von Sinusfunktionen auf solche Funktionen übertragen.

Rückblick

Sinus und Kosinus am Einheitskreis
Ist P(x|y) ein beliebiger Punkt auf dem Einheitskreis und α der Winkel mit der positiven x-Achse als erstem und der Halbgeraden von O durch P als zweitem Schenkel, so legt man fest:
$\sin\alpha = y$; $\cos\alpha = x$.

Die Sinuswerte (Kosinuswerte) haben für den spitzen Winkel α sowie für die Winkel $180° - \alpha$, $180° + \alpha$ und $360° - \alpha$ den gleichen Betrag. Das Vorzeichen lässt sich jeweils aus der Darstellung am Einheitskreis entnehmen.

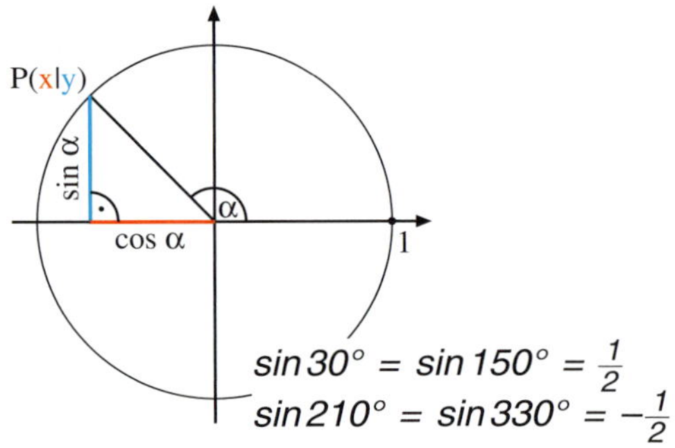

Die trigonometrischen Funktionen in $\mathbb{R}$
Durch die Festsetzung

$$\mathbf{\sin(x + k \cdot 2\pi) = \sin x} \quad \text{und} \quad \mathbf{\cos(x + k \cdot 2\pi) = \cos x}$$

für alle x mit $0 \leqq x < 2\pi$ und alle $k \in \mathbb{Z}$
sind die Sinus- und Kosinusfunktion für alle reellen Zahlen definiert. Dabei bedeutet x das Bogenmaß des Winkels.

Die Sinus- und die Kosinusfunktion sind periodisch mit der Periode 2π, ihre Wertemenge ist $W = [-1; 1]$.

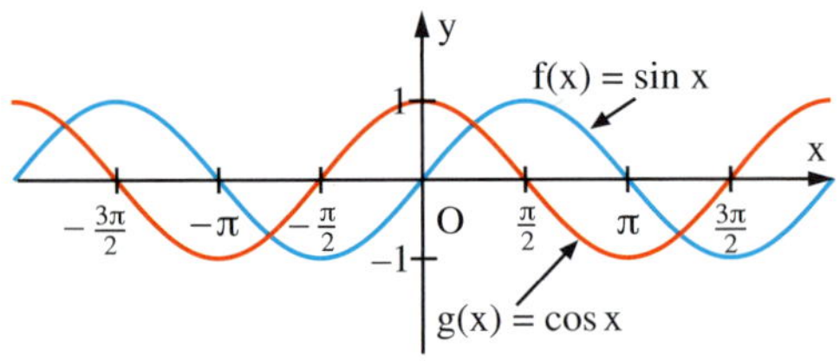

Die allgemeine Sinusfunktion $\mathbf{x \mapsto a \cdot \sin(bx + c) = a \cdot \sin\left[b\left(x + \frac{c}{b}\right)\right]}$
mit $x \in \mathbb{R}$, $a \neq 0$ und $b > 0$.
Durch sie lassen sich bei geeigneter Wahl von a, b, c beliebige sinusförmige Graphen beschreiben. Dabei bedeutet $c > 0$ ($c < 0$) eine Verschiebung der Sinuskurve in x-Richtung nach links (rechts) um $\frac{c}{b}$. Die Amplitude ist durch $|a|$, die Periode durch $\frac{2\pi}{b}$ gegeben.
Für $a < 0$ kommt eine Spiegelung an der x-Achse hinzu.

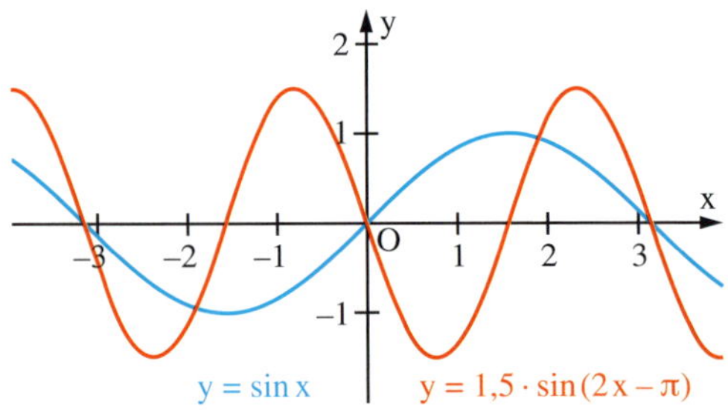

***Sinus- und Kosinussatz**
Zwischen den Seiten und Winkeln eines (beliebigen) Dreiecks ABC bestehen folgende Beziehungen:

***Sinussatz**
Die Längen zweier Seiten verhalten sich wie die Sinuswerte ihrer Gegenwinkel.

$$\frac{a}{b} = \frac{\sin\alpha}{\sin\beta} \qquad \frac{b}{c} = \frac{\sin\beta}{\sin\gamma} \qquad \frac{a}{c} = \frac{\sin\alpha}{\sin\gamma}$$

Gegeben: $b = 8\,cm$; $c = 5\,cm$; $\gamma = 35°$
Gesucht: β

$$\sin\beta = \frac{b \cdot \sin\gamma}{c} = \frac{8\,cm \cdot \sin 35°}{5\,cm}$$

$$\Rightarrow \quad \beta_1 \approx 66{,}6°; \quad \beta_2 \approx 113{,}4°$$

***Kosinussatz**
Für jede Dreiecksseite, ihren Gegenwinkel und dessen anliegende Seiten gilt:

$$a^2 = b^2 + c^2 - 2bc \cdot \cos\alpha$$
$$b^2 = a^2 + c^2 - 2ac \cdot \cos\beta$$
$$c^2 = a^2 + b^2 - 2ab \cdot \cos\gamma$$

Gegeben: $a = 6\,cm$; $b = 7\,cm$; $c = 4\,cm$
Gesucht: α

$$\cos\alpha = \frac{b^2 + c^2 - a^2}{2bc} = \frac{7^2 + 4^2 - 6^2}{2 \cdot 7 \cdot 4} = \frac{29}{56}$$

$$\Rightarrow \quad \alpha \approx 58{,}8°$$

Aufgaben zum Üben und Wiederholen

Die Aufgaben 1, 2, 3, 7 und 10 beziehen sich auf ergänzende Inhalte des Lehrplans.

1
Berechne die fehlenden Seiten und Winkel eines Dreiecks ABC. Begründe jeweils, warum es 0, 1 oder 2 Lösungen gibt.
a) $b = 7{,}5\,m$; $a = 1020\,cm$; $\beta = 40°$
b) $a = 24\,m$; $b = 310\,dm$; $c = 0{,}05\,km$
c) $a = 18{,}6\,m$; $\beta = 34°$; $\gamma = 62{,}5°$
d) $b = 9{,}4\,cm$; $c = 78\,mm$; $\gamma = 57°$

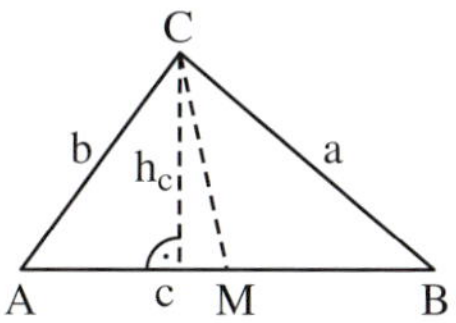

2
Im Dreieck ABC ist $a = 3{,}8\,cm$; $c = 4{,}5\,cm$ und $\overline{MC} = 5{,}0\,cm$ (M ist Mitte von [AB]). Berechne die Winkel des Dreiecks, die Seite b und die Höhe h_c.

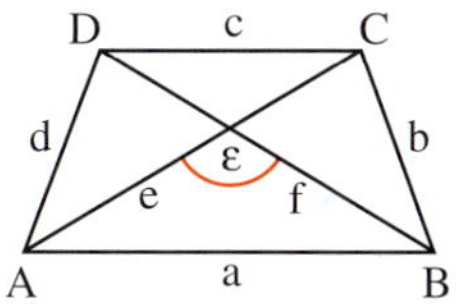

3
Welchen Winkel ε bilden die beiden Diagonalen e und f eines symmetrischen Trapezes ABCD (siehe Figur) miteinander, wenn
a) die Seiten a und b gleich lang sind und die Seite a dreimal so lang wie c ist,
b) die Seite a die doppelte, die Diagonale f die $\sqrt{2}$-fache Länge von b hat?

4
Im Bild sind die Graphen zweier allgemeiner Sinusfunktionen dargestellt.

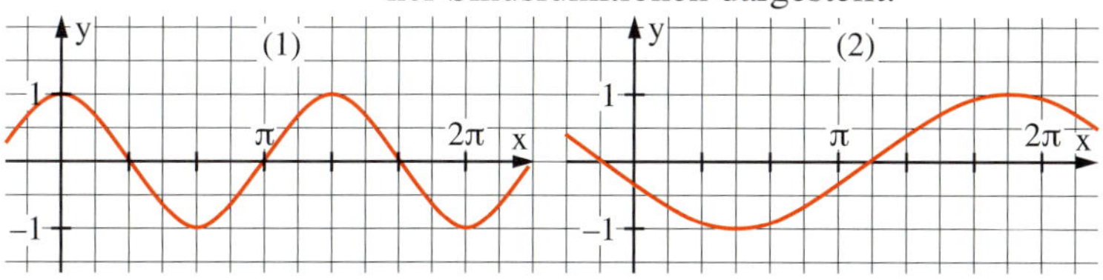

Begründe, welcher Graph zur Funktion $f: x \mapsto \sin\left(\frac{3}{4}x - \frac{7}{8}\pi\right)$, welcher zu $g: x \mapsto \sin\left(\frac{3}{2}x + \frac{\pi}{2}\right)$ gehört.

5
Für welche Winkel $x \in [-\pi; 4\pi]$ gilt:
a) $\sin x = \frac{1}{2}\sqrt{2}$ b) $\cos x = -\frac{1}{2}\sqrt{3}$
c) $\sin\left(\frac{1}{2}x\right) = -0{,}6134$?
Gib die Winkel im Grad- und Bogenmaß an.

Die Lösungen zu den Aufgaben dieser Seite findest du auf den Seiten 165 und 166.

6
Bestimme eine Funktion $f: x \mapsto a \cdot \sin(2x + c)$ so, dass die Punkte $P(0{,}75\,\pi\,|\,0)$ und $Q(-\frac{1}{6}\pi\,|\,1)$ auf dem Graphen von f liegen.

7

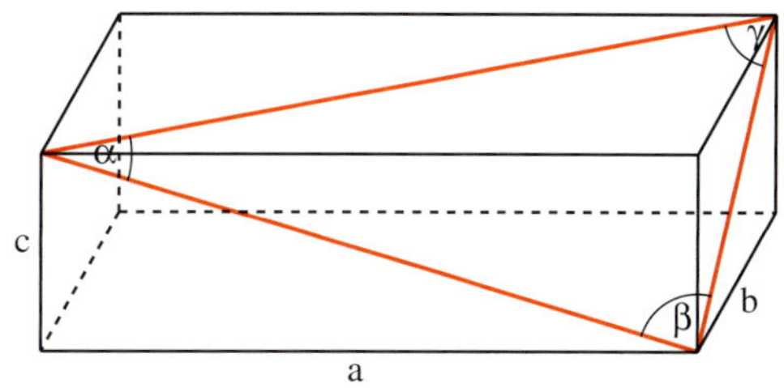

Bestimme die Winkel α, β, γ zwischen den Flächendiagonalen eines Quaders für $a = 6{,}1\,cm$; $b = 4{,}2\,cm$ und $c = 3{,}1\,cm$.

8
Der folgende Graph gehört zu einer Funktion der Form $x \mapsto a \cdot \sin(bx + c)$.
Bestimme a, b, c passend zum Graphen.

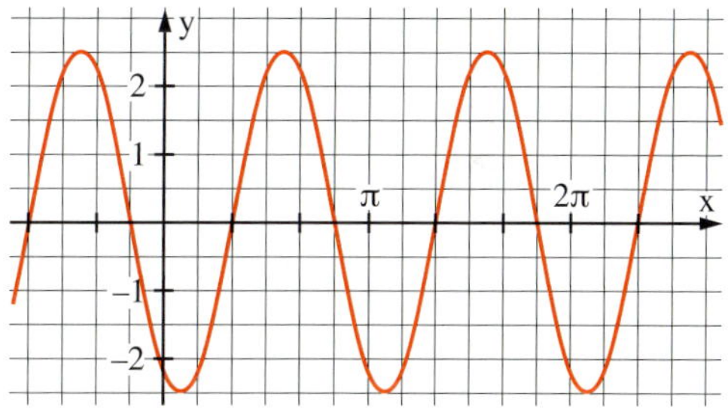

9
Bestimme Amplitude und Periode der Funktion. Skizziere den Graphen in $[-2\pi; 2\pi]$.
a) $y = 2\sin\left(x - \frac{\pi}{2}\right)$ b) $x \mapsto \sin(2\pi x)$
c) $f(x) = 3\sin(2x - \pi)$
d) $x \mapsto -\frac{1}{2}\sin\left(\frac{\pi}{2}x + \frac{\pi}{4}\right)$

10
Eine Kugel mit der Gewichtskraft 600 N liegt in einer Rinne mit asymmetrischem Querschnitt wie im folgenden Bild.

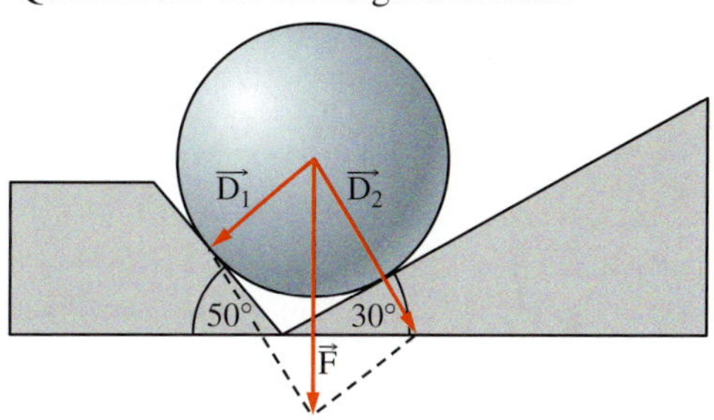

Berechne die Druckkräfte D_1 und D_2, welche die Kugel auf die Wände ausübt.

1 Lineares und exponentielles Wachstum

Im Jahr 2000 lebten etwa 6,1 Mrd. Menschen auf der Erde. Die UNO geht derzeit davon aus, dass die Erdbevölkerung alle 10 Jahre um 13 % anwächst. Im Jahr 2050 ist mit der doppelten Zahl von Menschen auf der Erde zu rechnen.

Mit Sorge registriert die Stadt Regensburg, dass der Pegel der Donau stündlich um 8 cm ansteigt. Sollte der Wasserspiegel um weitere 2,50 m ansteigen, so werden große Teile der Altstadt überflutet werden.

1

Untersuche das in beiden Meldungen beschriebene Wachstum. Lege dazu geeignete Tabellen an. Erkennst du Gesetzmäßigkeiten? Werden 2050 tatsächlich doppelt so viele Menschen auf der Erde leben? Nach welcher Zeit ist mit dem Eindringen des Hochwassers in die Altstadt zu rechnen?

Wachstum begegnet uns im Alltag in vielfältigen Formen, z. B. als Bevölkerungswachstum, steigender Energiebedarf der Menschheit, Wachstum von Bakterienkulturen. Wachstumsvorgänge können durch Funktionen beschrieben werden, z. B.

f: *Zeit* ↦ *Bevölkerungszahl*.

Im Folgenden werden zwei häufig vorkommende Formen von Wachstum erläutert.

Eine Bewegung mit der Geschwindigkeit $10\,\frac{\text{km}}{\text{h}}$ beginnt bei Kilometerstand 5.
Pro Stunde wächst der Funktionswert um den konstanten Wert 10.

$f(0) = 5$
$f(1) = f(0) + 10 = 5 + 1 \cdot 10$
$f(2) = f(1) + 10 = 5 + 2 \cdot 10$
$f(3) = f(2) + 10 = 5 + 3 \cdot 10$
$\vdots$
$f(t) = f(t-1) + 10 = 5 + t \cdot 10$

Eine Bakterienkultur mit anfänglich 100 Bakterien wächst stündlich um 50 %.
Pro Stunde wächst der Funktionswert mit dem konstanten Faktor 1,5.

$g(0) = 100$
$g(1) = g(0) \cdot 1{,}5 = 100 \cdot 1{,}5^1$
$g(2) = g(1) \cdot 1{,}5 = 100 \cdot 1{,}5^2$
$g(3) = g(2) \cdot 1{,}5 = 100 \cdot 1{,}5^3$
$\vdots$
$g(t) = g(t-1) \cdot 1{,}5 = 100 \cdot 1{,}5^t$

t gibt die Anzahl der (Zeit-)Schritte an. Hierbei muss die Schrittweite fest gewählt sein.

Erkennungszeichen für lineares Wachstum: **Die Differenz aufeinander folgender Werte ist konstant.**

Erkennungszeichen für exponentielles Wachstum: **Der Quotient aufeinander folgender Werte ist konstant.**

Ein Wachstum mit **konstantem Zuwachs** $d = f(t) - f(t-1)$ in gleichen (Zeit-)Schritten heißt **lineares Wachstum**.

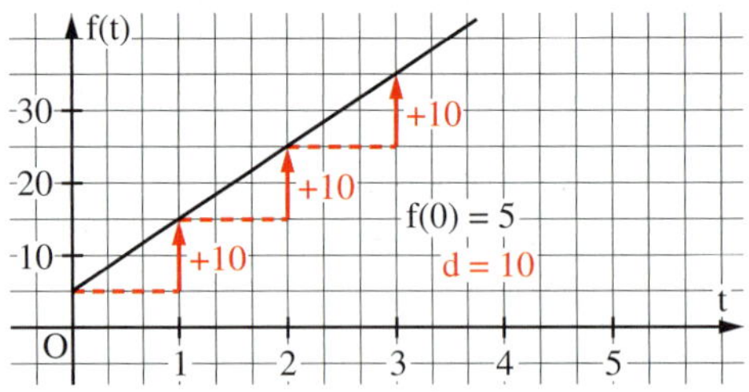

Ein Wachstum mit **konstantem Wachstumsfaktor** $a = \frac{g(t)}{g(t-1)}$ in gleichen (Zeit-)Schritten heißt **exponentielles Wachstum**.

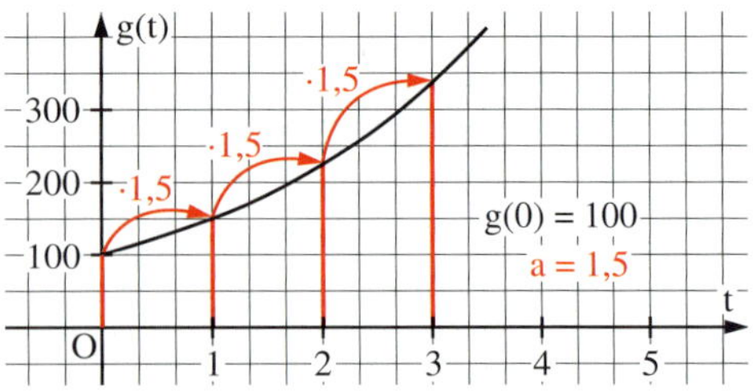

Will man den Funktionswert direkt aus dem Anfangswert f(0) bzw. g(0) berechnen, so gilt: $f(t) = f(0) + t \cdot d$ bzw. $g(t) = g(0) \cdot a^t$.

$d = f(t) - f(t-1)$ bezeichnet die **absolute Zunahme** pro (Zeit-)Schritt.

$\frac{g(t) - g(t-1)}{g(t-1)} = a - 1$ bezeichnet die **relative (prozentuale) Zunahme** pro (Zeit-)Schritt.

Es ist üblich, auch bei Abnahmevorgängen von Wachstum zu sprechen. Dieses heißt dann **negatives Wachstum**.

Bei einer **linearen Abnahme** gilt für die absolute Änderung pro (Zeit-)Schritt:
$d < 0$.

Ein Tank enthält 4000 *l* Öl. Täglich werden 200 *l* verbraucht.
$f(0) = 4000$
$d = -200$
$f(t) = 4000 - 200 \cdot t$

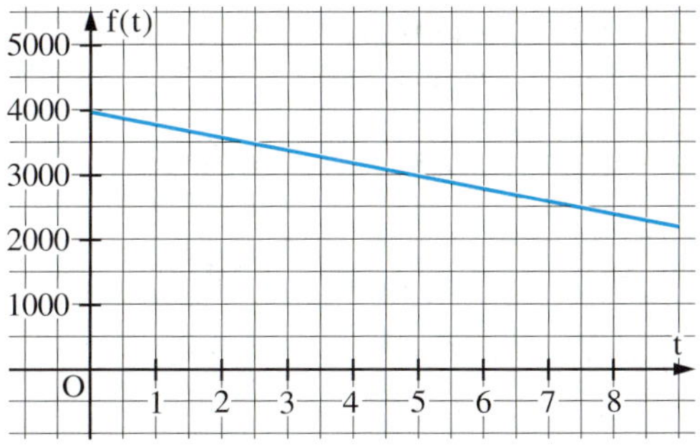

Bei einer **exponentiellen Abnahme** gilt für den Wachstumsfaktor pro (Zeit-)Schritt:
$0 < a < 1$.
Für die prozentuale Änderung $p = a - 1$ gilt dann: $p < 0$.
Ein 35 000 € teurer Pkw verliert jährlich 25 % an Wert.
$g(0) = 35\,000$
$p = -0{,}25 \quad \Rightarrow \quad a = 0{,}75$
$g(t) = 35\,000 \cdot 0{,}75^t$

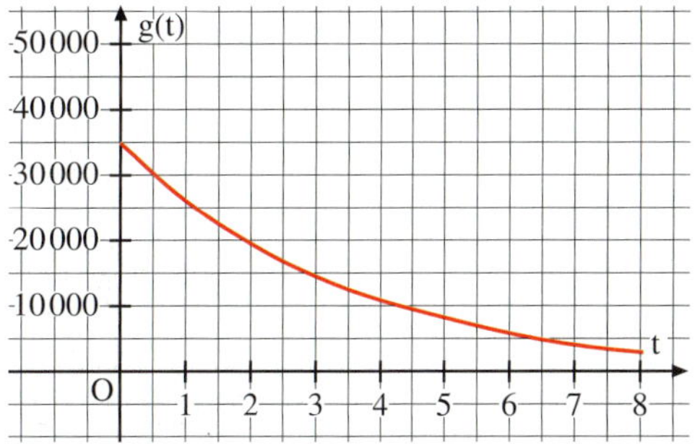

	A	B	C	D	E
1	Zeitwert eines PKW nach t Jahren				
2					
3	g(0) =	35000.00			
4	a =	0.75			
5					
6	t	g(t)		=$B$3*$B$4^A7	
7	1	26250.00			
8	2	19687.50		=$B$3*$B$4^A8	
9	3	14765.63			

Bei der schrittweisen Berechnung der Werte einer Wachstumsfunktion lohnt sich insbesondere bei exponentiellem Wachstum der Einsatz eines Tabellenkalkulationsprogramms.
Die Abbildung zeigt z. B. die Berechnung des Zeitwertes des 35 000 € teuren Pkw nach einem, nach zwei und nach drei Jahren.

Beispiel 1

Prüfe, ob die Tabellen zu einem linearen oder zu einem exponentiellen Wachstum gehören können.
Gib gegebenenfalls den absoluten Zuwachs pro (Zeit-)Schritt bzw. den Wachstumsfaktor pro (Zeit-)Schritt und den Anfangswert an.

a)

t	f(t)
1	4,7
2	6,4
3	8,1

b)

t	f(t)
1	2,4
2	3,6
3	5,4

c)

t	f(t)
1	1,8
2	3,3
3	4,05

d)

t	f(t)
2	144
3	108
4	81

Lösung:

a) $6{,}4 = 4{,}7 + 1{,}7$ $\quad 8{,}1 = 6{,}4 + 1{,}7$ $\quad$ lineares Wachstum mit $d = 1{,}7$ $\quad f(0) = 4{,}7 - 1{,}7 = 3{,}0$
b) $3{,}6 : 2{,}4 = 1{,}5$ $\quad 5{,}4 : 3{,}6 = 1{,}5$ $\quad$ exp. Wachstum mit $a = 1{,}5$ $\quad f(0) = 2{,}4 : 1{,}5 = 1{,}6$
c) $3{,}3 = 1{,}8 + 1{,}5$ $\quad 4{,}05 = 3{,}3 + 0{,}75$ $\quad$ also kein lineares Wachstum
$3{,}3 : 1{,}8 \approx 1{,}83$ $\quad 4{,}05 : 3{,}3 \approx 1{,}23$ $\quad$ also kein exp. Wachstum
d) $108 : 144 = 0{,}75$ $\quad 81 : 108 = 0{,}75$ $\quad$ exp. Wachstum mit $a = 0{,}75$ $\quad f(0) = 144 : 0{,}75^2 = 256$

Wie oft kann man ein Zeitungsblatt von 0,1 mm falten? Schätze zuerst und probiere es dann aus.

Beispiel 2

Faltet man ein Blatt Papier, so entsteht jedes Mal eine doppelt so dicke Lage von Papier. Stelle dir vor, du könntest ein genügend großes 0,1 mm starkes Blatt Papier beliebig oft falten.

a) Welche Höhe erreicht die Lage Papier nach ein-, zwei-, …, zehnmaligem Falten? Gib eine Funktion zur Berechnung der Dicke an und erstelle eine Tabelle.

b) Würde die Lage Papier nach 50-maligem Falten die Höhe eines Zimmers, die Höhe des Ulmer Münsters oder eine Höhe erreichen, die der Entfernung Erde–Sonne ($= 1{,}5 \cdot 10^8$ km) entspricht?

Lösung:

a) $f(n) = 0{,}1 \cdot 2^n$

n	0	1	2	3	4	5	6	7	8	9	10
f(n)	0,1	0,2	0,4	0,8	1,6	3,2	6,4	12,8	25,6	51,2	102,4

b) $f(50) = 0{,}1 \cdot 2^{50} \approx 1{,}126 \cdot 10^{14}$ $1{,}126 \cdot 10^{14}\,\text{mm} = 1{,}126 \cdot 10^8\,\text{km}$

Nach 50-maligem Falten würde die Höhe des Papierberges annähernd die Entfernung Erde–Sonne erreichen.

Aufgaben

2

Ergänze im Heft die Tabellen so, dass exponentielles Wachstum vorliegen kann.

a)

t	0	1	2	3	4
f(t)	20	25			

b)

t	0	1	2	3	4
f(t)			2,4	1,8	

Lösungssalat zu 3:

3

Prüfe, ob lineares oder exponentielles Wachstum vorliegen kann. Bestimme gegebenenfalls die absolute bzw. die prozentuale Änderung pro Zeitschritt und den Anfangswert f(0).

a)

t	f(t)
1	3,0
2	3,75
3	4,6875

b)

t	f(t)
2	6,4
3	5,12
4	4,096

c)

t	f(t)
2	10,4
3	9,6
4	8,8

d)

t	f(t)
1	10,4
2	9,4
3	7,9

e)

t	f(t)
2	5,2
4	6,4
6	7,6

f)

t	f(t)
1	5,4
2	6,48
4	9,3312

Kaiser Barbarossa

4

Der abgebildete Tropfstein steht in der Teufelshöhle in Pottenstein. Ist er linear gewachsen? Begründe die Antwort.
Wie entstehen Tropfsteine? Recherchiere und berichte in der Klasse.

5

Welche Art von Wachstum liegt vor? Begründe deine Antwort. Stelle für die zugehörige Funktion eine Wertetabelle auf und zeichne den Graphen. Für welchen Zeitraum sind die Aussagen zutreffend?

a) Monique bekommt derzeit monatlich 25 € Taschengeld. Jährlich wird es um 5 € pro Monat erhöht. Wie viel bekam sie vor drei Jahren monatlich?

b) Karina verdient als Tischlerin 10 € in der Stunde. Jedes Jahr erhöht sich der Stundenlohn um 2 %.

c) Eine 12 cm hohe Kerze wird angezündet. Jede Minute brennt sie um 2 mm herunter.

d) Ein Computer kostet 1000 €. Jedes Jahr verliert er die Hälfte seines Wertes.

e) Eine Hefekultur verdreifacht stündlich ihre Masse.

f) Denke dir ähnliche Situationen zum Wachstum aus und lass sie von deinen Nachbarn bearbeiten.

6

Gegeben sind
$f(1) = 55$ und $f(2) = 60{,}5$. Lege eine Tabelle mit den Funktionswerten für $n = 0; 1; 2; 3; \ldots; 10$ an und zeichne den Graphen in dein Heft, so dass das Wachstum

a) linear,

b) exponentiell ist.

7

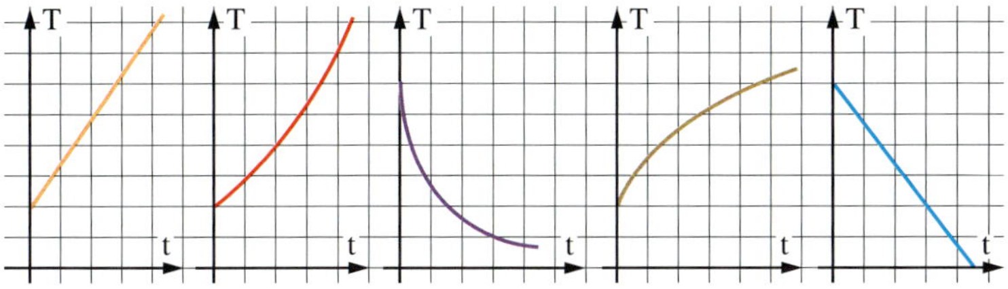

Beschreibe die in den einzelnen Graphiken dargestellte Temperaturänderung mit Worten.

8

Eine Firma verkauft zurzeit monatlich 2400 Stück eines Artikels. Prüfe nach, ob die folgenden Behauptungen richtig sind.

a) Wenn die Verkaufszahlen monatlich um 1,5 % steigen, wird die Firma langfristig mehr verkaufen als bei einer monatlichen Zunahme um 80 Stück.

b) Bei einer monatlichen Zunahme um 1 % werden die Verkaufszahlen nie das Doppelte des heutigen Absatzes erreichen.

c) Wenn die Verkaufszahlen monatlich um 5 % abnehmen, wird die Firma in 20 Monaten gar nichts mehr verkaufen.

Höhe über NN in km	Luftdruck in hPa
0	1013
1	899
2	795
3	701
4	616
5	540
6	472
7	411
8	356

NN bedeutet Normal-Null = Meereshöhe.
Der Druck wird in Hektopascal (hPa) gemessen.

9

a) Die Tabelle zeigt, wie der Luftdruck mit der Höhe über dem Meeresspiegel abnimmt. Überprüfe, ob die Abnahme exponentiell erfolgt.

b) Um wie viel Prozent nimmt der Luftdruck im Mittel pro Kilometer ab?

c) Um wie viel Prozent nimmt der Luftdruck pro zwei Kilometer ab?

d) Beschreibe, wie man ein Barometer auch als Höhenmesser verwenden kann.

10

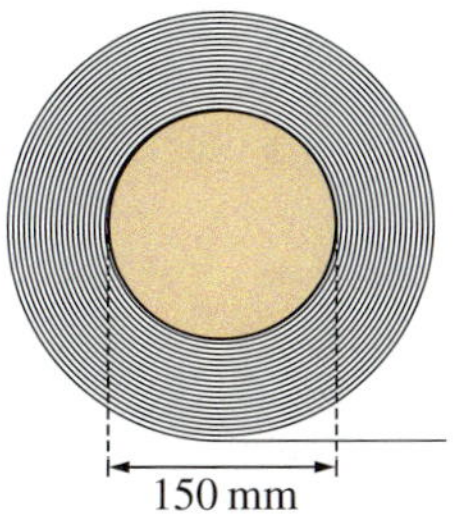

Papier mit einer Stärke von 0,2 mm wird wie am Rand gezeigt auf eine Rolle gewickelt.

a) Auf welchen Durchmesser wächst die Rolle nach n Lagen an?

*b) Wie lang ist eine Papierbahn mit einer, zwei, drei, …, n Lagen?

c) Wie viele Lagen sind auf der Rolle, wenn der Durchmesser 1,80 m beträgt? Wie lang ist dann die Papierbahn?

11

Im Fußballtoto trägt man auf dem Tippschein für jedes Spiel entweder
1 für den Sieg der Heimmannschaft oder
2 für den Sieg der Auswärtsmannschaft oder
0 für ein Unentschieden ein.

a) Beschreibe, wie die Anzahl der Möglichkeiten, den Tippschein willkürlich auszufüllen, mit der Zahl der Spiele wächst.

b) Der Tippschein der früheren sogenannten Elferwette enthielt 11 anzukreuzende Spiele. Wie groß war die Wahrscheinlichkeit, im ersten Rang zu gewinnen, d. h. alle Spielausgänge richtig vorherzusagen?

c) Um wie viel Prozent verringert sich die Gewinnwahrscheinlichkeit im ersten Rang bei der heute üblichen Dreizehnerwette gegenüber der Elferwette?

12

Verzinsungsplan für eine Kapitalanlage:		
1. Jahr 1 %	2. Jahr 2 %	3. Jahr 3 %
4. Jahr 4 %	5. Jahr 5 %	6. Jahr 6 %
7. Jahr 7 %	8. Jahr 8 %	9. Jahr 9 %

a) Um wie viel Prozent hat sich das Kapital in den neun Jahren vermehrt?

b) Herbert fragt: „Warum geben die nicht gleich 5 % Zinsen in jedem der neun Jahre?“ Wie kommt er auf 5 %?
Um wie viel Prozent würde sich das Kapital dann mit Zinseszins vermehren?

13 **Zinseszins mit n Zinsabschnitten pro Jahr**

Zinseszinsformel: $K(t) = K_0 \cdot \left(1 + \frac{p}{n}\right)^{n \cdot t}$

K_0 ist das investierte Kapital,
p der nominelle jährliche Zinssatz,
n die Anzahl der Verzinsungen pro Jahr (häufig vier) und t die Zeit in Jahren.

a) Erkläre die Entstehung der Formel am Beispiel $K_0 = 1000$ €, Jahreszinssatz $p = 4\,\%$ und $n = 2$ für fünf Jahre.

b) Auf welchen Betrag ist ein Startkapital von 1000 € bei einem Jahreszinssatz von 4 % nach 10 Jahren bei jährlicher (vierteljährlicher, monatlicher) Verzinsung angewachsen?
Wie ändert sich das Ergebnis, wenn die Zinsabschnitte weiter verkürzt werden?

14

a) Mit welchem Jahreszinssatz müsste ein Kapital angelegt werden, damit es mit Zinseszins nach 12 Jahren auf den gleichen Betrag anwächst wie das gleiche Kapital bei einem jährlichen Zinssatz von 5 % in 20 Jahren?

b) Ein mit Zinseszins angelegtes Kapital verdoppelt sich in 10 (20) Jahren. Mit welchem Zinssatz ist es angelegt?

15

Recherchiere im Internet Näheres zu dieser Geschichte.

Angeblich verkauften 1626 die Indianer die Insel Manhattan (New York) für 24 $ an einen Siedler namens Peter Minuit.

a) Auf welchen Betrag wären die 24 $ mit Zinseszinsen bis heute angewachsen, wenn das Geld seit dieser Zeit zu einem gleich bleibenden Jahreszinssatz von 5 % (10 %) angelegt worden wäre? Schätze zunächst und rechne dann.

b) Welchen Preis pro Quadratmeter müsste man heute bezahlen, damit der Verkauf von Manhattan mit ca. 60 km^2 Landfläche den in Teilaufgabe a) errechneten Betrag erbringt?

16 Temperaturausgleich

Newtonsches Gesetz des Temperaturausgleichs:
Die Differenz D zwischen der Temperatur T eines Körpers und der Umgebungstemperatur U nimmt pro Zeitschritt, z. B. eine Minute, stets um den gleichen Prozentsatz p ab. Die Konstante p hängt von den Versuchsbedingungen ab, z. B. von der Beschaffenheit der Tasse.

Eine Tasse Kaffee mit der Anfangstemperatur $T(0) = 70\,°C$ steht auf einem Tisch mit der Umgebungstemperatur von $U = 20\,°C$. Pro Minute nimmt die Anfangstemperaturdifferenz $D(0) = T(0) - U$ um 20 % ab.

a) Lege eine Tabelle mit den Werten von $D(t)$ und $T(t)$ für $t \leqq 10$ min an.

b) Zeichne die Graphen der Funktionen $t \mapsto D(t)$ und $t \mapsto T(t)$.

c) Zeige: $T(t) = U + D(0) \cdot 0{,}8^t$. Welche Temperatur hat der Kaffee nach 15 Minuten?

d) Nimmt T(t) exponentiell ab? Begründe deine Antwort.

Ein Glas Saft von 5 °C wird auf eine Terrasse mit 30 °C gestellt. Der Temperaturunterschied vermindert sich pro Minute um 10 %.

e) Welche Temperatur hat der Saft nach 10 Minuten?

f) Skizziere einen Graphen, der die Temperatur des Saftes in Abhängigkeit von der Zeit angibt.

17

Die Graphik zeigt die Entwicklung der DSL-Anschlüsse in Deutschland.

a) Untersuche, ob es sich um lineares oder exponentielles Wachstum handeln kann.

b) Erläutere, wie es vorkommen kann, dass der Zeitschritt mit der größten absoluten Änderung nicht mit dem Zeitschritt mit der größten relativen Änderung übereinstimmt.

G 18

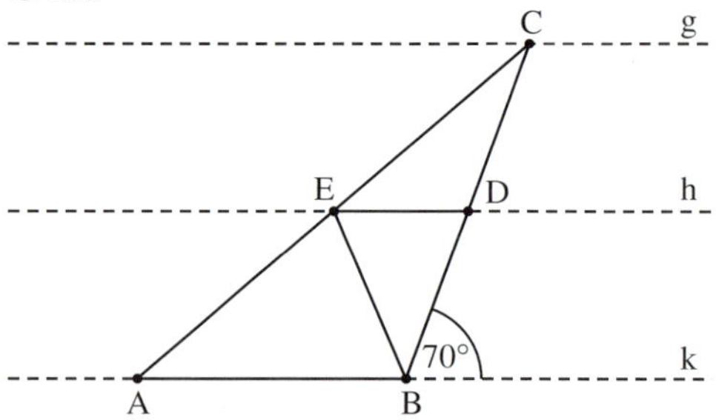

In der Figur sind g, h und k parallel; h hat von g und k den gleichen Abstand.

a) Zeichne die Figur mit selbstgewählten Größen. Gib die Anteile der Flächeninhalte von ΔABE, ΔBDE und ΔEDC im Vergleich zu dem von ΔABC an.

b) Begründe, warum man zur Bestimmung der Anteile in Teilaufgabe a) die tatsächlichen Größen der Figur nicht benötigt.

c) Ändern sich die Flächeninhalte der Dreiecke, wenn man den Punkt C auf der Geraden g nach links oder rechts „schiebt"?

G 19

Rechne ohne Taschenrechner:

a) $\left(2^{\frac{1}{2}}\right)^4$ b) $\left(a^{\frac{5}{6}} + b^{\frac{1}{6}}\right)^2$ c) $5\sqrt{3} - 2\sqrt{27}$

d) $9^{0,5}$ e) $\frac{\sqrt{3}}{\sqrt{5}} - \sqrt{\frac{3}{25}}$ f) $\frac{\sqrt[3]{54} + \sqrt[3]{128}}{\sqrt{49}} \cdot \left(\frac{1}{2}\right)^{\frac{1}{3}}$

2 Exponentialfunktionen

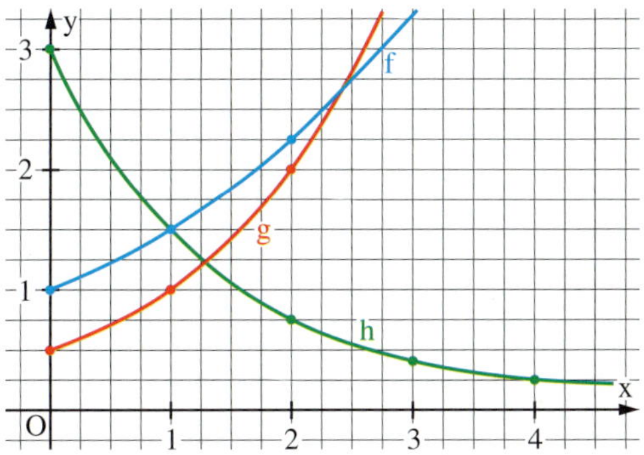

1

a) Begründe: Die Funktionen f, g und h beschreiben jeweils ein exponentielles Wachstum. Bestimme zu jedem der Graphen den Funktionsterm.

b) Beschreibe den Verlauf der Graphen im Koordinatensystem und setze ihn in Bezug zum jeweiligen Wachstumsfaktor.

c) Was geben die Funktionswerte $f\left(\frac{1}{2}\right)$, $g\left(\frac{1}{2}\right)$ und $h\left(\frac{1}{2}\right)$ jeweils an?

Beachte: *Zum Beispiel* $(-2)^{\frac{1}{2}} = \sqrt{-2}$ *existiert nicht. Für negative a kann daher* a^x *nicht allgemein definiert werden.*

Mit Hilfe der Funktion $f: x \mapsto f(0) \cdot a^x$ kann man den Wert einer exponentiell wachsenden Größe nach x ganzen (Zeit-)Schritten direkt berechnen.
Für $a \in \mathbb{R}^+$ ist a^x jedoch für beliebige Exponenten $x \in \mathbb{R}$ definiert. Also kann $D_f = \mathbb{R}$ gewählt werden.

Funktionen der Form $f: x \mapsto b \cdot a^x \; (x \in \mathbb{R})$ heißen **Exponentialfunktionen**.
Die Konstante a gibt den **Wachstumsfaktor** an. Es muss gelten: $a > 0$; $a \neq 1$
Die Konstante b gibt den **Anfangswert** der Funktion für $x = 0$ an, also ist $f(0) = b$.

Beachte: $\frac{1}{\frac{3}{2}} = \frac{2}{3}$

Im Folgenden wird zunächst der Fall $b = 1$ betrachtet.
An den Graphen z. B. der Funktionen $f: x \mapsto \left(\frac{3}{2}\right)^x$ und $g: x \mapsto \left(\frac{2}{3}\right)^x$ erkennt man:

Eigenschaften der Exponentialfunktion $x \mapsto a^x$

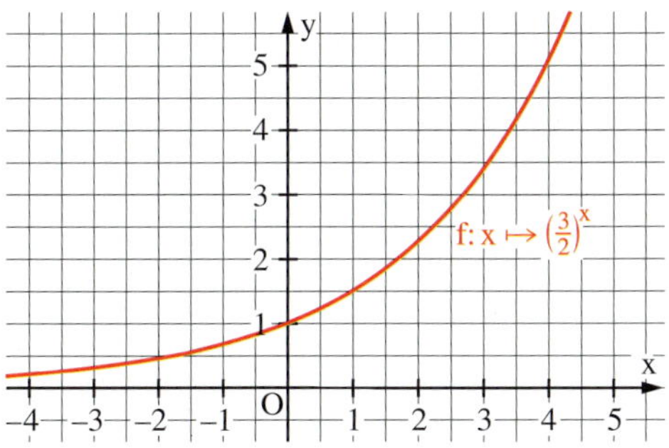

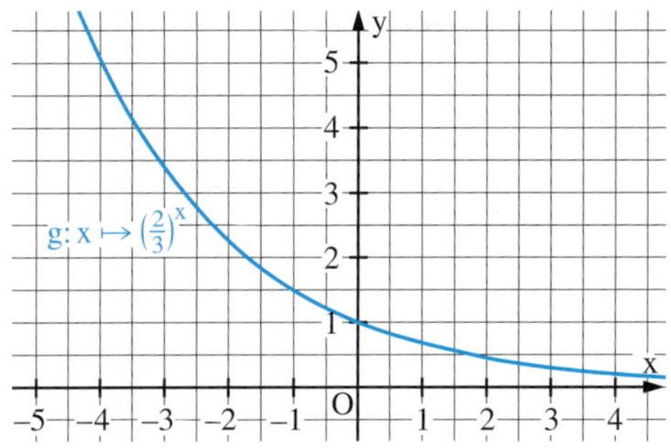

Für $a > 1$ nehmen die Funktionswerte mit wachsendem x zu. Der Graph steigt.

Für $0 < a < 1$ nehmen die Funktionswerte mit wachsendem x ab. Der Graph fällt.

Die Funktionswerte sind stets positiv. Der Graph geht durch den Punkt $(0|1)$.
Die x-Achse ist Asymptote des Graphen.

Spiegelt man den Graphen von $x \mapsto a^x$ an der y-Achse, so erhält man den Graphen von $x \mapsto \left(\frac{1}{a}\right)^x$ und umgekehrt.

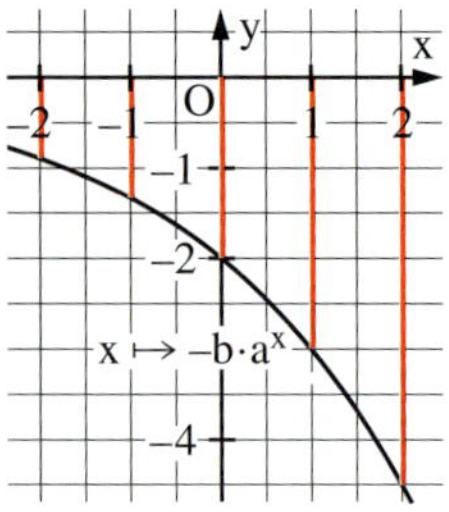

Beim Übergang vom Graphen von
$g\colon x \mapsto a^x$
zum Graphen von
$f\colon x \mapsto b \cdot a^x$ (z. B. mit $b = 2$),
wird jede y-Koordinate eines Punktes des Graphen von g in der y-Richtung mit dem Faktor b (also z. B. mit 2) gestreckt.

Ist $b < 0$ (z. B. $b = -2$), so wird der gestreckte Graph zusätzlich noch an der x-Achse gespiegelt.

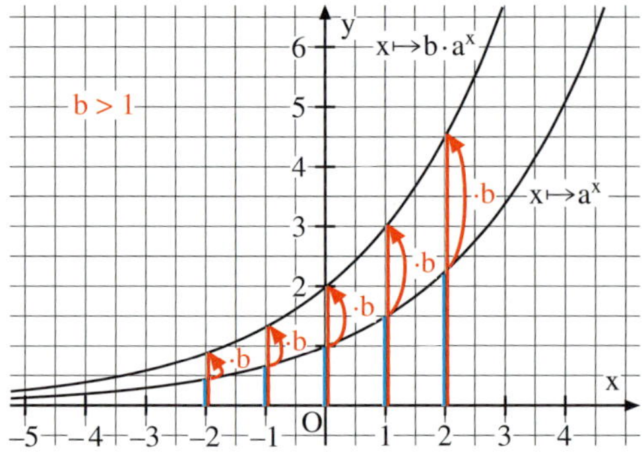

Die Exponentialfunktion $f\colon x \mapsto b \cdot a^x$ ermöglicht die Beschreibung des Wachstums zu einem beliebigen Zeitpunkt x.
Wächst z. B. eine Bakterienkultur von anfänglich 1000 Bakterien stündlich um 20 %, so wird das Wachstum durch die Funktion $f\colon t \mapsto 1000 \cdot 1{,}2^t$ beschrieben.
Für die Anzahl der Bakterien nach 2,5 Stunden gilt dann:

$$f(2{,}5) = 1000 \cdot 1{,}2^{2{,}5} = 1577 \approx 1580$$

Man kann mit dieser Funktion auch berechnen, wie groß die Anzahl der Bakterien z. B. eineinhalb Stunden vor dem oben gewählten Zeitpunkt $t = 0$ war.
Es gilt: $f(-1{,}5) = 1000 \cdot 1{,}2^{-1{,}5} = 761 \approx 760$

Oft interessiert, nach welcher Zeit sich die Wachstumsgröße verdoppelt hat bzw. (bei Abnahme) halbiert hat.

Verdopplungszeit T_D nennt man die Zeit, in der sich der Funktionswert jeweils verdoppelt.

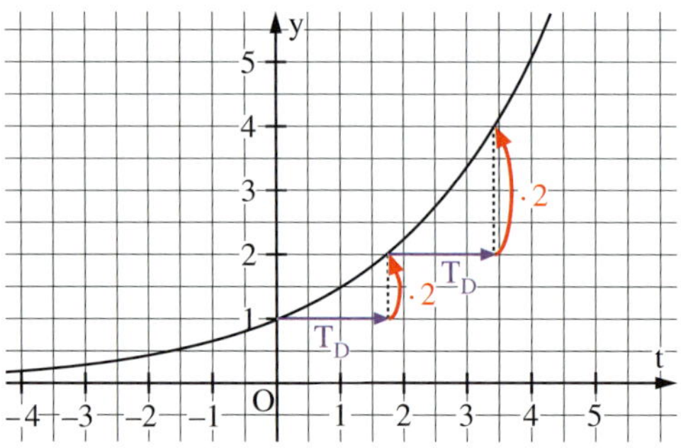

Es gilt: $f(t + T_D) = 2 \cdot f(t)$

Halbwertszeit T_H (oder $T_{\frac{1}{2}}$) nennt man die Zeit, in der sich der Funktionswert jeweils halbiert.

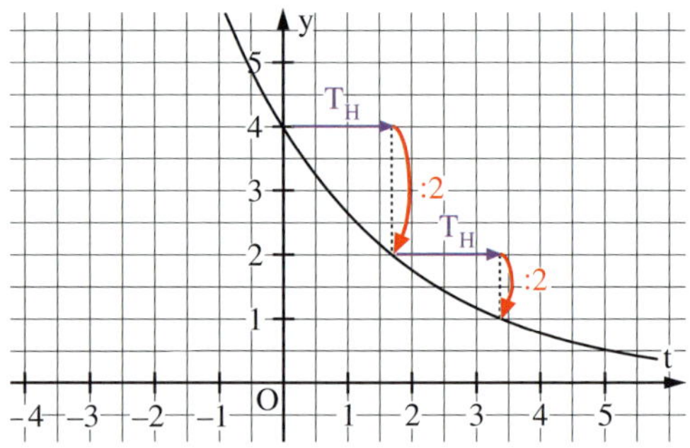

Es gilt: $f(t + T_H) = \frac{1}{2} \cdot f(t)$

Beispiel 1
Bestimme die Funktion $f\colon x \mapsto b \cdot a^x$, deren Graph durch $A(-1\,|\,24)$ und $B(1{,}5\,|\,0{,}75)$ geht.
Lösung:

$A(-1\,|\,24) \in G_f \quad \Rightarrow \quad$ (I) $\quad b \cdot a^{-1} = 24$

$B(1{,}5\,|\,0{,}75) \in G_f \quad \Rightarrow \quad$ (II) $\quad b \cdot a^{1{,}5} = 0{,}75$

(II) : (I) $\quad \frac{b \cdot a^{1{,}5}}{b \cdot a^{-1}} = \frac{0{,}75}{24} \quad \Rightarrow \quad a^{2{,}5} = \frac{1}{32} \quad \Rightarrow \quad a = \left(\frac{1}{32}\right)^{\frac{1}{2{,}5}} = \frac{1}{4} = 0{,}25$

in (I): $\quad b \cdot 0{,}25^{-1} = 24 \quad \Rightarrow \quad b = 6$

Also lautet die gesuchte Funktionsvorschrift: $f\colon x \mapsto 6 \cdot 0{,}25^x$

In der Physik schreibt man das Zerfallsgesetz auch in der Form:

$N(t) = N_0 \cdot \left(\frac{1}{2}\right)^{\frac{t}{T_H}}$

Erinnerung:
$a^0 = 1$

Beispiel 2
Cäsium 137 ist radioaktiv und zerfällt exponentiell mit einer Halbwertszeit von 33 Jahren. Berechne den Wachstumsfaktor a und die prozentuale jährliche Abnahme p.
Lösung:
Ansatz $f(t) = b \cdot a^t$
Es gilt: $f(0) = b \cdot a^0 = b$ und $f(33) = b \cdot a^{33} = \frac{1}{2}b$.
Hieraus folgt: $\frac{f(33)}{f(0)} = a^{33} = \frac{1}{2} \quad \Rightarrow \quad a = \left(\frac{1}{2}\right)^{\frac{1}{33}} \approx 0{,}979$
Somit gilt für $p = a - 1$: $\quad p \approx 0{,}979 - 1 = -0{,}021 = -2{,}1\,\%$.

Aufgaben

Lösungssalat zu 7:

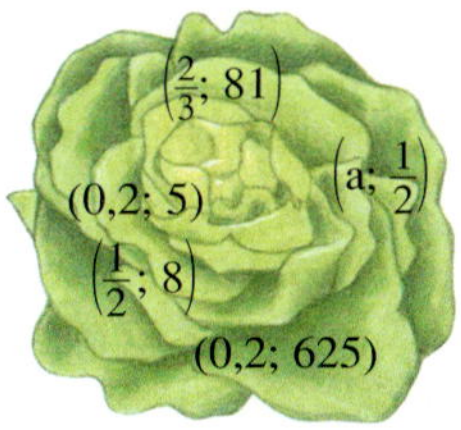

2
Stelle für folgende Funktionen je eine Wertetabelle für x-Werte von –4 bis 4 mit der Schrittweite 0,5 auf.
Zeichne die Graphen der Funktionen in ein Koordinatensystem.
a) $f: x \mapsto \left(\frac{3}{2}\right)^x$ b) $g: x \mapsto \left(\frac{2}{3}\right)^x$
c) $f: x \mapsto \left(\sqrt{3}\right)^x$ d) $k: x \mapsto \left(\sqrt[3]{2}\right)^x$

3
Skizziere den Verlauf der Graphen von zwei Funktionen $f: x \mapsto a^x$ und $g: x \mapsto b^x$
a) für $1 < a < b$, b) für $0 < a < b < 1$.

4
Zeichne für $x \geqq 0$ in dasselbe Koordinatensystem die Graphen von $x \mapsto x^2$ und $x \mapsto 2^x$.
In welchen Intervallen gilt $2^x \geqq x^2$?

5

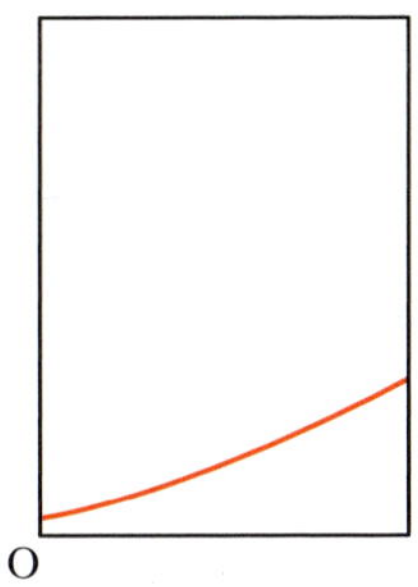

Der Graph der Funktion $f: x \mapsto 1{,}1^x$ wird wie auf dem Rand abgebildet auf ein DIN-A4-Blatt gezeichnet. Als Einheit wird auf beiden Achsen die Einheit 1 cm gewählt.
a) Wie weit ist der Punkt am rechten Rand des Blattes vom unteren Rand entfernt?
b) Um wie viel Zentimeter müsste das Blatt nach rechts hin verbreitert werden, damit der Graph den Rand in der rechten oberen Ecke erreicht? Schätze zunächst und ermittle dann den Wert durch systematisches Probieren.
c) Es wird nun auf beiden Achsen die Einheit 0,5 cm gewählt. Erreicht der Graph jetzt auf einem DIN-A4-Blatt den oberen Rand des Blattes? Schätze auch hier zunächst.

6
Wie ändert sich der Funktionswert der Exponentialfunktion $f: x \mapsto a^x$, wenn man
a) x um 1 vergrößert, b) x verdoppelt?

7
Bestimme a und b so, dass der Graph der Exponentialfunktion $x \mapsto b \cdot a^x$ durch die angegebenen Punkte geht.
a) $P(1|1)$; $Q(2|0{,}2)$
b) $P(2|36)$; $Q\left(5\middle|\frac{32}{3}\right)$
c) $P(1|4)$; $Q(3|1)$; $R\left(5\middle|\frac{1}{4}\right)$
d) $P(3|5)$; $Q(5|0{,}2)$
e) $P\left(0\middle|\frac{1}{2}\right)$
f) $P(1|20)$; $Q(3|4)$; $R(3|1)$

8
Was muss vom Funktionsterm $b \cdot a^x$ einer Exponentialfunktion schon bekannt sein, damit er durch die Angabe eines Punktes, durch den der Graph gehen soll, eindeutig bestimmt ist? Begründe die Antwort.

9

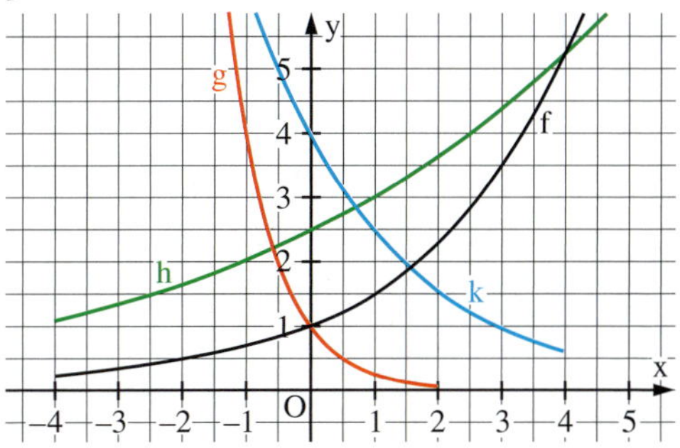

Bestimme die Funktionsterme zu den gezeichneten Graphen von Exponentialfunktionen.

Bei Aufgabe 10 und 11 lohnt sich der Einsatz eines Funktionsplotters.

10
Schreibe die Funktion in der Form $x \mapsto b \cdot a^x$. Skizziere den Graphen.

a) $x \mapsto 2^{x-1}$ b) $f(x) = 2^{2x+3}$
c) $x \mapsto 2^{2x-4}$ d) $g(x) = \left(\sqrt{2}\right)^{2x+4}$

11
Für welche a steigt bzw. fällt der Graph der Funktion? Für welche a trifft beides nicht zu?

a) $x \mapsto (1+a)^x$ b) $x \mapsto (a x)^2$
c) $x \mapsto \left(\frac{2}{a^2+1}\right)^x$ d) $x \mapsto \left(\frac{a}{2}\right)^2$
e) $x \mapsto (a^2-3)^x$ f) $x \mapsto a x - 4$

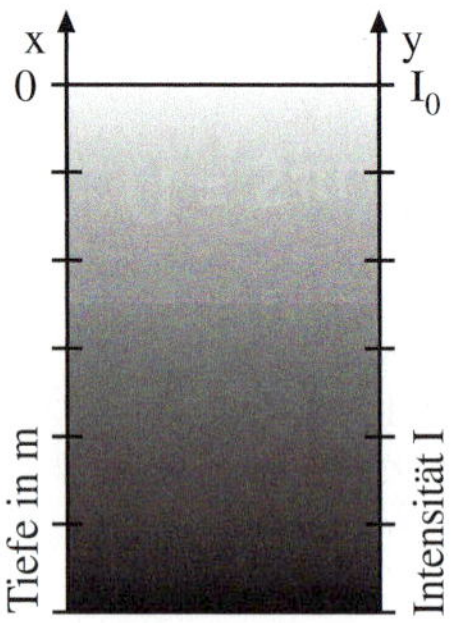

Beispiele für Beleuchtungsstärken:
Vollmond: ca. 0,2 lx
Wohnzimmerbeleuchtung: 200 – 300 lx
direkte Beleuchtung durch die Sonne: 70 000 – 100 000 lx

12
In einem See verringert sich die Helligkeit (Beleuchtungsstärke) je 1 m Wassertiefe um 40 %. In 1 m Wassertiefe zeigt der Belichtungsmesser 3000 Lux (lx).

a) Die Funktion *Tiefe* $\mapsto$ *Beleuchtungsstärke* hat die Form $x \mapsto b \cdot a^x$. Bestimme a und b. Zeichne den Graphen.
b) Bestimme am Graphen angenähert, nach wie viel Metern jeweils die Beleuchtungsstärke halbiert wird.
c) In welcher Tiefe zeigt ein Belichtungsmesser etwa die gleiche Beleuchtungsstärke wie bei Vollmond an? Ermittle diese Tiefe mit Hilfe des Taschenrechners durch systematisches Probieren auf eine Nachkommastelle genau.

13
Stellt euch folgendes Gedankenexperiment vor: Ihr werft 80 Schokolinsen, die auf einer Seite mit „LS“ beschriftet sind, auf einen Tisch und esst alle Schokolinsen auf, die „LS“ zeigen. Den Rest der Linsen werft ihr wiederum und esst wieder die Schokolinsen mit „LS“ auf der Oberseite auf.

a) Welche Funktion gibt die ungefähre Zahl der Schokolinsen an, die von Wurf zu Wurf übrig bleiben?
b) Welche Funktion gibt die Zahl der schon verzehrten Schokolinsen an? Wächst diese Zahl exponentiell? Begründet die Antwort.
c) Was erwartet ihr, wenn ihr das Experiment wirklich durchführt und die übrig gebliebenen Schokolinsen zählt?

14
Für welche Werte von a sind folgende Funktionen auf $\mathbb{R}$ definiert?

a) $x \mapsto (2a-3)^x$ b) $x \mapsto (a^2+1)^x$
c) $x \mapsto x \cdot \sqrt{1-a^2}$ d) $x \mapsto \left(\frac{1}{a}+1\right)^x$
e) $x \mapsto \left(2-\sqrt{a+1}\right)^x$ f) $x \mapsto \left(\frac{a+3}{a^2}\right)^x$

15
Eine Wassermelone wiegt 0,3 kg. Sie verdoppelt unter idealen Wachstumsbedingungen alle 6 Tage ihre Masse.

a) Die Funktion $x \mapsto b \cdot a^x$ beschreibt das Wachstum. Bestimme a und b.
b) Um wie viel Prozent wächst die Wassermelone täglich?
c) Diskutiert die Grenzen der Gültigkeit dieses Wachstumsgesetzes.

16
Strontium 90 zerfällt mit einer Halbwertszeit von 28 Jahren. Zu Beginn einer Beobachtung sind 100 mg vorhanden.

a) Gib die zugehörige Exponentialfunktion an. Wie viel Prozent Strontium 90 zerfällt in einem Jahr?
b) Wie viel Strontium 90 ist nach 50 Jahren noch vorhanden?

17
Über exponentielles Wachstum werden folgende Aussagen gemacht. Sind sie wahr oder falsch? Begründe die Antwort.

a) Verdoppelt man den Wachstumsfaktor a, so halbiert sich die Verdopplungszeit.
b) Halbiert man einen Wachstumsfaktor $a < 1$, so halbiert sich die Halbwertszeit.
c) Ein Wachstum mit dem Wachstumsfaktor 1 ist kein echtes Wachstum.
d) Verdoppelt man den relativen Zuwachs p, so halbiert sich die Verdopplungszeit.

G 18
Bestimme den Funktionsterm f(x) einer quadratischen Funktion, deren Graph durch folgende Punkte geht. Mache einen günstigen Ansatz und bringe den Funktionsterm auf Scheitelpunktform.

a) $A(1|3)$, $B(2|2{,}5)$, $C(-1|1)$
b) $P(0|-3)$, $Q(2|0)$, $R(-3|0)$

3 Modellieren von Wachstum

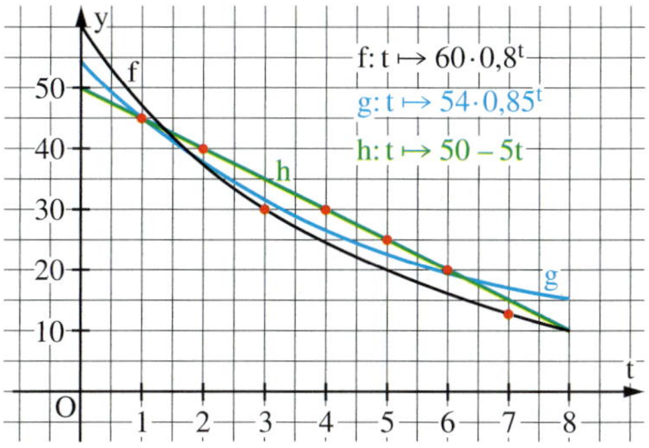

1

Bei einem Experiment ergaben sich als Messwerte die rot markierten Punkte.

a) Welche der dargestellten Funktionen f, g und h beschreibt die Messergebnisse am besten?
Begründe deine Antwort.

b) Welche der Funktionen scheidet aus, wenn zu beachten ist, dass die Größe nur positive Werte annehmen kann?

Im Alltag betrachtet man häufig Wachstumsprozesse und benötigt hierbei möglichst zuverlässige Prognosen, um z. B. im Staat und in der Wirtschaft planen zu können.

Zeit t in Jahren	0	1	2	3	4	5	6	7
Fläche A in ha	10	11	15	22	31	44	61	86

Die nebenstehende Tabelle enthält Werte für den Flächenbedarf an Bauland in einer Stadt in acht aufeinander folgenden Jahren.

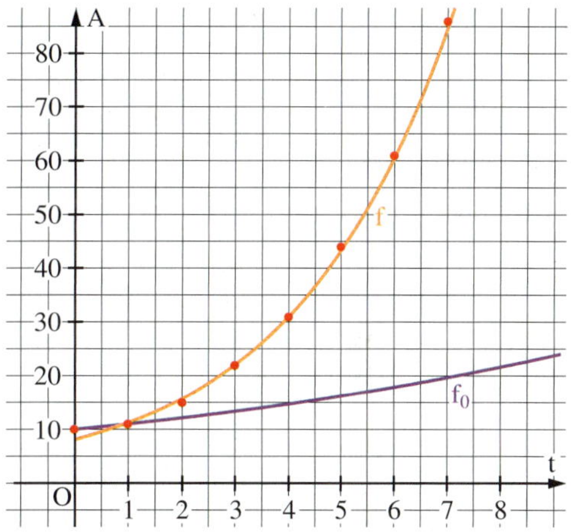

Einen ersten Überblick über die Situation verschafft man sich durch eine graphische Darstellung der Daten.
Die zunehmende Wachstumsgeschwindigkeit des Flächenbedarfs spricht für ein exponentielles Wachstum.
Die Exponentialfunktion $f: t \mapsto b \cdot a^t$ wird durch die Konstanten a und b eindeutig festgelegt. Man bezeichnet diese als **Parameter**.
Diese Parameter gilt es so zu bestimmen, dass der Graph den durch die Tabelle festgelegten Punkten möglichst nahe kommt.
Zwei Wertepaare, z. B. (0 | 10) und (1 | 11), bestimmen eine Funktion $f_0: t \mapsto 10 \cdot 1{,}1^t$.
Sie ist erkennbar ungeeignet.

Ein Funktionsplotter leistet gute Dienste bei der systematischen Suche nach geeigneten Parametern.

Einen Überblick über die möglichen Wachstumsfaktoren a liefern die Quotienten aufeinander folgender Flächenwerte in der fortgesetzen Tabelle:

Fläche A in ha	10	11	15	22	31	44	61	86
Quotient $\frac{A(t+1)}{A(t)}$	·1,1	·1,36	·1,46	·1,41	·1,42	·1,39	·1,41	
Anfangswert b	10	7,9	7,7	8,0	8,1	8,2	8,1	8,2

Der Wert 1,1 ist ein „Ausreißer“. Als angemessenen Wachstumsfaktor wählen wir a = 1,4.
Jeder Flächenwert der Tabelle liefert eine Gleichung $f(t) = b \cdot 1{,}4^t$ zur Bestimmung von b. $15 = b \cdot 1{,}4^2$ liefert z. B. $b = 7{,}653 \approx 7{,}7$.

Die Tabelle zeigt, dass b = 10 ein „Ausreißer“ ist und b = 8,0 ein geeigneter Anfangswert.
Mit der Funktion $f: t \mapsto 8{,}0 \cdot 1{,}4^t$ kann man gut den Bedarf an Bauland für die Stadt im erfassten Zeitraum berechnen.
Wir haben somit ein geeignetes Modell für die Baulandentwicklung gefunden.

Lineares und exponentielles Wachstum sind nicht die einzigen möglichen Wachstumsfunktionen. Siehe dazu Aufgabe Nr. 4 und 5 sowie das Thema „Beschränktes und logistisches Wachstum".

Modelle sind Hilfsmittel, um reale Vorgänge beschreiben zu können. Dabei erkannte Gesetzmäßigkeiten und gefundene Funktionen ermöglichen oft Prognosen für zukünftige Entwicklungen.
Modelle sind immer unter Vorbehalt zu betrachten. Ihr Gültigkeitsbereich ist begrenzt. Verfeinerte Beobachtungs- und Messmethoden oder veränderte Rahmenbedingungen können eine Weiterentwicklung des Modells oder auch ganz neue Modelle erfordern.

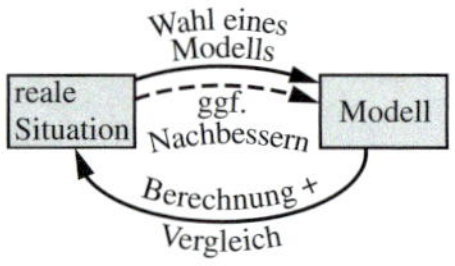

Beim **Modellieren** wird für eine reale Situation eine geeignete mathematische Beschreibung gesucht. Die Modellierung mit Hilfe von Funktionen erfolgt hierbei durch
- Wahl einer möglichst geeigneten Funktion und ihrer Parameter als Modell,
- Vergleich der berechneten Werte mit den realen Daten,
- ggf. Nachbessern des Modells, z. B. durch Verändern der Parameter im Funktionsterm.

Beispiel

Max vermutet, dass Bierschaum exponentiell zerfällt. Er füllt einen 15 cm hohen Zylinder mit Bierschaum und misst jede Minute die Höhe des Schaums.

t in min	0	1	2	3	4	5	6
h in cm	15	10,0	6,0	4,0	2,5	1,6	1,0

Die Tabelle enthält seine Messwerte. Begründe, warum seine Vermutung zutrifft. Bestimme die Zerfallsfunktion und zeichne ihren Graphen.

Lösung:
Lineare Abnahme scheidet aus, da die Differenz benachbarter Werte zunehmend kleiner wird.
Die Quotienten benachbarter Werte lauten: 0,67; 0,60; 0,66; 0,63; 0,64; 0,63.
Sie schwanken um den Mittelwert 0,64.
Dies spricht für einen exponentiellen Zerfall des Bierschaums gemäß der Exponentialfunktion: $h: t \mapsto b \cdot a^t$.
Als Zerfallskonstante bietet sich der Mittelwert $a = 0{,}64$ an und als Anfangswert 15.
Der Graph der Funktion $h: t \mapsto 15 \cdot 0{,}64^t$ nähert sich den markierten Punkten gut an.

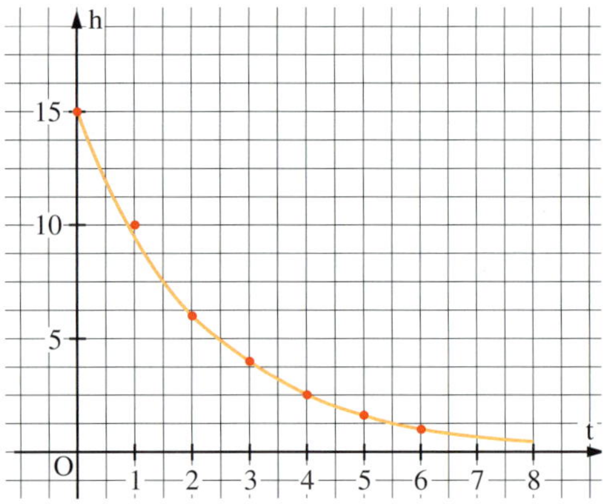

Aufgaben

Erinnerung:
$1‰ = \frac{1}{1000}$

2
Während der Ausnüchterungsphase wurden bei einem Zecher mit 1,6 ‰ Blutalkohol stündlich folgende Werte gemessen:

t in h	0	1	2	3	4	5
‰	1,6	1,4	1,26	1,0	0,8	0,7

Welches Wachstum liegt vor? Begründe die Antwort. Bestimme eine Funktion zur Beschreibung des Blutalkoholgehalts.

3
Die Tabelle zeigt, wie viel mg Uran 231 von anfänglich 1 g nach 1, 2, 3, 4 Tagen noch nicht zerfallen sind.

Tag	0	1	2	3	4
mg	1000	850	720	610	520

Welcher Zerfall liegt vor? Begründe die Antwort. Bestimme eine geeignete Zerfallsfunktion.

4 Abkühlen

t in min	0	1	2	3	4	5	6	7
°C	60,0	52,0	45,6	40,5	36,4	33,1	30,5	28,4

Die Tabelle enthält die Temperaturen eines Körpers beim Angleichen seiner Temperatur an eine kältere Umgebung.

a) Veranschauliche den Temperaturverlauf graphisch und begründe, dass die Temperatur weder linear noch exponentiell fällt.

b) Modelliere den Temperaturverlauf durch eine Funktion $f: t \mapsto s + b \cdot a^t$.
Hinweis: Jeweils drei aufeinander folgende Wertepaare der Tabelle liefern ein Gleichungssystem zur Bestimmung der Parameter a, b und s.

c) Welche Bedeutung haben die Parameter s und b?

d) Zeichne den Graphen und beurteile die Qualität der Modellierung.

5 Erwärmen

t in min	0	1	2	3	4	5	6	7
°C	5,0	11,0	15,2	18,1	20,2	21,6	22,6	23,4

Die Tabelle enthält die Temperaturen eines Körpers beim Angleichen seiner Temperatur an eine wärmere Umgebung.

a) Begründe mit Hilfe einer graphischen Veranschaulichung, dass die Temperatur weder linear noch exponentiell wachsen kann.

b) Zeichne in ein gesondertes Koordinatensystem die Funktion $f: x \mapsto 10 - 8 \cdot 0{,}5^x$. Beschreibe ihren Verlauf mit Worten.

c) Warum sind Funktionen der Form $f: t \mapsto s - b \cdot a^t$ zum Modellieren des in der Tabelle notierten Temperaturverlaufs geeignet?
Welche Bedeutung haben die Parameter s und b? Was bedeutet $b > s$?
Warum muss $0 < a < 1$ gelten?

d) Führe die Modellierung durch.
Hinweis: Jeweils drei aufeinander folgende Wertepaare der Tabelle liefern ein Gleichungssystem zur Bestimmung der Parameter a, b und s.

e) Welche Temperatur erreicht der Körper nach 15 Minuten?

Projektvorschlag: Führt selbst Experimente zur Angleichung der Temperatur eines Körpers an seine Umgebungstemperatur durch und modelliert die Situation durch eine geeignete Funktion.

6

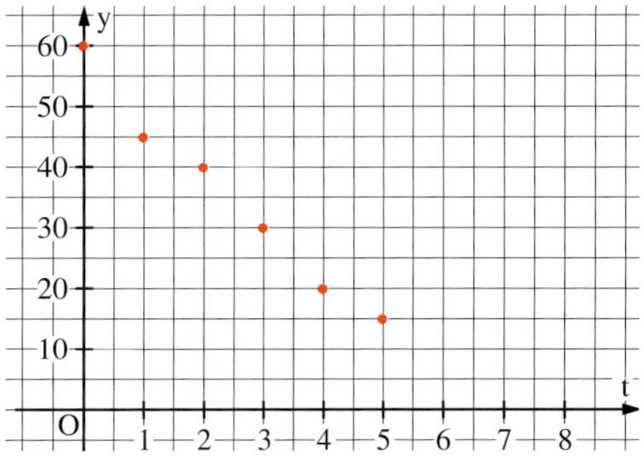

a) Übertrage die aus der Graphik abgelesenen Werte in eine Tabelle. Modelliere eine lineare Funktion f und dann eine Exponentialfunktion g zur mathematischen Beschreibung der Situation. Zeichne beide Funktionen in das gleiche Koordinatensystem.

b) Lassen die Messpunkte eine eindeutige Entscheidung über die Modellierung zu? Begründe deine Antwort.

c) Lässt sich eine klarere Entscheidung über die Modellierung treffen, wenn man noch die Messpunkte $(6|12{,}5)$ und $(7|10)$ hinzunimmt? Begründe die Antwort.

d) Berechne die Summe
$S_g = (60 - g(0))^2 + (45 - g(1))^2 + \ldots + (10 - g(7))^2$.
Hierbei wird für jeden Zeitpunkt t die Abweichung des Funktionswerts vom Messwert betrachtet. Die Quadrate dieser Differenzen werden summiert. Je kleiner S_g ist, desto besser nähert g die Messwerte an.

e) Bestimme eine Funktion h, welche die erweiterte Messreihe besser annähert als die Funktion g.
Es soll also gelten $S_h < S_g$.

G7

Ein Artikel wurde um 20 % verbilligt, später um 40 % teurer. Um wie viel Prozent weicht der Preis nun vom ursprünglichen Preis ab?

G8

Berechne im Kopf.

a) $\frac{3}{4} - 1{,}25$ b) $\frac{1}{3} : \frac{1}{2} - 5$ c) $0{,}89 - 3\,\%$

d) $\left(\frac{1}{2} - \frac{4}{5}\right) : \frac{1}{3}$ e) $9{,}3 + \frac{7}{35}$ f) $4 : 10\,\% - 1\,\%$

4 Logarithmen

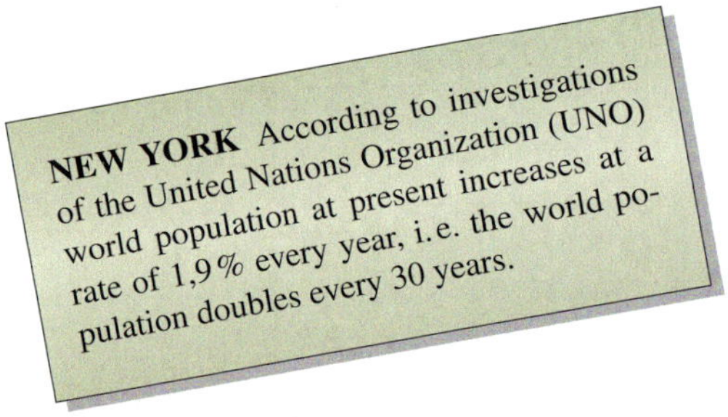
NEW YORK According to investigations of the United Nations Organization (UNO) world population at present increases at a rate of 1,9 % every year, i.e. the world population doubles every 30 years.

1

In einer amerikanischen Zeitung konnte man die nebenstehende Meldung lesen.

a) Begründe: Wenn die Verdopplungszeit 30 Jahre beträgt, kann die jährliche relative Änderung nicht 1,9 % betragen.

b) Versuche mit dem Taschenrechner zu ermitteln, wie lange es dauert, bis sich bei einem Zuwachs von 1,9 % pro Jahr die Weltbevölkerung verdoppelt hat.

Bei Wachstumsvorgängen möchte man oft wissen, wie lange es dauert, bis die wachsende Größe einen bestimmten Wert erreicht hat.

A ⇔ B
Der Doppelpfeil bedeutet: Aus A folgt B und aus B folgt A. (Mit anderen Worten: A ist gleichbedeutend mit B.)

Ein Forscher möchte z. B. wissen, wie lange es dauert, bis aus 10 Bakterien in einer Nährlösung 8000 Bakterien werden, wenn sich die Anzahl stündlich verdoppelt.
Dazu macht er folgenden Ansatz:
Anzahl nach t Stunden: $f(t) = 10 \cdot 2^t$
Gleichung zur Bestimmung von t:
$8000 = 10 \cdot 2^t \quad \Leftrightarrow \quad 2^t = 800$
Weil der Graph der Exponentialfunktion $t \mapsto 2^t$ in $\mathbb{R}$ überall steigt, hat diese Gleichung genau eine Lösung, nämlich $t \approx 9{,}6$.

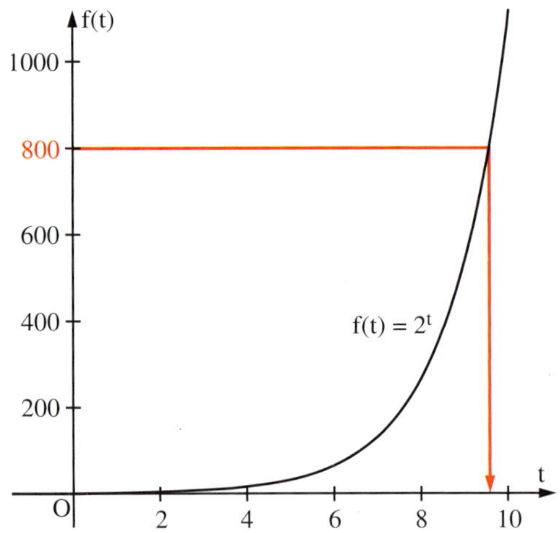

Gleichungen, in denen die gesuchte Variable als Exponent vorkommt, nennt man **Exponentialgleichungen**.

In der Exponentialgleichung $2^x = 512$ ist diejenige Zahl x gesucht, mit der man 2 potenzieren muss, um 512 zu erhalten. Diese gesuchte Hochzahl x bezeichnet man als **Logarithmus** von 512 zur Basis 2 und schreibt kurz $x = \log_2 512$, d. h. $2^{\log_2 512} = 512$.

> Die eindeutige Lösung der Exponentialgleichung $a^x = b$ (für $a > 0$, $a \neq 1$, $b > 0$) bezeichnet man als **Logarithmus von b zur Basis a** und schreibt $x = \log_a b$.
> Kurz: $a^x = b \quad \Leftrightarrow \quad x = \log_a b$ z. B. $2^9 = 512 \quad \Leftrightarrow \quad 9 = \log_2 512$
> $\log_a b$ ist also diejenige Hochzahl, mit der a potenziert werden muss, um b zu erhalten:
> $a^{\log_a b} = b$

Besitzt der Taschenrechner nicht die Taste [$\log_a b$]*, so hilft die Formel* $\log_a b = \frac{\lg b}{\lg a}$ *weiter. Sie wird auf Seite 79 bewiesen.*

Dem dezimalen Stellenwertsystem angepasst sind Logarithmen zur Basis 10. Man nennt sie Zehnerlogarithmen und bezeichnet sie kurz mit lg, d. h. $\lg b = \log_{10} b$.
Vor der Erfindung des Taschenrechners hatten Tabellen mit den Zehnerlogarithmen größte Bedeutung für das Rechnen mit großen Zahlen. Heute liefern die meisten Taschenrechner zu beliebigen Logarithmenbasen a Näherungswerte für $\log_a b$.

Wichtige Logarithmen:
$\log_a a = 1$, denn $a^1 = a$
$\log_a 1 = 0$, denn $a^0 = 1$
$\lg 10 = 1$, denn $10^1 = 10$
$\lg 100 = 2$, denn $10^2 = 100$
$\lg 1000 = 3$, denn $10^3 = 1000$

Beispiel 1

Berechne ohne Taschenrechner. Beschreibe bei a) und b) den Lösungsweg ausführlich durch Rückführung auf eine Exponentialgleichung.

a) $\log_2 8$ b) $\log_5 \frac{1}{625}$ c) $\log_3 \sqrt[3]{729}$ d) $\log_2 0{,}125$ e) $\log_{0,5} 16$ f) $\log_{a^2} \sqrt[3]{a^4}$

Lösung:

a) $x = \log_2 8 \Leftrightarrow 2^x = 8 \Rightarrow x = 3$ Also gilt: $\log_2 8 = 3$

b) $x = \log_5 \frac{1}{625} \Leftrightarrow 5^x = \frac{1}{625} \Rightarrow x = -4$ Also gilt: $\log_5 \frac{1}{625} = -4$

c) $\log_3 \sqrt[3]{729} = \log_3 \sqrt[3]{9^3} = \log_3 9 = \log_3 3^2 = 2$

d) $\log_2 0{,}125 = \log_2 \frac{1}{8} = \log_2 2^{-3} = -3$

e) $\log_{0,5} 16 = \log_{\frac{1}{2}} 2^4 = \log_{\frac{1}{2}} \left(\frac{1}{2}\right)^{-4} = -4$

f) $\log_{a^2} \sqrt[3]{a^4} = \log_{a^2} a^{\frac{4}{3}} = \log_{a^2} (a^2)^{\frac{2}{3}} = \frac{2}{3}$

Beispiel 2

a) Lege für die Funktionen $f: x \mapsto \log_2 x$ und $g: x \mapsto \log_{0,5} x$ ohne Taschenrechner eine Wertetabelle an, um dann damit die dazugehörigen Graphen im Intervall $]0; 8]$ zu zeichnen.

b) Lies die Lösungen der Gleichungen $2^x = 3$ und $\left(\frac{1}{2}\right)^x = 7$ angenähert an den Graphen ab. Vergleiche mit dem Taschenrechnerergebnis. Runde dabei auf drei Nachkommastellen genau.

Lösung:

a)

x	$\frac{1}{4}$	$\frac{1}{2}$	1	2	4	8
f(x)	−2	−1	0	1	2	3
g(x)	2	1	0	−1	−2	−3

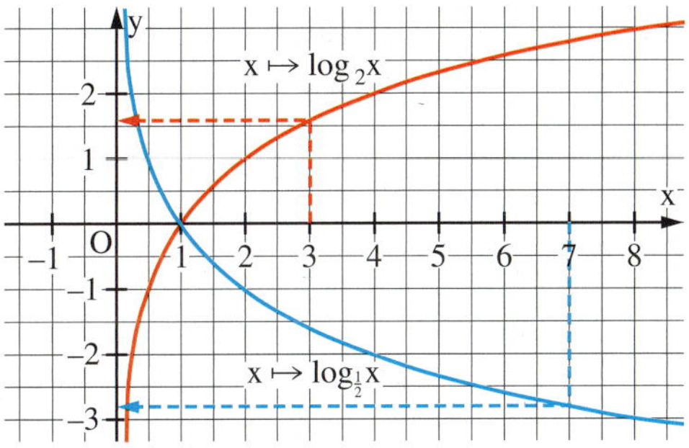

b) Am Graphen liest man ab:
$2^x = 3$ für $x \approx 1{,}6$
$0{,}5^x = 7$ für $x \approx -2{,}8$
Der Taschenrechner liefert:
$\log_2 3 = 1{,}58496 \approx 1{,}585$
$\log_{0,5} 7 = -2{,}80735 \approx -2{,}807$

Für Taschenrechner ohne $\boxed{\log_a b}$-Taste:
$\log_2 3 = \frac{\lg 3}{\lg 2}$

Aufgaben

2

Schreibe um in die Form $\log_a b = x$.

a) $2^x = 32$ b) $10^4 = 10\,000$
c) $7^0 = 1$ d) $2^{-1} = \frac{1}{2}$
e) $3^{-2} = \frac{1}{9}$ f) $6^{\frac{1}{3}} = \sqrt[3]{6}$
g) $5^{-\frac{1}{2}} = \frac{1}{\sqrt{5}}$ h) $10^{-\frac{3}{4}} = \frac{1}{\sqrt[4]{1000}}$

3

Bestimme ohne Taschenrechner.

a) $\log_2 4$ b) $\log_2 128$ c) $\log_3 27$
d) $\log_5 3125$ e) $\lg 10\,000$ f) $\lg 0{,}1$
g) $\log_5 \frac{1}{125}$ h) $\lg 0{,}0001$ i) $\log_{0,2} 25$
k) $\log_{0,5} 32$ l) $\log_{\sqrt{a}} a^{0,75}$ m) $\log_{0,2} 1$

Lösungssalat zu 3:

4

Vereinfache.

a) $\log_a \sqrt[5]{a^3}$ b) $\log_{a^2} \frac{1}{\sqrt{a}}$ c) $\log_{\sqrt{a}} \left(\sqrt[3]{a^4}\right)$

5

Beschreibe mit Worten, welche Zahl gesucht ist. Gib diese Zahl an.
Beispiel: $x = \log_2 256$
Gesucht ist die Hochzahl x, mit der man 2 potenzieren muss, um 256 zu erhalten.
Also: $x = 8$.

a) $x^5 = 32$ b) $3^x = 81$
c) $x = \log_7 49$ d) $x = \log_{25} 125$
e) $\log_4 x = 2$ f) $\log_x 243 = 5$

6

Bestimme mit dem Taschenrechner die Lösungen folgender Gleichungen, wenn dies möglich ist, auf zwei Nachkommastellen genau. Begründe gegebenenfalls, warum die Gleichung nicht lösbar ist.

a) $10^x = 25$ b) $2^x = 10$ c) $2^x = -10$
d) $2^x = 0{,}1$ e) $0{,}6^x = 40$ f) $10^x = 0$

Lösungssalat zu 7:

7
Bestimme die Variable.

a) $\log_a 25 = 2$ b) $\log_a \frac{1}{49} = 2$

c) $\log_b 16 = -2$ d) $\log_b 7 = \frac{1}{2}$

e) $\log_a \sqrt{125} = \frac{3}{2}$ f) $\log_a \sqrt{27} = \frac{3}{4}$

g) $\log_{a^2} \sqrt[3]{81} = \frac{2}{3}$ h) $\log_b \sqrt[4]{125} = -\frac{3}{4}$

8
Zeichne die Graphen der Funktionen $f: x \mapsto \log_2 x$ und $g: x \mapsto \lg x$ im Intervall [0,1; 10]. Erstelle dazu zunächst Wertetabellen. Was haben die Funktionen gemeinsam und wodurch unterscheiden sie sich?

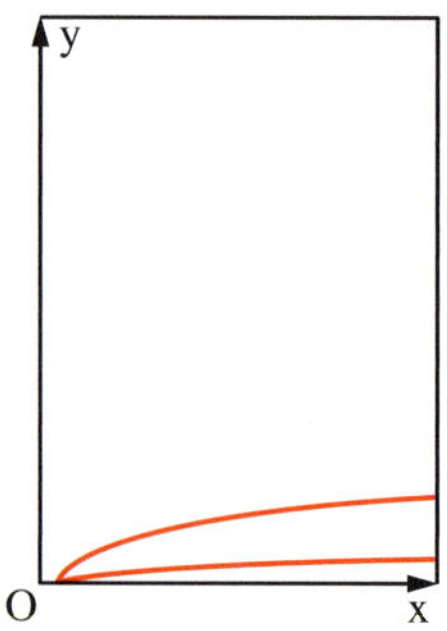

9
Ein DIN-A4-Blatt ist wie in der Abbildung auf dem Rand mit einem Koordinatensystem versehen. Die Längeneinheit auf beiden Achsen ist 1 cm.

a) Auf dieses Blatt werden die Graphen der Funktionen $f: x \mapsto \log_2 x$ und $g: x \mapsto \lg x$ bis zum rechten Rand gezeichnet. Wie weit sind diese rechten Randpunkte der Graphen jeweils vom unteren Rand entfernt?

b) Wie weit müsste das Blatt nach rechts hin jeweils verbreitert werden, damit die Graphen den oberen Rand des Blattes erreichen?
Schätze zunächst und rechne dann.

c) Rechne diese Längen in geeignete Einheiten um und suche nach vergleichbaren Längen in der realen Welt.

$$3^{\log_{\sqrt{3}} 17} = ?$$

10
Richtig oder falsch? Begründe deine Antwort.

a) $\log_{25} 0{,}2 = -0{,}5$ b) $\log_2 0{,}0625 = -5$

c) $\log_2 (-8) = 3$ d) $\log_3 (-81)^4 = 16$

e) Denke dir ähnliche Aufgaben aus und stelle sie deinem Nachbarn.

11
Bringe die Gleichung auf die Form $a^x = b$ und bestimme die Lösung auf drei Nachkommastellen genau.

a) $35 = 7 \cdot 1{,}4^x$ b) $5 \cdot 1{,}8^x + 3 = 7$

c) $4 \cdot 2^x = 2^x + 4$ d) $5 + 1{,}2^x = 9 - 1{,}2^x$

e) $5 \cdot 3^{-x} = 2$ f) $2 \cdot 5^{-x} = \left(\frac{1}{5}\right)^x + 3$

12
a) 4000 € werden mit einem Zinssatz von 5 % pro Jahr angelegt. Nach welcher Zeit ist der Betrag mit Zinseszinsen auf 5000 € angewachsen?

b) Mit welchem Zinssatz wurde ein Kapital von 5000 € angelegt, wenn es mit Zinseszins in drei Jahren auf 5955 € angewachsen ist?

c) Nach wie viel Jahren verdoppelt sich ein Kapital durch Zins und Zinseszins, wenn es mit einem Zinssatz von 6 % angelegt wurde?

13

t in h	0	1	2	3	4
Anzahl	100	150	230	340	500

Die Tabelle enthält die Anzahl der Bakterien in einer Nährlösung nach t Stunden.

a) Beschreibe, wie man prüfen kann, ob exponentielles Wachstum vorliegt und bestimme die Wachstumsfunktion.

b) Nach welcher Zeit enthält die Kultur etwa 1000 Bakterien?

c) In welcher Zeit wächst die Anzahl der Bakterien jeweils um 1000 %?

14
a) Jod-131 ist ein radioaktives Element, von dem pro Tag 8,3 % zerfallen. Berechne die Halbwertszeit.

b) Nach wie viel Tagen ist nur noch ein Achtel von der ursprünglichen Menge Jod-131 vorhanden?

15
Welche Beziehung besteht zwischen x und y, wenn

a) $x = \log_2 8$ und $y = \log_8 2$;

b) $x = \log_a b$ und $y = \log_b a$?

G 16
Stimmen folgende Aussagen? Begründe jeweils, ohne zu rechnen. Überprüfe anschließend durch Rechnung ohne Zuhilfenahme des Taschenrechners.

a) $\frac{4}{10} + \frac{1}{11} > 0{,}5$ b) $\frac{10}{21} - \frac{4}{7} < 0$

c) $\frac{7}{16} + \frac{x}{12} > 0{,}75$ d) $\frac{5}{11} : \frac{5}{9} > 1$

5 Rechnen mit Logarithmen

1

Bestimme mit Hilfe der Tabelle: $9 \cdot 729$, $81 \cdot 729$, $27 \cdot 2187$, $59049 : 729$ und 27^3.
Beschreibe, wie du vorgehst.

Exponent n	0	1	2	3	4	5	6	7	8	9	10
Dreierpotenz 3^n	1	3	9	27	81	243	729	2187	6561	19683	59049

Strategie: Zurückführen auf Bekanntes

Für Produkte und Quotienten von Potenzen sowie Potenzen von Potenzen gelten die bekannten Gesetze:

(1) $a^x \cdot a^y = a^{x+y}$
(2) $a^x : a^y = a^{x-y}$
(3) $(a^x)^y = a^{x \cdot y}$

Diese Potenzgesetze kann man als Aussage über die Hochzahlen, d. h. die Logarithmen, auffassen und damit herleiten:

Gesetze für das Rechnen mit Logarithmen (für $u > 0$, $v > 0$, $a > 0$, $a \neq 1$):

(1) $\log_a(u \cdot v) = \log_a u + \log_a v$ z. B. $\log_2(32 \cdot 8) = \log_2 32 + \log_2 8$
(2) $\log_a(u : v) = \log_a u - \log_a v$ z. B. $\log_2(32 : 8) = \log_2 32 - \log_2 8$
(3) $\log_a u^x = x \cdot \log_a u$ z. B. $\log_2 32^4 = 4 \cdot \log_2 32$

Umrechungsformel:

$\log_a u = \frac{\lg u}{\lg a}$ z. B. $\log_2 12 = \frac{\lg 12}{\lg 2}$

Erinnerung:
$u = a^{\log_a u}$

Hinweis:
Wir gehen stets davon aus, dass die Variablen so gewählt werden, dass die Terme definiert sind.

Beweise:

$$\log_a(u \cdot v) = \log_a(a^{\log_a u} \cdot a^{\log_a v}) = \log_a a^{\log_a u + \log_a v} = \log_a u + \log_a v$$
$$\log_a(u : v) = \log_a(a^{\log_a u} : a^{\log_a v}) = \log_a a^{\log_a u - \log_a v} = \log_a u - \log_a v$$
$$\log_a u^x = \log_a(a^{\log_a u})^x = \log_a a^{x \cdot \log_a u} = x \cdot \log_a u$$

↑ Definition des Logarithmus ↑ Potenzgesetz ↑ Definition des Logarithmus

$a = 10^{\lg a}$ $u = 10^{\lg u}$

$$a^{\log_a u} = u \Rightarrow (10^{\lg a})^{\log_a u} = 10^{\lg u} \Rightarrow \lg a \cdot \log_a u = \lg u \Rightarrow \log_a u = \frac{\lg u}{\lg a}$$

↑ logarithmieren

Die logarithmischen Rechengesetze führen die Punktrechnung auf eine Strichrechnung und das Potenzieren auf eine Multiplikation zurück. Dies erleichterte vor Einführung des Taschenrechners das Rechnen mit großen Zahlen erheblich.

Beispiel 1

Vereinfache den Term $2 \cdot \lg 6 - \lg 2 - \lg 4$.
Begründe die Umformungen kurz.
Lösung:

$2 \cdot \lg 6 - \lg 2 - \lg 4$
$= \lg 6^2 - \lg 2 - \lg 4$ Gesetz (3)
$= \lg(6^2 : 2 : 4)$ Gesetz (2)
$= \lg(6^2 : 8) = \lg 4{,}5$

Beispiel 2

Löse die Gleichung $\lg x = 2 \cdot \lg 5 + \lg 3$.
Erläutere jede Umformung kurz.
Lösung:

$\lg x = 2 \cdot \lg 5 + \lg 3$
$\lg x = \lg 5^2 + \lg 3$ Gesetz (3)
$\lg x = \lg(5^2 \cdot 3)$ Gesetz (1)
$x = 5^2 \cdot 3 = 75$ $10^{\lg a} = a$

Beispiel 3

Bestimme einen Näherungswert von 2^{1000} in der Schreibweise mit Zehnerportenzen.
Beginne mit dem Ansatz $10^u = 2^{1000}$.

Lösung:

$10^u = 2^{1000} \quad \Rightarrow \quad u = \lg 2^{1000} = 1000 \cdot \lg 2 \approx 301{,}03$

$2^{1000} \approx 10^{301{,}03} = 10^{0{,}03+301} = 10^{0{,}03} \cdot 10^{301} \approx 1{,}1 \cdot 10^{301}$

Aufgaben

In den Aufgaben 8–11 sind die Variablen so gewählt, dass die Terme definiert sind.

2

Bestimme mit dem Taschenrechner auf drei Nachkommastellen genau.

a) $\lg(4{,}7 \cdot 10^{150})$ b) $\lg 3{,}6^{230}$
c) $\lg(5 \cdot 10^{-120})$ d) $\log_2(3 \cdot 2^{200})$

3

Bestimme mit dem Taschenrechner auf zwei Nachkommastellen genau.

a) $\log_3 5$ b) $\log_{0{,}75} 12$
c) $\log_7 0{,}12^2$ d) $\log_4 2^5$
e) $\log_{\sqrt{3}} 12$ f) $\log_{3^2} 15^2$

4

Es gelte $\lg b = 2 \cdot \lg a$. Welche Beziehung besteht dann zwischen a und b?

5

Es ist $\lg 2 \approx 0{,}30103$ und $\lg 3 \approx 0{,}47712$. Berechne hiermit Näherungswerte für

a) $\lg 12$ b) $\lg(12 \cdot 18)$ c) $\lg 27$
d) $\lg\sqrt{6}$ e) $\lg\sqrt[4]{18}$ f) $\lg 270$
g) $\lg 150$ h) $\lg 4{,}5$ i) $\lg 0{,}18$.
k) Warum kann man auf diese Weise keinen Näherungswert von $\lg 28$ berechnen?

Lösungssalat zu 6:

6

Löse die Gleichung ohne Taschenrechner.

a) $\log_4 x = 2 \cdot \log_4 3$
b) $\lg x = \lg 6 - \lg 3$
c) $\lg x = 2 \cdot \lg 5 + 3 \cdot \lg 2$
d) $9 \cdot \log_3 x = 27$
e) $2 \cdot \lg x = \lg 16 + \lg 9$
f) $\log_2(5x) = 1 + \log_2 6$
h) $1 + \lg x - \lg 2 = 2 \cdot \lg 8 - \lg 4$
i) $2 + \log_2 x = \frac{2}{3} \cdot \log_2 125$

Erinnerung *zu 12:*
2,30 hat 3 geltende Ziffern
0,023 hat 2 g. Z.,
0,0230 hat 3 g. Z.

7

Bestimme analog Beispiel 3 von folgenden Zahlen Näherungswerte in der Schreibweise mit Zehnerpotenzen:

a) 2^{500} b) 3^{-200} c) 12^{100}

8

Schreibe als Summe oder Produkt von „einfachen“ Logarithmen.

Beispiel: $\lg(3x^2) = \lg 3 + 2 \cdot \lg x$

a) $\log_a(2ab^2)$ b) $\log_a \frac{uv}{w}$ c) $\log_a \sqrt[4]{b}$
d) $\log_a(x+y)^2$ e) $\log_a \frac{1}{\sqrt[3]{b}}$ f) $\log_a(x^2-y^2)$
g) $\lg \frac{9-a^2}{3+a}$ h) $\log_a\left(1+\frac{1}{x}\right)$ i) $\lg\left(1-\frac{1}{x^2}\right)$

9

Fasse so weit wie möglich zu einem Logarithmus zusammen und vereinfache den Term so weit wie möglich.

a) $\log_a u^2 - \log_a u$ b) $\lg(a^2-b^2) - \lg(a-b)$
c) $2 \cdot \lg\frac{1}{a} + \lg a^2$ d) $\log_a x - \log_a \sqrt{x}$
e) $\lg(3x+2) - \lg(9x^2+12x+4)$
f) $\lg(x-1) + \lg(x+1) - 2 \cdot \lg x$

10

Richtig oder falsch? Begründe die Antwort.

a) $\lg(a+b) = \lg a + \lg b$
b) $\frac{1}{2} \cdot \log_a b = \log_{a^2} b$
c) $\log_a a = 1$ für alle $a > 0$

11

Für welches a gilt

a) $\log_{4a} b = \log_{a^2} b$; b) $\log_{2a} b = 2 \cdot \log_a b$;
c) $\log_a b = \frac{1}{2} \cdot \log_{3a} b$?

Löse die Aufgaben z. B. so:
Setze den linken und rechten Term gleich u und löse die Gleichungen nach b auf. Daraus ergibt sich eine Gleichung für a.

12

Was bedeutet es für den Wert einer Potenz, wenn die Hochzahl (d. h. der Logarithmus) nur auf 3 geltende Ziffern genau angegeben ist bei

a) $5^{30{,}1}$; b) $50^{30{,}1}$; c) $500^{30{,}1}$; d) $500^{3{,}01}$;
e) $500^{0{,}301}$?

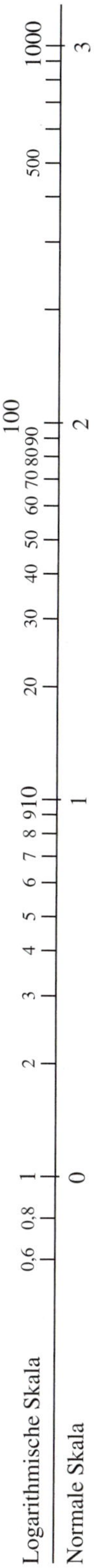

13 Erdbebenstärken

Der amerikanische Wissenschaftler Charles Richter hat folgendes Maßsystem (Richterskala) für die Stärke S eines Erdbebens vorgeschlagen:

$S = \lg \frac{I}{I_0}$.

Dabei ist I die Intensität des Erdbebens und I_0 die für den Seismographen gerade noch wahrnehmbare Intensität einer Erschütterung.

a) Wie groß ist S für $I = 1000 \cdot I_0$?
b) Was bedeutet $S = 6{,}4$ für die Intensitäten?
c) Das Erdbeben am 26. 12. 2004 bei Sumatra hatte die Stärke 9,1. Vergleiche diese Intensität mit derjenigen vom stärksten Beben in Bayern 1937 mit der Stärke 5,8.
d) Wie ändern sich die Werte von S, wenn I_0 halbiert (verdoppelt) wird?

Einfach logarithmisches Papier

Bildet man aus einer Exponentialfunktion,

z. B. $f\colon x \mapsto 2 \cdot 1{,}8^x$;

die Funktion

$g\colon x \mapsto \lg f(x)$, so ergibt sich:

$g(x) = \lg(2 \cdot 1{,}8^x) = \lg 2 + x \cdot \lg 1{,}8$.

g ist eine lineare Funktion.

Die folgende Abbildung veranschaulicht die Situation:

Unterteilt man die y-Achse eines Koordinatensystems logarithmisch, d. h. so, dass z. B. die Marke 2 von der x-Achse den Abstand lg 2 (hier gemessen in der Längeneinheit 5 cm) hat und trägt in dieses Koordinatensystem die zu der Exponentialfunktion f gehörenden Punkte $(x \mid f(x))$ ein, so liegen diese auf einer Geraden:

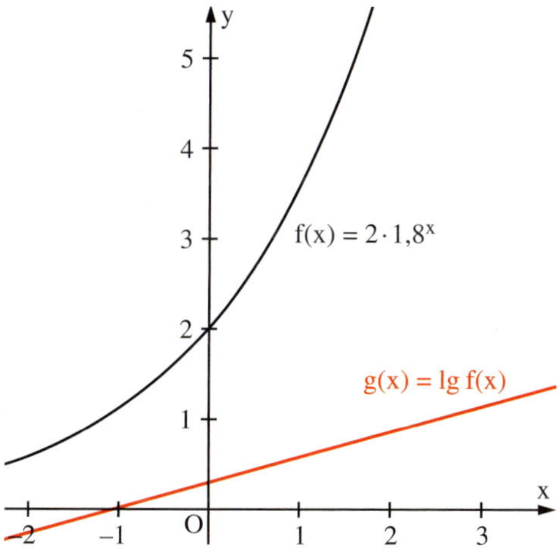

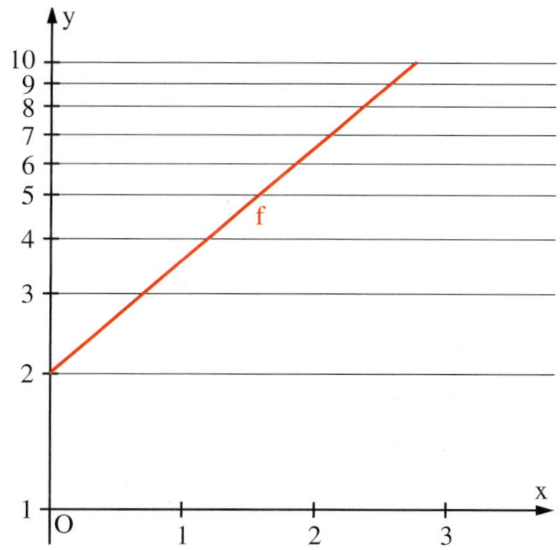

Auf dem Rand ist eine logarithmische Skala und im Vergleich dazu eine lineare Skala abgebildet. Auf der logarithmischen Skala ist der Abstand der Zahlen 0,8 und 1,0 genau so groß wie die Abstände zwischen 8 und 10 oder zwischen 80 und 100. Deshalb können auch kleine Zahlen mit relativ großer Genauigkeit eingetragen werden.
Papier mit einem Koordinatensystem, dessen x-Achse linear skaliert und dessen y-Achse logarithmisch skaliert ist, nennt man **einfach logarithmisches Papier**.

Einfach logarithmisches Papier erleichtert das Erkennen von exponentiellem Wachstum. Trägt man darauf die sich aus den Messungen ergebenden Wertepaare als Punkte in ein Koordinatensystem ein und liegen diese Punkte angenähert auf einer Geraden, so liegt exponentielles Wachstum vor.
Die Wachstumsfunktion kann man dann bestimmen, indem man zwei Wertepaare auf der Geraden abliest und mit ihrer Hilfe die Parameter a und b der Exponentialfunktion $f\colon x \mapsto b \cdot a^x$ errechnet.

14
Begründe.
Auf einer logarithmischen Skala gilt:
a) Die Zahlen 0,001 und 1000 haben von der Zahl 1 den gleichen Abstand.
b) Es gibt keinen Nullpunkt.

15
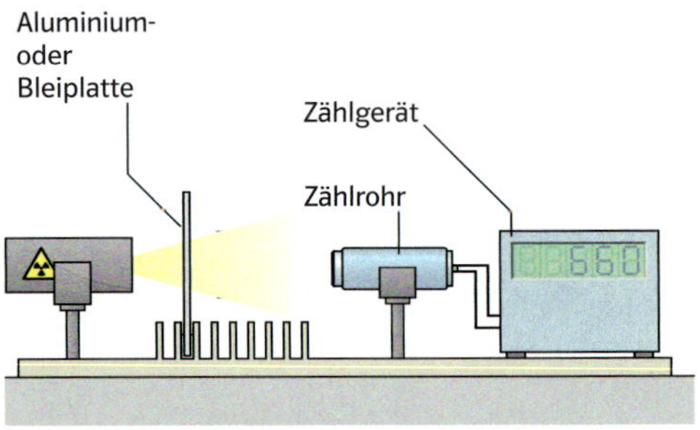

Durch Bleiplatten kann man sich gegen gefährliche Gammastrahlen schützen, die beim radioaktiven Zerfall entstehen. Die Abbildung zeigt eine Messanordnung zur Messung der Strahlungsinstensität I in Abhängigkeit von der Plattenstärke d.

d in cm	0	1,5	3,0	4,5	6,0	7,5
I in mW	500	250	125	67	34	17

Eine Kopiervorlage für einfach logarithmisches Papier befindet sich im Lösungen- und Materialien-Band.

a) Trage die Messwerte in ein Koordinatensystem auf einfach logarithmischem Papier ein. Modelliere die Situation durch eine geeignete Funktion. Begründe dein Vorgehen ausführlich.
b) Auf welchen Prozentsatz ihres ursprünglichen Wertes ist die Strahlungsintensität gesunken, wenn die Strahlen eine 9 cm dicke Bleiplatte durchdrungen haben?

16
Bei der Entladung eines Kondensators wird alle 5 Sekunden die Spannung gemessen. Die Messung ergab folgende Werte:

t in s	0	5	10	15	20
U in V	100	67	52	34	24

a) Trage die Messwerte in ein Koordinatensystem auf logarithmischem Papier ein und bestimme die Wachstumsfunktion.
b) Um wie viel Prozent nimmt die Spannung pro Sekunde ab?
c) Bestimme die Halbwertszeit.

17
Richtig oder falsch? Begründe die Antwort.

> Die Graphen der Funktionen $f: x \mapsto a^x$ und $g: x \mapsto a^{x+d}$ sind auf logarithmischem Papier parallele Geraden.

18
Ein z. B. von einem Lautsprecher ausgehender Ton wird im Ohr des Hörenden als Reiz wahrgenommen. Man unterscheidet dabei zwischen der Intensität I des auf das Ohr treffenden Reizes (gemessen in Watt pro Quadratmeter) und der subjektiv empfundenen Lautstärke L, gemessen in Dezibel (dB), in der jemand den Ton hört. Es gilt:
$L = 10 \cdot \lg \frac{I}{I_0}\,\text{dB}$.
I_0 ist die Intensität, bei der die betreffende Person den Ton eben noch hört.
a) Wie ändert sich die Lautstärke, wenn die Reizintensität von $I = 1000 \cdot I_0$ ($10\,000 \cdot I_0$, $100\,000 \cdot I_0$) um $20\,000 \cdot I_0$ verstärkt wird?
b) Wie ändert sich die Reizintensität bei einer Steigerung der Lautstärke von 40 dB auf 80 dB?
c) Der Lautstärke $L = 50\,\text{dB}$ ist eine Reizintensität $I = 10^{-7}\,\frac{\text{W}}{\text{m}^2}$ zugeordnet. Berechne I_0.
d) Wie verschiebt sich die Lautstärkeskala für einen Schwerhörigen, bei dem I_0 100-mal größer ist als bei einem normal hörenden Menschen?
e) Recherchiert, wie sich häufige Discobesuche bzw. die Benutzung von MP3-Playern auf das Hörvermögen auswirken können.

G 19
Der Würfel hat ein Volumen von 125 cm³. Bestimme zunächst zeichnerisch die Länge von e und die Größe von β. Überprüfe anschließend durch Berechnung.

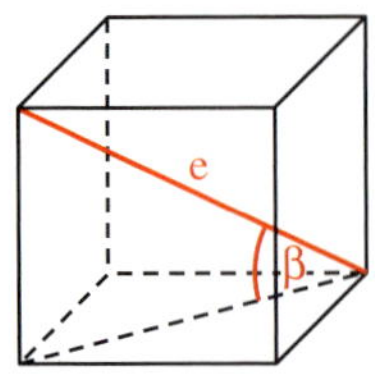

G 20
Löse die Gleichungssysteme.

a) $5x + 4y - 15 = 0$
$3x - 2y + 2 = 0$

b) $\frac{2x-1}{3y-1} = \frac{2x-3}{3y-5}$
$\frac{5x-2}{6} = \frac{5y-3}{9}$

6 Exponentialgleichungen

1

Gegeben sind die Exponentialfunktionen $f: x \mapsto 3 \cdot 1{,}5^x$ und $g: x \mapsto 8 \cdot 0{,}5^x$.

a) Zeichne die Graphen der Funktionen f und g in das gleiche Koordinatensystem und lies die Koordinaten ihres Schnittpunktes ab.

b) Wie könnte man versuchen, die Koordinaten des Schnittpunktes rechnerisch zu bestimmen?

Exponentialgleichungen vom Typ $a^x = b$ haben gemäß der Definition des Logarithmus die Lösung $x = \log_a b$.
Durch Anwendung der Rechengesetze für Logarithmen kann man auch kompliziertere Exponentialgleichungen wie z. B. $6 \cdot 1{,}4^x = 2{,}5 \cdot 0{,}8^x$ lösen:

$$\begin{aligned} 6 \cdot 1{,}4^x &= 2{,}5 \cdot 0{,}8^x \\ \lg(6 \cdot 1{,}4^x) &= \lg(2{,}5 \cdot 0{,}8^x) && \text{Bilden des (Zehner-)Logarithmus auf beiden Seiten} \\ \lg 6 + x \cdot \lg 1{,}4 &= \lg 2{,}5 + x \cdot \lg 0{,}8 && \text{Anwendung der Rechengesetze für Logarithmen} \\ x \cdot \lg 1{,}4 - x \cdot \lg 0{,}8 &= \lg 2{,}5 - \lg 6 && \text{Terme mit x auf linke Seite (Isolieren von x)} \\ x \cdot (\lg 1{,}4 - \lg 0{,}8) &= \lg 2{,}5 - \lg 6 \\ x &= \frac{\lg 2{,}5 - \lg 6}{\lg 1{,}4 - \lg 0{,}8} \approx -1{,}56 \end{aligned}$$

> Tritt in einer Gleichung die gesuchte Variable als Exponent auf, so lässt sich die Gleichung oft durch Logarithmieren lösen.

Strategie: *Zurückführen auf Bekanntes*

Manche Exponentialgleichungen lassen sich durch eine geeignete Substitution auf eine Gleichung zurückführen, deren Lösungsweg bereits bekannt ist:
So geht z. B. die Exponentialgleichung $5^{2x} - 2 \cdot 5^x - 8 = 0$
durch die Substitution $5^x = u$
(und damit also $5^{2x} = (5^x)^2 = u^2$)
in die quadratische Gleichung $u^2 - 2u - 8 = 0$ über.
Deren Lösungen lauten $u_1 = -2$ und $u_2 = 4$.
Einsetzen dieser Werte in die Substitution $5^x = u$ liefert
– für u_1: $5^x = -2$ Diese Exponentialgleichung ist nicht lösbar, da für alle x gilt: $5^x > 0$
– für u_2: $5^x = 4$ $\Rightarrow$ $x = \frac{\lg 4}{\lg 5}$ Der Taschenrechner liefert hierfür $x \approx 0{,}86$.

Beispiel 1

Löse die Exponentialgleichung $5 \cdot 5^x + 5^{-x} = 6$ durch geeignete Substitution.
Lösung:
Mit der Substitution: $5^x = u$ (d. h. $5^{-x} = u^{-1}$) lautet die Gleichung:

$$5u + u^{-1} = 6 \quad |\cdot u$$

$\Rightarrow 5u^2 + 1 = 6u \Rightarrow 5u^2 - 6u + 1 = 0$

$\Rightarrow u_{1/2} = \frac{6 \pm \sqrt{6^2 - 4 \cdot 5 \cdot 1}}{2 \cdot 5} = \frac{6 \pm 4}{10}$ d. h. für $u_1 = 1$: $5^x = 1 \Rightarrow x_1 = 0$

für $u_2 = \frac{1}{5}$: $5^x = \frac{1}{5} \Rightarrow x_2 = -1$

Die Probe zeigt, dass $x_1 = 0$ und $x_2 = 1$ Lösungen der Exponentialgleichung sind.

Beispiel 2

Gegeben sind die Funktionen: f: $x \mapsto 2 \cdot 1{,}2^{2x}$ und g: $x \mapsto 5 \cdot 2^{-x}$.

a) Zeichne die Graphen der Funktionen (ggf. mit einem Funktionsplotter) und entnimm der Zeichnung die Lage des Schnittpunktes.

b) Berechne die Koordinaten des Schnittpunktes auf zwei geltende Ziffern genau.

Lösung:

a)

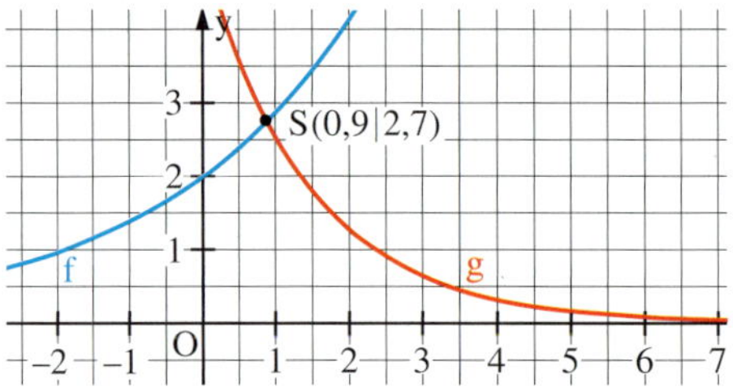

Der Schnittpunkt liegt etwa bei (0,9 | 2,7).

b)
$$2 \cdot 1{,}2^{2x} = 5 \cdot 2^{-x}$$
$$\lg(2 \cdot 1{,}2^{2x}) = \lg(5 \cdot 2^{-x})$$
$$\lg 2 + 2x \cdot \lg 1{,}2 = \lg 5 - x \cdot \lg 2$$
$$2x \cdot \lg 1{,}2 + x \cdot \lg 2 = \lg 5 - \lg 2$$
$$x \cdot (2 \cdot \lg 1{,}2 + \lg 2) = \lg 5 - \lg 2$$
$$\Rightarrow \quad x = \frac{\lg 5 - \lg 2}{2 \cdot \lg 1{,}2 + \lg 2} \approx 0{,}87$$
$$f(0{,}87) = g(0{,}87) \approx 2{,}7$$
$$\Rightarrow \quad S(0{,}87 \mid 2{,}7)$$

Aufgaben

Lösungssalat zu 2:

2

Löse die Gleichungen. Runde das Ergebnis gegebenenfalls auf zwei Nachkommastellen. Versuche möglichst oft, ohne Taschenrechner auszukommen.

a) $5^{2x-3} = 5$ b) $3{,}7^{2x} = 5$

c) $6^{4x-9} = 36^{1,5}$ d) $6 \cdot 1{,}5^{z} = 2{,}3$

e) $5^{2t+1} = 17$ f) $25^{x+1} = 0{,}2$

g) $\left(\frac{2}{5}\right)^{2x+1} = 0{,}064$ h) $5 \cdot 7^{2x-6} = 35 \cdot 343$

3

Berechne, falls möglich, den Schnittpunkt folgender Funktionen auf drei geltende Ziffern genau:

a) f: $x \mapsto 5 \cdot 0{,}8^{x}$ und g: $x \mapsto 2 \cdot 1{,}6^{x}$

b) f: $x \mapsto 1{,}5^{2x-1}$ und g: $x \mapsto 2^{x+1}$

c) f: $x \mapsto -3 \cdot 0{,}5^{x}$ und g: $x \mapsto 2^{x-1}$

4

Eine Braunalge ist am Meeresboden in 30 m Wassertiefe angeheftet. Die zu Beginn der Beobachtung 1,20 m hohe Braunalge verdoppelt jede Woche ihre Höhe. Wann erreicht die Braunalge die Wasseroberfläche?

5

a) Ein Kapital wird jährlich mit 5 % verzinst. Nach wie viel Jahren hat sich das Kapital mit Zinseszinsen verdreifacht?

b) Ein Kapital von 7000 € wird mit jährlich 5,5 % verzinst. Nach wie viel Jahren ist das Kapital mit Zinseszinsen auf ungefähr 12 000 € angewachsen?

6

Löse durch eine geeignete Substitution.

a) $3^{2x} - 4 \cdot 3^{x} + 3 = 0$

b) $7^{x} + 4 = 21 \cdot 7^{-x}$

c) $\frac{3 \cdot 5^{x} - 2}{0{,}5 \cdot 5^{x}} = 2 \cdot 5^{x}$

d) $2^{6x} - 5 \cdot 2^{3x} - 24 = 0$

7

Schreibe als Exponentialgleichung und löse.

a) $\sqrt[3]{5^{7-x}} = 5^{x-2}$ b) $\sqrt[4]{3^{2x+5}} = \sqrt{27^{x}}$

8

a) Zeichne die Graphen der Funktionen f: $x \mapsto 1{,}5^{2x-1}$ und g: $x \mapsto 3 \cdot 0{,}7^{x} + 1$, evtl. mit einem Funktionsplotter. Warum lässt sich der Schnittpunkt nicht durch Lösung einer Exponentialgleichung mit unseren Umformungsregeln bestimmen?

b) Bestimme näherungsweise die Nullstelle der Funktion $d = g - f$. Beginne mit einem Intervall z. B. [1; 2], in dem die Nullstelle liegen muss. Unterteile dieses Intervall in zwei Abschnitte und entscheide, in welchem dieser beiden Teilintervalle die Nullstelle von d liegen muss. Berechne mit diesem Verfahren (fortgesetzte Intervallteilung) die Nullstelle auf zwei Nachkommastellen genau.

c) Berechne die Koordinaten des Schnittpunktes der Graphen von f und g näherungsweise.

Buch Jesaja mit 12 Zerfällen/min

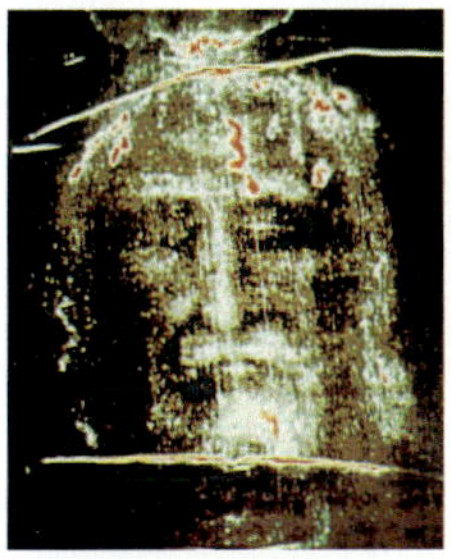

Grabtuch von Turin mit 13,8 Zerfällen/min

Ägyptischer Holzsarg mit 8 Zerfällen/min

Holzkohle aus Stonehenge mit 9,5 Zerfällen/min

Knochen eines Mammuts mit 1,9 Zerfällen/min

9 C-14-Methode

Bei radioaktiven Elementen bezeichnet man die Anzahl der pro Zeiteinheit (z. B. während einer Minute) zerfallenden Atome als Aktivität A (t). Die Aktivität ist proportional zur Masse der noch nicht zerfallenen Atome des radioaktiven Elements.
Es gilt: $A(t) = A(0) \cdot a^t$.
Pflanzliche und tierische Zellen nehmen neben normalem Kohlenstoff auch radioaktives C 14 auf. Bei einem Gramm Kohlenstoff eines lebendigen Organismus zerfallen 15,3 Teilchen pro Minute, d. h. $A(0) = 15{,}3$.
Wenn der Organismus abgestorben ist, hört die Aufnahme von C 14 auf und der C-14-Anteil sinkt mit einer Halbwertszeit von 5730 Jahren.
Aus dem Kohlenstoffgehalt und der Aktivität A (t) der C-14-Reststrahlung kann man das Alter toter organischer Gegenstände bestimmen.

a) Um wie viel Prozent nimmt der C-14-Gehalt in 1000 Jahren ab?
b) Wie alt sind die am Rand abgebildeten Gegenstände mit der angegebenen Strahlung A (t) je Gramm Kohlenstoff?
c) Kann man mit der C-14-Methode das Alter von Funden bestimmen, die 40 000 Jahre und älter sind? Begründe deine Antwort durch Rechnung.

10

Löse folgende Gleichungen.

a) $5 \cdot 2^{4-3x} = 1$ b) $4 \cdot 3^{2x-1} = 5 \cdot 4^{x+2}$
c) $16^x - 6 \cdot 4^x + 8 = 0$ d) $(7^{2x-1})^2 = 36 \cdot 5^{2x}$
e) $5^x = 4 + 2 \cdot 5^{-x}$ f) $3^{4x} = \sqrt[3]{3^2}$

11

Berechne die Halbwertszeit folgender radioaktiver Elemente:

a) Phosphor 32: Jeden Tag zerfallen 4,7 % der vorhandenen Atome.
b) Kobalt 58: Jeden Tag zerfallen 1 % der vorhandenen Atome.
c) Polonium 228: In der Minute zerfallen 20 % der vorhandenen Atome.
d) Plutonium 239: In 1000 Jahren zerfallen 2,8 % der vorhandenen Atome.
e) In welcher Zeit sind jeweils 87,5 % der ursprünglich vorhandenen Atome zerfallen?

12

Die Funktion $f: x \mapsto I_0 \cdot 0{,}63^x$ beschreibt die Abnahme der Intensität von Gammastrahlen nach Durchdringen einer Bleiplatte der Dicke x cm. Wie dick muss eine Bleiplatte sein, damit die Intensität der Strahlung auf 50 % sinkt?

13

Die **Halbwertsdicke** eines Materials ist die Dicke, nach deren Durchdringung die Intensität von Strahlung auf die Hälfte absinkt. Die Halbwertsdicke von Aluminium beträgt 9 cm (von Eisen 2,8 cm, von Wasser 25 cm). Wie dick muss die durchdrungene Schutzschicht jeweils sein, damit die Intensität auf 20 % der ursprünglichen Intensität I_0 absinkt?

14

Forme die Gleichung zunächst so um, dass auf beiden Seiten ein Produkt steht.

a) $2^{x+1} + 5 \cdot 2^x = 3^{2x-1}$
b) $3^{2x+1} - 5^{x+1} = 3^{2x} + 5^x$
c) $2^x + 2^{x+1} + 2^{x+2} = 3^x + 3^{x+1} + 3^{x+2}$

G 15

Rad 1
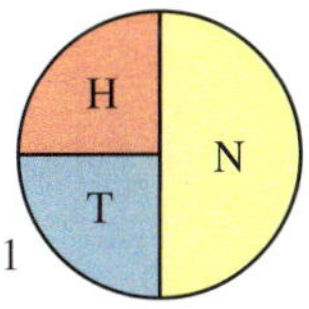

Rad 2
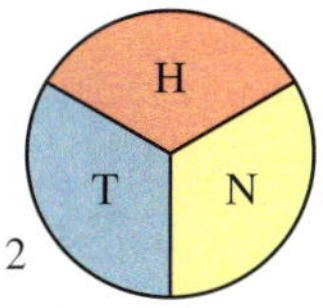

Bei einem Spiel wirft man zunächst eine Münze zweimal. Wenn man zweimal Zahl wirft, dreht man anschließend Glücksrad 1, sonst Glücksrad 2. Die Glücksräder entscheiden über Hauptgewinn (H), Trostpreis (T) oder Niete (N).

a) Mit welcher Wahrscheinlichkeit erhält man einen Hauptgewinn?
b) Die Wahrscheinlichkeit für Niete soll auf 50 % erhöht werden. Verändere dazu nur Glücksrad 2 entsprechend.

G 16

Zeichne zwei Kreise mit den Radien $r = 3\,cm$ so, dass die Kreislinie des einen jeweils durch den Mittelpunkt des anderen geht. Berechne den Inhalt des zu beiden Kreisen gehörenden Flächenstücks. Begründe jeweils deine Schritte.

Thema:

Wachstum mit Grenzen

Exponentielles Wachstum gibt es nur unter idealen Bedingungen. In der Realität gibt es Grenzen, weil der Lebensraum beschränkt ist. Nahrungsmangel oder Umweltbelastungen sind häufige Ursachen.

Beschränktes Wachstum

An einem heißen Sommertag gießt sich Ronnie ein Glas Saft ein. Der Saft war zuvor im Kühlschrank und hat eine Temperatur von 10 °C, die Raumtemperatur beträgt 25 °C.
Der Temperaturunterschied nimmt nach dem Gesetz von Newton exponentiell mit der Zeit ab.
Die Funktion $g: t \mapsto 15 \cdot \left(\frac{2}{3}\right)^t$ beschreibt den Sachverhalt.
Statt des Temperaturunterschiedes kann man auch die Temperatur des Safts selbst betrachten.
Die Funktion $f: t \mapsto 25 - 15 \cdot \left(\frac{2}{3}\right)^t$ beschreibt den Sachverhalt.
Die Temperatur des Safts nähert sich immer mehr der Grenze 25 °C.

Der Graph von f ergibt sich also durch Spiegelung von G_g an der x-Achse und Verschiebung um 25 in y-Richtung.

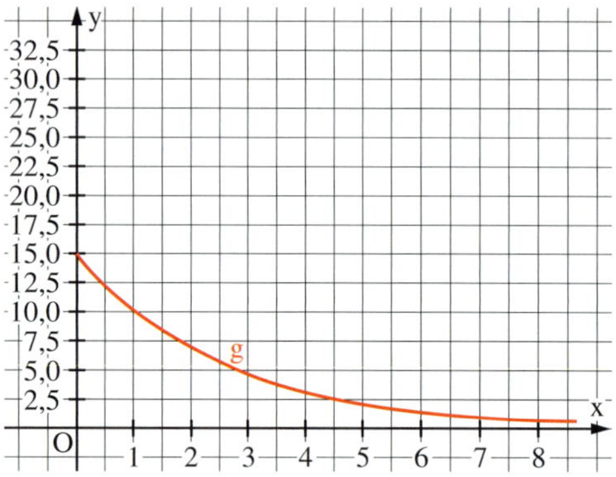

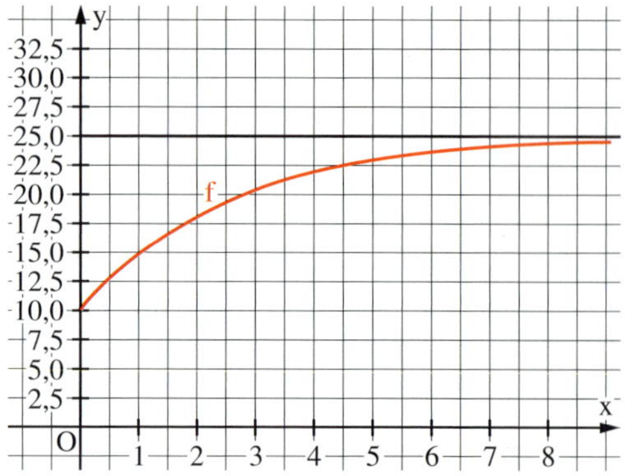

1

Zur Beschreibung des Luftwiderstandes von Autos wird in der Regel der c_w-Wert angegeben.

Fällt ein Körper im luftleeren Raum, so wächst seine Fallgeschwindigkeit linear mit der Fallzeit. Beim Fall im lufterfüllten Raum bremst der Luftwiderstand die Geschwindigkeitszunahme. Der Luftwiderstand hängt von der Querschnittsfläche, dem c_w-Wert und der Geschwindigkeit des fallenden Gegenstandes ab. Die Fallgeschwindigkeit (in $\frac{m}{s}$) in Abhängigkeit von der Fallzeit (in s) wird durch die Funktion $f: t \mapsto S - S \cdot a^t$ beschrieben.

a) Für einen 90 kg schweren Fallschirmspringer mit verpacktem Fallschirm gilt $S = 54$ und $a = 0{,}8$. Zeichne den Graphen von f. Wie groß ist die maximale Fallgeschwindigkeit?

b) Zeichne für andere Fallvorgänge die zur Fallgeschwindigkeit gehörenden Graphen:
i) $a = 0{,}8$; $S = 20$ ii) $a = 0{,}5$; $S = 10$ iii) $a = 0{,}3$; $S = 10$ iv) $a = 0{,}8$; $S = 5$

c) Welche Bedeutung für den Verlauf des Graphen haben die Parameter S und a?

Bei den Teilaufgaben b) c) lohnt sich der Einsatz eines Funktionsplotters.

2

a) Auf einer Insel bricht eine geheimnisvolle Krankheit aus. Zu Beginn der Beobachtung sind 160 Menschen erkrankt. Nach einer Woche werden halb so viele Neuerkrankungen gezählt, in der nächsten Woche wieder halb so viele wie in der Woche zuvor, usw.
Zeichne den Graphen der Funktion
f: *Zahl t der Wochen* ↦ *Anzahl aller Erkrankten*.
Welchem Wert nähern sich die Funktionswerte immer mehr?

b) Gib einen geeigneten Funktionsterm an.

Die Wachstumsgrenze S wird geschätzt.

Die fehlenden Parameter m und a werden durch Messpunkte bestimmt.

Logistisches Wachstum

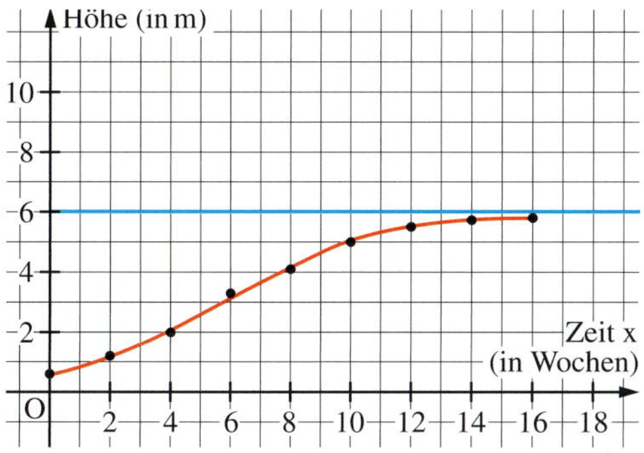

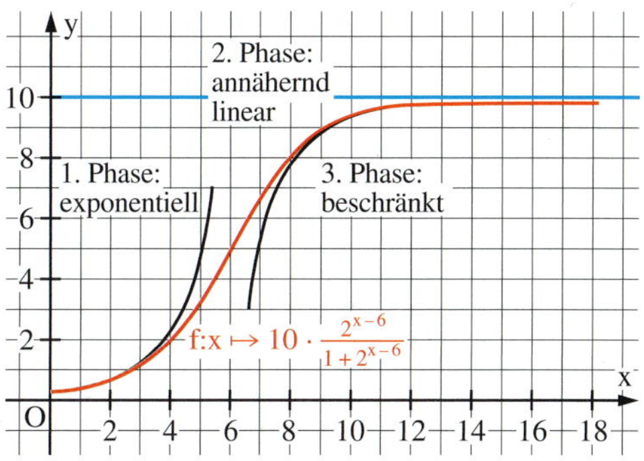

Der linke Graph zeigt das Wachstum der am Rand abgebildeten Hopfenpflanze.
Am Anfang wächst die Hopfenpflanze exponentiell.
Dann geht das Wachstum näherungsweise in ein lineares Wachstum über.
Zum Schluss erfolgt eine exponentielle Annäherung an die Wachstumsgrenze S.
Ein Wachstum mit 3 solchen Phasen nennt man **logistisches Wachstum**.
Die zugehörige Funktion kann durch $x \mapsto S \cdot \frac{a^{x-m}}{1+a^{x-m}}$ beschrieben werden.

Die rechte Abbildung zeigt z. B.: $f\colon x \mapsto 10 \cdot \frac{2^{x-6}}{1+2^{x-6}}$

Um den Funktionsterm f(x) zur Beschreibung des Wachstums der Hopfenpflanze zu bestimmen, schätzt man zunächst den Wert der Wachstumsgrenze. Der Graph liefert $S = 6$.
Ansatz für den Funktionsterm: $f(x) = 6 \cdot \frac{a^{x-m}}{1+a^{x-m}}$

$$f(0) = 0{,}6 \quad \Rightarrow \quad 0{,}6 = 6 \cdot \frac{a^{-m}}{1+a^{-m}} \quad \Rightarrow \quad a^{-m} = \frac{1}{9}$$

Hieraus ergibt sich: $$f(x) = 6 \cdot \frac{\frac{1}{9}a^x}{1+\frac{1}{9}a^x} = 6 \cdot \frac{a^x}{9+a^x}$$

Aus einem beliebigen Wertepaar kann man den noch fehlenden Parameter a berechnen, z. B. $f(2) = 1{,}2 \quad \Rightarrow \quad 1{,}2 = 6 \cdot \frac{a^2}{9+a^2} \quad \Rightarrow \quad a = 1{,}5$

Die Funktion $f\colon x \mapsto 6 \cdot \frac{1{,}5^x}{9+1{,}5^x}$ beschreibt das Wachstum der Hopfenpflanze.

3

In einer einsamen Region mit 10 000 Einwohnern bricht Grippe aus. Anfangs sind 10 Einwohner erkrankt. Die Tabelle gibt die Anzahl der Erkrankten am Ende der n-ten Woche an.

Ende der n-ten Woche	1	2	3	4	5	6	7	8	9	10
Zahl der Erkrankten	30	89	280	750	1960	4220	6860	8680	9520	9830

a) Stelle die Funktion f: *Zahl der Wochen* ↦ *Zahl der Erkrankten* graphisch dar.
b) Modelliere das Wachstum durch eine geeignete Funktion.

4 Überschießendes Wachstum

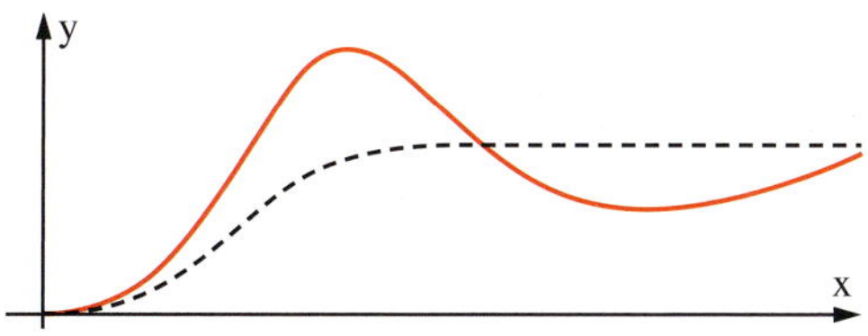

Schießt ein exponentielles Wachstum über die Sättigungsgrenze S hinaus, so ist mit einem Rückgang der Wachstumsgröße zu rechnen. Im günstigen Fall wird sie um die Sättigungsgrenze pendeln. Dies könnte ein Modell für Bevölkerungswachstum sein.

Diskutiert mögliche Ursachen für ein solches überschießende Wachstum.

Projekt:

Bevölkerungswachstum

Das Thema Bevölkerungswachstum wird heute durchaus kontrovers diskutiert.
Das nebenstehende Plakat aus Sri Lanka zeigt, dass man sich dort Gedanken macht, wie man die Probleme der Überbevölkerung lösen kann. Man diskutiert auch darüber, wie viele Menschen unsere Erde verkraften kann.
Hoch entwickelte Industrieländer befürchten dagegen einen Rückgang der Bevölkerungszahl, verbunden mit einer zunehmenden Überalterung der Menschen.

Beim folgend skizzierten Projekt könnt ihr euch ebenfalls mit diesem Thema beschäftigen.

Überlegungen zur Projektarbeit
Diskutiert zunächst in der Klasse, welche Aspekte des Bevölkerungswachstums ihr mit eurem Projekt ansprechen wollt. Die folgende Mindmap gibt Anregungen hierfür.

Bevölkerungswachstum

Entwicklung der Weltbevölkerung

Modellierung von Datenmaterial — Vergleich der Modellierung mit anderen Prognosen

Bevölkerungsentwicklung in verschiedenen Ländern

Sammlung und Aufbereitung von Daten
(Bevölkerungszahl, prozentuale Änderung pro Jahr)
aus verschiedenen Ländern (z.B. Kenia, Indien, Deutschland)

Demografischer Übergang
- Wachstumsfaktor in den einzelnen Phasen des Vierphasenmodells
- Testen des Modells anhand der Daten von Ländern während des Übergangs vom Agrarstaat zum Industrieland

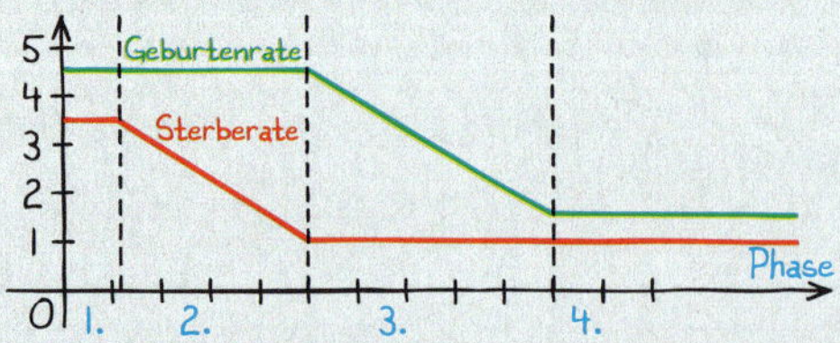

Altersstruktur einer Bevölkerung
- Beschreibung der Altersstruktur anhand der abgebildeten Alterspyramiden
- Alterspyramide von Deutschland

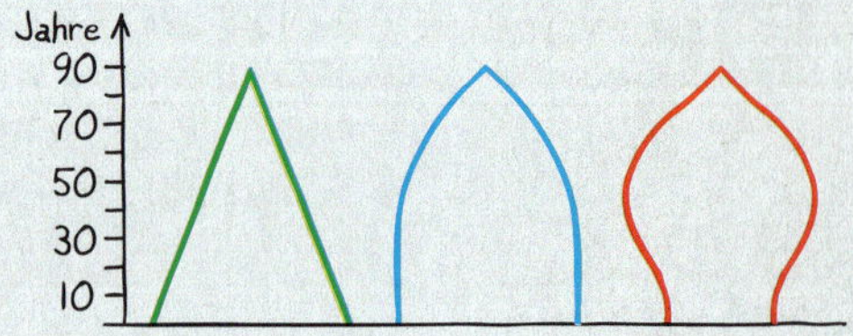

These des englischen Demografen Malthus

Wer war Malthus? Welche These vertrat er? Kritische Bewertung dieses Modells und von Modellen überhaupt.

Adressen als Starthilfe:
Bevölkerungsdaten der UNO
esa.un.org/unpp
Statistisches Bundesamt
www.destatis.de
Population Reference Bureau, Washington
www.prb.org
Informationen zu Malthus
desip.igc.org/malthus

Hinweise zum Erarbeiten der Inhalte

- Erfassen des Themas durch zielgerichtete Fragen und Erstellung eines Zeitplans
- Recherche zum Finden der Antworten auf die Fragen
- Differenziertes Ausarbeiten der Inhalte

Hinweise zum Präsentieren der Ergebnisse

- Wer ist Adressat der Präsentation? Welche Fachkenntnisse kann man erwarten?
- Präsentation nur des Endergebnisses oder zusätzlich Stationen auf dem Weg dorthin?
- Mit welchem Medium lässt sich der Inhalt am besten präsentieren?

Mögliche Präsentation in der Klasse zum Teilthema „Entwicklung der Weltbevölkerung“

Jahr	1700	1750	1800	1850	1900	1950	2000
Weltbevölkerung in Mrd.	0,59	0,71	0,84	1,00	1,54	2,56	6,12

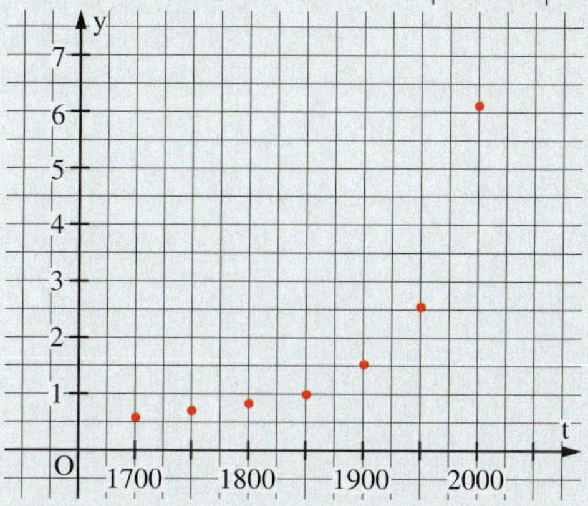

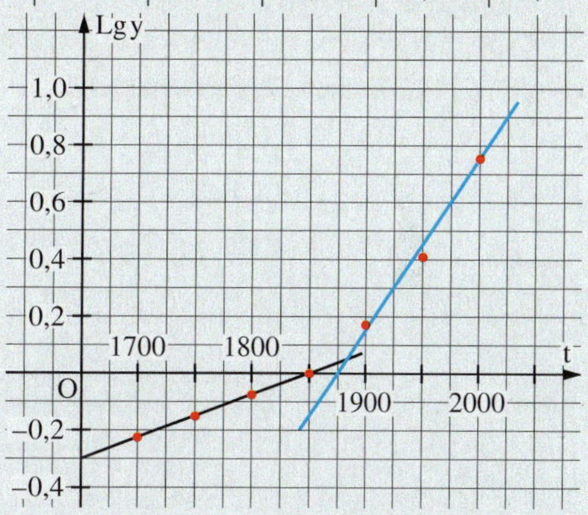

Die Logarithmen der Bevölkerungszahlen zeigen eine deutlich steigende Tendenz. Exponentielles Wachstum über den gesamten Zeitraum scheidet also aus.
Mögliche Wachstumsfunktion für die Zeit von 1700 bis 1850: $f(t) = 5{,}9 \cdot 10^8 \cdot 1{,}0035^t$
Mögliche Wachstumsfunktion für die Zeit von 1900 bis 2000: $g(t) = 1{,}54 \cdot 10^9 \cdot 1{,}014^t$
Im Jahr 2050 werden nach dieser Prognose 12,4 Mrd. Menschen auf der Erde leben, d. h., die Bevölkerungszahl verdoppelt sich alle 50 Jahre.

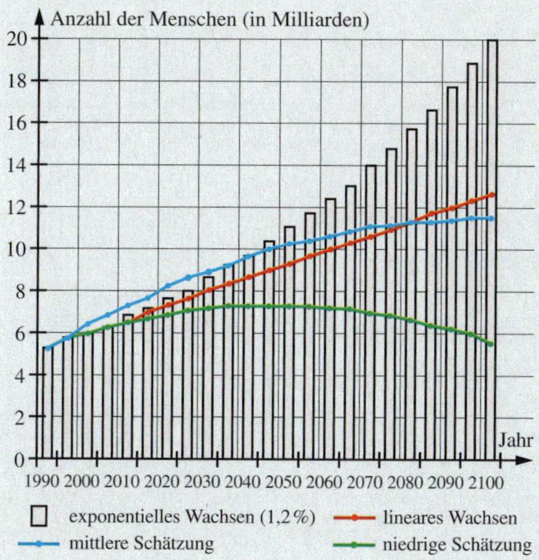

Durch Änderungen in den religiösen Vorstellungen und der Werteordnung der Gesellschaft, in der Energie- und Nahrungsmittelversorgung oder übertragbare Krankheiten, wie z. B. Aids, kann ein bisher gültiges Modell unbrauchbar werden. Die nebenstehende Grafik zeigt neben der Prognose mit einer exponentiellen Wachstumsfunktion auch anders begründete Prognosen.
Die mittlere Schätzung rechnet mit einer Beschränkung des Wachstums auf 12 Mrd.
Die niedrige Schätzung rechnet nach einem Maximum von ca. 7,5 Mrd. im Jahr 2050 sogar mit einem Rückgang der Weltbevölkerung.

Rückblick

Lineares Wachstum
Ein Wachstum mit konstantem Zuwachs
$d = f(t) - f(t-1)$ in gleichen (Zeit-)Schritten
heißt lineares Wachstum.
d bezeichnet die **absolute Änderung** pro (Zeit-)Schritt.

Es gilt: $f(t) = f(t-1) + d$ (schrittweise Berechnung)
$f(t) = f(0) + t \cdot d$ (direkte Berechnung)

Lineares Wachstum mit der absoluten Änderung $d = 4$ und $f(0) = 3$:

t	*0*	*1*	*2*	*3*
f(t)	*3*	*7*	*11*	*15*

$f(t) = f(t-1) + 4$
$f(t) = 3 + 4t$

Exponentielles Wachstum
Ein Wachstum mit konstantem Wachstumsfaktor
$a = \frac{g(t)}{g(t-1)}$ in gleichen (Zeit-)Schritten
heißt exponentielles Wachstum.
$a - 1 = \frac{g(t) - g(t-1)}{g(t-1)}$ bezeichnet die **relative (prozentuale) Änderung** pro (Zeit-)Schritt.

Es gilt: $g(t) = g(t-1) \cdot a$ (schrittweise Berechnung)
$g(t) = g(0) \cdot a^t$ (direkte Berechnung)

Exponentielles Wachstum mit dem Wachstumsfaktor $a = 1,5$ und $f(0) = 4$:

t	*0*	*1*	*2*	*3*
f(t)	*4*	*6*	*9*	*13,5*

$f(t) = f(t-1) \cdot 1,5$
$f(t) = 4 \cdot 1,5^t$

Halbwertszeit T_H oder $T_{\frac{1}{2}}$ (Verdopplungszeit T_D)
nennt man die Zeit, in der sich der Funktionswert jeweils halbiert (verdoppelt).

Exponentialfunktionen
Funktionen der Form $x \mapsto b \cdot a^x$ mit $a > 0$ und $a \neq 1$ nennt man Exponentialfunktionen.
Für $a > 1$ ist der Graph der Funktion steigend.
Für $0 < a < 1$ ist der Graph der Funktion fallend.
Die Funktionswerte sind stets positiv.
Der Graph geht durch den Punkt $(0|b)$.
Die x-Achse ist Asymptote.
Der Graph von $x \mapsto \left(\frac{1}{a}\right)^x$ geht aus dem Graphen von $x \mapsto a^x$ durch Spiegelung an der y-Achse hervor.

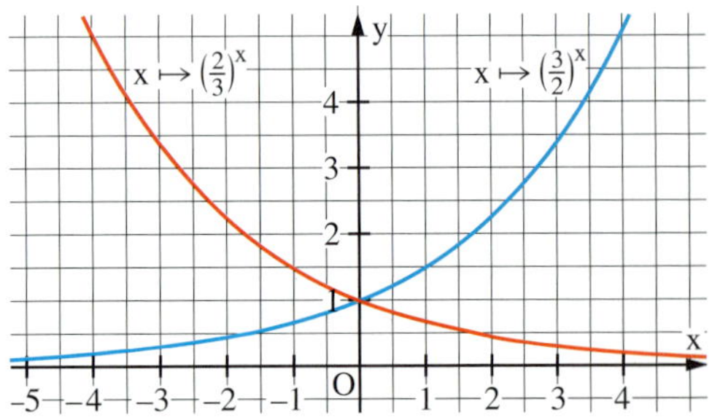

Logarithmen
Die eindeutige Lösung der Exponentialgleichung $a^x = b$ (für $a > 0$, $a \neq 1$, $b > 0$) bezeichnet man als Logarithmus von b zur Basis a und schreibt: $x = \log_a b$:
Potenziert man a mit der Hochzahl $\log_a b$, so erhält man b:
$b = a^{\log_a b}$

$\log_3 243 = 5$,

denn $3^5 = 243$

Gesetze für das Rechnen mit Logarithmen
(1) $\log_a (u \cdot v) = \log_a u + \log_a v$
(2) $\log_a (u : v) = \log_a u - \log_a v$
(3) $\log_a u^x = x \cdot \log_a u$

Umrechnungsformel: $\log_a u = \frac{\lg u}{\lg a}$

$\lg(5x) = \lg 5 + \lg x$
$\lg(5:x) = \lg 5 - \lg x$
$\lg 2^{1000} = 1000 \cdot \lg 2$
$\log_2 5 = \frac{\lg 5}{\lg 2}$

Aufgaben zum Üben und Wiederholen

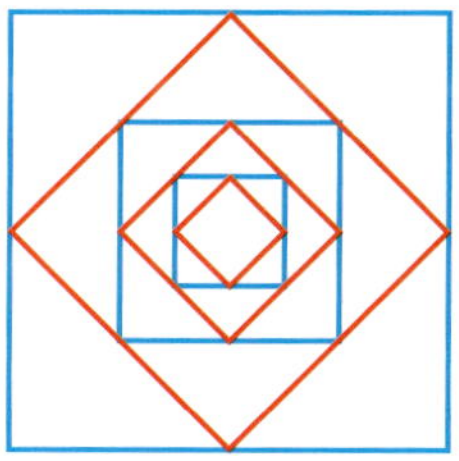

Die Lösungen zu den Aufgaben dieser Seite findest du auf den Seiten 166 und 167.

1
Trage die zu den Wertepaaren aus den folgenden Tabellen gehörenden Punkte in ein Koordinatensystem ein. Um welches Wachstum kann es sich dabei jeweils handeln? Begründe die Antwort. Bestimme jeweils den Funktionsterm.

t	1	3	5	8
f(t)	18,6	15,8	13,0	8,8

t	2	3	4	6
g(t)	3,38	4,394	5,7122	9,653618

2
Zeichne die Graphen der Funktionen $f\colon x \mapsto \left(\frac{4}{3}\right)^x$ und $g\colon x \mapsto 0{,}75^x$ in ein Koordinatensystem.

a) Welcher Graph ist steigend, welcher fallend? Begründe die Antwort anhand der Funktionsterme.

b) Zeige, dass $g(x) = f(-x)$ gilt. Wie geht G_g aus G_f hervor?

3
Verbindet man die Seitenmitten eines Quadrats, so erhält man wieder ein Quadrat. Setzt man dieses Verfahren fort, so erhält man wie in der Figur am Rand eine Folge von Quadraten. Gib die Wachstumsfunktion für den Umfang der einbeschriebenen Quadrate an. Beim wievielten Quadrat ist der Umfang höchstens $\frac{1}{1000}$ des Umfangs des Ausgangsquadrats?

4
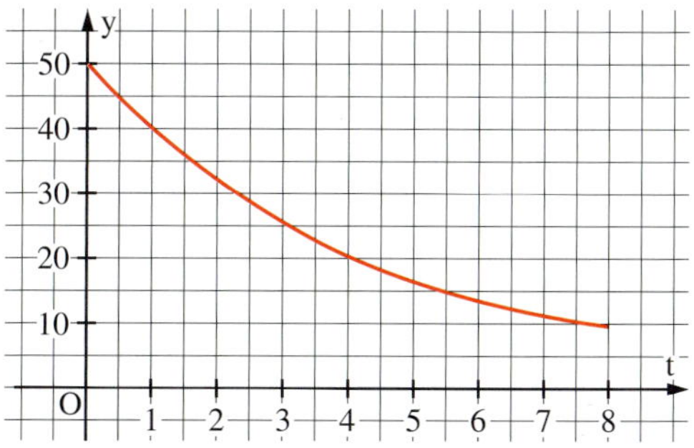

Das Bild zeigt den Graphen einer Exponentialfunktion $t \mapsto b \cdot a^t$. Bestimme a und b. Lies am Graphen die Halbwertszeit ab und bestätige diesen Wert durch Rechnung.

5
Bestimme die Exponentialfunktion $x \mapsto b \cdot a^x$, deren Graph durch folgende Punkte geht.

a) $P(0|6)$ und $Q(1|2)$

b) $P(-2|5)$ und $Q(2|20)$

6
Löse die Exponentialgleichungen ohne Taschenrechner.

a) $2^x = 512$ b) $2^x = 0{,}125$

c) $0{,}5^x = 64$ d) $5^x = 0{,}0016$

7
Löse die Exponentialgleichungen. Runde die Lösung auf zwei Nachkommastellen genau.

a) $5^x = 150$ b) $0{,}2^x = 4$ c) $0{,}5^x = 0{,}8$

8
Die größte bis 2008 bekannte Primzahl lautet $2^{32\,582\,657} - 1$.
Gib einen Näherungswert mit zwei geltenden Ziffern an.

9
Schreibe als Summe oder Produkt von „einfachen“ Logarithmen.

a) $\log_a(a^2 b c^3)$ b) $\log_a \sqrt[3]{x^2 y^5}$

10
Fasse zu einem Logarithmus zusammen und vereinfache so weit wie möglich.

a) $3 \cdot \lg x + \lg x^2 - \lg(4x^4)$

b) $2 \cdot \log_a x - 0{,}5 \cdot \log_a(2x) + 3$

c) $\lg(9a^2 - 16b^6) - \lg(3a - 4b^3)$

11
Löse folgende Gleichungen.

a) $4^x = 0{,}125$ b) $0{,}5^{x-5} = 15$

c) $3 \cdot \lg x = \lg 56 - \lg 7$ d) $7^{3x+2} = 10^x$

e) $5^{2x} - 20 \cdot 5^x = 125$ f) $4^x + 4^{2-x} = 17$

12
a) Unter normalen Bedingungen vermehren sich Cholera-Bakterien so stark, dass sich ihre Anzahl stündlich verachtfacht. Bestimme ihre Verdopplungszeit.

b) Anfangs waren es 100 Bakterien. Wann werden es unter normalen Bedingungen ungefähr 1 Milliarde Bakterien sein?

IV Vierfeldertafel und bedingte Wahrscheinlichkeit

1 Ereignisse und Vierfeldertafel

Ergebnis der Umfrage zur Computernutzung in der Klasse 10C

	Weiblich	Männlich	
Mindestens eine Stunde pro Tag	2		10
Weniger als eine Stunde pro Tag			
	16		30

1
In eine Tabelle an der Tafel sind bereits einige Ergebnisse eingetragen.
a) Wie viele Schülerinnen und Schüler sind in der Klasse 10C?
b) Welche Bedeutung hat die eingetragene 2?
c) Fülle die Tabelle ganz aus und erläutere jeweils die Bedeutung der eingetragenen Zahl.

Erinnerung:
Die Ergebnismenge wird meist mit Ω und ihre Elemente werden mit ω bezeichnet.
Ein Ereignis E ist eine Teilmenge von Ω.

Werden zwei Ereignisse eines Zufallsexperiments betrachtet, so sind für deren gemeinsame Darstellung die Schnitt- und Vereinigungsmenge hilfreich.

$A \cap B$:
lies „A geschnitten B"

Sind zwei Mengen A und B gegeben, so enthält die **Schnittmenge** $A \cap B$ die Elemente, die zur Menge A **und** zugleich zur Menge B gehören. Ist beispielsweise
A = {Laura; Lisa; Nick; Tim} und
B = {Laura; Nele; Tim}
so ist: $A \cap B$ = {Laura; Tim}

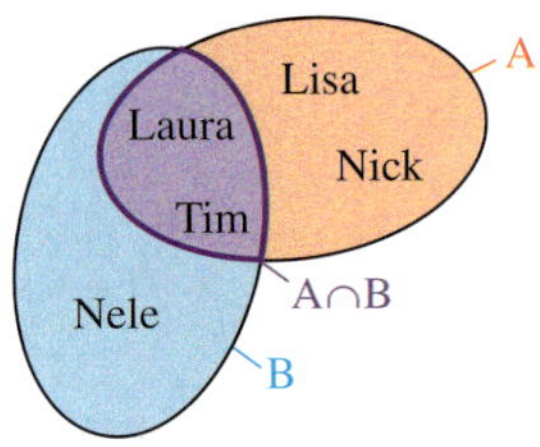

$A \cup B$:
lies „A vereinigt B"

Sind zwei Mengen A und B gegeben, so enthält die **Vereinigungsmenge** $A \cup B$ die Elemente, die zur Menge A **oder** zur Menge B gehören. Ist beispielsweise
A = {Laura; Lisa; Nick; Tim} und
B = {Laura; Nele; Tim} so ist:
$A \cup B$ = {Laura; Lisa; Nele; Nick; Tim}.

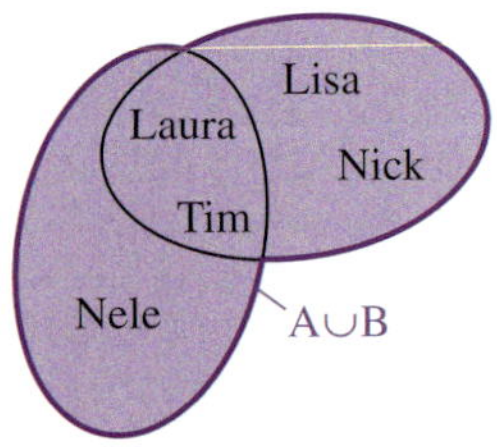

Bemerkung
Ein Element der Schnittmenge $A \cap B$ liegt auch in der Vereinigungsmenge $A \cup B$. Die Schnittmenge ist also eine Teilmenge der Vereinigungsmenge. Die Formulierung „in A oder in B" wird in der Mathematik **nicht** im Sinn von „entweder in A oder in B" verstanden, sondern beinhaltet auch den Fall „in A und in B".

Im Folgenden wird die vorteilhafte Verwendung von Schnitt- und Vereinigungsmenge aufgezeigt.

Erinnerung:
Mit $\overline{R}$ bezeichnet man die Elemente von Ω die nicht in R enthalten sind.

Also: $\overline{R} = \Omega \setminus R$

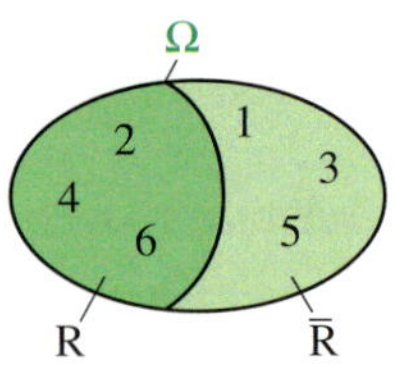

In einer Klasse sind 30 Schüler, von denen 16 Vereinssportler sind. Von den Vereinssportlern kommen 75 % mit dem Fahrrad zur Schule. Nur 6 Schüler der Klasse sind in keinem Sportverein und kommen auch nicht mit dem Fahrrad in die Schule.

Die Menge Ω enthält alle Schüler der Klasse. Wir betrachten die Teilmengen R der Radfahrer und V der Vereinssportler, da die Schüler hinsichtlich dieser beiden Merkmale unterschieden werden. Jeder Schüler gehört dann zu genau einer der vier Schnittmengen der nebenstehenden Darstellung. Man spricht von einer **Zerlegung** der Menge Ω.

$R \cap V$	$R \cap \overline{V}$
$\overline{R} \cap V$	$\overline{R} \cap \overline{V}$

— Ω

Meist schreibt man kurz:

	V	$\overline{V}$	
R	12	8	20
$\overline{R}$	4	6	10
	16	14	30

Trägt man in die aus der Zerlegung resultierende Vierfeldertafel jeweils die zugehörigen Anzahlen ein, so können die fehlenden Anzahlen meist unmittelbar bestimmt werden. Die in der Tabelle rot markierten Anzahlen waren gegeben:

	V	$\overline{V}$	
R	$\lvert R\cap V\rvert = 12$	$\lvert R\cap \overline{V}\rvert = 8$	$\lvert R\rvert = 20$
$\overline{R}$	$\lvert \overline{R}\cap V\rvert = 4$	$\lvert \overline{R}\cap \overline{V}\rvert = 6$	$\lvert \overline{R}\rvert = 10$
	$\lvert V\rvert = 16$	$\lvert \overline{V}\rvert = 14$	$\lvert \Omega\rvert = 30$

$|\Omega| = 30$; $|V| = 16$; $|R \cap V| = 0{,}75 \cdot 16 = 12$ und $|\overline{R} \cap \overline{V}| = 6$.
Die anderen Anzahlen können durch zeilen- bzw. spaltenweise Subtraktion oder Addition erschlossen werden. Dann kann z. B. die Anzahl der Radfahrer aus der Vierfeldertafel unmittelbar abgelesen werden: $|R| = 20$.
Fragt man nach der Wahrscheinlichkeit, dass ein zufällig ausgewählter Schüler Radfahrer ist, so interpretiert man R und V als Ereignisse und bildet den entsprechenden Quotienten.
$P(R) = \frac{|R|}{|\Omega|} = \frac{20}{30} = \frac{2}{3}$

Zwei Ereignisse A und B ermöglichen eine Zerlegung der Ergebnismenge Ω eines Zufallsexperiments in vier Teilmengen: $A \cap B$, $\overline{A} \cap B$, $A \cap \overline{B}$ und $\overline{A} \cap \overline{B}$.
Jedes Ergebnis ω gehört dabei genau einer Teilmenge an.
Die zugehörigen Anzahlen von Elementen können in eine Vierfeldertafel eingetragen werden.
Die Anzahl der Elemente von A, $\overline{A}$, B, $\overline{B}$, treten als Spaltensummen bzw. Zeilensummen auf.

	B	$\overline{B}$	
A	$\lvert A\cap B\rvert$	$\lvert A\cap \overline{B}\rvert$	$\lvert A\rvert$
$\overline{A}$	$\lvert \overline{A}\cap B\rvert$	$\lvert \overline{A}\cap \overline{B}\rvert$	$\lvert \overline{A}\rvert$
	$\lvert B\rvert$	$\lvert \overline{B}\rvert$	$\lvert \Omega\rvert$

Bemerkung

Liegt $\omega \in \Omega$ weder in A noch in B, so liegt ω in $\overline{A} \cap \overline{B}$.

In der nebenstehenden Zerlegung von Ω ist die Vereinigungsmenge $A \cup B$ farblich hervorgehoben. Sie setzt sich aus den Teilmengen $A \cap B$, $\overline{A} \cap B$ und $A \cap \overline{B}$ zusammen.

	B	$\overline{B}$
A	$A\cap B$	$A\cap \overline{B}$
$\overline{A}$	$\overline{A}\cap B$	$\overline{A}\cap \overline{B}$

Ω

Beispiel 1

H: Mag Hamburger
$\overline{H}$: Mag Hamburger nicht
G: Mag Gemüse
$\overline{G}$: Mag Gemüse nicht

	H	$\overline{H}$	
G	4		12
$\overline{G}$		6	
	18		

Eine Umfrage über Vorlieben bei Speisen unter den Schülerinnen und Schülern der Klasse 10 A ergab die unvollständige Vierfeldertafel auf dem Rand.

a) Übertrage die Vierfeldertafel ins Heft und vervollständige sie.
b) Beschreibe mit Worten, welche Bedeutung die Zahl 12 bzw. 4 in der Vierfeldertafel hat.
c) Gib $|G \cap \overline{H}|$ an.
d) Bestimme $|G \cup H|$.
e) Wie viele Schülerinnen und Schüler der 10 A mögen weder Hamburger noch Gemüse?
f) Wie viele Schülerinnen und Schüler der 10 A mögen keine Hamburger oder kein Gemüse?
g) Welcher Anteil der Schüler mag Gemüse nicht gerne?

Lösung:

a)

	H	$\overline{H}$	
G	4	8	12
$\overline{G}$	14	6	20
	18	14	32

b) Insgesamt 12 Schülerinnen und Schüler der Klasse 10 A essen gern Gemüse.
4 Schülerinnen und Schüler der Klasse 10 A essen gern Gemüse und Hamburger.

c) $|G \cap \overline{H}| = 8$

d) $|G \cup H| = 4 + 8 + 14 = 26$
alternative Lösung:
$|G \cup H| = |\Omega| - |\overline{G} \cap \overline{H}| = 32 - 6 = 26$

e) $|\overline{G} \cap \overline{H}| = 6$

f) $|\overline{G} \cup \overline{H}| = 8 + 14 + 6 = 28$

g) $\frac{|\overline{G}|}{|\Omega|} = \frac{20}{32} = \frac{5}{8}$

Aufgaben

Projektvorschlag:
Untersucht von allen Schülern eurer Klasse die Fahrräder auf funktionierende Beleuchtung. Unterscheidet dabei, ob es sich um ein Mountainbike handelt oder nicht.

2
Auf dem Fahrradabstellplatz einer Schule stehen 240 Räder, von denen 150 Mountainbikes sind. Jedes fünfte Mountainbike hat keinen Rückstrahler. 75 % aller abgestellten Fahrräder haben einen Rückstrahler.
a) Stelle den geschilderten Sachverhalt mit Hilfe einer vollständig ausgefüllten Vierfeldertafel dar.
b) Welcher Anteil an Fahrrädern ist ohne Rückstrahler und kein Mountainbike?

3
In einer Urne sind Kugeln, die entweder rot oder blau sind. Das Verhältnis von roten zu blauen Kugeln beträgt 2 : 3. Auf 50 Kugeln steht außerdem eine Zahl, dies ist ein Drittel aller Kugeln. Auf 60 blauen Kugeln steht keine Zahl.
a) Erstelle eine Vierfeldertafel mit absoluten Häufigkeiten, die den Urneninhalt wiedergibt.
b) Wie viele Kugeln sind rot oder tragen eine Zahl?
e) Wie viele Kugeln sind rot und tragen eine Zahl?
d) Welcher Anteil an Kugeln trägt eine Zahl und ist rot?

4
Von 90 Abiturienten haben 50 Latein und 60 Spanisch gelernt. Jeder Abiturient hat mindestens eine der beiden Sprachen gelernt.
a) Erstelle eine Vierfeldertafel, die die beschriebene Situation darstellt.
b) Wie groß ist der Anteil der Abiturienten, die Latein und Spanisch gelernt haben?

P: Physik
F: weitere Fremdsprache

	F	$\overline{F}$	
P			
$\overline{P}$			

5
In die Vierfeldertafel sollen einige Ergebnisse der Kurswahlen für die Oberstufe an eurer Schule eingetragen werden.
a) Wie viele Daten müssen ermittelt werden, um alle Felder ausfüllen zu können?
b) Welcher Anteil an Schülern hat Physik oder eine weitere Fremdsprache belegt?
c) Welcher Anteil an Schülern hat weder eine weitere Fremdsprache noch Physik belegt?

6
Erstelle eine Aufgabe, die mit einer Vierfeldertafel gelöst werden kann. Gib sie einem Mitschüler und bearbeite dessen Aufgabe. Besprecht anschließend eure jeweiligen Lösungswege.

7
Bei der Kontrolle von Tischtennisbällen wird einerseits auf die Formgebung und andererseits auf die Masse geachtet. Von 500 überprüften Bällen wurden 80 beanstandet. Die Masse wich in 60 Fällen ab, die Form in 6 % der Fälle.
a) Wie viele Bälle wiesen beide Fehler auf?
b) Welcher Prozentsatz an Bällen wich in nur einem der untersuchten Kriterien ab?

8
Eine Tagungsstätte hat 50 Einzelzimmer. Diese sind vollständig belegt, davon 36 % mit Frauen. Von den übernachtenden Männern schnarchen drei Viertel. Insgesamt schnarcht die Hälfte der anwesenden Gäste. Begründe, dass nur eine einzige Frau schnarcht.

9
Die Befragung der 250 Oberstufenschüler eines Gymnasiums zum Thema Rauchen ergab folgendes Bild:

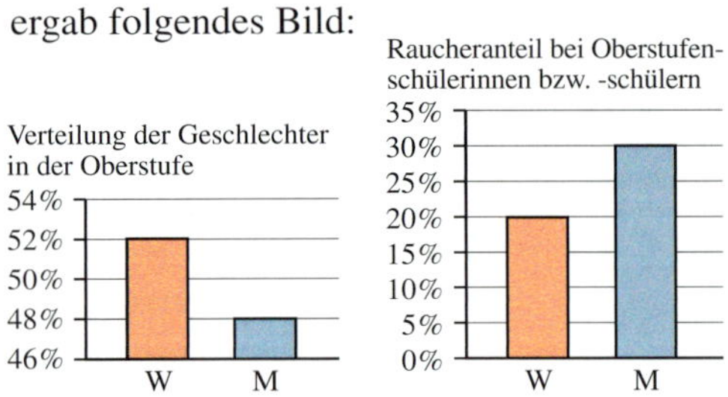

a) Stelle das Ergebnis mit einer Vierfeldertafel dar.
b) Wie viele Nichtraucher wurden befragt?
c) Wie viele Personen sind weiblich und rauchen?
d) Wie viele Personen sind männlich oder Raucher?

G 10
Vereinfache und mache den Nenner rational.
a) $\frac{12}{\sqrt{72}}$ b) $\frac{6k}{\sqrt[3]{96}}$ c) $\frac{\sqrt{4}\,x^2}{\sqrt[3]{2x}}$ d) $\frac{3\sqrt{c}+5\sqrt{d}}{5\sqrt{d}-3\sqrt{c}}$

2 Vierfeldertafel und Baumdiagramm

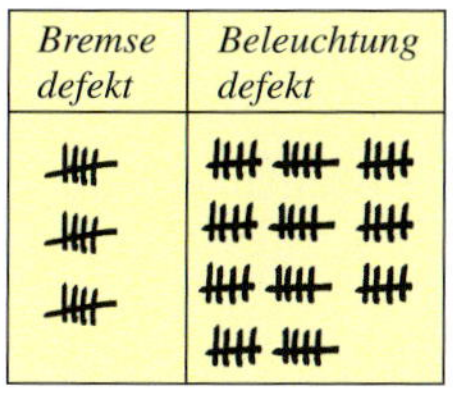

1

An einer Schule wurden 100 Fahrräder kontrolliert. Mehrfach wurden Bremsen oder Beleuchtung beanstandet. Bei 7 Fahrrädern musste beides beanstandet werden. Mit welcher Wahrscheinlichkeit werden bei einem Fahrrad weder Bremsen noch Beleuchtung beanstandet?

Kurzschreibweisen:
Ereignis I: Schüler spielt ein Instrument
Ereignis F: Schüler ist Fußballfan

Wenn Objekte mit zwei Merkmalen vorliegen, wie zum Beispiel die 90 Schüler der zehnten Jahrgangsstufe (Objekte), von denen 35 ein Instrument spielen (1. Merkmal), 50 an Fußball interessiert sind (2. Merkmal) und 25 weder an Fußball noch am Instrumentenspielen Interesse zeigen, kann man durch jedes Merkmal ein Ereignis festlegen und die Situation in einer Vierfeldertafel darstellen.

Vierfeldertafel mit Anzahlen:
Die gegebenen Anzahlen sind rot gekennzeichnet.

	F	$\overline{F}$	
I	$\lvert I \cap F \rvert = 20$	$\lvert I \cap \overline{F} \rvert = 15$	$\lvert I \rvert = 35$
$\overline{I}$	$\lvert \overline{I} \cap F \rvert = 30$	$\lvert \overline{I} \cap \overline{F} \rvert = 25$	$\lvert \overline{I} \rvert = 55$
	$\lvert F \rvert = 50$	$\lvert \overline{F} \rvert = 40$	$\lvert \Omega \rvert = 90$

Möchte man z. B. die Wahrscheinlichkeit bestimmen, dass ein zufällig ausgewählter Schüler ein Instrument spielt und Fußballfan ist, so muss nur noch der Wert des Quotienten $\frac{|I \cap F|}{|\Omega|} = \frac{20}{90}$ bestimmt werden.
Analog können weitere Wahrscheinlichkeiten in der Vierfeldertafel ermittelt werden.

Vierfeldertafel mit Wahrscheinlichkeiten:

	F	$\overline{F}$	
I	$P(I \cap F) = \frac{20}{90}$	$P(I \cap \overline{F}) = \frac{15}{90}$	$P(I) = \frac{35}{90}$
$\overline{I}$	$P(\overline{I} \cap F) = \frac{30}{90}$	$P(\overline{I} \cap \overline{F}) = \frac{25}{90}$	$P(\overline{I}) = \frac{55}{90}$
	$P(F) = \frac{50}{90}$	$P(\overline{F}) = \frac{40}{90}$	1

Erinnerung:
Für Laplace-Experimente gilt: $P(A) = \frac{|A|}{|\Omega|}$

Mit den Daten einer Vierfeldertafel kann man auch ein Baumdiagramm erstellen. Dazu muss das einstufige Zufallsexperiment „Zufälliges Auswählen eines Schülers aus Jahrgangsstufe 10" als zweistufiges betrachtet werden:
In der ersten Stufe wird z. B. nur auf das Merkmal Instrumentalist geachtet und in der zweiten auf das Merkmal Fußballfan.
Im Baumdiagramm rechts unten bedeutet beispielsweise der Pfad „– I – F", dass das Ereignis $I \cap F$ eingetreten ist; d. h., der Schüler spielt ein Instrument und ist Fußballfan.

Alternativ könnte man auch das Merkmal Fußballfan zuerst beachten. So ist das untere Baumdiagramm im Kasten aufgebaut.

Vierfeldertafel und zugehörige Baumdiagramme

	F	$\overline{F}$	
I	$\frac{20}{90}$	$\frac{15}{90}$	$\frac{35}{90}$
$\overline{I}$	$\frac{30}{90}$	$\frac{25}{90}$	$\frac{55}{90}$
	$\frac{50}{90}$	$\frac{40}{90}$	$\frac{90}{90}$

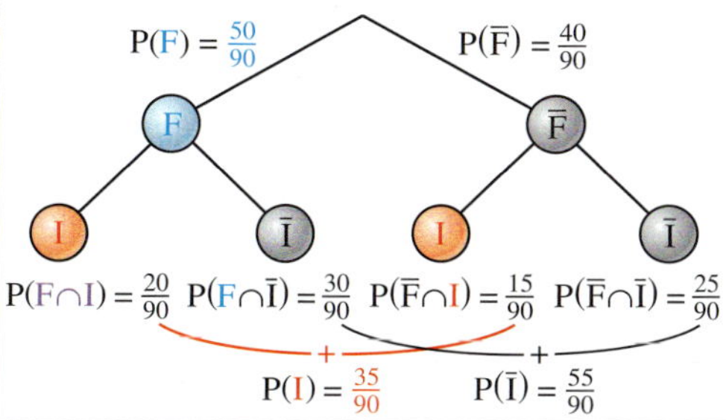

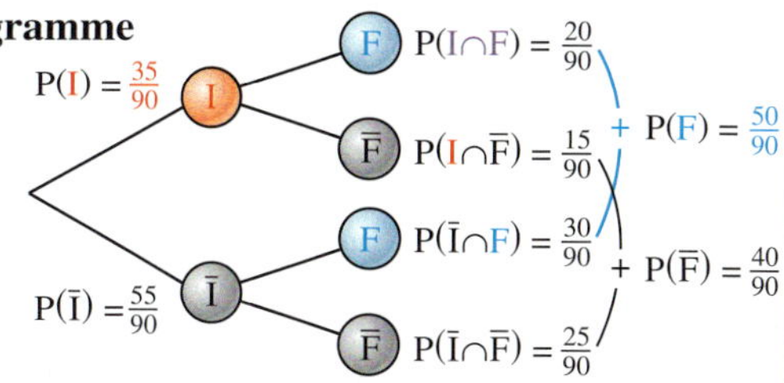

Im Baumdiagramm erscheinen je nach Wahl der ersten Stufe unterschiedliche Informationen der gegebenen Vierfeldertafel.

Zu jeder Vierfeldertafel gehören zwei unterschiedliche zweistufige Baumdiagramme. Umgekehrt gibt es zu jedem zweistufigen Baum, der aus zwei Zerlegungen A und $\overline{A}$ bzw. B und $\overline{B}$ resultiert, eine Vierfeldertafel.

Erst die Anzahlen, dann die Wahrscheinlichkeiten

Bemerkung
Bei der Bestimmung von Wahrscheinlichkeiten mit Hilfe einer Vierfeldertafel ist es oft leichter, im ersten Schritt eine Vierfeldertafel mit gegebenen oder passend gewählten Anzahlen und im zweiten Schritt eine Vierfeldertafel mit den entsprechenden Wahrscheinlichkeiten zu erstellen.

Beispiel 1
Beim Lotto werden 6 Zahlen aus 49 gezogen.
a) Mit welcher Wahrscheinlichkeit ist eine beliebig ausgewählte Lottozahl gerade, mit welcher Wahrscheinlichkeit ist sie durch 7 teilbar?
b) Mit welcher Wahrscheinlichkeit ist die gezogene Zahl weder durch 2 noch durch 7 teilbar? Fülle hierzu passende Vierfeldertafeln mit Anzahlen bzw. Wahrscheinlichkeiten aus.
Lösung:
a) Ereignis G: „Zahl ist gerade“; Ereignis S: „Zahl ist durch 7 teilbar“
$P(G) = \frac{24}{49}$ $P(S) = \frac{7}{49} = \frac{1}{7}$
b) Vierfeldertafel mit Anzahlen

	G	$\overline{G}$	
S	3	4	7
$\overline{S}$	21	21	42
	24	25	49

Vierfeldertafel mit Wahrscheinlichkeiten

	G	$\overline{G}$	
S	$\frac{3}{49}$	$\frac{4}{49}$	$\frac{1}{7}$
$\overline{S}$	$\frac{3}{7}$	$\frac{3}{7}$	$\frac{6}{7}$
	$\frac{24}{49}$	$\frac{25}{49}$	1

Mit der Wahrscheinlichkeit $\frac{3}{7}$ ist die gezogene Zahl weder durch 2 noch durch 7 teilbar.

Beispiel 2
In einer Klasse wurden 6 Schüler an einem Sonntag geboren. 18 Schüler wurden von Januar bis Juni geboren, 2 davon sind Sonntagskinder. 10 Schüler, die keine Sonntagskinder sind, kamen in der 2. Jahreshälfte auf die Welt.
a) Stelle die Situation mit einer Vierfeldertafel und den beiden zugehörigen Baumdiagrammen dar.
b) Gib die Wahrscheinlichkeit an, dass ein zufällig ausgewählter Schüler Sonntagskind ist und in der 2. Jahreshälfte geboren wurde.
c) Gib die Wahrscheinlichkeit an, dass ein zufällig ausgewählter Schüler an einem Werktag geboren wurde.
Lösung:
Ereignis S: „zufällig ausgewählter Schüler ist Sonntagskind“
Ereignis 1H: „zufällig ausgewählter Schüler ist im 1. Halbjahr geboren“
a) Vierfeldertafel

	1H	$\overline{1H}$	
S	2	4	6
$\overline{S}$	16	10	26
	18	14	32

1. Baumdiagramm

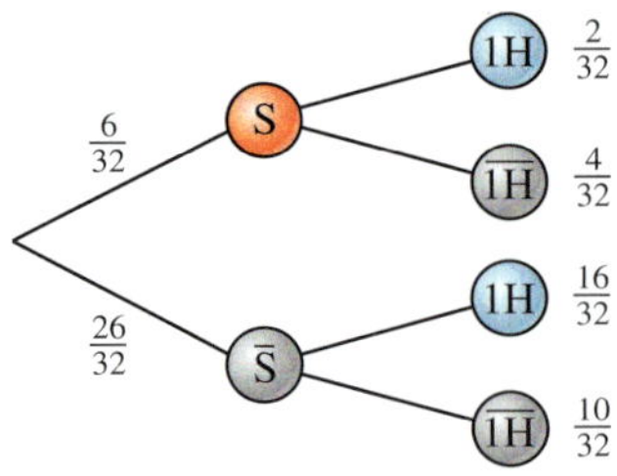

2. Baumdiagramm

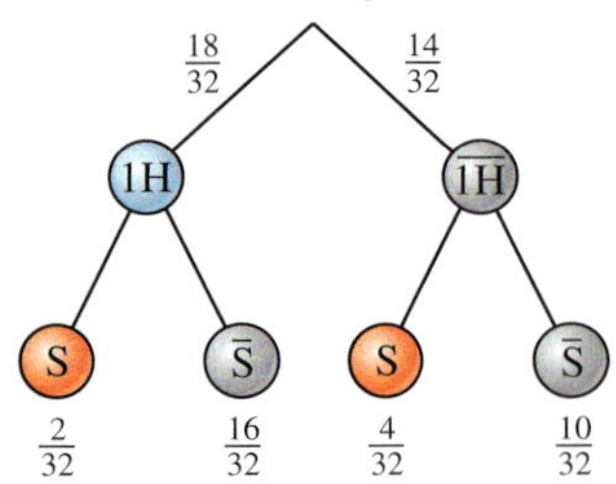

b) $P(S \cap \overline{1H}) = \frac{4}{32} = \frac{1}{8}$
c) $P(\overline{S}) = \frac{26}{32} = \frac{13}{16}$

Aufgaben

2
In einem Eimer sind ausschließlich 1-Stern- oder 2-Sterntischtennisbälle von den Herstellern A und B. Von A kommen 35 der insgesamt 50 1-Sternbälle. Von B stammen 40 der insgesamt 100 Bälle.

a) Stelle eine die Situation beschreibende Vierfeldertafel auf.
b) Mit welcher Wahrscheinlichkeit ist ein zufällig herausgegriffener Ball
   i) von Hersteller A?
   ii) von Hersteller A und 2-Sternball?
   iii) von Hersteller A oder 1-Sternball?
   iv) von Hersteller B und 2-Sternball?

3
In einem aus 90 Personen bestehenden Lehrerkollegium brauchen 40 eine Lesebrille. Von den 50 Männern benötigt die Hälfte eine Brille zum Lesen.

a) Stelle eine Vierfeldertafel auf, die die gegebene Situation beschreibt.
b) Mit welcher Wahrscheinlichkeit ist eine zufällig ausgewählte Lehrkraft
   i) weiblich?
   ii) weiblich und benötigt keine Lesebrille?
   iii) weiblich oder benötigt keine Lesebrille?

4
Von zwei Ereignissen R und T eines Zufallsexperiments ist bekannt: $P(R) = 0{,}4$; $P(T \cap \overline{R}) = 0{,}55$ und $P(\overline{T} \cap R) = 0{,}25$.

a) Erstelle eine passende Vierfeldertafel.
b) Gib die Wahrscheinlichkeit $P(R \cap T)$ an.
c) Zeichne ein Baumdiagramm mit den zugehörigen Wahrscheinlichkeiten, das die gegebene Situation darstellt (2 Möglichkeiten). Verwende zur Bestimmung der Wahrscheinlichkeiten an den Zweigen der 2. Stufe die Pfadregeln.

Erinnerung:
Nach der 1. Pfadregel gilt beispielsweisse für den Pfad „—R—T“:

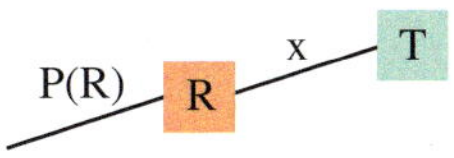

$P(R) \cdot x = P(R \cap T)$

5
Von zwei Ereignissen A und B eines Zufallsexperiments ist bekannt: $P(A) = 0{,}6$; $P(B) = 0{,}3$ und $P(A \cup B) = 0{,}7$.

a) Erstelle eine passende Vierfeldertafel.
b) Gib die Wahrscheinlichkeit $P(A \cap B)$ an.
c) Zeichne ein geeignetes Baumdiagramm.

6
Bei einem Zufallsexperiment sind die Ereignisse A und B von Interesse. Die zugehörige Vierfeldertafel ist teilweise ausgefüllt:

	B	$\overline{B}$	
A		30 %	
$\overline{A}$	32 %		
		60 %	100 %

a) Beschreibe mit Worten die Bedeutung der Zahl 30 % in der Vierfeldertafel.
b) Ergänze die fehlenden Einträge.
c) Bestimme die Wahrscheinlichkeit des Ereignisses $A \cup B$.
d) Gib ein zu der Vierfeldertafel passendes Baumdiagramm an. (2 Möglichkeiten)

7
Ein Zufallsexperiment wird durch das folgende Baumdiagramm beschrieben:

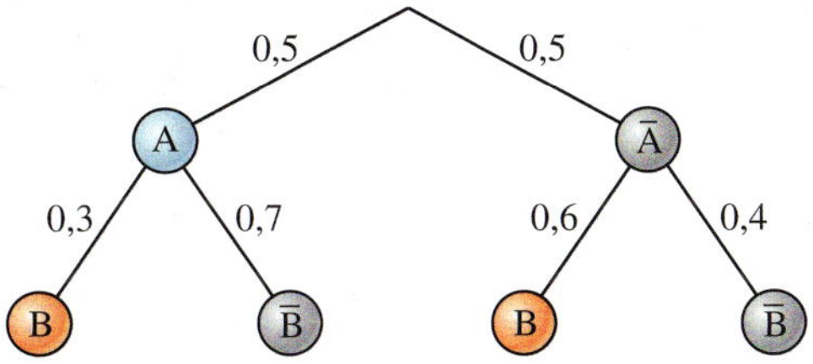

a) Gib ein Zufallsexperiment an, zu dem das gegebene Baumdiagramm passt.
b) Mit welcher Wahrscheinlichkeit tritt das Ereignis $A \cap B$ ein?
c) Mit welcher Wahrscheinlichkeit tritt das Ereignis B ein?
d) Mit welcher Wahrscheinlichkeit tritt das Ereignis $A \cup B$ ein?
e) Erstelle eine Vierfeldertafel, die das Zufallsexperiment beschreibt.

G 8
a) Warum ist die Raute ABCD durch die Angabe $\overline{AB} = 5\,\text{cm}$ und $\overline{BD} = 3\,\text{cm}$ eindeutig festgelegt? Begründe.
b) Es gibt keine Raute ABCD mit $\sphericalangle ADB = 90°$. Begründe.

G 9
Für welche Winkel $x \in [-2\pi; 2\pi]$ gilt

a) $\sin x = \cos x$;
b) $\sin x = -\cos x$;
c) $-\frac{1}{2} < \sin x < \frac{1}{2}\sqrt{2}$;
d) $-\frac{1}{2}\sqrt{3} < \cos x < \frac{1}{2}$?

3 Bedingte Wahrscheinlichkeit

1

Manche Menschen haben Schwierigkeiten, die Farbe Rot von Grün zu unterscheiden. Die Vierfeldertafel beschreibt die Verteilung der Farbenfehlsichtigkeit (umgangssprachlich: Farbenblindheit) unter 1000 Personen. Eine Person wird zufällig ausgewählt.

	nicht farben-fehlsichtig	farben-fehlsichtig
Männer	460	40
Frauen	498	2

a) Wie groß ist die Wahrscheinlichkeit, dass diese Person farbenfehlsichtig ist?

b) Ergibt sich ein anderer Wert für die Wahrscheinlichkeit der Farbenfehlsichtigkeit, wenn man zusätzlich weiß, dass es sich um eine Frau handelt?

Es gibt Situationen, in denen Vorinformationen die Einschätzung der Lage beeinflussen. Würfelt man beispielsweise mit geschlossenen Augen mit einem Laplace-Würfel und erfährt, dass man eine gerade Zahl gewürfelt hat, so wird man für sechs die Wahrscheinlichkeit $\frac{1}{3}$ ansetzen und nicht $\frac{1}{6}$. Deutet man die gegebene Vorinformation als ein Ereignis, das bereits eingetreten ist, so kann man das einstufige Zufallsexperiment „Werfen eines Würfels" als zweistufiges auffassen, das mit einem Baumdiagramm darstellt werden kann.

1. Stufe: Ereignis G: „gerade Augenzahl"
2. Stufe: Ereignis S: „Augenzahl 6".

Da der Ausgang der 1. Stufe den der 2. Stufe beeinflusst, spricht man von der **bedingten Wahrscheinlichkeit $P_G(S)$**, als der Wahrscheinlichkeit des Eintretens von S unter der Bedingung, dass G bereits eingetreten ist.

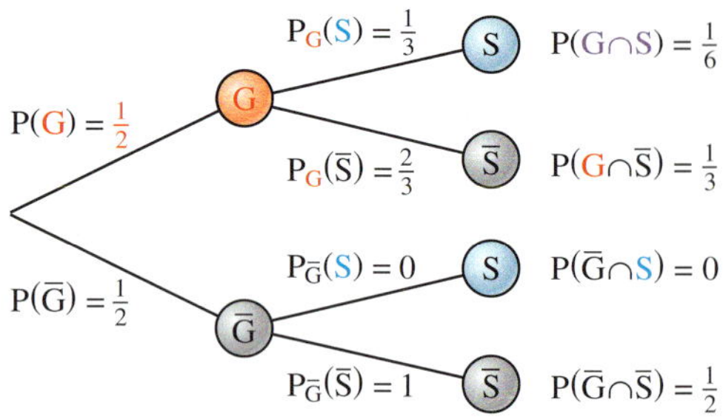

Erinnerung:
1. Pfadregel:
Wahrscheinlichkeit eines Ergebnisses
= Produkt der Wahrscheinlichkeiten längs des Pfads

Im Baumdiagramm findet man die bedingten Wahrscheinlichkeiten $P_G(S)$, $P_G(\bar{S})$, P (S) und $P_{\bar{G}}(\bar{S})$ an den Zweigen der 2. Stufe. Nach der ersten Pfadregel gilt: $P(G) \cdot P_G(S) = P(G \cap S)$, also folgt $P_G(S) = \frac{P(G \cap S)}{P(G)}$.

Mit Hilfe einer Vierfeldertafel lassen sich bedingte Wahrscheinlichkeiten ebenfalls bestimmen, nämlich als Quotient aus dem Eintrag einer inneren Zelle und dem einer Randzelle.

	S	$\bar{S}$	
G	$P(G \cap S) = \frac{1}{6}$	$P(G \cap \bar{S}) = \frac{1}{3}$	$P(G) = \frac{1}{2}$
$\bar{G}$	$P(\bar{G} \cap S) = 0$	$P(\bar{G} \cap \bar{S}) = \frac{1}{2}$	$P(\bar{G}) = \frac{1}{2}$
	$P(S) = \frac{1}{6}$	$P(\bar{S}) = \frac{5}{6}$	1

$$P_G(S) = \frac{P(G \cap S)}{P(G)} = \frac{\frac{1}{6}}{\frac{1}{2}} = \frac{1}{3}$$

Sind A und B Ereignisse eines Zufallsexperiments mit $P(A) \neq 0$ so versteht man unter der **bedingten Wahrscheinlichkeit** $P_A(B)$ die Wahrscheinlichkeit des Eintretens von B unter der Bedingung des Eintretens von A.

Es gilt: $P_A(B) = \frac{P(A \cap B)}{P(A)}$

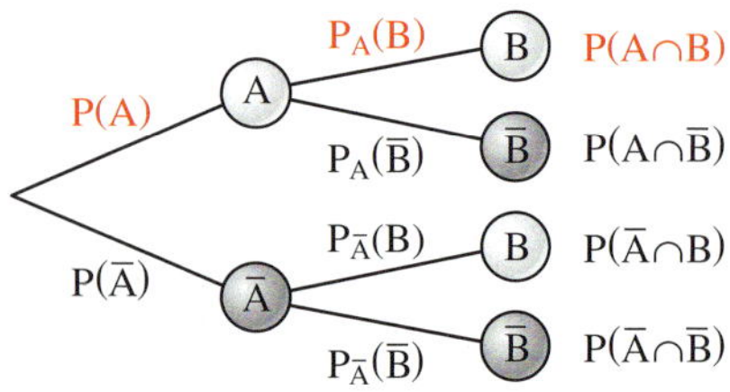

Bemerkung
Bei jedem zweistufigen Zufallsexperiment können die Wahrscheinlichkeiten an den Ästen der 2. Stufe also als bedingte Wahrscheinlichkeiten gedeutet werden.

Im Baumdiagramm kann die bedingte Wahrscheinlichkeit $P_A(B)$ unmittelbar abgelesen werden, jedoch nicht die bedingte Wahrscheinlichkeit $P_B(A)$.

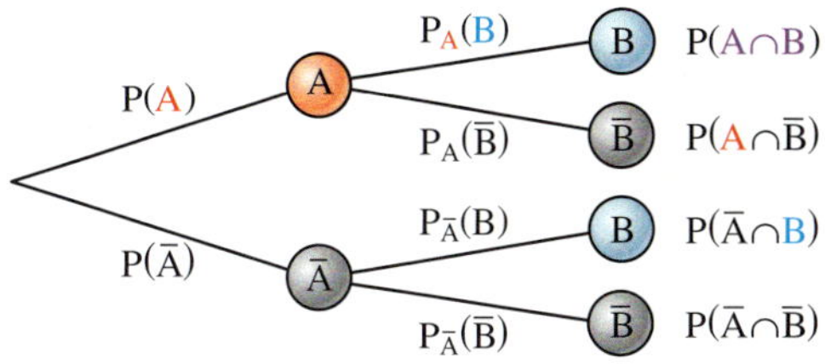

Mit Hilfe einer Vierfeldertafel lässt sich die bedingte Wahrscheinlichkeit $P_B(A)$ unmittelbar als Quotient aus dem Eintrag der inneren Zelle $P(A \cap B)$ und der Randzelle $P(B)$ bestimmen: $P_B(A) = \frac{P(A \cap B)}{P(B)}$. Analog können alle anderen bedingten Wahrscheinlichkeiten $P_{\overline{B}}(A)$, $P_B(\overline{A})$, $P_{\overline{B}}(\overline{A})$, $P_A(B)$, $P_{\overline{A}}(B)$, $P_A(\overline{B})$ und $P_{\overline{A}}(\overline{B})$, mit der Vierfeldertafel bestimmt werden.

	B	$\overline{B}$	
A	$P(A \cap B)$	$P(A \cap \overline{B})$	$P(A)$
$\overline{A}$	$P(\overline{A} \cap B)$	$P(\overline{A} \cap \overline{B})$	$P(\overline{A})$
	$P(B)$	$P(\overline{B})$	1

← $P_A(B) = \frac{P(A \cap B)}{P(A)}$

↑ $P_B(A) = \frac{P(A \cap B)}{P(B)}$

Bedingte Wahrscheinlichkeiten kann man also mit Hilfe eines Baumdiagramms oder einer Vierfeldertafel bestimmen. Welche Darstellung günstiger ist, hängt von den gegebenen Informationen ab.
Beispielsweise sind in einer Urne weiße und schwarze Kugeln. 45 % aller Kugeln tragen zusätzlich eine Zahl, von diesen sind 20 % weiß. Weiter sind 24 % aller Kugeln nicht weiß und tragen keine Zahl. Man möchte wissen, wie groß die bedingte Wahrscheinlichkeit ist, dass eine gezogene Kugel eine Zahl trägt, wenn sie schwarz ist.
Ist S das Ereignis „schwarze Kugel“ und Z „Kugel mit Zahl“, so wird die bedingte Wahrscheinlichkeit $P_S(Z)$ gesucht. $P_S(Z)$ legt das Baumdiagramm mit Farbe als erster Stufe nahe (vgl. Randspalte). Jedoch ist der Anteil der schwarzen Kugeln und somit die für die Berechnung benötigte Wahrscheinlichkeit $P(S)$ nicht unmittelbar gegeben.

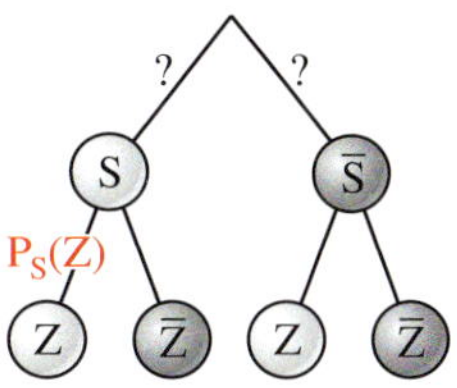

*An der Vierfeldertafel mit den Anzahlen erkennt man, dass bei bedingten Wahrscheinlichkeiten die Bezugsmenge (hier S) nur eine **Teil**menge von Ω ist.*

Eine passende Vierfeldertafel führt unmittelbar zum Ziel. Trägt man zuerst nur Anzahlen ein, so entsteht die nebenstehende Vierfeldertafel, wobei 100 als Gesamtzahl der Kugeln gewählt wurde, da man mit dieser Zahl sehr einfach rechnen kann.
Die gegebenen Anzahlen sind rot gefärbt.

	S	$\overline{S}$	
Z	36	$45 \cdot \frac{20}{100} = 9$	45
$\overline{Z}$	24	31	55
	60	40	100

Für die gesuchte bedingte Wahrscheinlichkeit gilt: $P_S(Z) = \frac{|Z \cap S|}{|S|} = \frac{36}{60} = \frac{3}{5}$

Beachte:
Zwischen der Wahrscheinlichkeit der Schnittmenge zweier Ereignisse und einer bedingten Wahrscheinlichkeit muss sorgfältig unterschieden werden. Sind beispielsweise beim Würfeln die Ereignisse U „ungerade Zahl“ und Pr „Primzahl“ gegeben, so gilt:
Wahrscheinlichkeit der Schnittmenge: $P(U \cap Pr) = \frac{2}{6}$, da genau 2 der 6 möglichen Zahlen ungerade **und** Primzahlen sind.
Bedingte Wahrscheinlichkeit: $P_U(Pr) = \frac{2}{3}$, da 2 der 3 möglichen ungeraden Zahlen Primzahlen sind.
Sind beispielsweise in einer Klasse Sportler (S) sowie Zeitungsleser (Z), dann ist die Wahrscheinlichkeit, dass ein zufällig ausgewählter Schüler Sportler ist, der auch Zeitung liest, die Wahrscheinlichkeit einer Schnittmenge, nämlich $P(S \cap Z)$.
Jedoch ist die Wahrscheinlichkeit, dass ein Sportler Zeitungsleser ist, eine bedingte Wahrscheinlichkeit: $P_S(Z)$

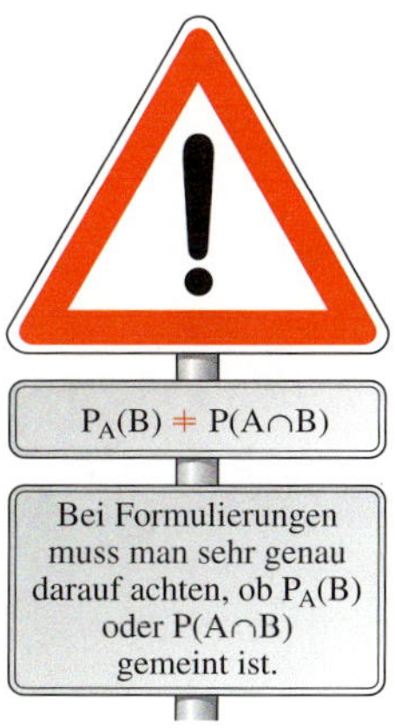

Beispiel 1

Jana hat in einer Schublade 18 blaue und 12 andersfarbige Kugelschreiber. Bei 6 blauen Kugelschreibern und bei 5 der restlichen Kugelschreiber ist die Mine eingetrocknet. Jana greift ohne hinzusehen in die Schublade und nimmt einen Kugelschreiber heraus.

a) Mit welcher Wahrscheinlichkeit ist seine Mine eingetrocknet?

b) Mit welcher Wahrscheinlichkeit schreibt der Kugelschreiber, wenn sie einen blauen Kugelschreiber in der Hand hat?

Lösung:

Vierfeldertafel:

	E	$\overline{E}$	
B	6	12	18
$\overline{B}$	5	7	12
	11	19	30

a) E: „Mine eingetrocknet". Die Laplace-Annahme gilt: $P(E) = \frac{|E|}{|\Omega|} = \frac{(6+5)}{30} = \frac{11}{30}$.

b) B: „Kugelschreiber ist blau"; $P(B) = \frac{18}{30} = \frac{3}{5}$; $P(B \cap \overline{E}) = \frac{12}{30} = \frac{2}{5}$;

$P_B(\overline{E}) = \frac{P(B \cap \overline{E})}{P(B)} = \frac{\frac{2}{5}}{\frac{3}{5}} = \frac{2}{3}$ Kürzer: $P_B(\overline{E}) = \frac{|B \cap \overline{E}|}{|B|} = \frac{12}{18} = \frac{2}{3}$.

Beispiel 2

Herr Schell hat eine Alarmanlage in seinem Auto installiert. Die Ereignisse: A „Alarmanlage springt an" und K „jemand versucht das Auto aufzubrechen" werden betrachtet. Beschreibe folgende bedingte Wahrscheinlichkeiten mit Worten: $P_K(A)$, $P_K(\overline{A})$, $P_{\overline{K}}(A)$, $P_A(K)$. Welche dieser bedingten Wahrscheinlichkeiten sollten hoch bzw. niedrig sein?

Lösung:

$P_K(A)$: Die Wahrscheinlichkeit, dass die Alarmanlage anspringt, wenn jemand versucht das Auto aufzubrechen. (hoch)

$P_K(\overline{A})$: Die Wahrscheinlichkeit, dass die Alarmanlage nicht anspringt, wenn jemand versucht das Auto aufzubrechen. (niedrig)

$P_{\overline{K}}(A)$: Die Wahrscheinlichkeit, dass die Alarmanlage anspringt, wenn kein Einbruchsversuch vorliegt. (niedrig)

$P_A(K)$: Die Wahrscheinlichkeit, dass ein Einbruchsversuch vorliegt, wenn die Alarmanlage anspringt. (hoch)

Beispiel 3

Bei der Herstellung eines elektronischen Bauteils ist bekannt, dass der Ausschuss 2 % beträgt. Bei einem Prüfverfahren werden defekte Bauteile mit einer Wahrscheinlichkeit von 99 % erkannt. Es passiert jedoch auch, dass das Prüfverfahren fälschlicherweise intakte Bauteile beanstandet. Mit 99,5 % Wahrscheinlichkeit wird ein intaktes Bauteil nicht beanstandet.

a) Lege eine Vierfeldertafel für die Ereignisse D: „Bauteil defekt" und B: „Bauteil beanstandet" an und trage in die Vierfeldertafel geeignete Anzahlen ein.

b) Lege ein Baumdiagramm an, das die Anzahlen der Vierfeldertafel enthält.

c) Mit welcher Wahrscheinlichkeit wird ein intaktes Bauteil beanstandet?

d) Mit welcher Wahrscheinlichkeit ist ein Bauteil defekt, wenn es beanstandet wird?

Lösung:

a) Betrachtete Anzahl insgesamt: 10 000

	B	$\overline{B}$	
D	$200 \cdot \frac{99}{100} = 198$	2	200
$\overline{D}$	49	$9800 \cdot \frac{995}{1000} = 9751$	9 800
	247	9753	10 000

b) mögliches Baumdiagramm

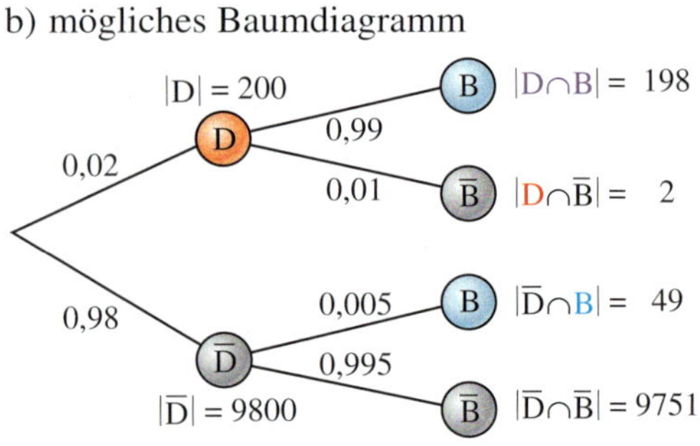

c) $P_{\overline{D}}(B) = \frac{|\overline{D} \cap B|}{|\overline{D}|} = \frac{49}{9800} = 0{,}005 = 0{,}5\,\%$

d) $P_B(D) = \frac{|D \cap B|}{|B|} = \frac{198}{247} \approx 80{,}2\,\%$

Aufgaben

2

Bei einem Zufallsexperiment sind die Ereignisse K und L von Interesse. Über die Wahrscheinlichkeiten ihres Eintretens gibt folgendes Baumdiagramm Auskunft:

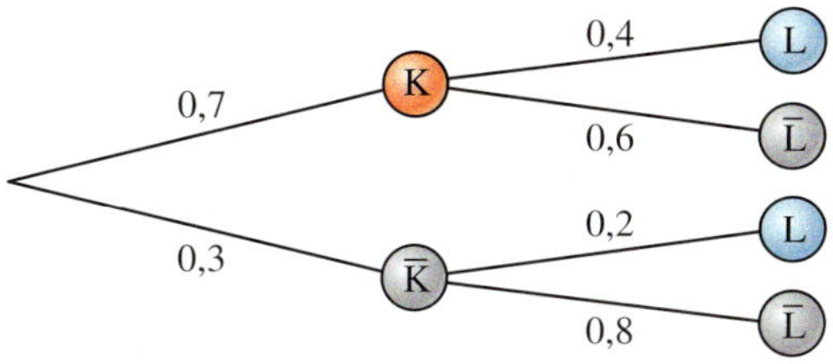

a) Beschreibe mit Worten die Bedeutung der Wahrscheinlichkeit mit dem Wert 0,4.
b) Gib $P_{\overline{K}}(L)$ und $P(\overline{K} \cap L)$ an.
c) Erstelle eine zu dem Baumdiagramm passende Vierfeldertafel.
d) Bestimme $P(L)$ und $P_L(K)$.

3

Aus den Reihen der Helfer im Schülercafé soll per Los eine Person bestimmt werden, die eine Eintrittskarte zum Spiel 1. FC Nürnberg gegen Bayern München geschenkt bekommt. Die Tabelle zeigt, wie sich die Helfer auf Geschlecht und Stufen verteilen:

	Jungen	Mädchen
Unter- und Mittelstufe	8	16
Oberstufe	10	6

Mit welcher Wahrscheinlichkeit bekommt
a) ein Junge aus der Oberstufe die Karte?
b) ein Junge die Karte, wenn man weiß, dass die Person in der Oberstufe ist?
c) ein Mädchen die Karte, wenn man weiß, dass die Person in der Unter- oder Mittelstufe ist?

4

In der Klasse 10 A sind 12 Mädchen und 18 Jungen. Jedes zweite Mädchen und jeder dritte Junge verwendet bei einer einfachen Aufgabe den Taschenrechner.
a) Erstelle eine geeignete Vierfeldertafel.
b) Wie viele Mädchen nutzen bei einer einfachen Aufgabe keinen Taschenrechner?
c) Ein zufällig ausgewählter Schüler verwendet bei einer einfachen Aufgabe den Taschenrechner. Mit welcher Wahrscheinlichkeit ist es ein Junge?

5

Herbert wirft einen Würfel einmal und teilt mit, dass die Augenzahl eine Primzahl ist (dass die Augenzahl gerade ist).
Mit welcher Wahrscheinlichkeit handelt es sich also um eine „Zwei"?

6

Ein Autobesitzer sucht wegen merkwürdiger Motorengeräusche seine Werkstatt auf. Dort hört sich ein Mechaniker die Geräusche an und stellt zunächst die Vermutung auf „Motor defekt" (D) oder nicht. Bei der folgenden genaueren Untersuchung stellt er dann einen Motorschaden (M) fest oder nicht.
a) Beschreibe folgende bedingte Wahrscheinlichkeiten mit Worten:
i) $P_M(D)$ ii) $P_{\overline{M}}(D)$ iii) $P_{\overline{M}}(\overline{D})$
iv) $P_D(M)$ v) $P_{\overline{D}}(M)$ vi) $P_{\overline{D}}(\overline{M})$
b) Welche der unter a) genannten Wahrscheinlichkeiten sollte groß bzw. klein sein, wenn der Mechaniker fähig ist?

7

Von den Schülern der Jahrgangsstufe 10 werden die Merkmale „regelmäßiger Kinogänger" und „Mitglied in einem Sportverein" betrachtet. Die Tabelle gibt teilweise Aufschluss über die Verteilung.

	Kinogänger	kein Kinogänger	
Sportverein			48
Nicht in SV		68	72
	24		120

a) Ergänze die fehlenden Werte in der Vierfeldertafel.
b) Erstelle ein zu der Vierfeldertafel passendes Baumdiagramm.
c) Mit welcher Wahrscheinlichkeit ist ein zufällig ausgewählter Schüler Kinogänger?
d) Mit welcher Wahrscheinlichkeit ist ein zufällig ausgewählter Schüler Kinogänger und Mitglied in einem Sportverein?
e) Mit welcher Wahrscheinlichkeit ist ein zufällig ausgewählter Schüler Kinogänger, wenn man weiß, dass er in einem Sportverein ist?

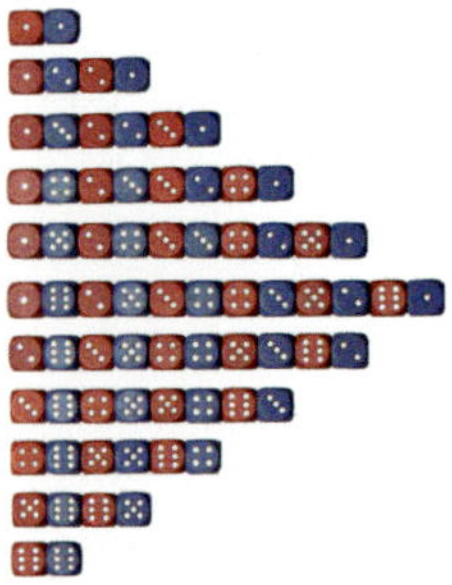

8

Es werden 2 Würfel nacheinander geworfen.

a) Wie groß ist die Wahrscheinlichkeit, dass der erste Wurf 5 zeigt, wenn die Augensumme mindestens 8 zeigt?

b) Wie groß ist die Wahrscheinlichkeit, dass die Augensumme höchstens 4 zeigt, wenn der erste Wurf 1 zeigt?

9

Auf der Kirchweih zielt Markus an der Schießbude mit dem ersten Schuss auf einen Schraubenzieher, mit dem zweiten auf eine Rose und mit dem dritten auf einen Glücksbringer, wobei seine Treffsicherheit jeweils 50 % beträgt. Seine Freundin Carmen interessiert sich nur dafür, ob er die Rose schießt. Jedoch steht sie etwas abseits und kann seine Schießkünste nicht verfolgen. Wie groß ist die Wahrscheinlichkeit, dass er die Rose trifft

a) wenn Carmen nur seine Treffsicherheit kennt?

b) wenn Carmen erfahren hat, dass er
   - i) mindestens einmal getroffen hat,
   - ii) genau einmal getroffen hat,
   - iii) höchstens einmal getroffen hat,
   - iv) beim ersten Schuss getroffen hat,
   - v) überhaupt nicht getroffen hat,
   - vi) mindestens zweimal getroffen hat,
   - vii) mindestens einmal daneben geschossen hat.

Lösungssalat zu 9b):

10

Von den 60 Personen eines Lehrerkollegiums brauchen $\frac{2}{3}$ eine Lesebrille. Die Hälfte der 24 Männer benötigt eine Brille zum Lesen.

a) Erstelle eine Vierfeldertafel, die die gegebene Situation beschreibt.

b) Mit welcher Wahrscheinlichkeit ist eine zufällig ausgewählte Lehrkraft
   - i) männlich,
   - ii) männlich und benötigt eine Lesebrille,
   - iii) Träger einer Lesebrille, wenn sie weiblich ist?

c) Eine Lesebrille liegt neben dem Kopierer im Lehrerzimmer. Mit welcher Wahrscheinlichkeit gehört sie einer Frau?

11

Es werden 2 Würfel geworfen. Wie groß ist die Wahrscheinlichkeit, dass die Augensumme 9 ist, falls die Augensumme

a) ungerade ist, b) größer als 7 ist?

12

In einer Urne sind vier Kugeln, die mit den Ziffern von 1 bis 4 beschriftet sind.

a) Drei Kugeln werden nacheinander ohne Zurücklegen gezogen. Sie legen eine dreistellige Zahl fest, deren Einerstelle die zuletzt gezogene Ziffer ist. Mit welcher Wahrscheinlichkeit ist die Zahl gerade, wenn
   - i) die zweite Kugel die Ziffer zwei trägt,
   - ii) die erste Kugel eine ungerade Ziffer hat,
   - iii) man keine Zusatzinformationen hat?

b) Drei Kugeln werden nacheinander mit Zurücklegen gezogen. Bestimme die Wahrscheinlichkeit für eine gerade Zahl, wenn
   - i) die zweite Kugel die Ziffer zwei trägt,
   - ii) die erste Kugel eine ungerade Ziffer hat,
   - iii) man keine Zusatzinformationen hat?

13

In der zehnten Jahrgangsstufe eines Gymnasiums ist jeder Schüler entweder im sprachlichen (S) oder naturwissenschaftlich-technologischen (NT) Zweig. Als zweite Fremdsprache kommen entweder Französisch oder Latein in Frage. Folgendes ist bekannt:

	NT	S	
Französisch	55		75
Latein		30	
	70		

a) Fertige ein geeignetes Baumdiagramm an.

b) Ein Schüler der zehnten Jahrgangsstufe wird zufällig ausgewählt. Mit welcher Wahrscheinlichkeit
   - i) ist er am NT-Zweig,
   - ii) hat er Latein,
   - iii) hat er Latein und ist am NT-Zweig,
   - iv) hat er Latein, wenn er am NT-Zweig ist,
   - v) ist er am NT-Zweig, wenn er Latein hat?

14

Man wirft einen Würfel zweimal. Wie groß ist die Wahrscheinlichkeit die Augensumme 7 zu erhalten, wenn
a) der erste Wurf eine 4 zeigt,
b) ein Wurf eine gerade und der andere eine ungerade Zahl zeigt,
c) beide Würfe eine ungerade Zahl zeigen,
d) der zweite Wurf eine Augenzahl kleiner als 3 zeigt?

15

Mit einem Test soll eine bestimmte Krankheit nachgewiesen werden. Dabei können jedoch Fehler auftreten:
- Die Person hat die Krankheit, jedoch zeigt dies der Test nicht an.
- Die Person hat die Krankheit nicht, jedoch zeigt der Test die Krankheit an.

Folgende Ereignisse werden betrachtet:
K: „eine zufällig ausgewählte Person hat die Krankheit"
POS: „eine zufällig ausgewählte Person hat ein positives Testergebnis".
Beschreibe folgende bedingte Wahrscheinlichkeiten mit Worten und gib jeweils an, ob der Wert groß oder klein sein sollte.
a) $P_K(POS)$ b) $P_{\overline{K}}(POS)$ c) $P_{POS}(K)$
d) $P_{POS}(\overline{K})$ e) $P_{\overline{POS}}(\overline{K})$ f) $P_{\overline{POS}}(K)$

*Ein **positives Testergebnis** bedeutet, dass der Test die Krankheit anzeigt, unabhängig davon, ob die Krankheit vorhanden ist oder nicht. Das bedeutet somit auch, dass ein positives Testergebnis möglich ist, wenn keine Krankheit vorhanden ist.*

16

Bei der Lehrkraft Müller kommt es in der Klasse 10 A in einer Unterrichtsstunde mit einer Wahrscheinlichkeit von 25 % zu einer Unterrichtsstörung. Im Falle einer Unterrichtsstörung erhöht sich der Blutdruck der Lehrkraft mit 80 % Wahrscheinlichkeit. Jedoch kommt es bei der Lehrkraft Müller auch ohne Unterrichtsstörung mit einer Wahrscheinlichkeit von 10 % zu erhöhtem Blutdruck.
a) Mit welcher Wahrscheinlichkeit ist es in einer 10 A-Stunde laut und die Lehrkraft hat erhöhten Blutdruck?
b) Mit welcher Wahrscheinlichkeit hat die Lehrkraft in einer 10 A-Stunde keinen erhöhten Blutdruck?
c) Mit welcher Wahrscheinlichkeit ist es in der 10 A laut, wenn die Lehrkraft erhöhten Blutdruck hat?

17

Bei einer Doping-Kontrolle wird Urin abgegeben, der für die A- bzw. B-Probe verwendet wird. Wie bei jedem diagnostischen Verfahren können beim Auswerten der Probe Fehler auftreten: Die Probe kann positiv sein (ein Dopingmittel wird angezeigt), obwohl der Athlet nicht gedopt hat. Die Probe kann negativ sein (es wird kein Dopingmittel angezeigt), obwohl der Athlet gedopt hat. An einem Wettbewerb nehmen 2550 Athleten teil, von denen 50 gedopt sind. Ein bestimmter Dopingtest hat mit 99,9 % Wahrscheinlichkeit ein positives Ergebnis, wenn Doping vorliegt. Dieser Test hat mit 98 % Wahrscheinlichkeit ein negatives Ergebnis, wenn kein Doping vorliegt.
a) Stelle die Situation in einer geeigneten Vierfeldertafel dar.
b) Mit welcher Wahrscheinlichkeit ist ein zufällig ausgewählter Athlet gedopt, wenn seine Probe positiv ist?
c) Begründe, warum die Athleten darauf bestehen, dass der Test verbessert wird.

18

Bei einem Zufallsexperiment werden die Ereignisse A und B betrachtet. Das zugehörige Baumdiagramm besitzt folgende Einträge:

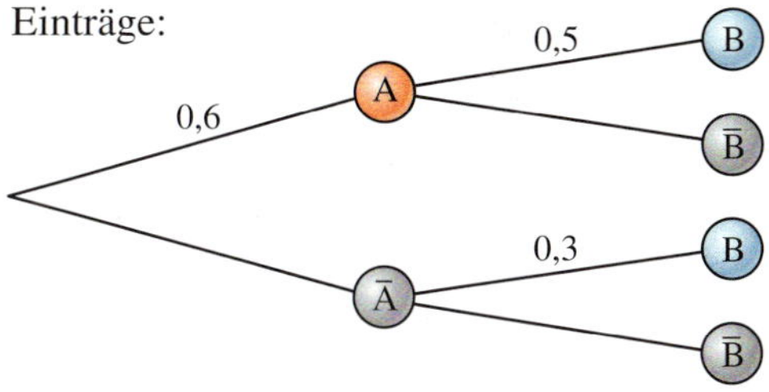

Bestimme die bedingte Wahrscheinlichkeit $P_{\overline{B}}(A)$.

G 19

Eine übliche Musik-CD hat einen Durchmesser von 12,0 cm. Ein 2 mm breiter äußerer Rand und ein Innenkreis (einschließlich Loch) mit dem Durchmesser 4,6 cm sind unbespielbar. Wie viele Sekunden Musik passen auf 1 cm²?

Abspieldauer: 72 min

Thema:

HIV-Tests

In der Medizin werden diagnostische Verfahren angewendet, um Krankheiten festzustellen. Dazu wird beispielsweise das Blut einer Person im Labor daraufhin untersucht, ob gewisse Blutwerte Anhaltspunkte für eine bestimmte Krankheit liefern.
Bei einem diagnostischen Verfahren (kurz Test) können aber auch folgende Fehler auftreten:
- Der Test zeigt eine Krankheit an, obwohl sie nicht vorhanden ist,
- Der Test zeigt keine Krankheit an, obwohl sie vorhanden ist.

Das Ergebnis eines Tests wird als **positiv** bezeichnet, wenn es die Krankheit anzeigt, unabhängig davon ob die Krankheit vorhanden ist oder nicht.
Die **Sensitivität** eines Tests gibt die Wahrscheinlichkeit an, dass der Test die Krankheit anzeigt, wenn sie tatsächlich vorhanden ist.
Die **Spezifität** eines Tests gibt die Wahrscheinlichkeit an, dass der Test die Krankheit nicht anzeigt, wenn sie nicht vorhanden ist.
Sensitivität und Spezifität eines Tests sollten daher möglichst groß sein.

Sind Sensitivität und Spezifität groß, dann sind die beiden oben genannten Fehlerwahrscheinlichkeiten klein.

Betrachtet man das Zufallsexperiment „Ziehen einer zufällig ausgewählten Person, die auf eine Krankheit getestet wurde" und dabei die beiden Ereignisse:
K: „Person hat die Krankheit"
T: „Test hat ein positives Ergebnis",
so sind Sensitivität und Spezifität Bezeichnungen für spezielle bedingte Wahrscheinlichkeiten.
Die Sensitivität ist die bedingte Wahrscheinlichkeit: $P_K(T)$
Die Spezifität ist die bedingte Wahrscheinlichkeit: $P_{\overline{K}}(\overline{T})$.

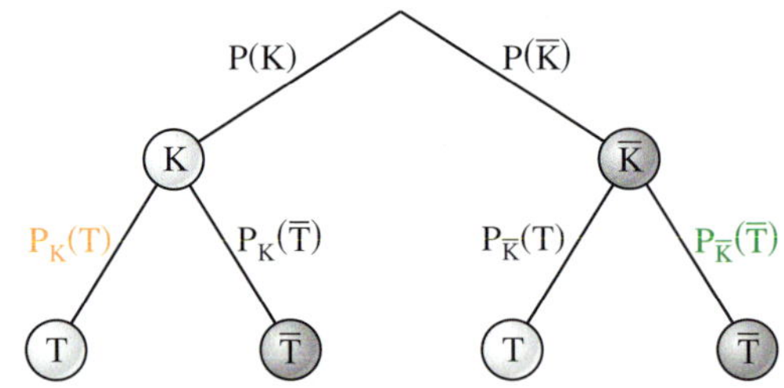

Eine Infektion mit HI-Viren (HIV) führt zur Immunschwächekrankheit AIDS. Im Jahr 2006 waren ungefähr 0,1 % der Männer in Deutschland mit HIV infiziert. Um HIV nachzuweisen, werden heute HIV-Antikörpertests durchgeführt. Das diagnostische Verfahren beruht dabei auf zwei unterschiedlichen Tests:
Das von einer Person stammende Blut wird in zwei Proben aufgeteilt. Bei der ersten Probe wird der ELISA-Test angewendet. Er dient als Suchtest, da er mit sehr hoher Wahrscheinlichkeit eine vorhandene HIV-Infektion erkennt. Fällt das Ergebnis des ELISA-Suchtests positiv aus, so wird mit der noch vorhandenen zweiten Probe ein weiterer Test, der Western-Blot-Test durchgeführt, um das Ergebnis des ELISA-Tests zu bestätigen.

ELISA ist die Abkürzung von Enzyme-linked Immunosorbent Assay

Der ELISA-Test hat eine Sensitivität von mindestens 99,9 % und seine Spezifität liegt bei 99,8 %. Um ein positives Testergebnis richtig beurteilen zu können, muss man wissen, wie hoch in diesem Fall die Wahrscheinlichkeit ist, tatsächlich mit HIV infiziert zu sein.
Dazu werden die Ereignisse
K: „Person ist HIV-infiziert"
T_E: „Testergebnis von ELISA ist positiv"
betrachtet.
Gefragt ist somit nach der bedingten Wahrscheinlichkeit $P_{T_E}(K)$. Diese kann dem Baumdiagramm nicht unmittelbar entnommen werden.

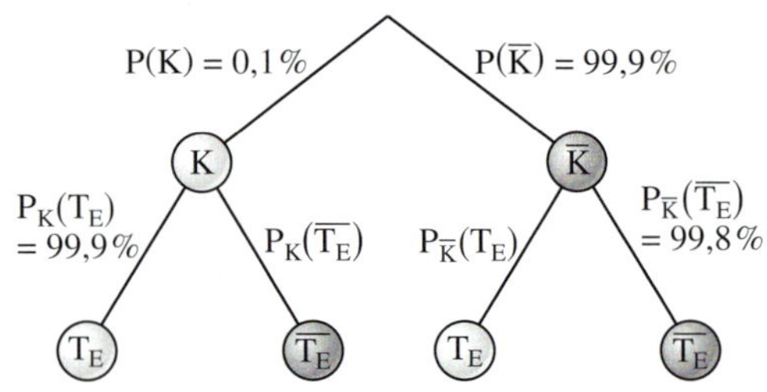

Aufgaben 1–3 bauen aufeinander auf und sind fortlaufend zu bearbeiten.

1

a) Zeige anhand einer Vierfeldertafel, dass bei 10 000 000 zufällig ausgewählten Männern in 29 970 Fällen ein positives Testergebnis beim ELISA-Test erwartet werden kann. Begründe anschließend: $P_{T_E}(K) = \frac{1}{3}$.

b) Erstelle mit Hilfe der Vierfeldertafel ein Baumdiagramm, in das die bedingte Wahrscheinlichkeit $P_{T_E}(K)$ direkt eingetragen werden kann.

c) Bei einem positiven Ergebnis des ELISA-Tests wird, ohne dies der betroffenen Person mitzuteilen, ein weiterer Test mit der zweiten Probe durchgeführt. Nur wenn beide Tests ein positives Ergebnis haben, wird dies der Person mitgeteilt. Ansonsten erhält sie die Auskunft, dass der Test negativ war und somit keine Infektion vorliegt. Erläutere warum dieses Vorgehen sinnvoll ist.

Der Grund warum zunächst der ELISA-Test durchgeführt wird, liegt in den Kosten für die Tests. Der ELISA-Test ist wesentlich günstiger als der Western-Blot-Test. Da insgesamt nur wenige Testergebnisse bei ELISA positiv sein werden, müssen entsprechend wenige Western-Blot-Tests durchgeführt werden.

Bei einem positiven Ergebnis des ELISA-Tests wird auf die zweite Probe der Western-Blot-Test angewendet, dessen Spezifität bei 99,99 % liegt. Damit eignet er sich als Bestätigungstest. Seine Sensitivität beträgt 99,9 %.

2

a) In der nebenstehenden Vierfeldertafel werden nur noch die beim ELISA-Test erwarteten 29 970 positiv getesteten Männer berücksichtigt, wobei T_W das Ereignis „Testergebnis von Western-Blot ist positiv“ bedeutet. Übertrage die Vierfeldertafel ins Heft und ergänze sie, wobei jeweils auf ganze Zahlen zu runden ist.

	K	$\overline{K}$	
T_W			
$\overline{T_W}$			
			29970

b) Bei wie vielen der ursprünglich 10 000 000 getesteten Männern ist zu erwarten, dass sie als HIV-positiv eingestuft werden, obwohl keine HIV-Infektion vorliegt?

c) Wie groß ist die bedingte Wahrscheinlichkeit, dass die Person mit HIV infiziert ist, wenn beide Tests ein positives Resultat liefern?

d) Wie groß ist die bedingte Wahrscheinlichkeit, dass die Person nicht mit HIV infiziert ist, wenn beide Tests ein positives Resultat liefern?

3

a) Bestimme die bedingte Wahrscheinlichkeit $P_{T_W}(K)$, wenn man nur den Western-Blot-Test durchführen würde.

b) Wie würden sich die Ergebnisse von Aufgabe 2 ändern, wenn man statt des Western-Blot-Tests als Bestätigungstest den ELISA-Test ein zweites Mal anwendet?

Die Karte gibt einen Überblick über die Infektionsraten der einzelnen Länder.

4

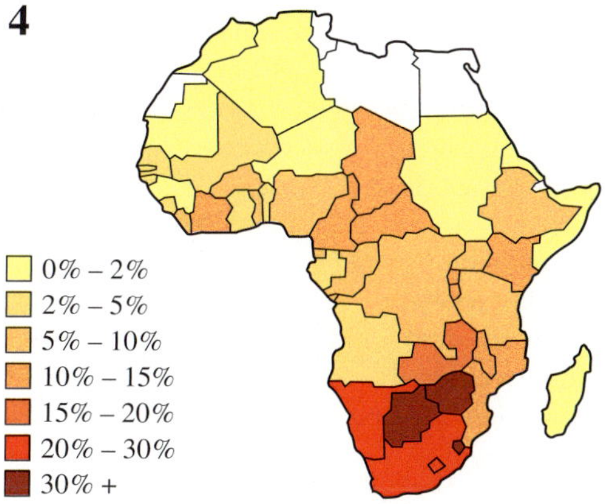

Der AIDS-Erreger entstand vermutlich in Afrika. Von allen Kontinenten hat Afrika die höchste HIV-Infektionsrate.

a) Berechne wie hoch bei der Infektionsrate von Botswana die bedingte Wahrscheinlichkeit ist, dass bei einem positiven Befund beim ELISA-Test die HIV-Infektion vorliegt.

b) Trage in einem Diagramm die bedingte Wahrscheinlichkeit, dass bei einem positiven Befund beim ELISA-Test die HIV-Infektion vorliegt, in Abhängigkeit von der Infektionsrate an.

Rückblick

Schnittmenge
Die **Schnittmenge** $A \cap B$ zweier Mengen A und B enthält die Elemente, die zur Menge A **und** zugleich zur Menge B gebören.

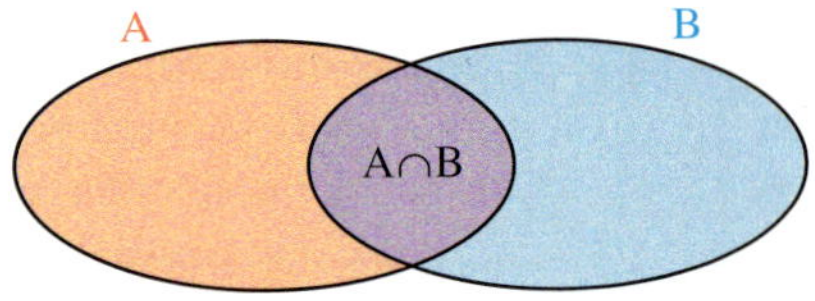

Vereinigungsmenge
Die **Vereinigungsmenge** $A \cup B$ zweier Mengen A und B enthält die Elemente, die zur Menge A **oder** zur Menge B gehören.

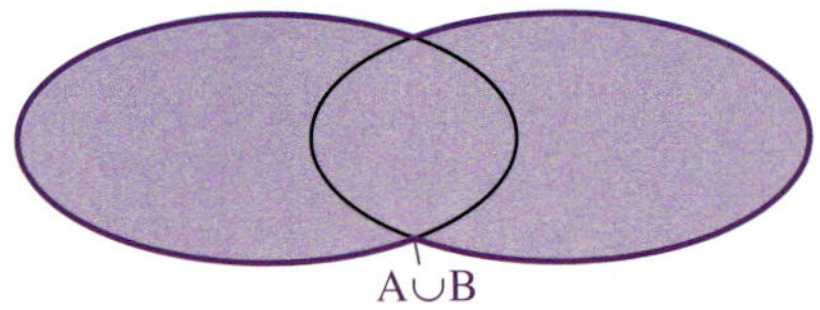

Vierfeldertafel
Zwei Ereignisse A und B ermöglichen eine Zerlegung der Ergebnismenge Ω eines Zufallsexperiments in vier Teilmengen:
$A \cap B$, $\overline{A} \cap B$, $A \cap \overline{B}$ und $\overline{A} \cap \overline{B}$.
Jedes Ergebnis ω gehört dabei genau einer Teilmenge an.

Trägt man in eine Vierfeldertafel die Wahrscheinlichkeiten der Ereignisse $A \cap B$, $\overline{A} \cap B$, $A \cap \overline{B}$ und $\overline{A} \cap \overline{B}$ ein, so treten die Wahrscheinlichkeiten von A, $\overline{A}$, B, $\overline{B}$ als Spalten- bzw. Zeilensummen auf.

	B	$\overline{B}$	
A	$P(A \cap B) = 30\,\%$	$P(A \cap \overline{B}) = 25\,\%$	$P(A) = 55\,\%$
$\overline{A}$	$P(\overline{A} \cap B) = 10\,\%$	$P(\overline{A} \cap \overline{B}) = 35\,\%$	$P(\overline{A}) = 45\,\%$
	$P(B) = 40\,\%$	$P(\overline{B}) = 60\,\%$	$P(\Omega) = 1$

Jede Vierfeldertafel dient als Ausgangspunkt zweier Baumdiagramme. Entweder wird in der 1. Stufe nach A und $\overline{A}$ und in der 2. Stufe nach B und $\overline{B}$ unterschieden oder umgekehrt.

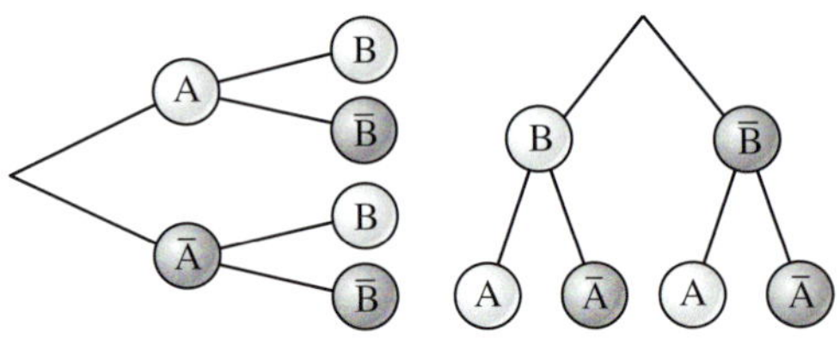

Bedingte Wahrscheinlichkeit
Sind A und B Ereignisse eines Zufallsexperiments mit $P(A) \neq 0$ so versteht man unter der bedingten Wahrscheinlichkeit $P_A(B)$ die Wahrscheinlichkeit des Eintretens von B unter der Bedingung des Eintretens von A.
Es gilt: $P_A(B) = \frac{P(A \cap B)}{P(A)}$.

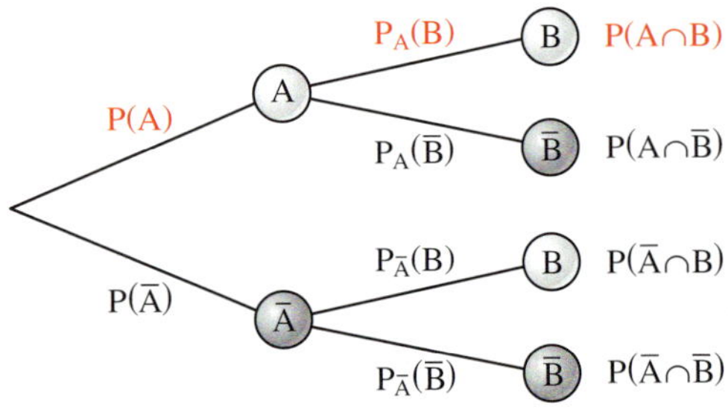

Dem Baumdiagramm kann die bedingte Wahrscheinlichkeit $P_A(B)$ unmittelbar entnommen werden, jedoch nicht die bedingte Wahrscheinlichkeit $P_B(A)$. Diese kann vorteilhaft mit einer aus dem Baumdiagramm entwickelten Vierfeldertafel ermittelt werden. Häufig ist es dabei übersichtlicher, zunächst mit Anzahlen und erst anschließend mit Wahrscheinlichkeiten zu arbeiten.

Aufgaben zum Üben und Wiederholen

1

Von den 120 Schülern der 10. Klassen tragen am Wandertag 80 eine Bluejeans und ein T-Shirt. 30 Schüler wählen anstatt eines T-Shirts ein anderes Bekleidungsstück.
100 Schüler haben eine Bluejeans an.

a) Fertige eine passende Vierfeldertafel mit absoluten Häufigkeiten an.
b) Berechne die relative Häufigkeit der Schüler, die eine Bluejeans oder ein T-Shirt tragen.

2

	Y	$\overline{Y}$	
X	0,4		0,8
$\overline{X}$		0,15	0,2

Bei einem Zufallsexperiment werden die Ereignisse X und Y betrachtet. In die nebenstehende Vierfeldertafel sind zugehörige Wahrscheinlichkeiten eingetragen.
Bestimme $P(Y)$, $P(X \cap Y)$, $P_Y(X)$, $P_X(Y)$ und $P(X \cup Y)$.

3

In einer Urne sind 20 Kugeln, jede ist entweder rot oder schwarz. 9 Kugeln sind zusätzlich mit einer Zahl gekennzeichnet, von diesen sind 2 rot. Außerdem sind 5 Kugeln nicht rot und tragen keine Zahl.
Eine Kugel wird zufällig gezogen und ist schwarz.
Mit welcher Wahrscheinlichkeit trägt sie unter dieser Bedingung eine Zahl?

4

Ein Zufallsexperiment wird durch folgendes Baumdiagramm beschrieben:

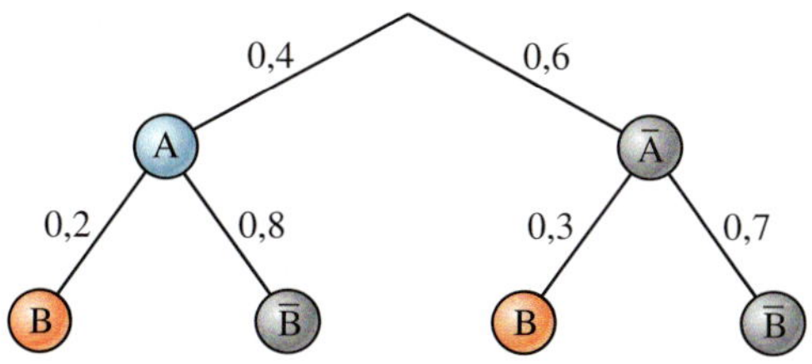

a) Gib die Wahrscheinlichkeiten $P(A \cap B)$ und $P_A(B)$ an.
b) Mit welcher Wahrscheinlichkeit tritt das Ereignis B nicht ein?
c) Bestimme die Wahrscheinlichkeit $P(A \cup B)$.
d) Erstelle eine Vierfeldertafel, die das Zufallsexperiment beschreibt.

5

Es werden 2 Würfel geworfen. Mit welcher Wahrscheinlichkeit ist ihre Augensumme

a) eine Primzahl, wenn die Augensumme gerade ist,
b) eine Primzahl, wenn die Augensumme ungerade ist,
c) ungerade, wenn die Augensumme eine Primzahl ist?

6

Es ist g die Wahrscheinlichkeit, dass eine zufällig ausgewählte Person größer als 1,70 m ist und b die Wahrscheinlichkeit, dass eine zufällig ausgewählte Person die Augenfarbe blau hat. Weiter ist z die Wahrscheinlichkeit, dass eine zufällig ausgewählte Person größer als 1,70 m ist und blaue Augen hat.
Welcher Term gibt dann die Wahrscheinlichkeit an, eine Person zu treffen, die höchstens 1,70 m groß ist und keine blauen Augen hat?

i) $1 - g - b$
ii) $g + b - 2z$
iii) $1 - g - b + z$
iv) $g + b - z$
v) $1 - z + g + b$
vi) $1 - g + b - z$

7

Es werden ein roter und ein blauer Würfel geworfen. Mit welcher Wahrscheinlichkeit zeigt der blaue Würfel eine 1, wenn

a) die Augensumme kleiner als 5 ist,
b) der rote Würfel eine größere Augenzahl als der blaue zeigt?

8

Eine Produktion elektronischer Bauteile hat einen Ausschuss von 15 %.
In der Endkontrolle wird ein nicht voll funktionsfähiges Bauteil mit 90 % Wahrscheinlichkeit erkannt.
Ein einwandfreies Bauteil wird in der Endkontrolle mit einer Wahrscheinlichkeit von 4 % versehentlich reklamiert.

a) Erstelle ein geeignetes Baumdiagramm und eine geeignete Vierfeldertafel.
b) Mit welcher Wahrscheinlichkeit ist ein Bauteil nicht voll funktionstüchtig, wenn es in der Endkontrolle reklamiert wurde?
c) Mit welcher Wahrscheinlichkeit ist ein Bauteil voll funktionstüchtig, wenn es die Endkontrolle unbeanstandet passiert?

Die Lösungen zu den Aufgaben dieser Seite findest du auf den Seiten 167 und 168.

1 Potenzfunktionen mit natürlichen Exponenten

1

Die Funktion $r \mapsto \frac{4}{3}\pi r^3$ ordnet dem Radius r einer Kugel ihr Volumen zu. Wie verändert sich das Volumen, wenn man r verdoppelt bzw. halbiert? Wie wirken sich diese Änderungen auf den Oberflächeninhalt der Kugel aus?

Im Laufe der Zeit haben wir verschiedene Typen von Funktionen kennengelernt, z. B. lineare oder quadratische Funktionen. Ein weiterer Typ ergibt sich durch folgende Festlegung:

$a \cdot x^n$

Koeffizient (a)

Exponent gibt den Grad an (n)

> Funktionen der Form $x \mapsto a \cdot x^n$ ($n \in \mathbb{N}$) nennt man **Potenzfunktionen (n-ten Grades)**.

Die Eigenschaften von Potenzfunktionen hängen vom Exponenten n und dem sogenannten **Koeffizienten** a ab. Wir betrachten im Folgenden Symmetrie, Steigungsverhalten, Wertemenge und den charakteristischen Verlauf im Unendlichen:

Steigungsverhalten und Wertemenge für $a > 0$:

charakteristischer Verlauf: „von links oben nach rechts oben" bzw. „von links unten nach rechts oben"

Gerade Exponenten

Die Graphen sind achsensymmetrisch bezüglich der y-Achse.

a > 0

Für $x < 0$ nehmen mit wachsenden x-Werten die Funktionswerte ab, für $x > 0$ zu.

Für die Wertemenge gilt: $W = \mathbb{R}_0^+$

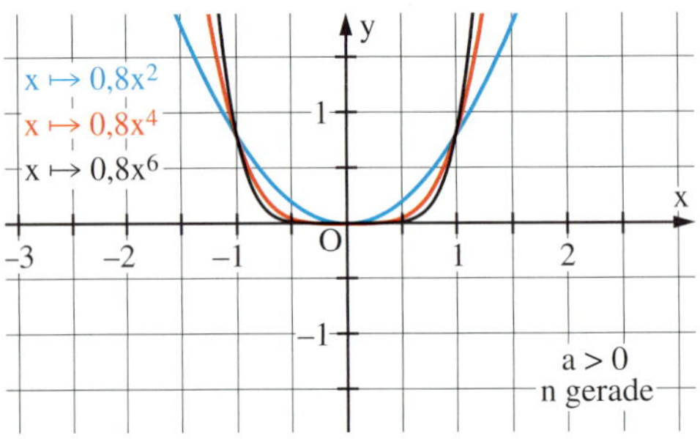

Ungerade Exponenten

Die Graphen sind punktsymmetrisch bezüglich des Koordinatenursprungs.

a > 0

Für alle $x \in \mathbb{R}$ nehmen mit wachsenden x-Werten die Funktionswerte zu.

Für die Wertemenge gilt: $W = \mathbb{R}$

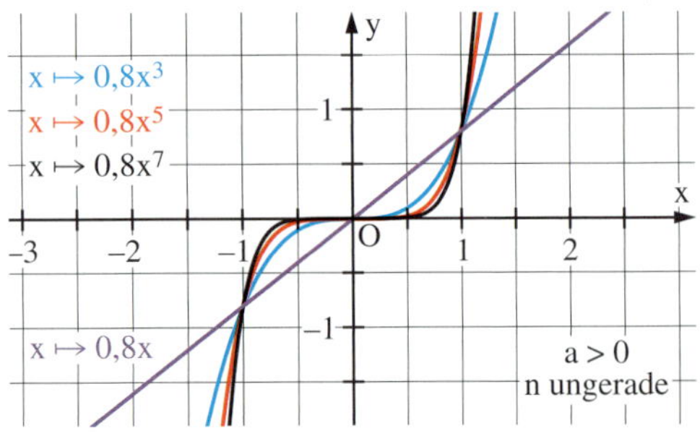

Steigungsverhalten und Wertemenge für $a < 0$:

charakteristischer Verlauf: „von links unten nach rechts unten" bzw. „von links oben nach rechts unten"

a < 0

Für $x < 0$ nehmen mit wachsenden x-Werten die Funktionswerte zu, für $x > 0$ ab.

Für die Wertemenge gilt: $W = \mathbb{R}_0^-$

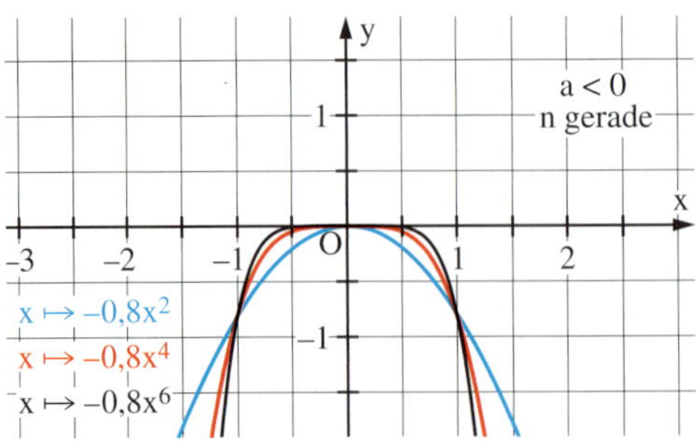

a < 0

Für alle $x \in \mathbb{R}$ nehmen mit wachsenden x-Werten die Funktionswerte ab.

Für die Wertemenge gilt: $W = \mathbb{R}$

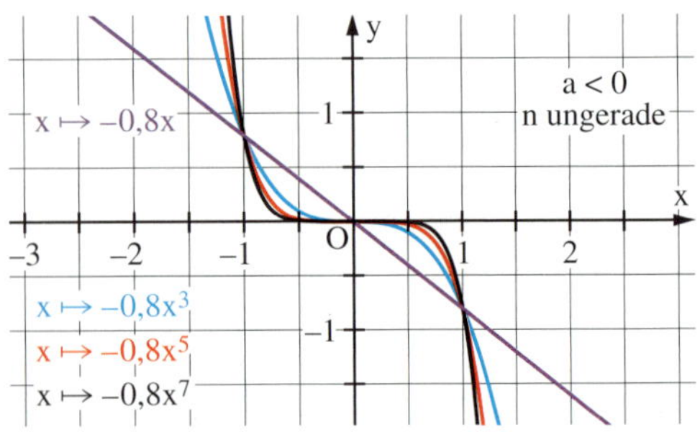

Bemerkung

Bei allen Potenzfunktionen f: $x \mapsto a \cdot x^n$ erhält man zum k-fachen x-Wert den k^n-fachen Funktionswert. Es gilt nämlich: $f(k \cdot x) = a \cdot (kx)^n = k^n \cdot a x^n = k^n \cdot f(x)$.

Z. B. für f: $x \mapsto a \cdot x^2$: Dem 3-fachen x-Wert wird der 3^2-fache Funktionswert zugeordnet.

$f(3x) = a \cdot (3x)^2 = 3^2 \cdot a \cdot x^2 = 9 \cdot f(x)$

Beispiel 1

Bestimme a und n so, dass der Graph G_f der Potenzfunktion $f: x \mapsto a \cdot x^n$ durch $P(-2|4)$ und $S(3|-13{,}5)$ geht. Betrachte zuerst den charakteristischen Verlauf von G_f im Unendlichen. Zeichne zum Abschluss G_f.

Lösung:

P liegt im II., S im IV. Quadranten. Da G_f symmetrisch sein muss, verläuft G_f von „links oben nach rechts unten“.

Es gilt: (I) $4 = a \cdot (-2)^n$

(II) $-13{,}5 = a \cdot 3^n$

Auflösen von (I) nach a; Einsetzen in (II):

$-13{,}5 = \frac{4}{(-2)^n} \cdot 3^n \;\Rightarrow\; -3{,}375 = \left(\frac{3}{-2}\right)^n$

Daraus folgt $n = 3$ und $a = \frac{4}{(-2)^3} = -0{,}5$.

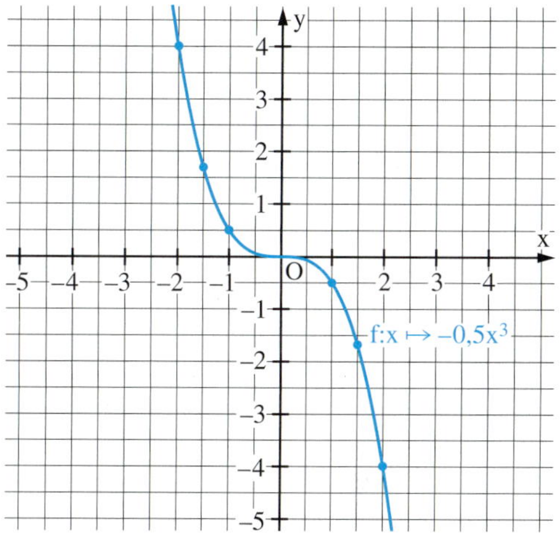

Erinnerung:

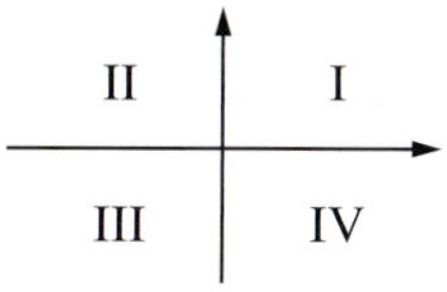

Aus dem charakteristischen Verlauf lässt sich bereits folgern, dass $a < 0$ und n ungerade sein muss.

$n = 3$ erhält man durch Probieren oder durch Lösen von $3{,}375 = \left(\frac{3}{2}\right)^n$: $n = \log_{\frac{3}{2}} 3{,}375$

Beispiel 2

Bei einer regelmäßigen quadratischen Pyramide ist die Höhe h doppelt so lang wie die Grundseite a. Wie ändert sich das Volumen V, wenn man die Grundseite und die Höhe verdoppelt?

Lösung:

Für das Volumen gilt $V(a) = \frac{1}{3} G \cdot h = \frac{1}{3} a^2 \cdot 2a = \frac{2}{3} a^3$. Da die Zuordnung $a \mapsto V(a)$ eine Potenzfunktion dritten Grades ist, wird das Volumen 2^3-mal (also achtmal) so groß.

Alternativer rechnerischer Lösungsweg:

$V(2a) = \frac{2}{3}(2a)^3 = \frac{2}{3} \cdot 8a^3 = 8 \cdot \frac{2}{3} a^3 = 8 \cdot V(a)$

Aufgaben

2

Bestimme n so, dass der Graph der Funktion f: $x \mapsto x^n$ durch den Punkt P geht.

a) $P(3|9)$ b) $P\left(-1{,}5 \middle| -3\frac{3}{8}\right)$

c) $P(1|1)$ d) $P(\sqrt{2}|2^{2,5})$

3

Bestimme a und n so, dass der Graph G_f der Potenzfunktion f mit $f(x) = a \cdot x^n$ durch die Punkte R und S geht. Überlege zuerst, wie G_f prinzipiell verläuft (vgl. Beispiel 1). Zeichne zum Abschluss den Graphen von f.

a) $R(-1|2)$, $S(2|8)$ b) $R(2|-2)$, $S\left(-1 \middle| -\frac{1}{8}\right)$

c) $R(2|1)$, $S(8|64)$ d) $R(0{,}5|0{,}5)$, $S(2|128)$

e) $R(2|-3{,}2)$, $S(-3|24{,}3)$

4

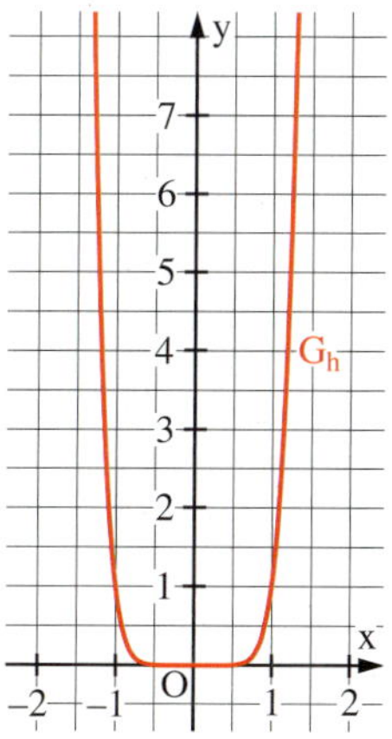

Links ist der Graph der Funktion h: $x \mapsto x^n$ gezeichnet. Bestimme den Wert von n.

5

Zeige, dass der Graph der Potenzfunktion f: $x \mapsto 0{,}5x^3$ durch $Q(2|4)$ und $R(-1|-0{,}5)$ verläuft. Gib den Term einer weiteren Funktion g an, deren Graph ebenso durch Q und R verläuft.

Beschreibe, wie du vorgegangen bist, um deinen Funktionsterm zu finden.

6

a) Wie ändert sich der Flächeninhalt eines Kreises, wenn man den Radius verdoppelt bzw. drittelt? Wie wirken sich diese Veränderungen auf den Umfang aus?

b) Wie ändert sich der Rauminhalt einer Kugel, wenn man den Radius um 20 % vergrößert bzw. den Radius um ein Drittel verkleinert?
Wie wirken sich diese Veränderungen auf den Oberflächeninhalt aus?

7

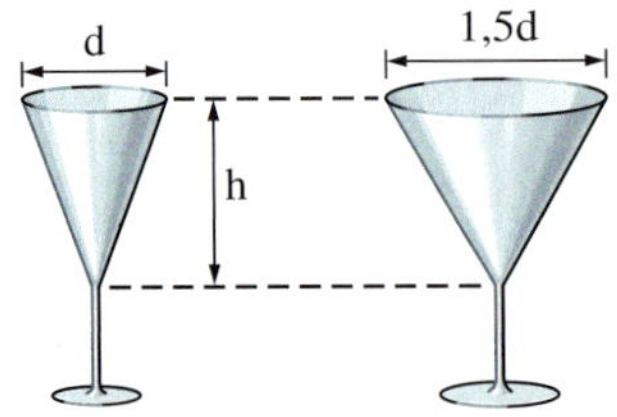

Beide Gläser werden bis oben gefüllt. Wie viel Prozent mehr passt in das rechte Glas?

8

Wahr oder falsch? Begründe.

a) Die Graphen der Potenzfunktionen $x \mapsto x^n$ verlaufen alle durch den Punkt $P(1|1)$.

b) Die Graphen von Potenzfunktionen sind punktsymmetrisch.

c) Die Wertemengen sind nicht bei allen Potenzfunktionen gleich.

d) Die Graphen von zwei verschiedenen Potenzfunktionen haben genau zwei Schnittpunkte.

e) Zu jedem Punkt P kann man ein $n \in \mathbb{N}$ finden, sodass der Graph der Funktion $x \mapsto x^n$ durch P verläuft.

f) Potenzfunktionen weisen alle das gleiche Steigungsverhalten auf.

9

In einem Windkanal wurde die Kraft F auf einen $1\,\text{m}^2$ großen quadratischen Drachen bei verschiedenen Windgeschwindigkeiten v gemessen:

$v\left(\text{in } \frac{\text{m}}{\text{s}}\right)$	4	7	9	12	15
F (in Newton)	11,2	34,3	56,7	100,8	157,5

Prüfe, ob es eine Potenzfunktion $v \mapsto F(v)$ zu dieser Wertetabelle gibt.

10

Seit dem Jahr 2000 spielt man beim Tischtennis mit größeren Bällen. Der Radius r der bis dahin zugelassenen Bälle wurde um 5,3 % vergrößert.

a) Um wie viel Prozent vergrößerte sich das Volumen der Bälle?

b) Um wie viel Prozent war das Volumen der alten Bälle kleiner?

c) Welchen Zweck hatte die Vergrößerung des Volumens? Recherchiere.

11

Zeichne mit Hilfe eines Funktionsplotters für verschiedene natürliche Zahlen n die Graphen der Funktionen $x \mapsto x^{-n}$. Beschreibe, was dir bezüglich Steigungsverhalten, Wertemenge und Symmetrie auffällt.

12

Bestimme die Terme der gezeichneten (teilweise in y-Richtung verschobenen) Potenzfunktionen.

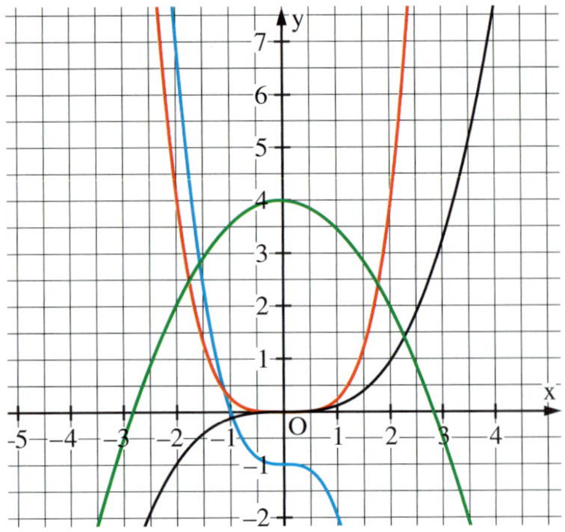

13

Für welche x-Werte verläuft der Graph von f oberhalb des Graphen von h?

a) $f: x \mapsto 2x^2$ und $h: x \mapsto 0{,}1x^4$

b) $f: x \mapsto 0{,}5x^3$ und $h: x \mapsto 2x^6$

14

Der Graph einer Funktion f verläuft für $x \in]-2;2[$ $(x \in]0;5[)$ oberhalb des Graphen der Funktion g und sonst unterhalb. Gib für f und g mögliche Funktionsterme an.

G 15

Gegeben sind die Funktionen $f: x \mapsto x^2 - 2x + 3$ und $g_m: x \mapsto mx + 3$.

a) Zeichne die Graphen von f und g_1.

b) Berechne die Schnittpunkte von G_f und G_{g_1}.

c) Wie ist m zu wählen, damit sich die Graphen in einem Punkt berühren? Welche Koordinaten hat er?

G 16

Löse die Exponentialgleichung:
$4 \cdot 1{,}2^x - 7 \cdot 0{,}9^x = 0$

2 Eigenschaften ganzrationaler Funktionen

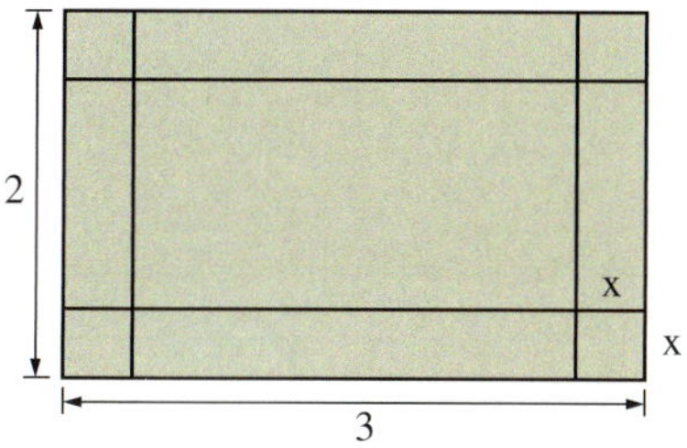

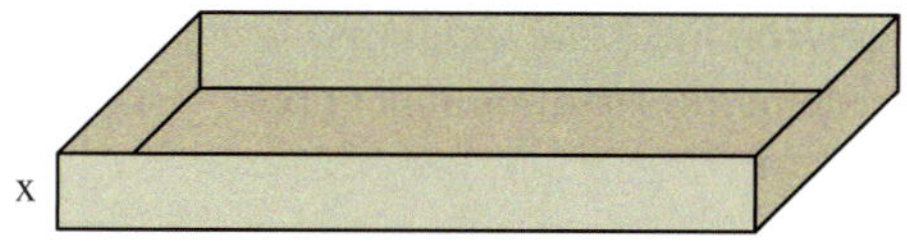

1

Aus einem rechteckigen Karton (alle Angaben in Dezimeter) soll eine offene Schachtel hergestellt werden. Dazu werden an den Ecken jeweils Quadrate der Kantenlänge x ausgeschnitten und die überstehenden Kartonstücke nach oben gefaltet.

a) Bestimme das Volumen V(x) der Schachtel in Abhängigkeit von x in ausmultiplizierter Form.

b) Zeichne ggf. mit einem Funktionsplotter den Graphen der Funktion $x \mapsto V(x)$.

Durch Kombination von Potenzfunktionen gelangt man zu einem weiteren Funktionstyp.

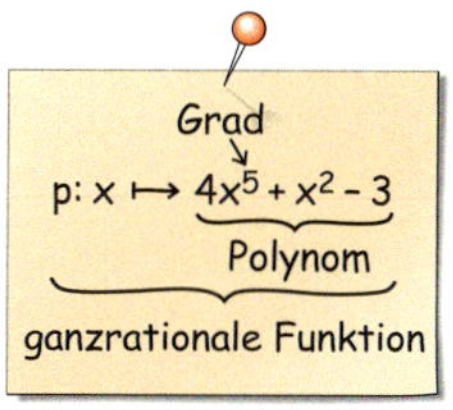

Terme wie z. B. $-5x^6 + 3x^4 + x^3 - x + 6$ oder $2x^{18} + 2x^9 - \frac{1}{2}x$, die aus Summen von Potenzen (mit Exponenten aus $\mathbb{N}_0$) derselben Variablen und zugehörigen Koeffizienten bestehen, nennt man **Polynome**. Der höchste in einem Polynom bei einer Variable vorkommende Exponent heißt **Grad des Polynoms**.
Eine Funktion $p: x \mapsto p(x)$, deren Funktionsterm p(x) ein Polynom ist, heißt **ganzrationale Funktion**.
Der Grad des Polynoms wird dann auch als Grad der ganzrationalen Funktion bezeichnet.

Bemerkungen

- Üblicherweise schreibt man Polynome so auf, dass man die Potenzen vom höchsten zum niedrigsten Exponenten ordnet. Dies erleichtert den Vergleich verschiedener Polynome.
- Allgemein hat ein Polynom vom Grad 3 die Form $a_3x^3 + a_2x^2 + a_1x + a_0$, beispielsweise sind bei $-2x^3 + x^2 - 3$ die Koeffizienten $a_3 = -2$, $a_2 = 1$, $a_1 = 0$ (denn x ist nicht enthalten) und $a_0 = -3$. In entsprechender Weise werden auch bei Polynomen höheren Grades die Koeffizienten nummeriert, z. B. ist bei $-5x^6 + 3x^4 + x^3 - x + 6$:
  $a_6 = -5$, $a_5 = 0$, $a_4 = 3$, $a_3 = 1$, $a_2 = 0$, $a_1 = -1$ und $a_0 = 6$.
- Die bereits bekannten quadratischen Funktionen $x \mapsto a_2x^2 + a_1x + a_0$ haben den Grad 2, die linearen Funktionen $x \mapsto a_1x + a_0$ haben den Grad 1 und die konstanten Funktionen $x \mapsto a_0$ haben wegen $a_0 = a_0x^0$ den Grad 0.

Erinnerung:
$x^0 = 1$, $x^1 = x$

Statt Polynom vom Grad n sagt man auch Polynom n-ten Grades.

Am Beispiel von $f: x \mapsto 3x^3 - 5x^2 + 2$ betrachten wir das Verhalten von ganzrationalen Funktionen für betragsmäßig große x-Werte. Der Taschenrechner liefert:

x	-10^6	-10^4	-10^2	-1	0	1	10^2	10^4	10^6
f(x)	$\approx -3 \cdot 10^{18}$	$\approx -3 \cdot 10^{12}$	$\approx -3 \cdot 10^6$	-6	2	0	$\approx 3 \cdot 10^6$	$\approx 3 \cdot 10^{12}$	$\approx 3 \cdot 10^{18}$

Man erkennt: Für betragsmäßig immer größer werdende x-Werte werden die Funktionswerte von f betragsmäßig immer größer.

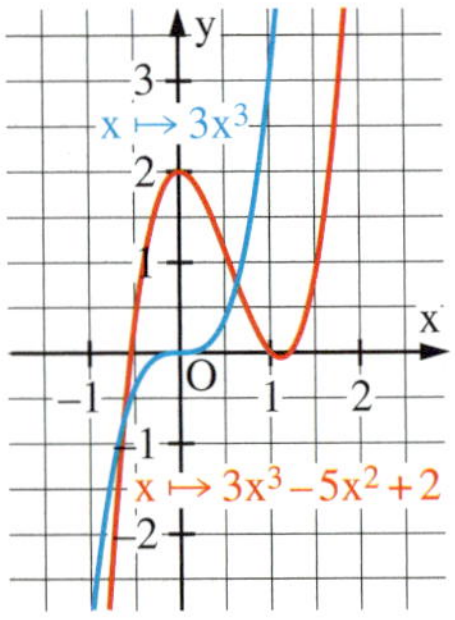

Dies lässt sich durch Ausklammern der Potenz mit dem höchsten Exponenten und Analyse des entstehenden Terms bestätigen:

$$f(x) = 3x^3 - 5x^2 + 2 = 3x^3 \cdot \left(1 - \frac{5}{3x} + \frac{2}{3x^2}\right)$$

Für betragsmäßig wachsende x-Werte nähern sich die Werte der Terme $\frac{5}{3x}$ und $\frac{2}{3x^2}$ immer mehr null. Das bedeutet, dass sich die Werte des Terms $1 - \frac{5}{3x} + \frac{2}{3x^2}$ in der Klammer immer mehr der Zahl 1 nähern. Folglich bestimmt der Term $3x^3$ das Verhalten der Funktionswerte für betragsmäßig große x-Werte.
Bei jeder ganzrationalen Funktion lässt sich der Summand mit dem höchsten Exponenten ausklammern und entsprechend argumentieren.

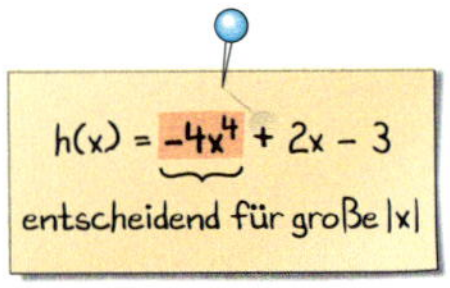

> Das Verhalten einer ganzrationalen Funktion wird für betragsmäßig große x-Werte durch den Summanden mit dem höchsten vorkommenden Exponenten bestimmt.

Bezogen auf betragsmäßig große x-Werte gibt es daher für die Graphen ganzrationaler Funktionen wie bei den Graphen der Potenzfunktionen (vgl. Seite 108) nur folgende vier charakteristische Verläufe im Unendlichen:

„von links oben nach rechts oben“:

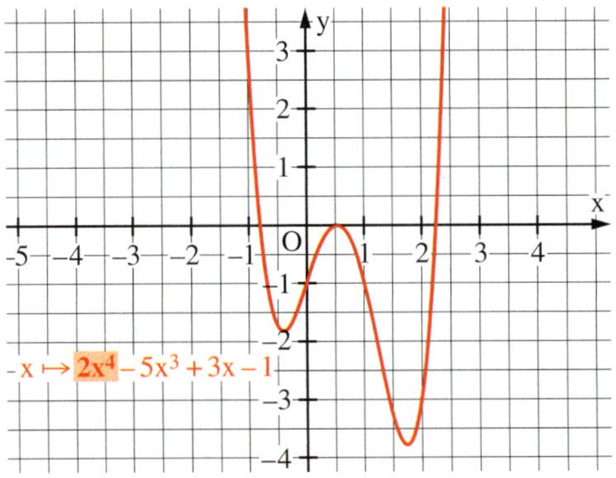

„von links unten nach rechts oben“:

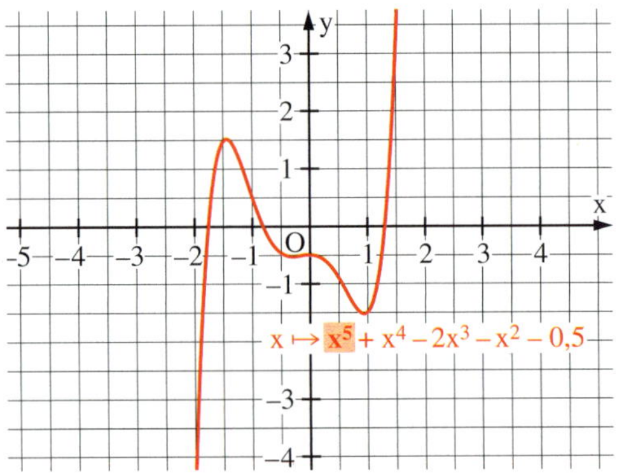

„von links unten nach rechts unten“:

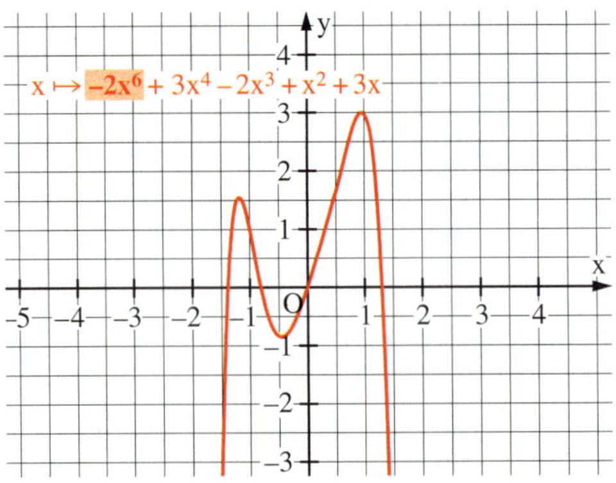

„von links oben nach rechts unten“:

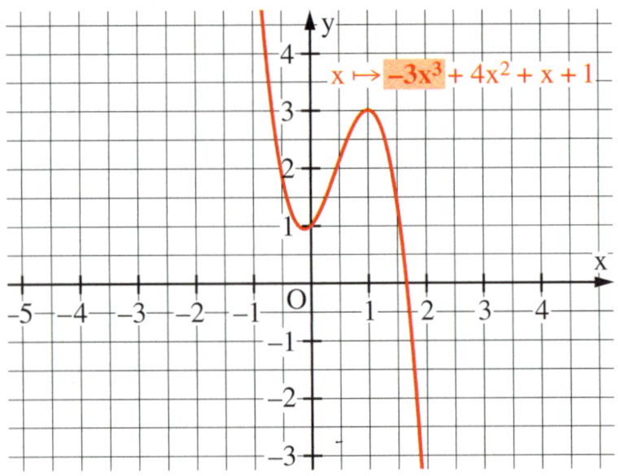

Ist der höchste vorkommende Exponent gerade, so verläuft also der Graph „von oben nach oben“ oder „von unten nach unten“.

Ist der höchste vorkommende Exponent ungerade, so verläuft also der Graph „von unten nach oben“ oder „von oben nach unten“.

Beispiel 1

Entscheide, ob die gegebene Funktion ganzrational ist. Gib gegebenenfalls den Grad und die Koeffizienten an.

a) $f: x \mapsto \frac{7x^4}{3} - \sqrt{5}\,x + 1$ b) $h: x \mapsto x(x-4) - x^2$ c) $g: x \mapsto \frac{x^2}{x+1}$

Lösung:

a) f ist ganzrational und hat den Grad 4.
Koeffizienten: $a_4 = \frac{7}{3}$; $a_3 = a_2 = 0$; $a_1 = -\sqrt{5}$; $a_0 = 1$.

b) Wegen $h(x) = x^2 - 4x - x^2 = -4x$ ist h ganzrational vom Grad 1: $a_1 = -4$; $a_0 = 0$.

c) Bei g handelt es sich um eine gebrochenrationale Funktion.

Beispiel 2

Untersuche für die Funktion $g: x \mapsto -(2 - x^2)(-0{,}5x^3 + x)$ welchen charakteristischen Verlauf der zugehörige Graph aufweist.

Lösung:

Es gilt $g(x) = -(2 - x^2)(-0{,}5x^3 + x) = -[-x^3 + 2x + 0{,}5x^5 - x^3] = -0{,}5x^5 + 2x^3 - 2x$.
Der Summand mit dem höchsten vorkommenden Exponenten ist $-0{,}5x^5$. Daher verläuft der Graph von g „von links oben nach rechts unten“.

Aufgaben

Hinweis zu den Aufgaben 3 bis 5: Die „charakteristischen Verläufe“ sind auf S. 112 beschrieben.

2

Entscheide, ob die gegebene Funktion ganzrational ist. Gib gegebenenfalls den Grad und die Koeffizienten an.

a) $x \mapsto 2 + x^5 - 2x^3$ b) $x \mapsto 1 + \sqrt{5}\,x$

c) $x \mapsto x^2 + 2^x$ d) $x \mapsto -x(x^4 + 3)$

e) $x \mapsto x^2 - \frac{x}{3}$ f) $x \mapsto x^4 - \frac{3}{x}$

g) $x \mapsto (x-1)^2(x-7)$ h) $x \mapsto x^3 + \sin(2x)$

3

Untersuche, welchen charakteristischen Verlauf der Graph der Funktion aufweist.

a) $x \mapsto 2x^4 - 2x^6 + 1$ b) $x \mapsto x^3(1 - x^2)$

c) $x \mapsto 100x^2 + x^3$ d) $x \mapsto x^6 + 10^{-7}x^7$

e) $x \mapsto (2 - x)^3 + x^4$ f) $x \mapsto \frac{1}{2}x^3 - 1 - x^3$

g) $x \mapsto x^n + x^3 - 2x^n$ h) $x \mapsto (x^{-3} - x^{-2})x^5$

i) $x \mapsto 2x^2(4 - 3x)^2$ k) $x \mapsto 2x^{2n} - 1$

l) $x \mapsto -\frac{1}{4}(2x^2 - 4x)^2(x^3 - 1) - 2x^6 + 2x^7$

m) $x \mapsto (x^4 - 2)(3 - x^4)(x - 1)(x + 1)$

4

a) Gib für jeden der vier möglichen charakteristischen Verläufe des Graphen einer ganzrationalen Funktion zwei Funktionsterme mit unterschiedlichem Grad an.

b) Gib deinem Nachbarn die in a) aufgeschriebenen Funktionsterme und lass ihn jeweils den charakteristischen Verlauf der zugehörigen Graphen dazuschreiben.

5

Fasse die Funktionen nach sinnvollen Kriterien (z. B. „Hat die Funktion bei $x = 0$ eine Nullstelle?“ oder „Schneidet der Graph die x-Achse?“ oder „Wie ist der charakteristische Verlauf des Graphen?“ oder ...) in Gruppen zusammen.

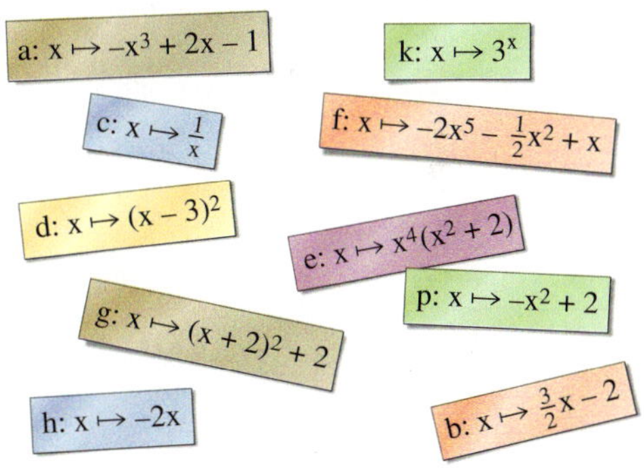

6 💻

a) Zeichne mit Hilfe eines Funktionsplotters den Graphen der ganzrationalen Funktion $f: x \mapsto \frac{1}{50}x^4 + x^3 - x + 1$. Entspricht das Ergebnis deinen Kenntnissen über Graphen von ganzrationalen Funktionen vierten Grades?

b) Erstelle den Graphen einer ganzrationalen Funktion 5. Grades, der in einem Teilbereich aussieht wie der Graph einer ganzrationalen Funktion 4. Grades.

7
Welcher Graph gehört zu welcher Funktion? Begründe.
Es ergibt sich ein Lösungswort.

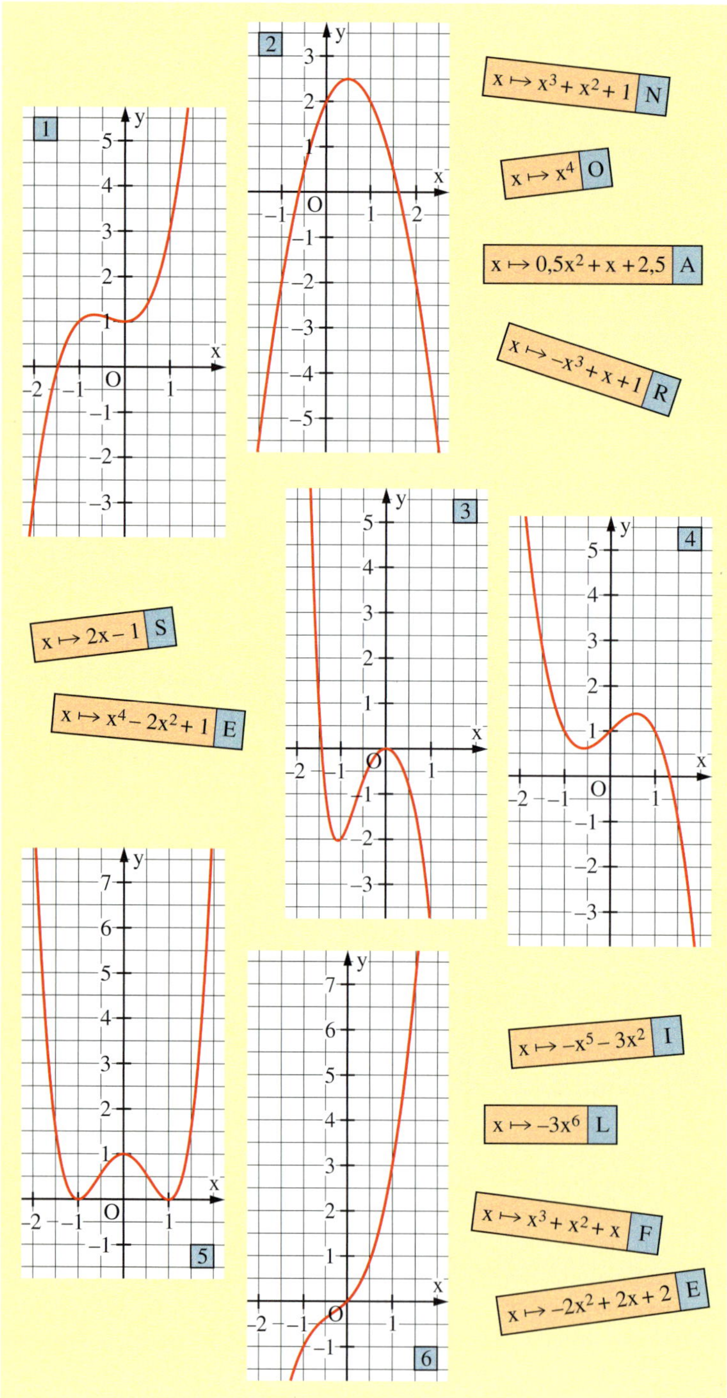

8 💻

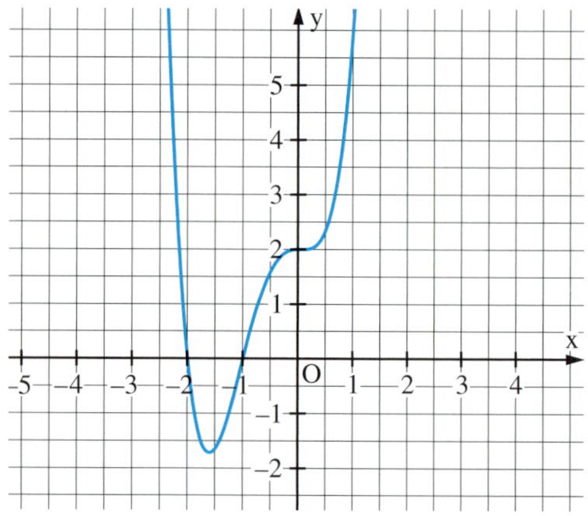

Die Abbildung zeigt den Graphen der Funktion f: $x \mapsto \square\, x^{\square} + \square\, x^3 - 0{,}5\,x^2 + 2$. Es ist bekannt: f hat genau zwei Nullstellen. Der Grad von f ist kleiner als 6. Die fehlenden Koeffizienten sind größer als –5 und kleiner als 5.

a) Welchen Grad hat f? Begründe.
b) Bestimme unter Verwendung eines Funktionsplotters die fehlenden Koeffizienten.

9 (💻)
Gegeben sind die Punkte A(–1|–1), B(0|2), C(1|2) und D(2|2). Mit Hilfe des Ansatzes $f(x) = a\,x^3 + b\,x^2 + c\,x + d$ soll eine ganzrationale Funktion vom Grad 3 bestimmt werden, deren Graph durch die gegebenen Punkte verläuft.

a) Zeichne A, B, C und D in ein Koordinatensystem und skizziere einen möglichen Graphen durch die Punkte.
b) Begründe, warum $d = 2$ gilt.
c) Erstelle mit Hilfe der gegebenen Punkte ein Gleichungssystem für die drei unbekannten Koeffizienten a, b und c, löse es und gib den Funktionsterm an.
d) Zeichne oder plotte den Graphen und vergleiche den Verlauf mit deiner Skizze.

G 10
Schreibe als Produkt.

a) $5\,a^2 - 15\,a$
b) $r^2 - s^2$
c) $36\,t^3 r^2 + 48\,r^3 t^2$
d) $24\,x^5 - 16\,x^3 - 8\,x^3$
e) $b^2 - 5\,b + 6$
f) $x + \frac{1}{4} + 4\,x^2$
g) $2\,z^3 - 2\,z$
h) $2\,x^2 - 6\,x + 4$

3 Nullstellen und Faktorisieren

Erinnerung:
Ein Produkt ist genau dann null, wenn mindestens ein Faktor null ist.

1

Gegeben ist die Funktion $f: x \mapsto x^3 - 2x^2 - x + 2 = (x-2)(x-1)(x+1)$. Markiere $f(0)$ und die Nullstellen von f in einem Koordinatensystem und skizziere dann den Graphen von f.

Das folgende Bild zeigt Beispiele für Graphen von ganzrationalen Funktionen dritten und vierten Grades:

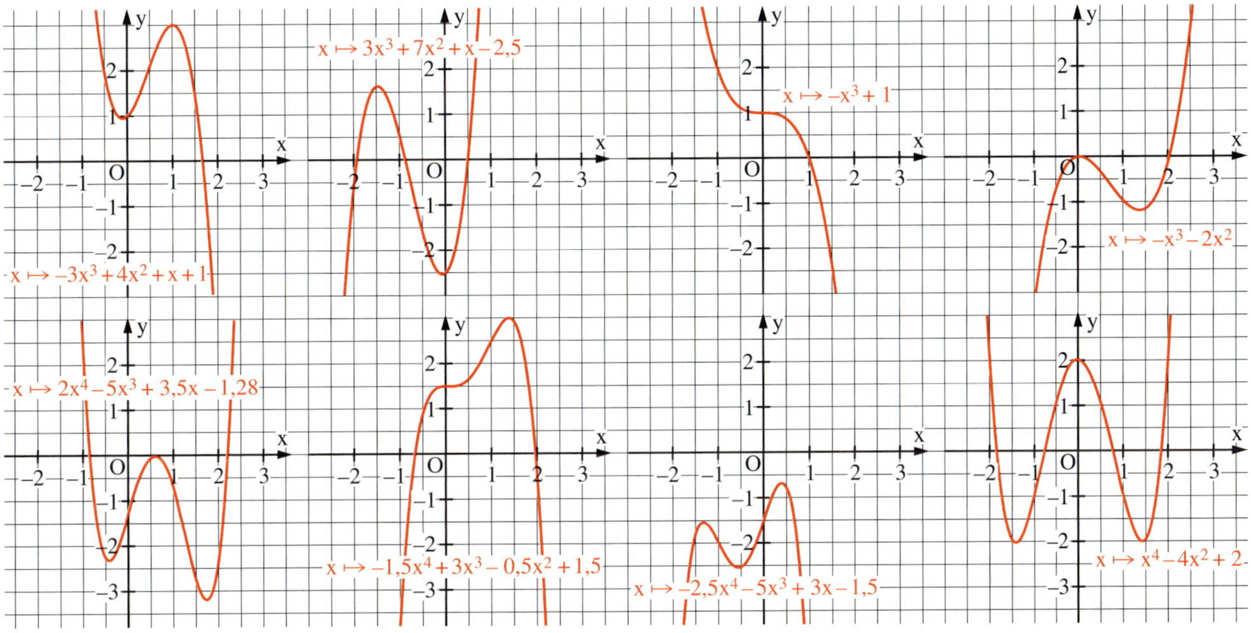

Erinnerung:
Nullstellen quadratischer Funktionen
$f: x \mapsto ax^2 + bx + c$
können mit der Lösungsformel
$x_{1/2} = \frac{-b \pm \sqrt{b^2-4ac}}{2a}$
bestimmt werden.

Aus dem Funktionsterm können wir bereits das Verhalten des Graphen für betragsmäßig große x-Werte ablesen. Weitere Anhaltspunkte über den genaueren Verlauf des Graphen erhält man durch Kenntnis der Nullstellen und des Funktionswerts an der Stelle Null.
Für ganzrationale Funktionen vom Grad 1 (lineare Funktionen) und Grad 2 (quadratische Funktionen) können wir bereits Nullstellen bestimmen. Für ganzrationale Funktionen höheren Grades ergeben sich bei der Nullstellenbestimmung Gleichungen, die man im Allgemeinen nicht mit einer Formel lösen kann.
Die Funktion $f: x \mapsto (x-2)(x^2-4x+3)$ ist eine ganzrationale Funktion dritten Grades. Sie weist zur Bestimmung der Nullstellen eine besonders günstige Form auf, da man an ihrem sogenannten **Linearfaktor** $x-2$ unmittelbar die Nullstelle $x=2$ ablesen kann. Ist also ein Polynom in der Produktform $f(x) = (x-a)\cdot g(x)$ gegeben, dann ist a eine Nullstelle. Umgekehrt gilt:

> **Satz**
> Ist a eine Nullstelle einer ganzrationalen Funktion f vom Grad n, dann lässt sich $f(x)$ in der Form $f(x) = (x-a)\cdot g(x)$ schreiben. Dabei ist $g(x)$ ein Polynom vom Grad $n-1$.

Auf den Beweis verzichten wir an dieser Stelle.

$(x-2)(x^2-4x+3)$
$= x^3-6x^2+11x-6$
also
(x^2-4x+3)
$= (x^3-6x^2+11x-6):(x-2)$

Der Satz besagt also, dass man bei Kenntnis einer Nullstelle einer ganzrationalen Funktion den Funktionsterm in ein Produkt umformen kann. Wegen $f(x) = (x-a)\cdot g(x)$ findet man den zweiten Faktor $g(x)$, indem man $f(x)$ durch $(x-a)$ dividiert: $g(x) = f(x):(x-a)$. Folgendes Beispiel zeigt, wie sich diese sogenannte **Polynomdivision** durchführen lässt:

$$
\begin{array}{l}
(5x^2+7x+2):(x+1) = 5x+2 \\
-(5x^2+5x) \\
\hline
\qquad 2x+2 \\
\qquad -(2x+2) \\
\hline
\qquad\qquad 0
\end{array}
$$

Dividiere $5x^2$ durch x.
Multipliziere das Ergebnis $5x$ mit $x+1$,
subtrahiere $5x^2+5x$ von $5x^2+7x+2$.
Dividiere $2x$ durch x.
Multipliziere das Ergebnis 2 mit $x+1$,
subtrahiere $2x+2$ von $2x+2$.

***Strategie:** Systematisches Probieren*

Bemerkungen

- Um den Term einer ganzrationalen Funktion mit $n \geqq 3$ mittels Polynomdivision in ein Produkt mit einem Linearfaktor umzuwandeln, muss man also bereits eine Nullstelle der Funktion kennen. Ist dies nicht der Fall, so ist man auf systematisches Probieren beim Ermitteln dieser Nullstelle angewiesen.
- Sind alle Koeffizienten ganze Zahlen, so kommen als ganzzahlige Nullstellen nur Teiler des konstanten Glieds in Frage. Bei der Funktion $f: x \mapsto 2x^3-5x^2-4x+3$ also beispielsweise die Zahlen -3, -1, 1 und 3.
- Ist in einem Polynom das konstante Glied nicht vorhanden, so ist die Zahl Null eine Nullstelle dieses Polynoms und man geht folgendermaßen vor:
  $x^5-2x^4-x^3 = 0$
  $x^3(x^2-2x-1) = 0$ (Ausklammern von x^3)
  $x = 0$ oder $x^2-2x-1 = 0$
  Lösungen: $x_1 = 0$; $x_2 = 1-\sqrt{2}$; $x_3 = 1+\sqrt{2}$

Ist a eine Nullstelle und b eine weitere Nullstelle der Funktion f mit $f(x) = (x-a)\cdot g(x)$, so muss b auch Nullstelle von g sein. Für f gilt also auch $f(x) = (x-a)\cdot(x-b)\cdot h(x)$, wobei $h(x)$ ein Polynom vom Grad $n-2$ ist. Mit jeder weiteren Nullstelle von f lässt sich ein weiterer Linearfaktor „abspalten“. Bei diesem Verfahren erniedrigt sich der Grad des verbleibenden Polynoms jeweils um 1. Daher kann es maximal n Linearfaktoren geben.

Satz
Eine ganzrationale Funktion vom Grad n hat höchstens n Nullstellen.

Bemerkung
Eine ganzrationale Funktion vom Grad n kann auch weniger als n Nullstellen haben. So hat z. B. die Funktion $f: x \mapsto x^n+1$ keine Nullstellen, wenn n gerade ist und -1 als einzige Nullstelle, wenn n ungerade ist.

Der Faktor x^2+2 liefert keine weiteren Nullstellen.

Statt k-fache Nullstelle sagt man auch Nullstelle k-ter Ordnung.

Am vollständig faktorisierten Term der Funktion $f: x \mapsto 2x(x+2)(x-1)^3(x-2)^2(x^2+2)$ kann man die Nullstellen $x_1 = 0$, $x_2 = -2$, $x_3 = 1$ und $x_4 = 2$ ablesen. Die Linearfaktoren x und $x+2$ kommen einmal vor, man spricht daher von einer **einfachen Nullstelle**. Der Linearfaktor $x-2$ kommt wegen des Quadrats zweimal vor, der Linearfaktor $x-1$ dreimal; man spricht von einer **doppelten** bzw. **dreifachen Nullstelle**. Allgemein spricht man von einer **k-fachen Nullstelle**, wenn in der vollständig faktorisierten Form eines Funktionsterms der entsprechende Linearfaktor k-mal vorkommt.

Das Verhalten des Graphen einer ganzrationalen Funktion in der Umgebung einer Nullstelle hängt von der Vielfachheit der Nullstelle ab:

Einfache Nullstelle: | Doppelte Nullstelle: | Dreifache Nullstelle: | Vierfache Nullstelle: | Fünffache Nullstelle: | Sechsfache Nullstelle:

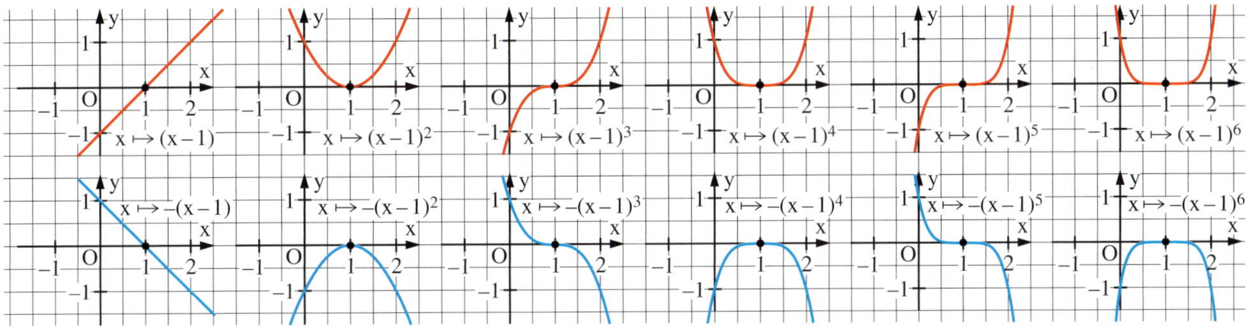

Vorzeichenwechsel der Funktionswerte | kein Vorzeichenwechsel der Funktionswerte | Vorzeichenwechsel der Funktionswerte | kein Vorzeichenwechsel der Funktionswerte | Vorzeichenwechsel der Funktionswerte | kein Vorzeichenwechsel der Funktionswerte

Bei Nullstellen gerader Ordnung berührt der Graph die x-Achse, kreuzt sie aber nicht.

Bemerkung
Allgemein gilt: Bei Nullstellen ungerader Ordnung ergibt sich ein Vorzeichenwechsel der Funktionswerte, bei Nullstellen gerader Ordnung ergibt sich kein Vorzeichenwechsel.

Lässt sich der Term einer ganzrationalen Funktion f vollständig in Linearfaktoren zerlegen, so kann leicht eine aussagekräftige Skizze des Graphen von f erstellt werden.
Eine Möglichkeit, wie man dabei vorgehen kann, wird im Folgenden exemplarisch anhand der Funktion $f: x \mapsto 0{,}1\,(x+2)\,(x-1)^2\,(x-3) = 0{,}1\,x^4 - 0{,}3\,x^3 - 0{,}3\,x^2 + 1{,}1\,x - 0{,}6$ gezeigt:

– Am faktorisierten Term liest man alle Nullstellen ab:
  $x_1 = -2$; $x_2 = 1$ (doppelt);
  $x_3 = 3$
  Man markiert diese auf der x-Achse und trägt den Schnittpunkt $S(0|-0{,}6)$ des Graphen mit der y-Achse ein.

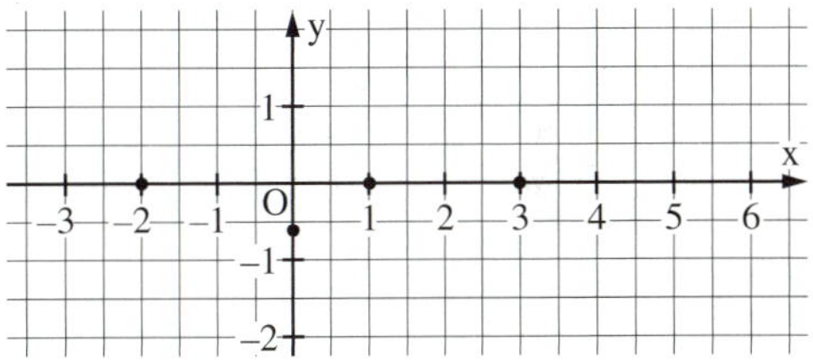

Alternativ kann man den Funktionswert an einer Stelle, die links von der „kleinsten“ Nullstelle $x_1 = -2$ liegt, z. B. $f(-3) = 9{,}6$, berechnen. Da dieser Wert größer als null ist, müssen alle Funktionswerte links von $x_1 = -2$ positiv sein.

Felderabstreichen:
Die Felder in denen der Graph nicht verlaufen kann, kann man abstreichen (hier grau markiert).

– Am ausmultiplizierten Term liest man ab: $0{,}1\,x^4$ ist entscheidend für das Verhalten für große $|x|$, also kommt der Graph „von links oben“. Man zeichnet daher den Graphen („von oben aus dem Unendlichen kommend“) bis zur Nullstelle $x_1 = -2$ oberhalb der x-Achse.
  Da bei $x_1 = -2$ eine einfache Nullstelle vorliegt, wird danach unterhalb der x-Achse weitergezeichnet.

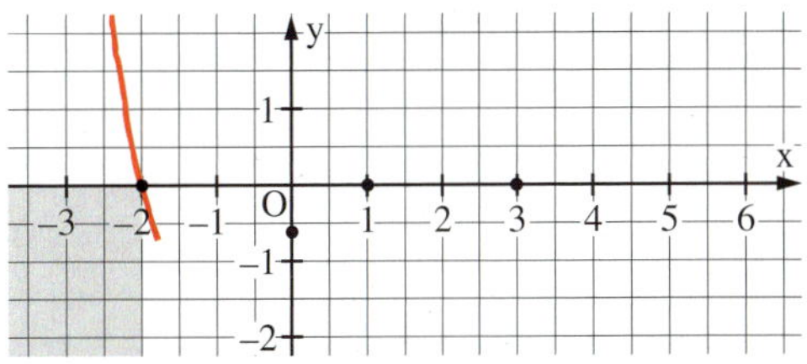

– Anschließend muss der Graph so weitergeführt werden, dass er bei $S(0|-0{,}6)$ die y-Achse schneidet.

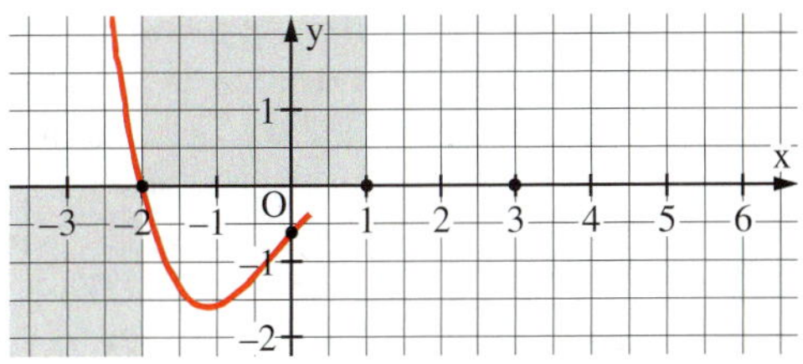

- Der Graph muss sich dann der Nullstelle $x_2 = 1$ nähern.
  Da diese doppelt ist, zeichnet man den Graphen so, dass er die x-Achse bei $x_2 = 1$ berührt und anschließend weiterhin unterhalb der x-Achse verläuft.

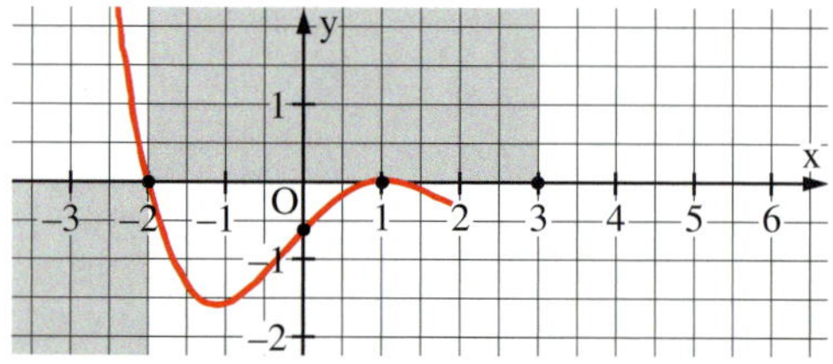

- Der Graph muss sich anschließend der Nullstelle bei $x_3 = 3$ nähern. Da diese einfach ist, schneidet der Graph die x-Achse und verläuft „ins Unendliche“.

Charakteristische Eigenschaften: Verlauf im Unendlichen, Nullstellen, Schnittpunkt mit der y-Achse

Ein weiterer möglicher Graph mit denselben charakteristischen Eigenschaften ist blau eingezeichnet.

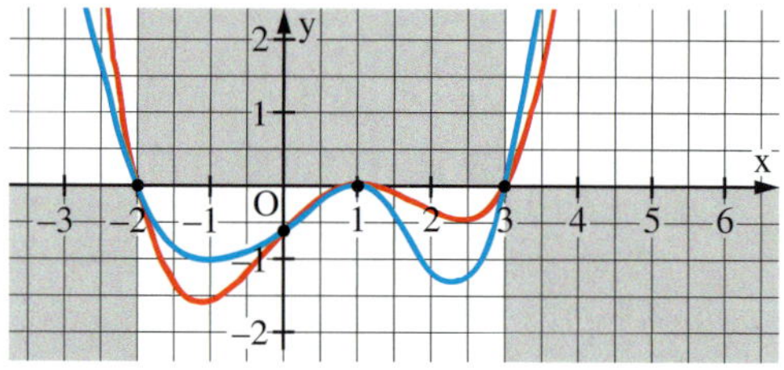

Enthält der vollständig faktorisierte Term einer ganzrationalen Funktion g auch nicht-lineare Faktoren, so ist es meist schwieriger, eine aussagekräftige Skizze zu erstellen.
Für g: $x \mapsto 0{,}07\,(x-3)(x+2)(0{,}5\,x^2+2)$ ist es mit unseren Kenntnissen z. B. nicht einzusehen, ob der Graph unter der x-Achse einen oder zwei „Tiefpunkte“ aufweist (Fig. rechts). Dagegen ist bei der oben betrachteten Funktion f gesichert, dass es zwei „Tiefpunkte“ gibt.

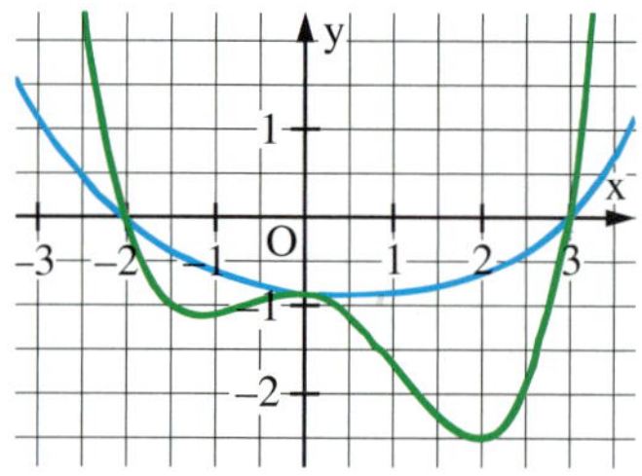

Ausblick: *In der 11. Jahrgangsstufe wird es möglich sein, die Lage von „Tiefpunkten“ genau zu bestimmen.*

Beispiel 1
Bestimme für f: $x \mapsto f(x) = 2 + x^3 - 3x$ alle Nullstellen und schreibe f(x) in vollständig faktorisierter Form.
Lösung:
Durch Probieren: $x_1 = 1$ ist Nullstelle von f.

$$\begin{array}{l} (x^3 + 0x^2 - 3x + 2) : (x-1) = \underbrace{x^2 + x - 2}_{\text{quadratische Funktion}} \\ \underline{-(x^3 - x^2)} \\ \quad x^2 - 3x + 2 \\ \quad \underline{-(x^2 - x)} \\ \qquad -2x + 2 \\ \qquad \underline{-(-2x + 2)} \\ \qquad\qquad 0 \end{array}$$

Nullstellen der Parabel: $x_2 = 1$; $x_3 = -2$.
Also gilt: $f(x) = (x-1)(x^2+x-2)$
$= (x-1)^2(x+2)$

Strategie: *Systematisches Probieren*

Bei $x_1 = x_2 = 1$ liegt eine doppelte Nullstelle vor.

Beispiel 2
Eine ganzrationale Funktion fünften Grades besitzt zwei doppelte und eine einfache Nullstelle. Skizziere zwei verschiedene mögliche Graphen.
mögliche Lösung:

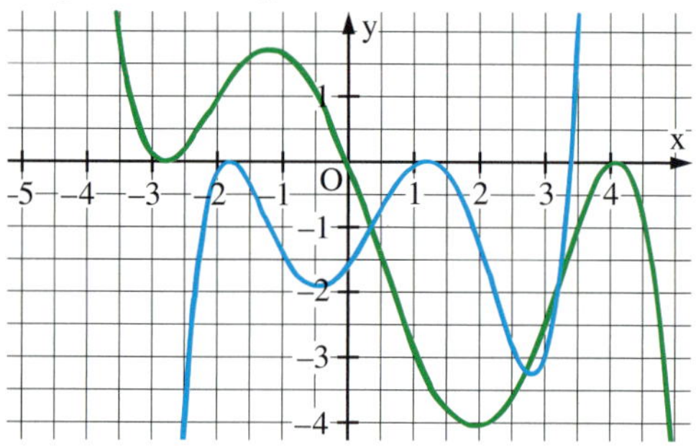

Beispiel 3
Gegeben sind die Funktionen f: $x \mapsto 3x^3 - 2x + 2$ und h: $x \mapsto -2x^3 + 3x + 2$.
Bestimme die Schnittpunkte der Graphen von f und h.
Lösung:

Ansatz: $f(x) = h(x)$
$3x^3 - 2x + 2 = -2x^3 + 3x + 2$
$\Rightarrow \quad 5x^3 - 5x = 0$
$\Rightarrow \quad 5x(x^2 - 1) = 0$
$\Rightarrow \quad 5x(x-1)(x+1) = 0$

x-Koordinaten der drei Schnittpunkte:
$x_1 = 0$; $x_2 = 1$; $x_3 = -1$
Mit $f(0) = 2$, $f(1) = 3$ und $f(-1) = 1$ ergeben sich die drei Schnittpunkte $S_1(0|2)$, $S_2(1|3)$ und $S_3(-1|1)$.

Erinnerung: *Durch Gleichsetzen der Funktionsterme können die Schnittpunkte zweier Funktionsgraphen rechnerisch bestimmt werden. Jede Lösung dieser Gleichung liefert die x-Koordinate eines Schnittpunktes.*

Aufgaben

Lösungssalat zu 2g) – m):

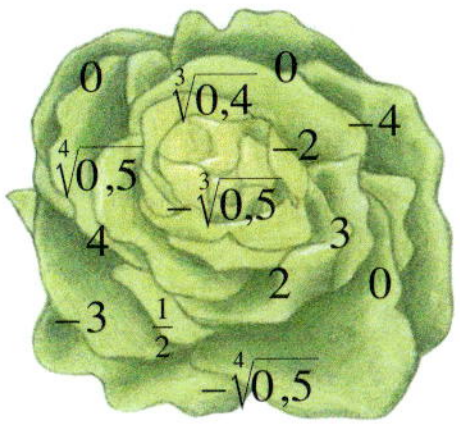

Lösungssalat zu 3c) – h):

2
Ermittle für den Funktionsterm die Nullstellen der zugehörigen Funktion.
a) $f(x) = x(x^2 - 4)$ b) $k(x) = x^2 - x - 2$
c) $f(t) = 0{,}5 - t^2$ d) $g(x) = 2x - 1 + 3x$
e) $h(a) = 2a^4 + 6$ f) $r(x) = (x^2 - 2)^2$
g) $k(s) = 3s^2 - \frac{1}{3}s^4$ h) $f(x) = 2x^2 + 4x^5$
i) $d(r) = 2r^2 - \sqrt{2}$ k) $h(t) = t^3 - 2t^2 - 8t$
l) $g(t) = (t-2)^3(2 - 5t^3)$
m) $h(r) = \left(1 - 2r\right)\left(\frac{1}{2}r + 1\right) + 1 - 2r$

3
Bestimme mit Hilfe einer Substitution die Nullstellen der zugehörigen Funktion.
Beispiel: $f(x) = x^4 - 7x^2 + 12$
Ansatz: $x^4 - 7x^2 + 12 = 0$
Substitution: $z = x^2$
$\Rightarrow \quad z^2 - 7z + 12 = 0 \quad \Rightarrow \quad z_1 = 4;\ z_2 = 3$
Lösungen: $x_1 = -\sqrt{4} = -2;\ x_2 = \sqrt{4} = 2;$
$x_3 = -\sqrt{3};\ x_4 = \sqrt{3}$
a) $f(t) = t^4 - 5t^2 + 6$ b) $r(x) = x^2 + 2 - x^4$
c) $g(s) = 5 - 6s^2 + s^4$ d) $h(v) = 4v^2 - \frac{1}{4}v^4$
e) $k(t) = t^4 - 8 - 2t^2$ f) $d(t) = t^3 + \frac{1}{2}t^6 - 4$
g) $g(x) = (x+1)^3 + (x+1)^2 - 6(x+1)$
h) $k(v) = (v-1)^4 - 8 - 2(v-1)^2$

4
Bestätige, dass die Funktion f die angegebene Nullstelle hat und bestimme weitere Nullstellen von f.
a) $f\colon x \mapsto x^3 + 10x^2 + 7x - 18;\ x_1 = 1$
b) $g\colon x \mapsto x^3 + 5x^2 - 22x - 56;\ x_1 = 4$
c) $k\colon s \mapsto 2s^2 + 4s - 2;\ s_1 = -1 - \sqrt{2}$
d) $r\colon x \mapsto 7x^2 - 22x + 3x^3 - 8;\ x_1 = -0{,}\overline{3}$
e) $d\colon s \mapsto 2s^3 + 1{,}5s + 4{,}8s^2 - 0{,}2;\ s_1 = -2$
f) $k\colon x \mapsto 4 + 3x^2 - 12x + 5x^3;\ x_1 = 0{,}4$

5
Hannes behauptet: „Bei Limonaden in Dosen ist die Verpackung teurer als der Inhalt.“ Er macht dazu folgende Annahmen: Die Dose ist ein Zylinder, dessen Höhe doppelt so groß ist wie sein Durchmesser. Für den Hersteller kostet 1 Liter Limonade 15 Cent. Die Kosten für 1 dm^2 Blech betragen 3 Cent.
a) Überprüfe, ob die Behauptung richtig ist, wenn der Dosenradius 3 cm beträgt.
b) Ab welchem Dosenradius ist der Inhalt teurer als die Dose?

6
Bestimme für die angegebene Funktion alle Nullstellen und schreibe den Funktionsterm in vollständig faktorisierter Form.
a) $f\colon x \mapsto x^3 - 6x^2 + 11x - 6$
b) $g\colon t \mapsto t^3 + t^2 - 4t - 4$
c) $k\colon u \mapsto u^2 - 6u + 9$
d) $h\colon a \mapsto (a-3)(a^2 + a + 0{,}25)$
e) $r\colon s \mapsto 6s + 8 - 2s^2$
f) $d\colon x \mapsto x^4 - 4 - 4x^2$

7
Lässt sich der Term einer ganzrationalen Funktion dritten Grades als Produkt aus drei Linearfaktoren schreiben, so kann sie drei einfache, eine einfache und eine doppelte oder eine dreifache Nullstelle haben:

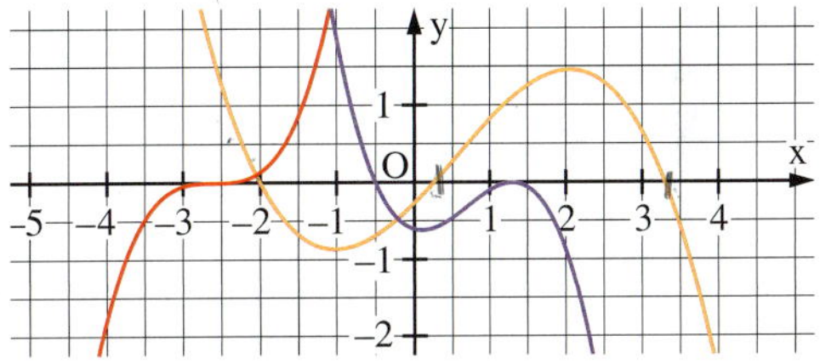

Beschreibe, welcher Fall bei welchem der gezeichneten Graphen auftritt.

8
Bestimme die Schnittpunkte der Graphen der Funktionen f und g.
a) $f\colon x \mapsto x^3 - 3x^2 - x + 3$
$g\colon x \mapsto -x^3 + 3x^2 - 2x$
b) $f\colon x \mapsto x^3 - 4x^2 + x - 1$
$g\colon x \mapsto x^2 - 3x - 1$
c) $f\colon x \mapsto 3x^4 - 2x^3 + 4x - 1$
$g\colon x \mapsto 2x^4 - 3x^3 + x^2 + 3x + 1$

9 🖳 **Scharen von Funktionen**
Gegeben ist die sogenannte Funktionenschar $f_t\colon x \mapsto 2x^3 - tx^2 + 8x$. Die im Funktionsterm auftauchende Variable t nennt man Parameter. Für t kann man eine reelle Zahl einsetzen und erhält so für verschiedene Zahlen verschiedene Funktionen.
a) Setze für t die Zahl 2 (bzw. –10) ein und bestimme die Nullstellen der so entstehenden Funktion f_2 (bzw. f_{-10}).
b) Finde mit einem Funktionsplotter heraus, für welche Werte von t die Funktion drei verschiedene Nullstellen besitzt.

10 Funktionstermbestimmung

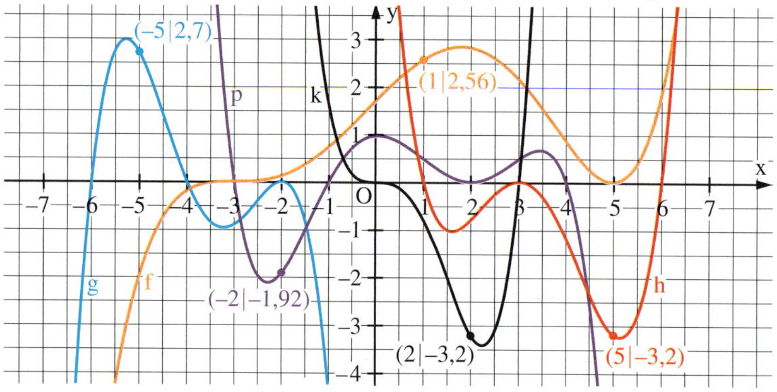

Bestimme mit Hilfe der gezeichneten Graphen die Terme der zugehörigen Funktionen. Es ist bekannt:

- Alle Nullstellen sind ganzzahlig.
- Der Grad der Funktionen f und p ist 5, der Grad der Funktionen h, g und k ist 4.

Beispiel für die Funktion h:
G_h hat einfache Nullstellen bei $x_1 = 1$ und $x_2 = 6$ und eine doppelte Nullstelle bei $x_3 = 3$.
Ansatz: $h(x) = a \cdot (x-1) \cdot (x-6) \cdot (x-3)^2$
Da G_h durch $(5|-3,2)$ verläuft, gilt:
$h(5) = -3,2, \quad \Rightarrow \quad a \cdot 4 \cdot (-1) \cdot (2)^2 = -3,2.$
$\Rightarrow \quad -16a = -3,2 \quad \Rightarrow \quad a = 0,2.$
Also gilt: $h(x) = 0,2(x-1)(x-6)(x-3)^2$

Bei den Aufgaben 11 und 12 können die Ergebnisse mit einem Funktionsplotter überprüft werden.

11

Bestimme die Nullstellen von f und gib an, bei welchen x-Werten die Funktionswerte das Vorzeichen wechseln. Skizziere G_f.

a) f: $a \mapsto 0,25(a+2)(a-1)(a-4)$
b) f: $z \mapsto -0,25(z+1)^2(z-3)$
c) f: $x \mapsto x^2(0,1x-0,3)(x+3,5)$
d) f: $t \mapsto -0,5(t^2-1)(t^2-4)$
e) f: $x \mapsto 0,05x(x+3)(x^2-x-2)(x-4)$
f) f: $x \mapsto (x+2)(x-1)^3(0,04x-0,2)$
g) f: $x \mapsto 0,05x(x^2+4x+4)^2(x-3)^3$

12

Bestimme die Intervalle auf der x-Achse, in denen der Graph der Funktion oberhalb der x-Achse verläuft.

a) h: $x \mapsto x(x^2-4)$
b) g: $x \mapsto 0,2(x+2)(x^2-6x+9)$
c) f: $x \mapsto (0,1x^2-0,1x-1)(x+2,5)(x-1)$
d) k: $x \mapsto -0,5x^3+1,5x^2+x-1$
e) r: $x \mapsto 2x^4-8x^2+6$

13

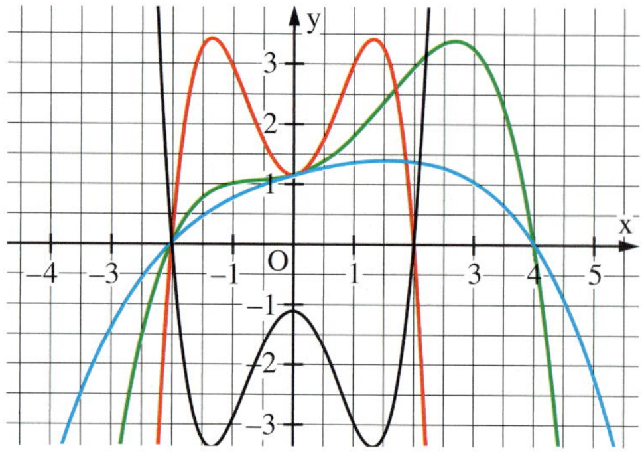

Welcher Graph gehört zu welcher Funktion?
Begründe.

f: $x \mapsto -0,07(x-4)(x+2)(0,8x^2+2)$
g: $x \mapsto -0,14(x^2-4)(5x^2+2)$
h: $x \mapsto -0,07(x+2)(x-4)(0,1x^2+2)$
k: $x \mapsto -0,14(x+2)(2-x)(5x^2+2)$

14

Folgende vollständig faktorisierten Funktionsterme enthalten nicht-lineare Faktoren. Skizziere jeweils verschiedene mögliche Verläufe des Graphen. Erstelle mit einem Funktionsplotter den Graphen und vergleiche. Welche deiner Skizzen kommt dem wahren Verlauf am nächsten?

a) p: $x \mapsto -(x+3)(x^2+0,75)$
b) h: $x \mapsto 0,5(x^2+2x+3)$
c) s: $x \mapsto 0,2(x+2)(x-2,5)(x^2+1)$
d) f: $x \mapsto -0,05(x+4)(0,5x^2+5)(x-2)$
e) u: $x \mapsto (3x^4+4)(0,04x-0,12)$

15

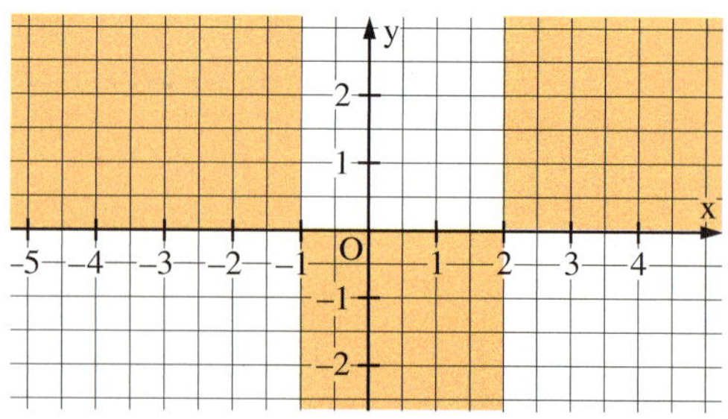

Max markiert in einem Koordinatensystem für eine ganzrationale Funktion vierten Grades diejenigen Bereiche farbig, in denen der Graph nicht verlaufen kann.
Skizziere in deinem Heft einen möglichen Graphen der Funktion.

16

a) Skizziere mit Hilfe der auf den Kärtchen gegebenen Informationen jeweils einen möglichen Verlauf des Graphen der Funktion.

Die Funktion g hat den Grad 3, besitzt Nullstellen bei $x_1 = -2$; $x_2 = 1$; $x_3 = 3$. Ihr Graph schneidet die y-Achse in P(0 | 1,5).

Die Funktion k hat den Grad 4 und genau eine doppelte Nullstelle. Ihr Graph ist symmetrisch zur y-Achse.

Die Funktion f hat den Grad 4 und besitzt eine dreifache Nullstelle bei $x_1 = -7$. Ihr Graph verläuft nur in zwei Quadranten.

Die Funktion p hat den Grad 5 und besitzt mindestens eine doppelte Nullstelle. Ihr Graph verläuft nicht im III. Quadranten.

Die Funktion r hat den Grad 6 und besitzt zwei mehrfache Nullstellen.

Die Funktion h hat den Grad 4, besitzt drei Nullstellen und ihr Graph verläuft durch den Punkt A(2 | 1).

b) Erfinde eine ähnliche Aufgabe und lass sie von deinem Nachbarn lösen.

17 💻

Für die Firma Surprise KG betragen die Herstellungskosten für x Stücke eines ihrer Produkte K (x) Euro.
Dabei ist $K(x) = 0{,}02\left(\frac{x}{100} - 10\right)^3 + 1000$.
Verkauft man jedes Stück für 1,50 Euro, so kann der Gewinn (in Euro) mit Hilfe eines Terms G (x) berechnet werden.
Die folgende Abbildung zeigt die zu den Termen K (x) und G (x) gehörigen Graphen:

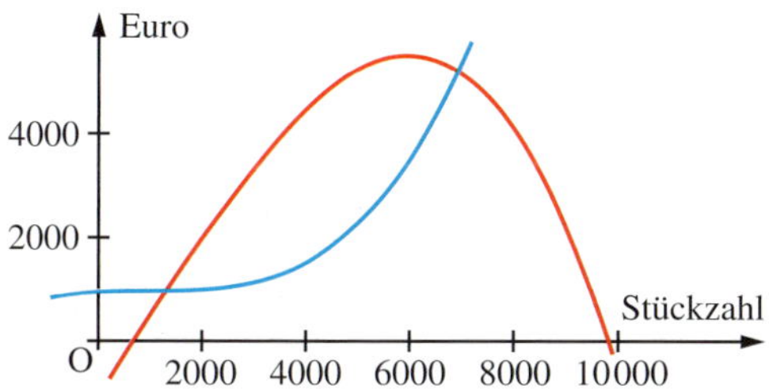

a) Begründe, warum $G(x) = 1{,}5\,x - K(x)$ gilt.
b) Welcher Graph gehört zu welchem Term?
c) Bestimme mit Hilfe eines Funktionsplotters, bei welchen Stückzahlen ein Gewinn erzielt wird und bei welcher Stückzahl der Gewinn am größten ist.
d) Ermittle unter Verwendung eines Funktionsplotters, wie hoch der Verkaufspreis mindestens sein muss, damit ein Gewinn erzielt werden kann.

18

Begründe jeweils:
a) $x^n - 1$ enthält den Linearfaktor $x - 1$.
b) Enthält $x^n + 1$ den Linearfaktor $x + 1$?

19

Eine ganzrationale Funktion vierten Grades hat genau die zwei Nullstellen $x_1 = -1$ und $x_2 = 2$. Gib zwei mögliche Funktionsterme in vollständig faktorisierter Form an. Beschreibe jeweils den Verlauf der zugehörigen Graphen.

20

Wahr oder falsch? Begründe.
a) Eine ganzrationale Funktion dritten Grades hat mindestens eine Nullstelle.
b) Der Term einer ganzrationalen Funktion vierten Grades kann in vier Linearfaktoren zerlegt werden.
c) Der Graph einer ganzrationalen Funktion zweiten Grades schneidet den Graphen einer ganzrationalen Funktion dritten Gades mindestens einmal.

G 21

Petra hat verschiedene Figuren bzw. Körper skizziert. Suche in diesen Zeichnungen rechtwinklige Dreiecke und formuliere für diese den Satz des Pythagoras.

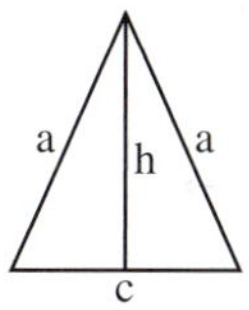

gleichschenkliges Dreieck

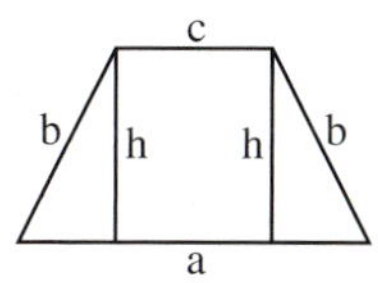

achsensymmetrisches Trapez

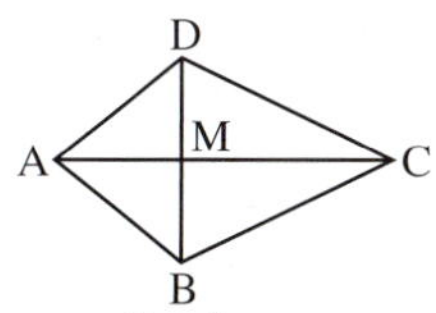

Drachen

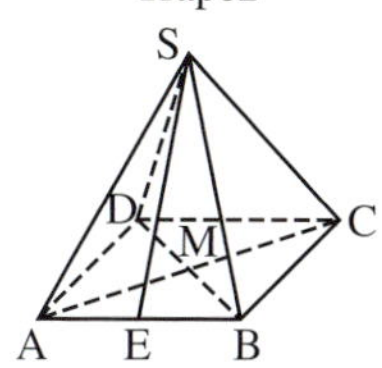

Pyramide

G 22

Die Parabel mit der Gleichung $y = x^2 + b\,x + c$ ist im Vergleich zur Parabel mit der Gleichung $y = x^2 + 4\,x - 3$ um 3 Einheiten nach rechts und um 4 Einheiten nach oben verschoben. Bestimme b und c.

Thema:

Die Formel von Cardano

Zu Beginn der Neuzeit stand das Lösen von Gleichungen im Mittelpunkt des Interesses der Mathematiker. Dabei half in vielen Fällen eine geometrische Veranschaulichung der Terme, eine Lösung komplizierter Gleichungen zu finden.

Für die quadratische Gleichung $x^2 + px = q$ liefert die bekannte Lösungsformel die Lösungen $x_{1/2} = -\frac{p}{2} \pm \sqrt{q + \left(\frac{p}{2}\right)^2}$. Die Gleichung lässt sich geometrisch so veranschaulichen:

$x^2 + px - q = 0$ wird zurückgeführt auf die allgemeine quadratische Gleichung:
$ax^2 + bx + c = 0$
d. h.: $a = 1$; $b = p$; $c = -q$

also $x_{1/2} = \frac{-b \pm \sqrt{b^2 - 4ac}}{2a}$
$= \frac{-p \pm \sqrt{p^2 + 4q}}{2}$
$= -\frac{p}{2} \pm \sqrt{\frac{1}{4}(p^2 + 4q)}$
$= -\frac{p}{2} \pm \sqrt{\left(\frac{p}{2}\right)^2 + q}$

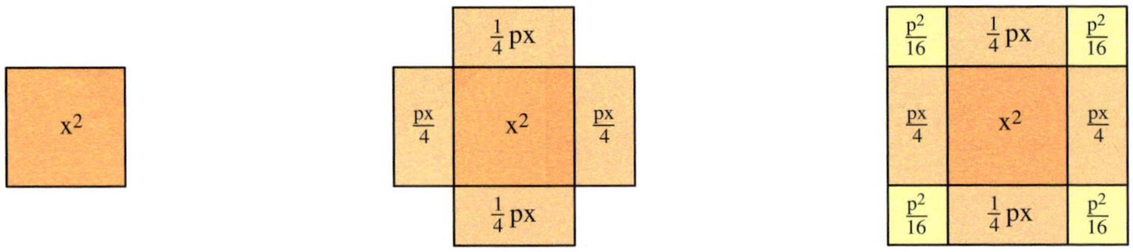

x^2 $\qquad$ $x^2 + 4 \cdot \frac{px}{4} = x^2 + px = q$ $\qquad$ $\left(x + \frac{p}{2}\right)^2$

Der Term $x^2 + px$ wird durch ein Quadrat mit den vier angefügten Rechtecken, deren zweite Seite die Seitenlänge $\frac{p}{4}$ hat, veranschaulicht. Um die Figur zu einem Quadrat mit der Seitenlänge $x + \frac{p}{2}$ zu ergänzen, muss man in den vier Ecken Quadrate mit der Seitenlänge $\frac{p}{4}$ einfügen. Der Flächeninhalt $\left(x + \frac{p}{2}\right)^2$ dieses Quadrates ist dann gleich $q + \left(\frac{p}{2}\right)^2$. Aus der Gleichung $\left(x + \frac{p}{2}\right)^2 = q + \left(\frac{p}{2}\right)^2$ ergeben sich die oben angegebenen Lösungen.

Um eine Lösung der kubischen Geichung $x^3 = px + q$ zu entwickeln, lässt man sich von der Formel $(y + z)^3 = y^3 + 3y^2z + 3yz^2 + z^3 = 3yz \cdot (y + z) + (y^3 + z^3)$ leiten. Man baut schrittweise einen Würfel mit der Kantenlänge $y + z$ auf.

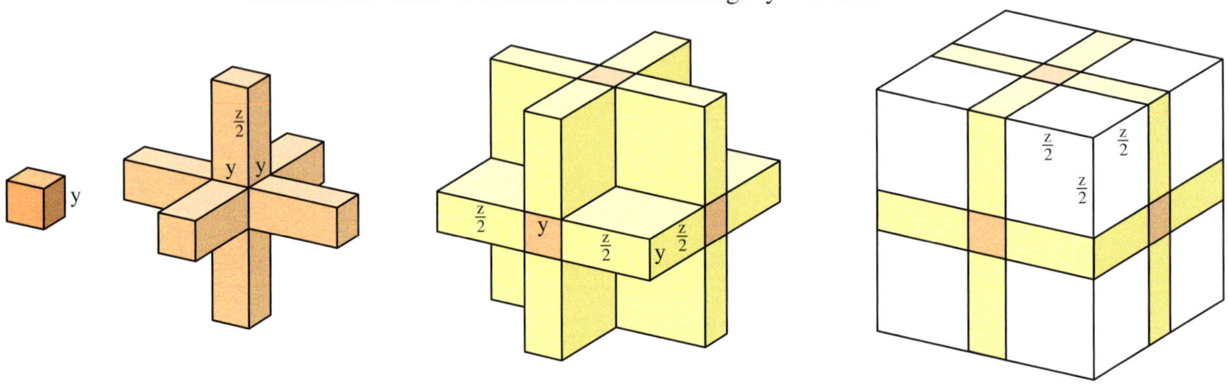

y^3 $\qquad$ $y^3 + 6y^2 \cdot \frac{z}{2} = y^3 + 3y^2z$ $\qquad$ $y^3 + 3y^2z + 12y \cdot \left(\frac{z}{2}\right)^2 = y^3 + 3yz \cdot (y + z)$ $\qquad$ $y^3 + 3yz \cdot (y + z) + 8\left(\frac{z}{2}\right)^3 = (y + z)^3$

Man beginnt mit einem Würfel der Kantenlänge y.
An die sechs Außenflächen des Würfels fügt man quadratische Säulen mit der Höhe $\frac{z}{2}$ an (hellorange). Dieses Kreuz ergänzt man durch Hinzufügen von 12 Quadern (gelb) mit dem Volumen $12y \cdot \left(\frac{z}{2}\right)^2 = 3yz^2$. Zu einem vollständigen Würfel (weiß) mit der Kantenlänge $y + z$ fehlen an Ecken noch acht Würfel mit der Kantenlänge $\frac{z}{2}$. Zusammen tragen sie das Volumen z^3 zum Gesamtvolumen des Würfels mit der Kantenlänge $y + z$ bei.

Die Formel zur Lösung von kubischen Gleichungen wurde von dem italienischen Mathematiker Niccolo Tartaglia (ca. 1500 – 1557) entwickelt.
Benannt wird sie aber nach einem anderen italienischen Mathematiker Geronimo Cardano (1501 – 1576), der sie übernommen und weiterentwickelt hat.

N. Tartaglia

G. Cardano

Für den großen Würfel gilt also: $(y+z)^3 = y^3 + 3yz\cdot(y+z) + z^3 = 3yz\cdot(y+z) + (y^3+z^3)$.
Mit dieser Beziehung kann man kubische Gleichungen der Form $x^3 = px + q$ lösen.
Substituiert man x durch $y + z$, so erhält man $(y+z)^3 = p\cdot(y+z) + q$.
Andererseits gilt: $(y+z)^3 = 3yz\cdot(y+z) + (y^3+z^3)$
Durch Koeffizientenvergleich erhält man das folgende Gleichungssystem zur Berechnung der Variablen y und z: (I) $3yz = p$
(II) $y^3 + z^3 = q$
Aus (I) folgt: $z = \frac{p}{3y}$ Eingesetzt in (II) ergibt dies:

$$y^3 + \left(\frac{p}{3y}\right)^3 = q \quad |\cdot y^3 \qquad \Rightarrow \qquad y^6 + \left(\frac{p}{3}\right)^3 = qy^3$$

Die Substitution $y^3 = w$ liefert die quadratische Gleichung $w^2 = qw - \left(\frac{p}{3}\right)^3$ mit den

Lösungen $\quad w_{1/2} = \frac{q}{2} \pm \sqrt{\left(\frac{q}{2}\right)^2 - \left(\frac{p}{3}\right)^3}$

Hieraus ergibt sich: $\quad y = \sqrt[3]{\frac{q}{2} \pm \sqrt{\left(\frac{q}{2}\right)^2 - \left(\frac{p}{3}\right)^3}}$

Analog ergibt sich: $\quad z = \sqrt[3]{\frac{q}{2} \pm \sqrt{\left(\frac{q}{2}\right)^2 - \left(\frac{p}{3}\right)^3}}$

Damit $y^3 + z^3 = q$ gilt, muss bei den Lösungen für y und z unter der dritten Wurzel einmal das Plus- und einmal das Minuszeichen genommen werden. Aus $x = y + z$ ergibt sich dann für die Gleichung $x^3 = px + q$ die Lösung:

$$x = \sqrt[3]{\frac{q}{2} + \sqrt{\left(\frac{q}{2}\right)^2 - \left(\frac{p}{3}\right)^3}} + \sqrt[3]{\frac{q}{2} - \sqrt{\left(\frac{q}{2}\right)^2 - \left(\frac{p}{3}\right)^3}}$$

Mit unserem Kenntnisstand gibt es eine Lösung nur für $\left(\frac{q}{2}\right)^2 \geqq \left(\frac{p}{3}\right)^3$

Formel von Cardano
Die Gleichung $x^3 = px + q$ hat für $\left(\frac{q}{2}\right)^2 \geqq \left(\frac{p}{3}\right)^3$ die Lösung:

$$x = \sqrt[3]{\frac{q}{2} + \sqrt{\left(\frac{q}{2}\right)^2 - \left(\frac{p}{3}\right)^3}} + \sqrt[3]{\frac{q}{2} - \sqrt{\left(\frac{q}{2}\right)^2 - \left(\frac{p}{3}\right)^3}}$$

1
Bestimme jeweils mit Hilfe der Formel von Cardano eine Lösung der Gleichungen $x^3 = 6x + 9$ und $x^3 = -3x + 2$.

2
Gegeben ist $f(x) = x^3 - 6x^2 + 9x - 4$. Für die Funktion g gilt: $g(x) = f(x+2)$.
a) Bestimme den Term für $g(x)$.
Welcher Zusammenhang besteht zwischen den Graphen der beiden Funktionen?
b) Berechne unter Verwendung der Formel von Cardano die Nullstellen von g. Gib die Nullstellen der Funktion f an. Skizziere beide Graphen.

3
Begründe: Für $f(x) = x^3 + bx^2 + cx + d$ fällt in $f\left(x - \frac{b}{3}\right)$ das quadratische Glied weg.

Rückblick

Potenzfunktionen
Funktionen der Form $x \mapsto a \cdot x^n$ $(n \in \mathbb{N})$ nennt man Potenzfunktionen (n-ten Grades).

Gerade Exponenten:
Wertemenge für $a > 0$: $W = \mathbb{R}_0^+$
Wertemenge für $a < 0$: $W = \mathbb{R}_0^-$
Die Graphen sind achsensymmetrisch bezüglich der y-Achse.

Ungerade Exponenten:
Wertemenge für $a > 0$; $W = \mathbb{R}$
Wertemenge für $a < 0$; $W = \mathbb{R}$
Die Graphen sind punktsymmetrisch bezüglich des Koordinatenursprungs.

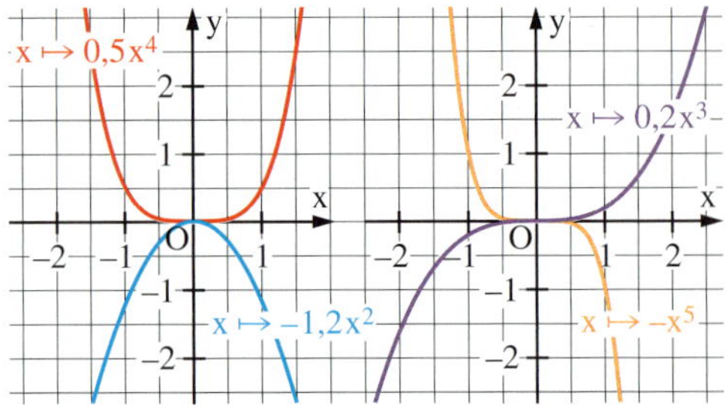

Polynome
Terme wie zum Beispiel $-5x^6 + 3x^4 + x^3 - x + 6$ oder $2x^{18} + 2x^9 - \frac{1}{2}x$, die aus Summen von Potenzen (mit Exponenten aus $\mathbb{N}_0$) derselben Variablen und zugehörigen Koeffizienten bestehen, nennt man Polynome. Der höchste in einem Polynom bei einer Variable vorkommende Exponent heißt Grad des Polynoms.

Das Polynom $p(x) = 2x^7 - 5x^4 + x^2 - 3$ besitzt die Koeffizienten $a_7 = 2$; $a_6 = a_5 = 0$; $a_4 = -5$; $a_3 = 0$; $a_2 = 1$; $a_1 = 0$; $a_0 = -3$ und hat den Grad 7.

Ganzrationale Funktionen
Eine Funktion $p: x \mapsto p(x)$, deren Funktionsterm $p(x)$ ein Polynom ist, heißt ganzrationale Funktion. Der Grad des Polynoms wird dann auch als Grad der ganzrationalen Funktion bezeichnet.

$f: x \mapsto -4x^3 - 4x^2 + x + 1$
Der Grad von f ist 3.

Eigenschaften ganzrationaler Funktionen
Das Verhalten einer ganzrationalen Funktion wird für betragsmäßig große x-Werte durch den Summanden mit dem höchsten vorkommenden Exponenten bestimmt.
Bezogen auf betragsmäßige große x-Werte gibt es für die Graphen ganzrationaler Funktionen wie bei den Graphen der Potenzfunktionen nur vier charakteristische Verläufe.

$-4x^3$ bestimmt das Verhalten von f für betragsmäßig große x-Werte. G_f verläuft „von links oben nach rechts unten“.

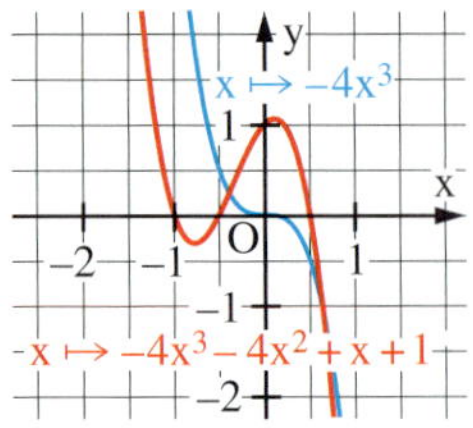

Ist a eine Nullstelle einer ganzrationalen Funktion f vom Grad n, dann lässt sich f(x) in der Form $f(x) = (x - a) \cdot g(x)$ schreiben.
Dabei ist g(x) ein Polynom vom Grad $n - 1$.
Den Faktor g(x) erhält man durch Polynomdivision:
$g(x) = f(x) : (x - a)$

$x_1 = -1$ ist Nullstelle von f.

$$\begin{array}{l} (-4x^3 - 4x^2 + x + 1) : (x + 1) = -4x^2 + 1 \\ \underline{-(-4x^3 - 4x^2)} \\ \qquad 0 + x + 1 \\ \qquad \underline{-(x + 1)} \\ \qquad\qquad 0 \end{array}$$

Es gilt also: $f(x) = (x + 1)(-4x^2 + 1)$

Eine ganzrationale Funktion vom Grad n hat höchstens n Nullstellen.

Aus $-4x^2 + 1 = 0$ erhält man die weiteren Nullstellen: $x_2 = -0{,}5$; $x_3 = 0{,}5$
$\Rightarrow f(x) = -4(x + 1)(x + 0{,}5)(x - 0{,}5)$

Eine Funktion besitzt eine k-fache Nullstelle bei $x = a$, wenn der Linearfaktor $x - a$ in der vollständig faktorisierten Form des Funktionsterms k-mal vorkommt.

$g: x \mapsto (x + 1)^5 (x - 3)^2 (x^2 + 9)$ hat bei $x_1 = -1$ eine fünffache und bei $x_2 = 3$ eine doppelte Nullstelle.

Aufgaben zum Üben und Wiederholen

1 (💻)

a) Der Graph G_f der Potenzfunktion f mit $f(x) = a x^n$ verläuft durch die Punkte $A(-2|2)$ und $B(3|10{,}125)$. Was kann man über den Grad von f aussagen? Gib die Wertemenge von f an.

b) Bestimme a und n, gib dann den Funktionsterm an und zeichne den Graphen G_f.

c) Gib die Terme von drei ganzrationalen Funktionen unterschiedlichen Grades an, deren Graphen den Graph G_f in den Punkten $A(-2|2)$ und $C(2|2)$ schneiden. Überprüfe ggf. deine Lösungen mit Hilfe eines Funktionsplotters.

2

Ordne die Funktionen nach ganzrationalen und nicht ganzrationalen Funktionen. Gib bei den ganzrationalen Funktionen den Grad und die Koeffizienten an und untersuche, welchen charakteristischen Verlauf im Unendlichen (z. B. „von links oben nach rechts unten“) der Graph der Funktion aufweist.

- a: $x \mapsto 5x^3 - x + 4$
- b: $x \mapsto 2(x + 2)^3$
- c: $x \mapsto -3x^2 + n$
- d: $x \mapsto -x^5(2x^4 - 1)$
- e: $x \mapsto \frac{2}{x^2} + 6x^5$
- f: $x \mapsto 1{,}5(x^3 + 2)^2 - x^8$
- g: $x \mapsto \frac{3}{2}(x^{-4} - 2x^2)x^3$
- h: $x \mapsto 2x^6 - \frac{1}{2}x^2 - 5x^6$
- k: $x \mapsto 2^x + x$
- n: $x \mapsto (2x^3 + 1)(1 - 0{,}3x^2)$
- p: $x \mapsto (2x - 1)^3 + x^n$
- q: $x \mapsto \cos(-x + 1) - x^4$
- r: $x \mapsto -3x + 1 - x$

3

Eine zylinderförmige Regentonne R besitzt den Durchmesser d und die Höhe h. Eine zweite zylinderförmige Tonne R′ soll hergestellt werden, deren Durchmesser d′ das Anderthalbfache von d beträgt.

a) Welche Höhe h′ muss die Tonne R′ haben, damit beide Tonnen das gleiche Volumen besitzen?

b) Um wie viel Prozent muss die ursprüngliche Höhe h also verkleinert werden?

Die Lösungen zu den Aufgaben dieser Seite findest du auf den Seiten 168 und 169.

4

a) Skizziere den Graphen einer ganzrationalen Funktion dritten Grades mit einer (zwei, drei) Nullstellen.

b) Skizziere den Graphen einer Funktion, die eine einfache, eine doppelte und eine dreifache Nullstelle hat.

5

Ermittle die Nullstellen der angegebenen Funktionen. Skizziere für b) und e) den Graphen.

a) h: $t \mapsto 18 - 3t^2 - 6t + t^3$

b) f: $a \mapsto 0{,}125a^4 - a^2 + 2$

c) g: $u \mapsto u^5 - u^3 + 8u^2 - 8$

d) f: $v \mapsto 2v - v^2 - 2 + v^3$

e) k: $a \mapsto (2a + 1)^2 \cdot 3a - 3a(4a + 4)$

f) r: $t \mapsto 4t^6 + 2t^2 + 8 - 9t^3 - 3t^6 - 2t^2$

6

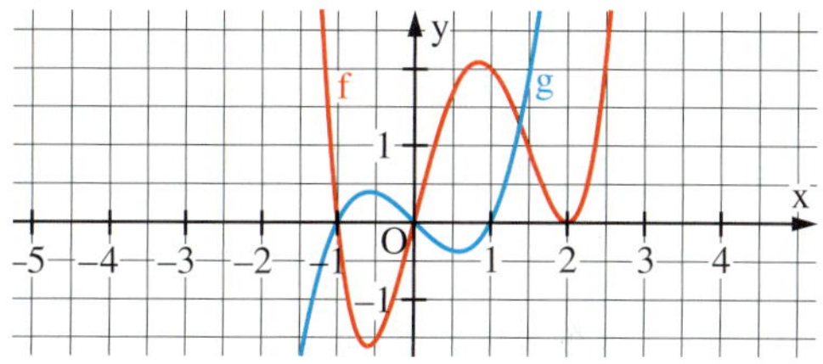

Die zu den Graphen gehörigen Funktionen haben Grad 4 bzw. 3. Für f gilt $a_4 = 1$, für g gilt $a_3 = 1$. Alle Nullstellen sind ganzzahlig.
Bestimme die Schnittpunkte der Graphen.

7

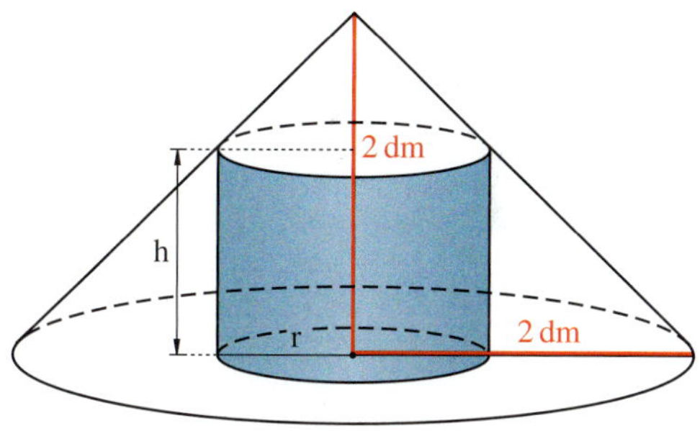

In einen Kegel mit dem Grundkreisradius und der Höhe 2 dm soll ein Zylinder mit dem Radius r dm einbeschrieben werden, d. h., die Kreislinie der Zylinderdeckfläche berührt die Mantelfläche des Kegels.

a) Zeige unter Verwendung des Strahlensatzes, dass der Zylinder das Volumen $V(r) = \pi(2r^2 - r^3)$ (in dm^3) besitzt.

b) Gib die Nullstellen von $V: r \mapsto \pi(2r^2 - r^3)$ an. Welche Bedeutung haben diese?

c) Skizziere für $r \geqq 0$ den Graphen von V.

d) Für welche Radien r hat der Zylinder das Volumen $\pi\ dm^3$?

1 Verschieben von Funktionsgraphen

1

Zeichne mit Hilfe einer Wertetabelle die Graphen der Funktionen $f\colon x \mapsto 0{,}5\,x^2$, $g\colon x \mapsto 0{,}5\,x^2 + 2$ und $h\colon x \mapsto 0{,}5\,(x+2)^2$ in ein gemeinsames Koordinatensystem. Beschreibe Gemeinsamkeiten und Unterschiede der Graphen von f und g sowie von f und h.

Wir haben in der Vergangenheit bereits das Verschieben von Parabeln betrachtet. Dies verallgemeinern wir nun auf andere Funktionsgraphen.

Erinnerung:

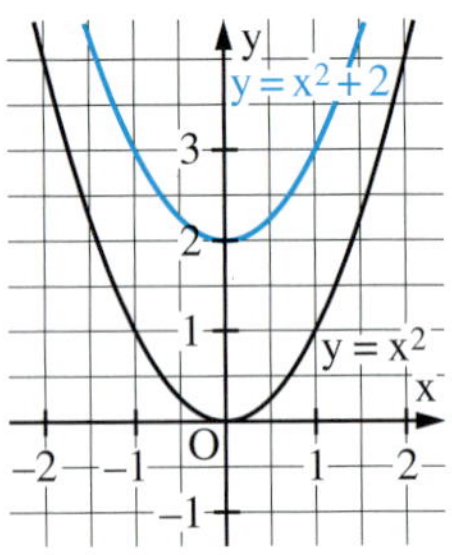

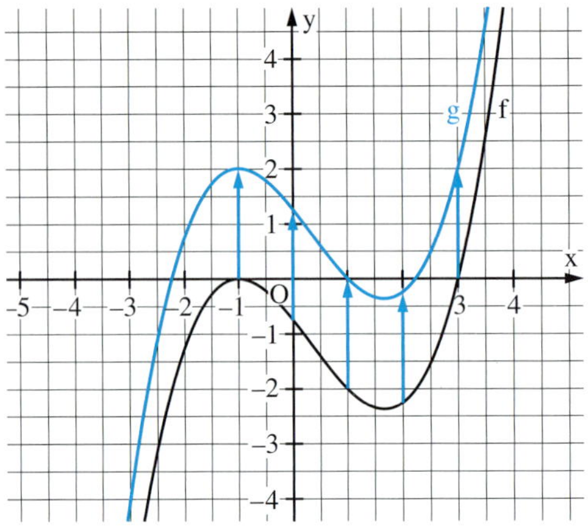

Links ist schwarz der Graph der Funktion $f\colon x \mapsto 0{,}25\,(x+1)^2(x-3)$ gezeichnet. Verschiebt man diesen Graphen um zwei Einheiten in (positive) y-Richtung, so ergibt sich der Graph der Funktion g (blau gezeichnet).

Zwischen den Termen der beiden Funktionen besteht ein Zusammenhang:

Für jeden x-Wert erhält man den Funktionswert von g, indem man zum jeweiligen Funktionswert von f die Zahl 2 hinzuaddiert.

Daher gilt:

$$g(x) = f(x) + 2 = 0{,}25\,(x+1)^2(x-3) + 2.$$

Erinnerung:

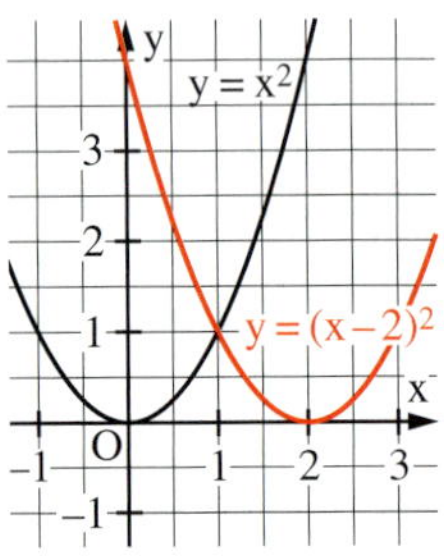

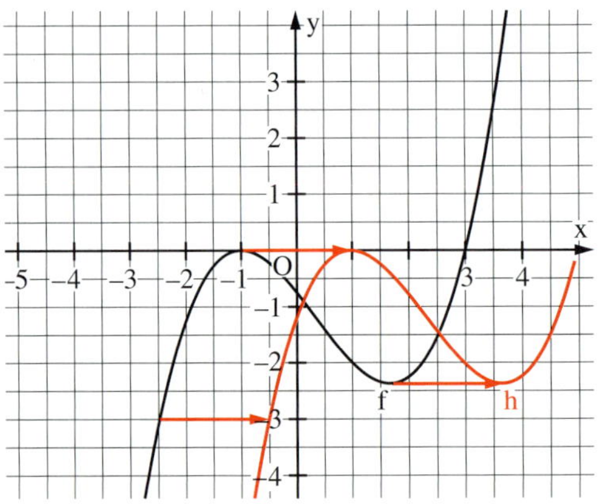

Verschiebt man den Graphen von f um zwei Einheiten in (positive) x-Richtung, so erhält man den Graphen der Funktion h (rot gezeichnet).

Auch hier besteht ein Zusammenhang zwischen den Funktionstermen:

Für jeden x-Wert ist der Funktionswert von h gleich dem Funktionswert von f an der Stelle $x-2$, also zwei Einheiten „weiter links“.

Daher gilt:

$$h(x) = f(x-2) = 0{,}25\,(x-2+1)^2(x-2-3)$$
$$= 0{,}25\,(x-1)^2(x-5)$$

Sind zwei Funktionen f und g gegeben und gilt $g(x) = f(x+a) + b$, so entsteht der Graph von g aus dem Graphen von f durch Verschiebung um $-a$ in x-Richtung ($a > 0$: nach links, $a < 0$: nach rechts), und um b in y-Richtung ($b > 0$: nach oben, $b < 0$: nach unten).

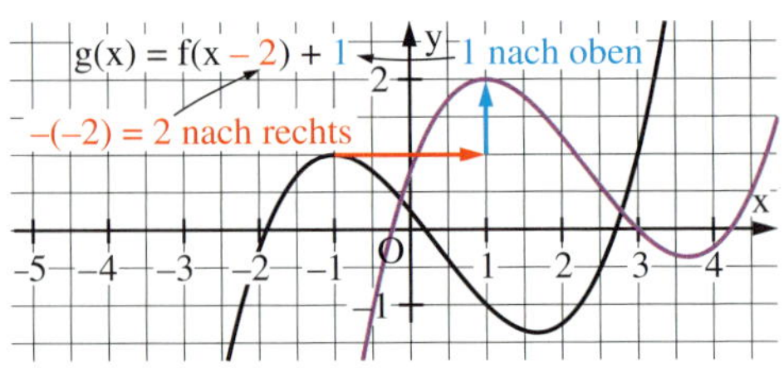

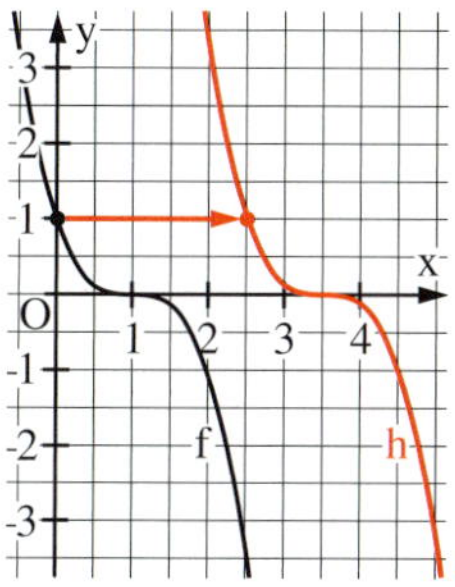

Für $g(x) = f(x) + 2{,}5$ ist leicht zu erkennen, dass der Graph von g im Vergleich zum Graphen von f **nach oben** verschoben ist.
Dass der Graph von h für $h(x) = f(x - 2{,}5)$ im Vergleich zum Graphen von f **nach rechts** verschoben ist, erkennt man am einfachsten durch die Betrachtung eines konkreten x-Wertes. Beispielsweise ergibt sich für $x = 2{,}5$:
$h(2{,}5) = f(2{,}5 - 2{,}5) = f(0)$.
Der Funktionswert von h an der Stelle 2,5 ist also der gleiche wie der Funktionswert der Ausgangsfunktion f an der Stelle 0. Damit ist der Graph von h im Vergleich zum Graphen von f um 2,5 Einheiten nach rechts verschoben.

Bemerkungen

(1) Beim Betrachten der Funktionen $f(x) = \sin x$ und $g(x) = \sin(x - 2\pi)$ haben wir festgestellt, dass der Graph von g, der im Vergleich zu demjenigen von f um 2π nach rechts verschoben ist, deckungsgleich mit dem Graphen von f ist. Dies liegt daran, dass die Sinusfunktion periodisch mit der Periode 2π ist.

Erinnerung:
Verschiebungen der Sinuskurve haben wir bereits auf Seite 53 ff. betrachtet.

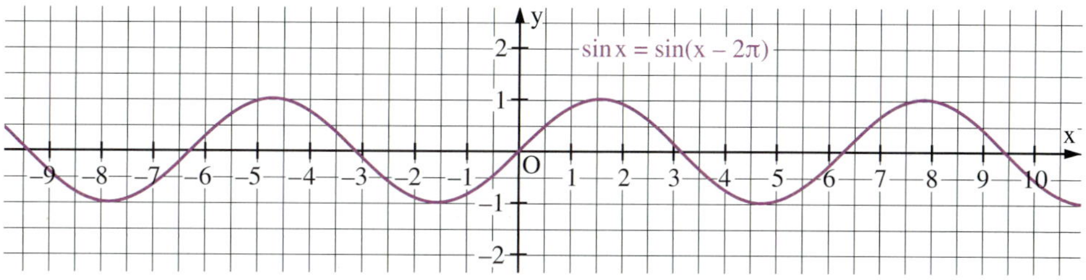

Analoges gilt für alle periodischen Funktionen.

(2) Schnittpunktprobleme von Funktionsgraphen und Parallelen zur x-Achse lassen sich durch Verschiebung des Funktionsgraphen immer auf Nullstellenprobleme zurückführen.
Sind beispielsweise zur Funktion $f\colon x \mapsto x^3 - 2x + 1$ die x-Werte gesucht, die die Gleichung $f(x) = 1$ lösen, so ist dies äquivalent zur Gleichung $f(x) - 1 = 0$ und die Fragestellung damit gleichbedeutend mit der Suche nach Nullstellen der Funktion g mit $g(x) = f(x) - 1 = x^3 - 2x$. Dies verdeutlichen auch die beiden Graphen:

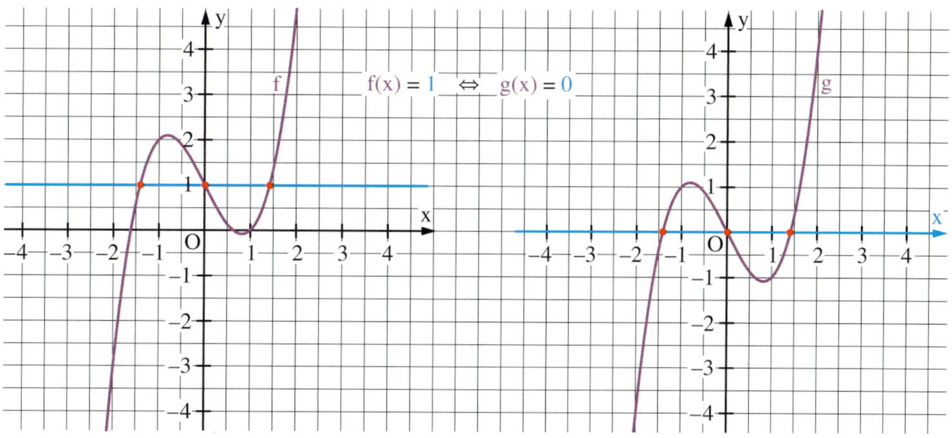

Das Nullstellenproblem $x^3 - 2x = 0$ lässt sich einfach lösen:
Durch Ausklammern von x ergibt sich die Gleichung $x(x^2 - 2) = 0$ mit den drei Lösungen $x_1 = 0$; $x_2 = -\sqrt{2}$; $x_3 = \sqrt{2}$.

Beispiel 1

Zeichne den Graphen von f ab. Beschreibe, wie man den Graphen einer Funktion g mit $g(x) = f(x+2) - 3$ aus dem Graphen von f erhält und zeichne ihn zum Graphen von f hinzu.

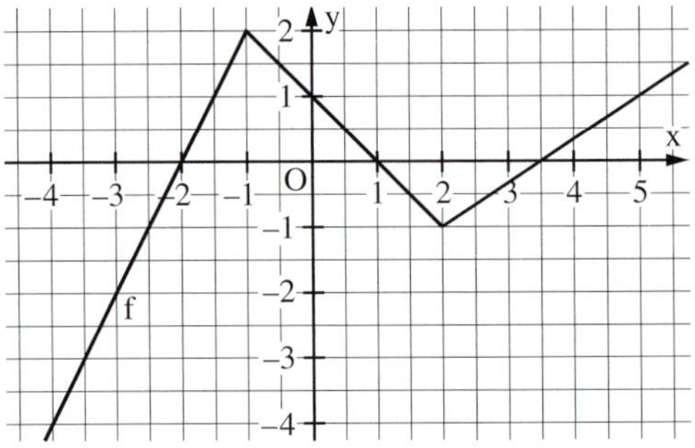

Lösung:
Der zusätzlich eingezeichnete Graph von g ist im Vergleich zu dem Graphen von f um 2 Einheiten nach links und um 3 Einheiten nach unten verschoben.

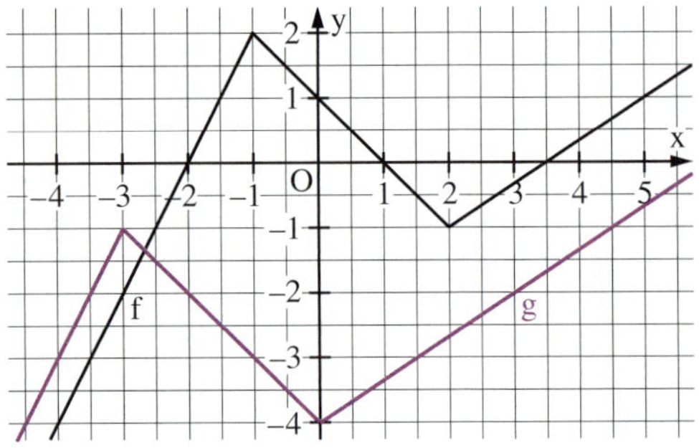

Beispiel 2

Gegeben ist die Funktion $f\colon x \mapsto \frac{1}{x}$. Der Graph der Funktion g (unten violett gezeichnet) ist aus dem Graphen von f durch Verschiebung nach links und oben hervorgegangen. Die Verschiebung nach links erfolgte um 2 Einheiten. Bestimme den Funktionsterm von g.

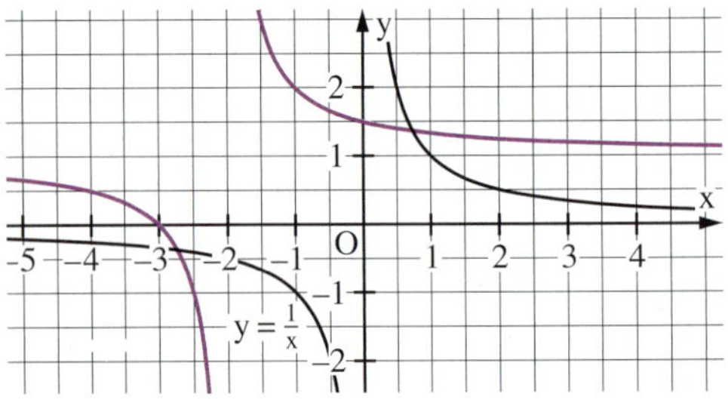

Lösung:

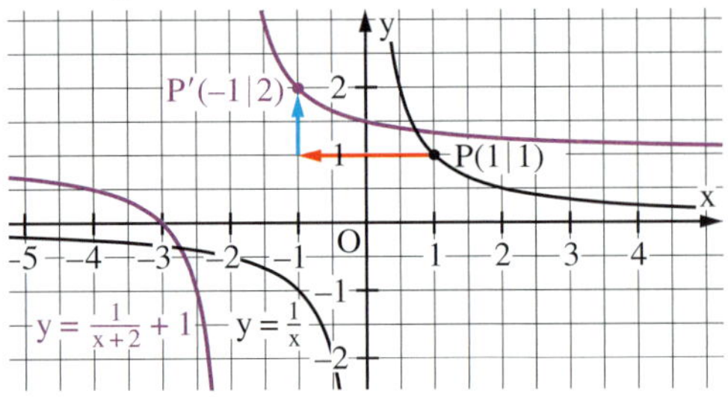

Wenn die Verschiebung nach links um 2 Einheiten erfolgte, muss der Punkt P des Graphen von f auf den Punkt P′ des Graphen von g verschoben worden sein. Die Verschiebung nach oben erfolgte also um 1.
Damit gilt: $g(x) = \frac{1}{x+2} + 1$

Beispiel 3

Gegeben ist die Funktion $f\colon x \mapsto x^3 - 2x + 1$.

a) Bestimme den Term der Funktion g, deren Graph im Vergleich zum Graphen von f um eine Einheit nach links und um 2 Einheiten nach oben verschoben wurde.

b) Überprüfe, ob man den Graphen der Funktion $h\colon x \mapsto x^3 - 6x^2 + 10x - 4$ aus dem Graphen von f durch Verschieben erhalten kann. Bestimme gegebenenfalls die Verschiebung.

Lösung:

a) $g(x) = f(x+1) + 2 = (x+1)^3 - 2(x+1) + 1 + 2 = (x+1)(x^2 + 2x + 1) - 2x - 2 + 3$
$= x^3 + 3x^2 + 3x + 1 - 2x + 1 = x^3 + 3x^2 + x + 2$

b) $h(x) = f(x+a) + b = (x+a)^3 - 2(x+a) + 1 + b = (x+a)(x^2 + 2ax + a^2) - 2x - 2a + 1 + b$
$= x^3 + 3ax^2 + 3a^2x + a^3 - 2x - 2a + 1 + b = x^3 + 3ax^2 + (3a^2 - 2)x + (a^3 - 2a + 1 + b)$

Da die Koeffizienten an x^2 gleich sein müssen, muss $a = -2$ sein und man erhält:
$h(x) = x^3 - 6x^2 + 10x + (-8 + 4 + 1 + b)$. Aus $-8 + 4 + 1 + b = -4$ folgt $b = -1$.
Der Graph von h entsteht also aus dem Graphen von f durch Verschiebung um 2 Einheiten nach rechts und um 1 Einheit nach unten.

Aufgaben

Tipp:
Betrachte jeweils markante Punkte der Funktionsgraphen.

2

Bestimme jeweils die Funktionsterme der Funktionen g und h, deren Graphen durch Verschiebung aus dem Graphen von f hervorgegangen sind.

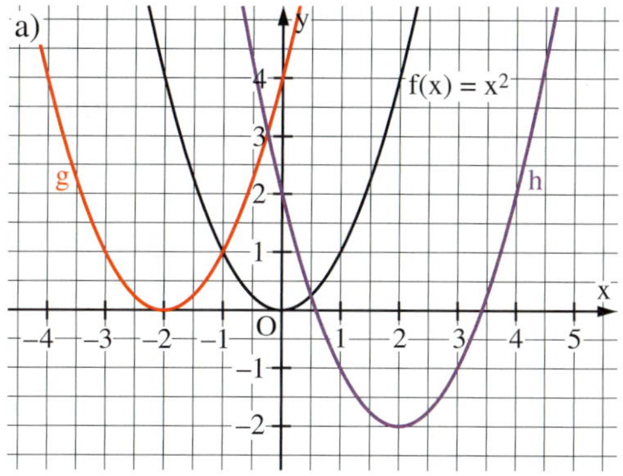

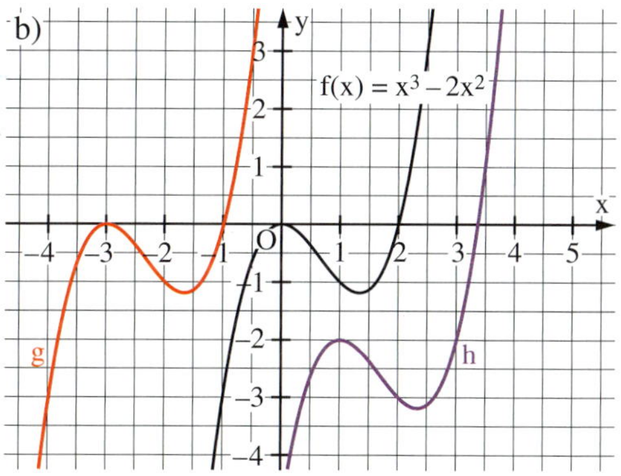

3

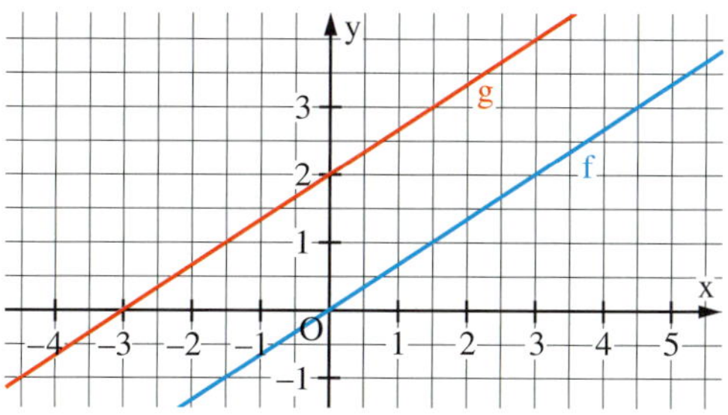

Kuni und Bert streiten.
Kuni: „Der Graph von g ist im Vergleich zu dem von f um 2 Einheiten nach oben verschoben.“
Bert: „Der Graph von g ist im Vergleich zu dem von f um 3 Einheiten nach links verschoben.“ Zeige anhand der Funktionsterme, dass beide recht haben.

4

Starte mit der Funktion f: $x \mapsto x^3 - 3x + 2$. Suche zu den Verschiebungsanweisungen i) bis ix) nacheinander den dadurch neu entstehenden Funktionsterm aus den Kärtchen unten heraus. Die Buchstaben ergeben ein verschlüsseltes Lösungswort, das du leicht entschlüsseln kannst, wenn du weißt, dass der letzte Buchstabe des entschlüsselten Lösungswortes ein „E“ ist.

i) 1 nach rechts und 2 nach oben
ii) 3 nach links
iii) 1 nach links und 1 nach unten
iv) 2 nach rechts und 3 nach oben
v) 2 nach rechts und 8 nach unten
vi) 1 nach links
vii) 2 nach rechts und 2 nach oben
viii) 2 nach rechts und 1 nach unten
ix) 4 nach links und 2 nach oben

$f_1: x \mapsto x^3 + 9x^2 + 24x + 21$ **V**

$f_2: x \mapsto x^3 - 6x^2 + 9x - 2$ **K**

$f_3: x \mapsto x^3 - 3x^2 + 6$ **W**

$f_4: x \mapsto x^3 - 3x^2$ **X**

$f_5: x \mapsto x^3 - 3x + 1$ **I**

$f_6: x \mapsto x^3 - 12x^2 + 45x - 53$ **M**

$f_7: x \mapsto x^3 + 6x^2 + 9x + 6$ **X**

$f_8: x \mapsto x^3 - 3x - 2$ **I**

$f_9: x \mapsto x^3 + 3x^2 + 4$ **E**

5

Der Graph der Funktion f soll um a Einheiten nach links und um b Einheiten nach oben verschoben werden. Gib den Term an, der zu dem entstehenden Graphen gehört, und überprüfe dein Ergebnis mit einem Funktionsplotter.

a) $f(x) = \frac{1}{x}$; $a = 2$; $b = -3$
b) $f(x) = x^2 + 1$; $a = -3$; $b = 1{,}5$
c) $f(x) = \sin x$; $a = -\frac{\pi}{2}$; $b = 2$

6 (💻)

Untersuche, ob der Graph der Funktion g im Vergleich zum Graphen der Funktion f um a Einheiten in x-Richtung und um b Einheiten in y-Richtung verschoben ist. Bestimme gegebenenfalls a und b. Überprüfe dein Ergebnis ggf. mit einem Funktionsplotter.

a) $f(x) = x^2 + 1$ $\quad g(x) = x^2 - 4x + 3$

b) $f(x) = x^2 + 1$ $\quad g(x) = 2x^2 - 4x + 1$

c) $f(x) = \frac{1}{x}$ $\quad g(x) = \frac{3x-5}{x-2}$

d) $f(x) = \frac{1}{x}$ $\quad g(x) = \frac{2x+1}{x-2}$

e) $f(x) = \frac{2x-1}{x+1}$ $\quad g(x) = \frac{2x+3}{x}$

f) $f(x) = \frac{2x-1}{x+1}$ $\quad g(x) = \frac{2x-3}{x}$

g) $f(x) = \sin x$ $\quad g(x) = \sin(x - \pi) - 1$

h) $f(x) = \sin x$ $\quad g(x) = 3 \sin x$

i) $f(x) = \cos x$ $\quad g(x) = \sin x$

7

Zeichne den Graphen der Funktion f in dein Heft ab. Beschreibe, wie man die Graphen der Funktionen g und h mit $g(x) = f(x+2) - 1$ und $h(x) = g(x-3) + 2$ aus dem Graphen von f erhält und zeichne sie zum Graphen von f hinzu.

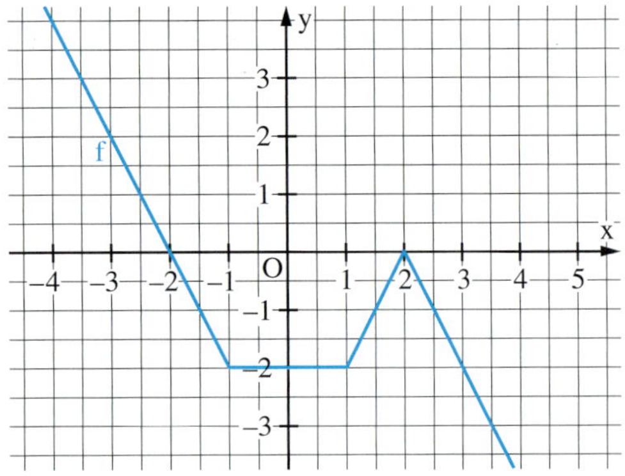

Wie bereits auf Seite 127 unten gesehen, lassen sich viele Problemstellungen auf die Bestimmung von Nullstellen zurückführen.

Rechnerische Bestimmung von Nullstellen bei verschiedenen Funktionstypen

Ganzrationale Funktionen vom Grad n

$n = 1$ (lineare Funktionen): $3x - 2 = 0 \Rightarrow 3x = 2 \Rightarrow x = \frac{2}{3}$

$n = 2$ (quadratische Funktionen):

$3x^2 + 2x - 1 = 0 \Rightarrow x_{1/2} = \frac{-2 \pm \sqrt{4+12}}{2 \cdot 3} \Rightarrow x_1 = -1;\ x_2 = \frac{1}{3}$

$n > 2$: Falls sich eine ganzzahlige Nullstelle erraten lässt, hilft die Polynomdivision weiter. Für $n = 3$ und $n = 4$ gibt es Lösungsformeln, deren Anwendung aber mit großem Aufwand verbunden ist (vergleiche das Thema auf den Seiten 122/123). Für $n > 4$ gibt es keine Lösungsformeln.

Gebrochen rationale Funktionen

$\frac{3x-1}{x+2} + 2 = 0 \quad |\cdot(x+2) \Rightarrow 3x - 1 + 2(x+2) = 0 \Rightarrow 5x + 3 = 0 \Rightarrow x = -\frac{3}{5}$

Multiplikation mit dem Nenner führt meist zu einer linearen oder quadratischen Gleichung.

Exponentialfunktionen

$3^x - 4 = 0 \Rightarrow 3^x = 4 \Rightarrow \lg(3^x) = \lg(4) \Rightarrow x \cdot \lg 3 = \lg 4 \Rightarrow x = \frac{\lg 4}{\lg 3}$

Winkelfunktionen

$\sin(3x) = 0 \Rightarrow 3x = k\pi\ (k \in \mathbb{Z})$, also $x = \frac{k \cdot \pi}{3}\ (k \in \mathbb{Z})$

Lässt sich eine Nullstellengleichung nicht durch Umformen lösen, so hilft eine möglichst genaue Wertetabelle (zum Beispiel unter Zuhilfenahme eines Tabellenkalkulationsprogramms) oder ein Funktionsplotter zur näherungsweisen Bestimmung der Nullstellen.

8
Ermittle rechnerisch die Nullstellen der Funktion.
a) f: $z \mapsto \cos(4z)$
b) g: $x \mapsto -2x^2 + 3x + 2$
c) f: $x \mapsto 1 - \frac{x-3}{1+x}$
d) g: $z \mapsto 4z - 3$
e) h: $z \mapsto 4z - \frac{1}{z}$
f) f: $x \mapsto 2 - \left(\frac{1}{3}\right)^x$

9 💻
Löse die Gleichung. Verwende anschließend einen Funktionsplotter, um zu überprüfen, ob dein Ergebnis stimmen kann.
a) $4(x-2) - 1{,}5(x+3) = 2$
b) $1{,}5^x = 12$
c) $x^3 - 3x^2 + 3x = 1$
d) $\cos x = 0{,}5$
e) $\frac{4x-3}{2x+1} = 3$
f) $\frac{2}{x} = 2x$
g) $2x = 3x^2$

10
Bestimme jeweils die Funktionen, die zu den farbig gezeichneten Graphen gehören. Die zum schwarz gezeichneten Graph gehörige Funktion ist
a) f: $x \mapsto \sin x$,
b) f: $x \mapsto 2\cos x$.

a)
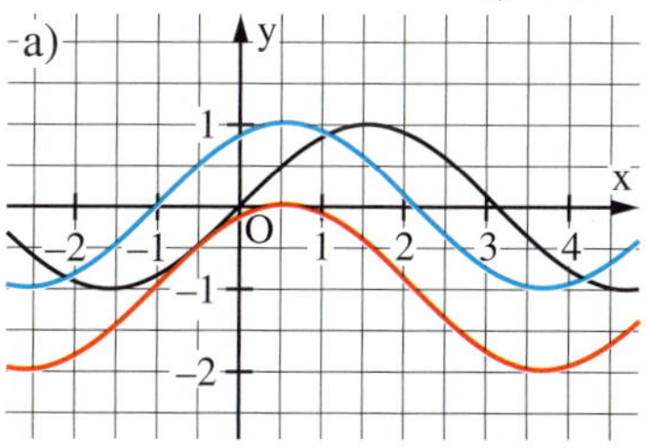

b)
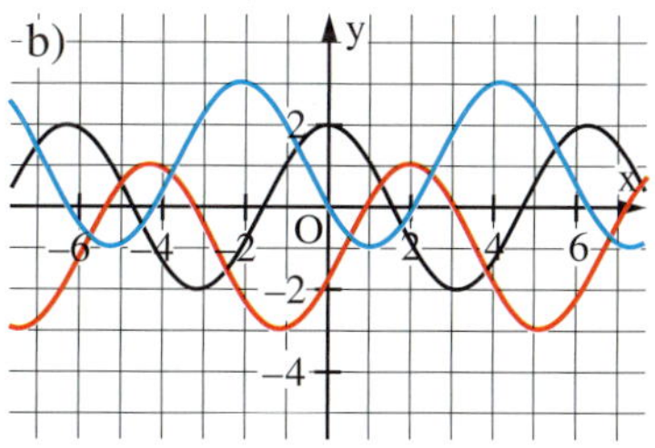

11
Gegeben ist die lineare Funktion f: $x \mapsto 1{,}5x + 2$.
a) Ermittle den Funktionsterm einer Funktion g, deren Graph aus dem Graphen von f durch Verschiebung um 3 Einheiten nach unten und um 2 Einheiten nach links hervorgeht. Was stellst du fest?
b) Bestimme zwei andere Verschiebungen des Graphen von f so, dass derselbe Effekt eintritt wie in a).
c) Der Funktionsterm einer allgemeinen linearen Funktion h lautet $h(x) = px + q$. Wie kann der Graph von h verschoben werden, damit derselbe Effekt wie in a) eintritt?

12
a) Skizziere den Graphen der Funktion f: $x \mapsto \cos\left(x - \frac{\pi}{2}\right)$. Was fällt dir auf?
b) Begründe, dass g: $x \mapsto \cos(x + 9) - 2$ keine Nullstellen besitzt.
c) Ermittle den Parameter a der Funktion h: $x \mapsto \cos(x - a) + 1$ so, dass $h\left(\frac{\pi}{4}\right) = 0$ gilt.

13
Bestimme zur Funktion
f: $x \mapsto x^3 - 2x^2 - x + 2$ jeweils eine Funktion g, deren Graph im Vergleich zu demjenigen von f verschoben ist und die die genannte(n) Eigenschaft(en) besitzt.
Gib die Verschiebung an.
Gibt es eine solche Funktion g?
Gibt es mehrere Möglichkeiten?
a) Der Graph von g verläuft durch den Koordinatenursprung.
b) g besitzt für $x = 3$ eine Nullstelle.
c) g besitzt nur für negative x-Werte Nullstellen.
d) Der Graph von g verläuft „von links oben nach rechts unten".
e) g hat an der Stelle $x = -2$ den Funktionswert -8.
f) g hat an der Stelle $x = 0$ einen kleineren Funktionswert als an der Stelle $x = 2$.
g) g besitzt vier Nullstellen.

G 14
Ein Quader ist viermal so lang wie breit und doppelt so hoch wie lang.
a) Zeichne ein Schrägbild des Quaders.
b) Bestimme das Volumen und den Oberflächeninhalt des Quaders in Abhängigkeit von seiner Länge l.
c) Berechne die Länge der Raumdiagonale in Abhängigkeit von der Länge l.

G 15
30 % aller Teilnehmer einer Konferenz kommen aus Amerika. Jeder 5. Amerikaner und jeder 14. Nichtamerikaner isst zum Frühstück ein Ei. Stelle die Situation in einer Vierfeldertafel und einem Baumdiagramm dar. Zum Frühstück isst ein Teilnehmer ein Ei. Mit welcher Wahrscheinlichkeit kommt er aus Amerika?

2 Strecken und Spiegeln von Funktionsgraphen

x	−4	−3	−2	−1	0	1	2	3	4
f(x)	−1	0	2	0	−1	0	1	0	1
$g_1(x) = f(x-1) + 2$	–								
$g_2(x) = 2f(x)$									
$g_3(x) = f(2x)$	–	–						–	–
$g_4(x) = f(0{,}5x)$		–		–		–		–	

1
Von der Funktion f ist nur die nebenstehende Wertetabelle gegeben.
a) Übertrage die Tabelle in dein Heft und ergänze sie für die Funktionen g_1 bis g_4.
b) Trage die zu f und g_1 bis g_4 gehörigen Punkte in ein Koordinatensystem ein und verbinde sie jeweils geradlinig.

2 💻
Plotte die Graphen der Funktionen $\sin x$, $1{,}5 \cdot \sin x$ und $\sin(1{,}5 \cdot x)$ in ein gemeinsames Koordinatensystem. Vergleiche die Graphen und beschreibe deine Beobachtungen.

Erinnerung:

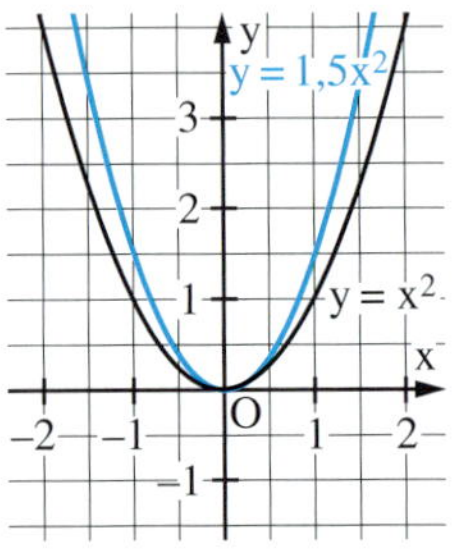

Bei quadratischen Funktionen haben wir gesehen, dass die sich als Graphen ergebenden Parabeln unterschiedlich weit oder eng sein können. Diese Formänderung der Parabeln ergab sich aus unterschiedlichen Koeffizienten beim Term x^2. Die Auswirkung der Multiplikation von Funktionstermen mit Koeffizienten auf das Aussehen der zugehörigen Funktionsgraphen soll nun allgemein untersucht werden.

Beachte:
Die Streckung erfolgt von der x-Achse aus in positive bzw. in negative y-Richtung. Die Nullstellen bleiben fest.

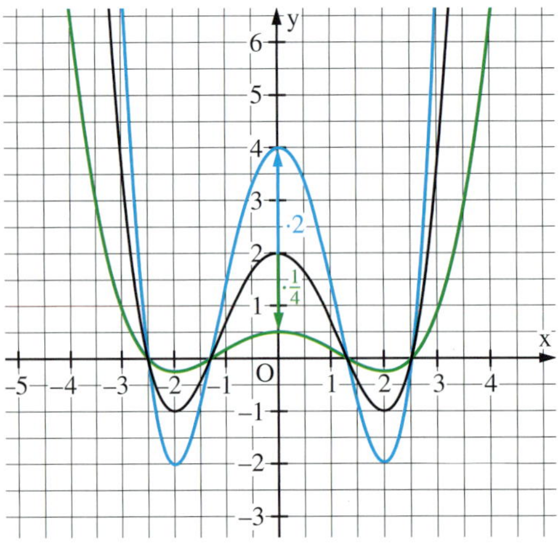

Links ist der Graph von $f\colon x \mapsto \frac{3}{16}x^4 - \frac{3}{2}x^2 + 2$ schwarz gezeichnet.
Multipliziert man den Term von f mit 2, so ergibt sich $g\colon x \mapsto g(x) = 2 \cdot f(x)$. Man erhält jeden Funktionswert von g, indem man den jeweiligen Funktionswert von f mit 2 multipliziert. Damit ist jeder Punkt des Graphen von g doppelt so weit von der x-Achse entfernt wie der entsprechende Punkt des Graphen von f. Man sagt, der Graph von g (links blau gezeichnet) geht aus dem Graphen von f durch **Streckung in y-Richtung** (von der x-Achse aus) mit dem Faktor 2 hervor. Entsprechendes ergibt sich für eine Funktion h mit $h(x) = \frac{1}{4} \cdot f(x)$ (grün eingezeichnet).

Im Folgenden wird noch einmal dargestellt (vgl. S. 53) wie Funktionsgraphen durch eine andere Veränderung des Terms auch in x-Richtung gestreckt werden können:

Beachte:
Hier bleibt nur Funktionswert an der Stelle $x = 0$ fest.

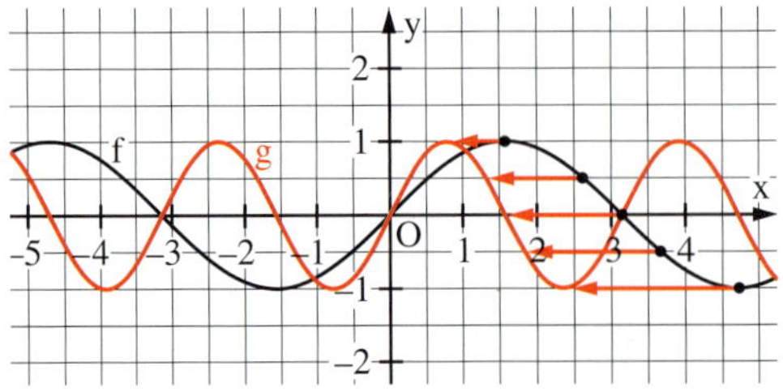

Links ist $f\colon x \mapsto \sin x$ vorgegeben. Ist für jeden x-Wert der Funktionswert g(x) einer neuen Funktion g gleich dem Funktionswert von f an der Stelle $2 \cdot x$, so gilt:
$g(x) = f(2 \cdot x)$, also z.B. $g\left(\frac{\pi}{2}\right) = f(\pi)$.
Den Graphen von g (rot gezeichnet) erhält man durch **Streckung** des Graphen von f **in x-Richtung** mit dem Faktor $\frac{1}{2} = 0{,}5$.

Gilt für zwei Funktionen f und g die Gleichung $g(x) = k \cdot f(x)$ mit $k > 0$, so ist der Graph von g gegenüber demjenigen von f in y-Richtung von der x-Achse aus mit dem Streckungsfaktor k gestreckt.

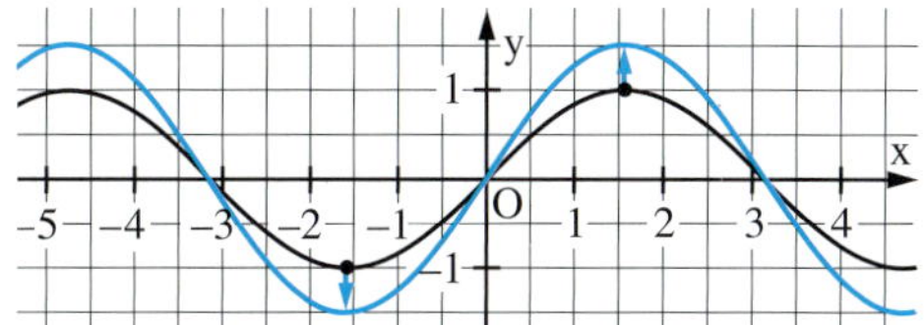

Gilt für zwei Funktionen f und h die Gleichung $h(x) = f(kx)$ mit $k > 0$, so ist der Graph von h gegenüber demjenigen von f in x-Richtung von der y-Achse aus mit dem Streckungsfaktor $\frac{1}{k}$ gestreckt.

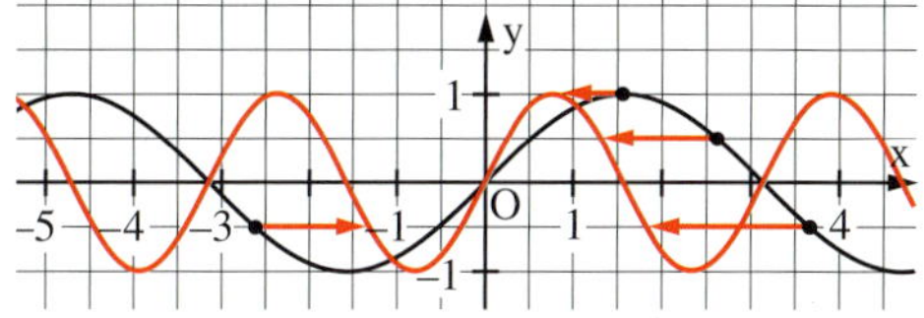

Bislang wurden jeweils nur positive Werte für den Faktor k betrachtet. Nun untersuchen wir, wie sich der Graph einer Funktion f verändert, wenn $k = -1$ gewählt wird.

Rechts ist schwarz der Graph der Funktion f: $x \mapsto \frac{1}{2}x^2$ gezeichnet und blau derjenige von g mit $g(x) = (-1) \cdot f(x)$, also g: $x \mapsto -\frac{1}{2}x^2$. Um die Funktionswerte von g zu erhalten, wird also jeder Funktionswert von f mit (–1) multipliziert. Damit erhält man den Graphen von g durch Spiegelung des Graphen von f an der x-Achse.

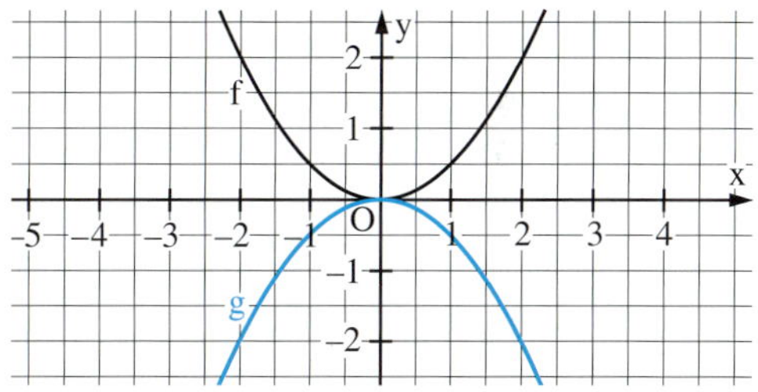

Rechts ist schwarz der Graph der Funktion f: $x \mapsto 0{,}5^{x}$ gezeichnet und rot derjenige von h mit $h(x) = f((-1) \cdot x)$, also h: $x \mapsto 0{,}5^{-x}$.
Der Funktionswert von h an jeder Stelle x ist also gleich dem Funktionswert von f an der Stelle –x.
Damit erhält man den Graphen von h durch Spiegelung des Graphen von f an der y-Achse.

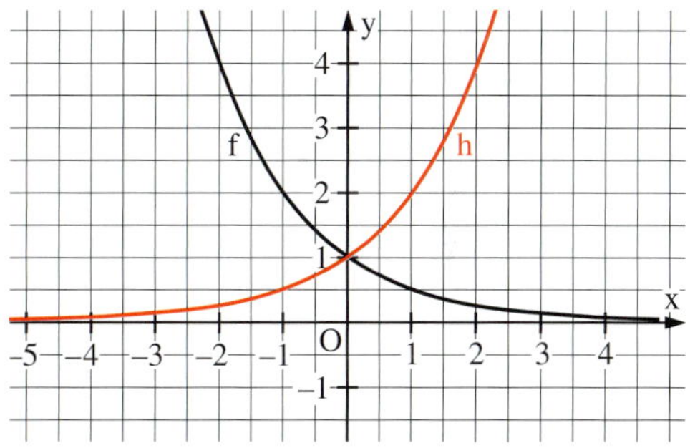

Der Graph der Funktion g mit $g(x) = (-1) \cdot f(x) = -f(x)$ geht aus dem Graphen von f durch Spiegelung an der x-Achse hervor.

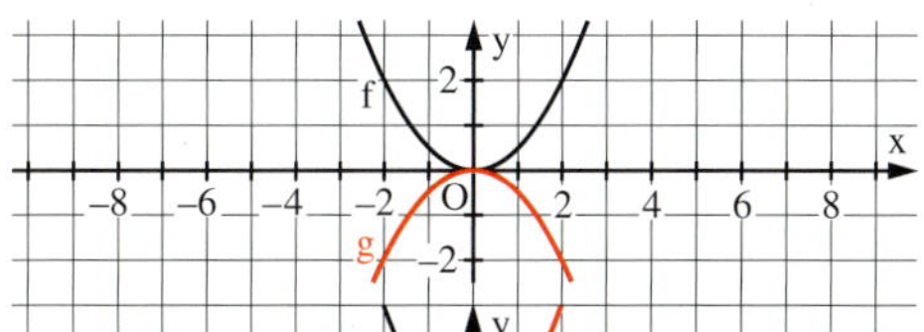

Der Graph der Funktion h mit $h(x) = f((-1) \cdot x) = f(-x)$ geht aus dem Graphen von f durch Spiegelung an der y-Achse hervor.

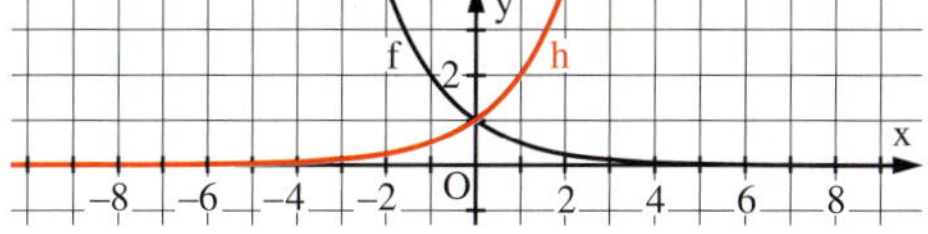

Bemerkung
Eine Streckung z. B. mit dem Streckungsfaktor –3 kann damit als Spiegelung an der x-Achse und anschließende Streckung mit dem Streckungsfaktor 3 aufgefasst werden.

Beispiel 1

Gegeben ist die Funktion f, deren Graph die Punkte $P_1(-3|-2)$, $P_2(-1|0)$, $P_3(0|-2)$, $P_4(2|1{,}5)$, $P_5(4|0)$ enthält und die Information, dass der Graph zwischen diesen Punkten geradlinig verläuft. Zwischen einer zweiten Funktion g und der Funktion f besteht der Zusammenhang $g(x) = f\left(\frac{1}{2}x\right)$. Zeichne die Graphen von f und g in ein gemeinsames Koordinatensystem und beschreibe, wie der Graph von g aus dem von f hervorgeht. Welcher Punkt bleibt unverändert?

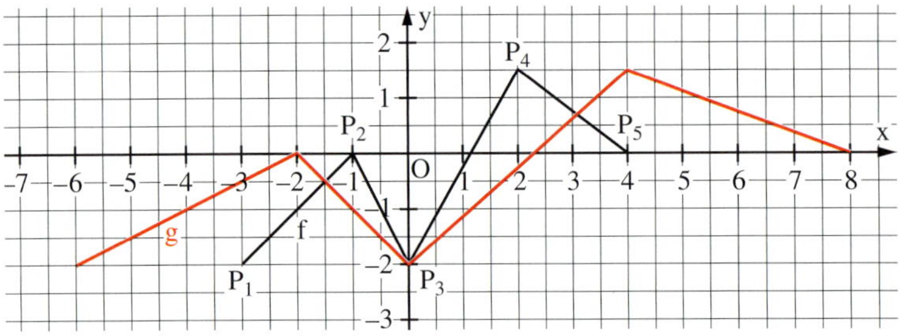

Lösung:
Da die Variable x mit $\frac{1}{2}$ multipliziert wird, handelt es sich um eine Streckung (von der y-Achse aus) in x-Richtung mit dem Streckungsfaktor 2.
Die x-Werte aller Punkte werden bei gleich bleibenden y-Werten verdoppelt.
Der Schnittpunkt $(0|-2)$ des Graphen mit der y-Achse bleibt fest.

Beispiel 2

Gegeben ist die Funktion $f\colon x \mapsto x^4 - 3x^2 - 4x + 2$.

a) Gib den Term der Funktion g an, deren Graph aus dem Graphen von f durch Streckung in y-Richtung mit dem Streckungsfaktor 2 hervorgeht.

b) Gib den Term der Funktion h an, deren Graph aus dem Graphen von f durch Streckung in x-Richtung mit dem Streckungsfaktor 2 hervorgeht.

Lösung:

a) $g(x) = 2 \cdot f(x) = 2 \cdot (x^4 - 3x^2 - 4x + 2) = 2x^4 - 6x^2 - 8x + 4$

b) $h(x) = f\left(\frac{1}{2}x\right) = \left(\frac{1}{2}x\right)^4 - 3\left(\frac{1}{2}x\right)^2 - 4\left(\frac{1}{2}x\right) + 2 = \frac{1}{16}x^4 - \frac{3}{4}x^2 - 2x + 2$

Beispiel 3

Gegeben sind die Funktionen $f\colon x \mapsto \frac{1}{2x-2}$ und $g\colon x \mapsto \frac{2x-3}{x-2}$

Zeige rechnerisch, dass man durch Streckung des Graphen von f mit Streckungsfaktor 2 in x-Richtung und anschließende Verschiebung des erhaltenen Graphen um 2 in y-Richtung den Graphen von g erhält. Zeichne die beiden Graphen mit einem Funktionsplotter. Beschreibe, wie sich der Zusammenhang zwischen den Graphen von f und g auf deren Asymptoten auswirkt.

Lösung:
Streckung des Graphen von f mit Streckungsfaktor 2 in x-Richtung ergibt den Graphen von
$h\colon x \mapsto f(0{,}5x)$:
$h(x) = f(0{,}5x) = \frac{1}{2(0{,}5x)-2} = \frac{1}{x-2}$
Verschiebung des erhaltenen Graphen von h um 2 in y-Richtung liefert dann
$g\colon x \mapsto h(x) + 2$; also:

$$g(x) = \frac{1}{x-2} + 2$$
$$= \frac{1}{x-2} + \frac{2(x-2)}{x-2}$$
$$= \frac{1+2x-4}{x-2} = \frac{2x-3}{x-2} \checkmark$$

Es ergibt sich der geforderte Funktionsterm.

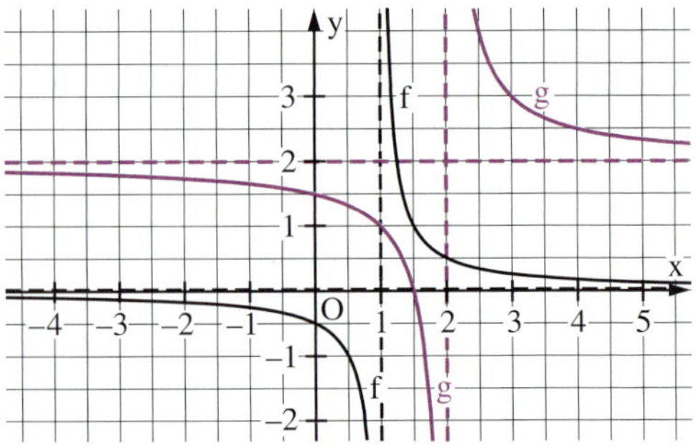

Die Asymptoten von f sind $x = 1$ und $y = 0$, die Asymptoten von g sind $x = 2 \cdot 1 = 2$ (Streckung) und $y = 0 + 2 = 2$ (Verschiebung).

Aufgaben

3

Gib zu der Funktion f jeweils die Funktionsterme von g bzw. h an, deren Graphen durch Spiegelung des Graphen von f an der x-Achse bzw. an der y-Achse entstehen.

a) $f\colon x \mapsto \frac{1}{x-2}$

b) $f\colon x \mapsto x^4 - 2x^2 + 3x + 5$

c) $f\colon x \mapsto 2^x$

d) $f\colon x \mapsto \sin x$

Welche besondere Situation ergibt sich in Teilaufgabe d)?

4

Zeichne in ein gemeinsames Koordinatensystem die Graphen der Funktion $f\colon x \mapsto \frac{1}{2}x + 1$ und der Funktionen g und h mit $g(x) = 3f(x)$, $h(x) = f(3x)$.

5

Der Graph der Funktion f ist jeweils schwarz gezeichnet. Bestimme die Funktionsterme der Funktionen, deren Graphen rot bzw. blau gezeichnet sind.

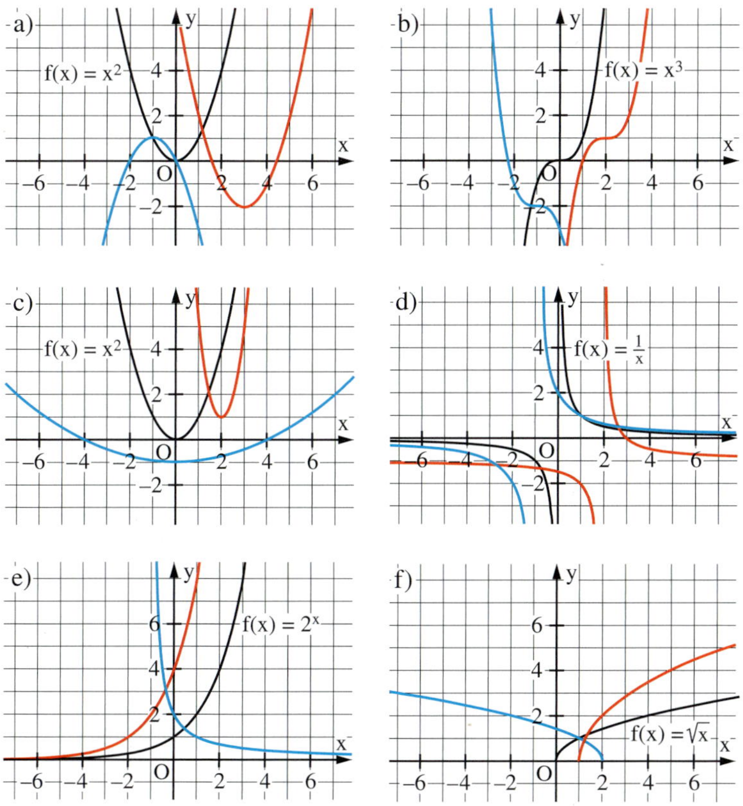

6

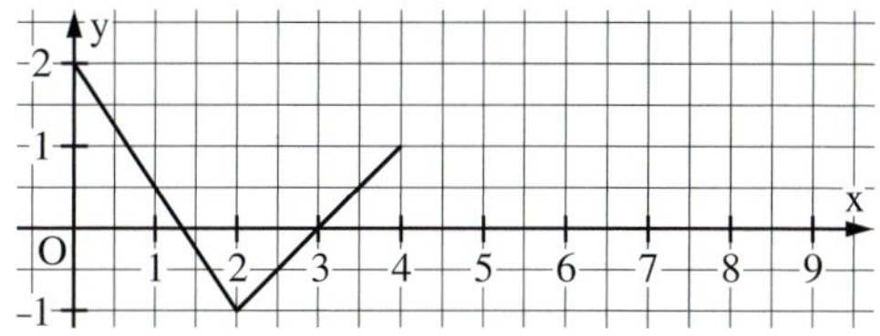

Die Funktion f, deren Graph oben gezeichnet ist, ist im Bereich [0; 4] definiert. Übertrage den Graphen von f in dein Heft und zeichne dazu die Graphen der folgenden Funktionen.
Gib jeweils auch an, in welchem Bereich diese Funktionen definiert sind.

a) $g_1(x) = 2f(x)$ b) $g_2(x) = f(x-2) + 3$

c) $g_3(x) = f(2x)$ d) $g_4(x) = f\left(\frac{1}{3}x\right) + 1$

7

Die Funktion $f\colon x \mapsto 3^x$ hat an der Stelle $x = 1{,}5$ den Funktionswert $f(1{,}5) = 3^{1{,}5}$. An welcher Stelle hat die Funktion g den gleichen Funktionswert?
Welcher Zusammenhang besteht zwischen den Graphen von f und g?

a) $g\colon x \mapsto 3^{2x}$ b) $g\colon x \mapsto 3^{0{,}1x}$

c) $g\colon x \mapsto 3^{(x-2)}$ d) $g\colon x \mapsto \sqrt{3}^{0{,}5x}$

e) $g\colon x \mapsto 3^x + 1$ f) $g\colon x \mapsto 2 \cdot 3^x$

8

Gegeben ist die Funktion $f\colon x \mapsto x^3 - 2x^2 + 4x - 1$. Gib die folgenden Funktionsterme an und erkläre, wie jeweils der zugehörige Graph entsteht. Was fällt dir am Funktionsterm t(x) auf?

$g(x) = -f(x)$
$h(x) = g(-x)$
$k(x) = -h(x)$
$t(x) = k(-x)$

9

Überprüfe rechnerisch, dass der Graph der Funktion $f\colon x \mapsto \frac{3}{2x+4}$ mit dem Faktor $\frac{2}{3}$ in x-Richtung gestreckt werden und anschließend um -1 in y-Richtung verschoben werden kann, um den Graph von $g\colon x \mapsto \frac{-3x-1}{3x+4}$ zu erhalten. Beschreibe, wie sich der Zusammenhang zwischen den Graphen von f und g auf deren Asymptoten auswirkt.

10

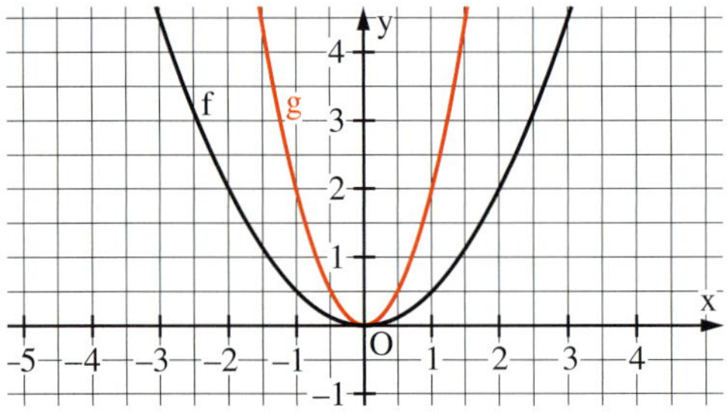

Oben sind die Graphen zweier Parabeln gezeichnet, die zu den Funktionen f und g gehören.
Felizitas sagt: Der Graph von g ist durch Streckung in x-Richtung aus dem Graphen von f hervorgegangen.
Benjamin sagt: Der Graph von g ist durch Streckung in y-Richtung aus dem Graphen von f hervorgegangen.

a) Zeige, dass beide recht haben, indem du die Funktionsterme angibst und jeweils den Streckungsfaktor ermittelst.
b) Überprüfe, ob beide Aussagen auch für die Parabeln zu h und k stimmen.

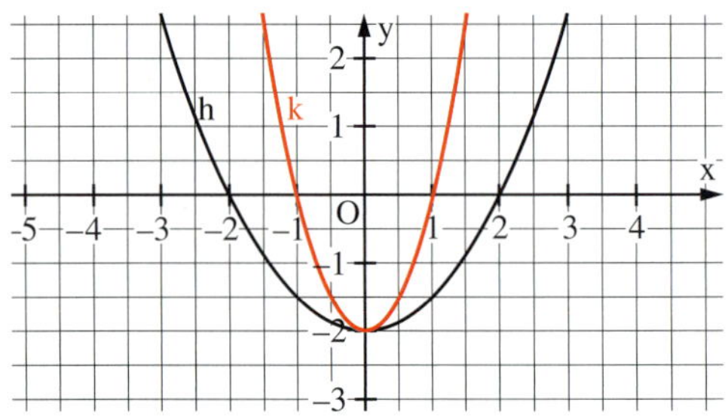

11

Gegeben ist die Funktion f mit $f(x) = 0{,}5^x$. Der Graph der Funktion f_1 ergibt sich aus dem Graphen von f durch Verschiebung um 2 Einheiten nach rechts. Der Graph der Funktion f_2 ergibt sich aus dem Graphen von f durch Streckung in y-Richtung mit dem Streckungsfaktor 4.

a) Bestimme die Funktionsterme von f_1 und f_2 und skizziere die Funktionsgraphen.
b) Ermittle zur Funktion $g\colon x \mapsto 2^x$ zwei Funktionspaare g_1 und g_2 sowie h_1 und h_2, zwischen denen jeweils der gleiche Zusammenhang besteht wie zwischen f_1 und f_2.

12

Starte mit der Funktion $f\colon x \mapsto x^3 - 2x^2 + 1$: Durch die Anweisungen i) bis ix) entsteht nacheinander jeweils der Graph einer neuen Funktion, die du auf einer der Karten findest. Die Buchstaben auf den Karten ergeben der Reihe nach ein Lösungswort.

i) Streckung mit Faktor $\frac{1}{2}$ in x-Richtung
ii) Spiegelung an der y-Achse
iii) Spiegelung an der x-Achse und Verschiebung um 3 nach unten
iv) Streckung mit Faktor $\frac{1}{8}$ in y-Richtung
v) Streckung mit Faktor $\frac{1}{2}$ in x-Richtung
vi) Verschiebung um 1 nach links und um $\frac{1}{2}$ nach oben
vii) Streckung mit Faktor $\frac{1}{4}$ in y-Richtung
viii) Verschiebung um 1 nach rechts und um 1 nach unten
ix) Streckung mit Faktor 4 in y-Richtung und Faktor 2 in x-Richtung

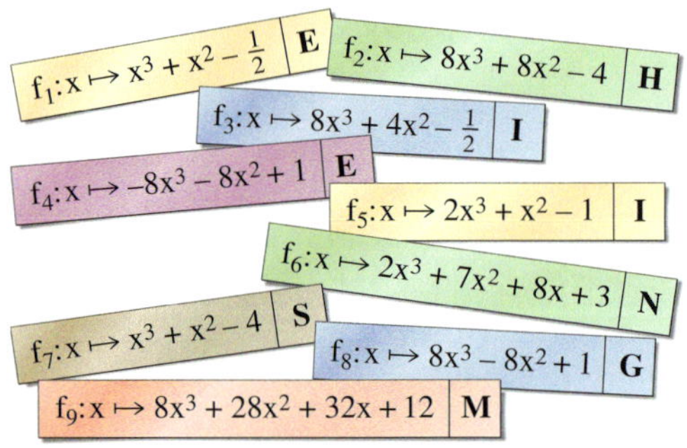

G 13

Untersuche die Lösbarkeit des Systems.

a) $3y = 2x + 3$
$y + 1 = \frac{2}{3}x$

b) $\frac{1}{2}x + \frac{1}{3}y = \frac{2}{3}$
$\frac{1}{2}x - \frac{1}{3}y = \frac{1}{6}$

G 14

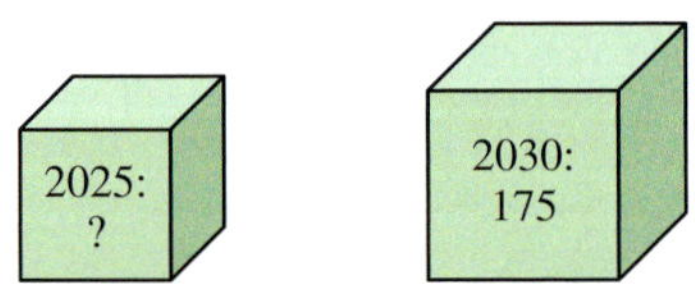

Die Zahl der UFO-Beobachtungen hat von 2025 bis 2030 um 25 % zugenommen.

a) Wie viele Beobachtungen waren es 2025?
b) Gibt die Darstellung die Situation passend wieder?
c) Um wie viel Prozent ist das Volumen des größeren Würfels größer als das Volumen des kleineren Würfels?

3 Symmetrie von Funktionsgraphen

1

a) Zeichne in ein Koordinatensystem zwei beliebige Punkte, die symmetrisch zur y-Achse liegen. Was bedeutet das für die Koordinaten der beiden Punkte?

b) Vergleiche jeweils die Funktionswerte der Funktion $f: x \mapsto x^4 + x^2 - 2$ an den Stellen 1 und -1 sowie 2 und -2. Verfahre mit den Funktionen $g: x \mapsto x^3 - x$ und $h: x \mapsto x^3 + x^2$ ebenso. Was könnten die Ergebnisse für die jeweiligen Funktionsgraphen bedeuten?

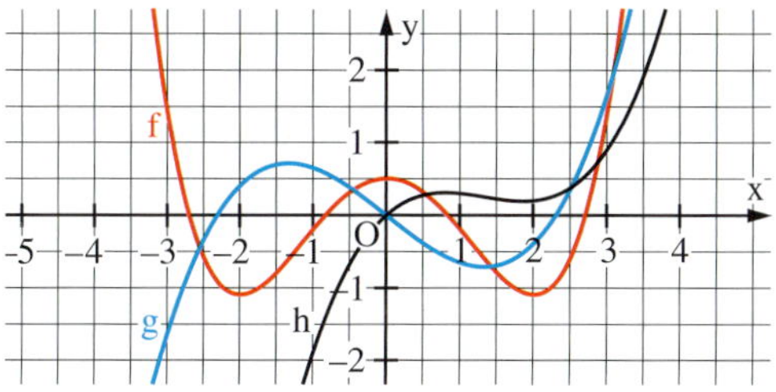

2

Beschreibe jeweils Eigenschaften der drei links in ein Koordinatensystem gezeichneten Funktionsgraphen.
Wie viele Nullstellen haben die Graphen jeweils? Welche Graphen lassen sich einfach beschreiben, auch wenn man sie nur im I. und IV. Quadranten zeichnet?

Häufig interessiert man sich dafür, ob Funktionsgraphen besondere Symmetrieeigenschaften aufweisen:

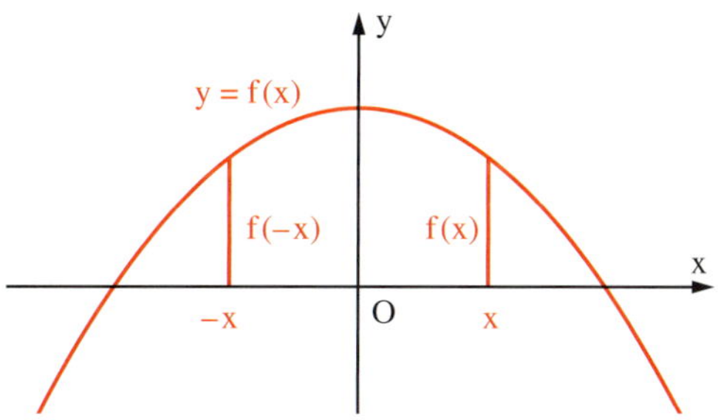

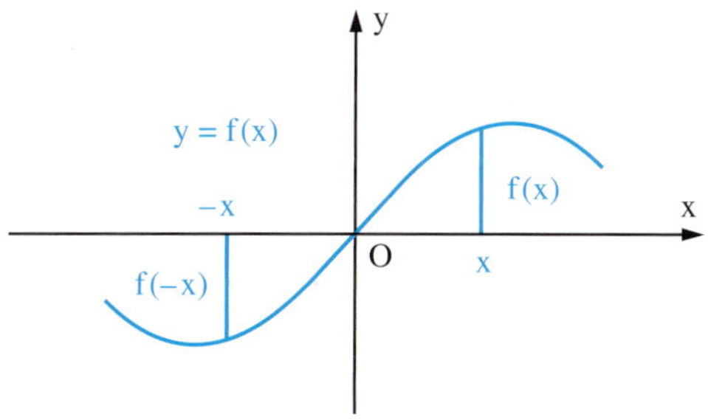

Ist der Graph einer Funktion f achsensymmetrisch bezüglich der y-Achse, so besitzen gleich weit vom Nullpunkt entfernte x-Werte stets den gleichen Funktionswert, d. h. es gilt:

$f(x) = f(-x)$

Ist der Graph einer Funktion g punktsymmetrisch bezüglich des Koordinatenursprungs so besitzen gleich weit vom Nullpunkt entfernte x-Werte stets den betragsgleichen Funktionswert mit unterschiedlichem Vorzeichen, d. h. es gilt:
$f(x) = -f(-x)$

Diese Beziehungen ermöglichen es, Symmetrieeigenschaften von Funktionsgraphen allein anhand der Funktionsterme zu erkennen.

Gilt für eine Funktion f mit der Definitionsmenge D_f für alle $x \in D_f$
$f(-x) = f(x)$,
so ist der Graph von f **achsensymmetrisch** bezüglich der y-Achse.

Gilt für eine Funktion f mit der Definitionsmenge D_f für alle $x \in D_f$
$f(-x) = -f(x)$,
so ist der Graph von f **punktsymmetrisch** bezüglich des Koordinatenursprungs.

Bemerkung

Wie in der vorangegangenen Lerneinheit gesehen, sind die beiden Funktionsgraphen von $f\colon x \mapsto 2^x$ und $f\colon x \mapsto 2^{-x} = 0{,}5^x$ **zueinander symmetrisch** bezüglich der y-Achse. Spiegelt man den Graphen von f an der y-Achse, so erhält man den Graphen von g. Offenbar sind jedoch der Graph von f und der Graph von g selbst nicht achsensymmetrisch bezüglich der y-Achse.

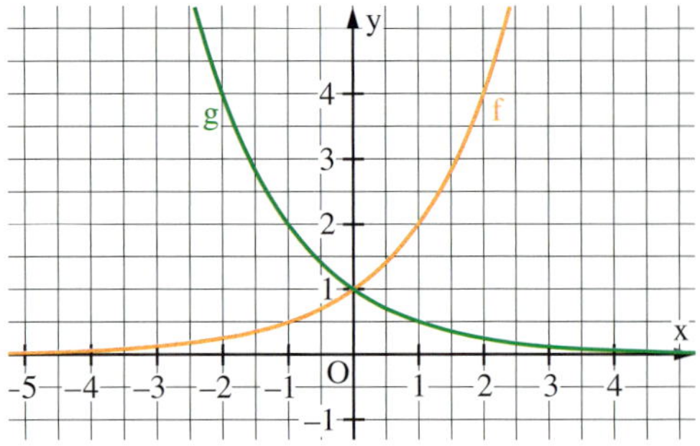

Bei ganzrationalen Funktionen erkennt man eine vorhandene Achsen- oder Punktsymmetrie an den Potenzen von x:

Erinnerung:
$5 = 5x^0$
0 ist eine gerade Zahl

Im Polynom $g(x) = -x^8 + 3x^2 + 5$ treten nur Potenzen von x mit geraden Exponenten auf. Daher ergibt sich:

$$g(-x) = -(-x)^8 + 3(-x)^2 + 5 = -x^8 + 3x^2 + 5 = g(x)$$

Also ist der Graph von g achsensymmetrisch bezüglich der y-Achse.

Im Polynom $h(x) = -2x^5 - 4x^3 + 5x$ treten nur Potenzen von x mit ungeraden Exponenten auf. Daher ergibt sich:

$$\begin{aligned} h(-x) &= -2(-x)^5 - 4(-x)^3 + 5(-x) \\ &= -2(-x^5) - 4(-x^3) - 5x \\ &= 2x^5 + 4x^3 - 5x \\ &= -(-2x^5 - 4x^3 + 5x) = -h(x) \end{aligned}$$

Also ist der Graph von h punktsymmetrisch bezüglich des Koordinatenursprungs.

> Der Graph einer ganzrationalen Funktion f ist genau dann achsensymmetrisch bezüglich der y-Achse, wenn im Funktionsterm f(x) nur x-Potenzen mit geraden Exponenten vorkommen.
> f heißt dann **gerade Funktion**.
>
> Der Graph einer ganzrationalen Funktion f ist genau dann punktsymmetrisch bezüglich des Koordinatenursprungs, wenn im Funktionsterm f(x) nur x-Potenzen mit ungeraden Exponenten vorkommen.
> f heißt dann **ungerade Funktion**.

$f(-x) = 4(-x)^3 - 2(-x)^2 + 1 = -4x^3 - 2x^2 + 1$

Die Graphen ganzrationaler Funktionen mit geraden **und** ungeraden Exponenten, wie z. B. $f\colon x \mapsto 4x^3 - 2x^2 + 1$ weisen weder eine Achsensymmetrie bezüglich der y-Achse noch eine Punktsymmetrie bezüglich des Koordinatenursprungs auf.

Bemerkung

Die Graphen aller quadratischen Funktionen sind achsensymmetrisch bzgl. einer Achse, die senkrecht durch ihren Scheitelpunkt verläuft. Auch andere Funktionen, wie z. B. $f\colon x \mapsto 0{,}1x^4 - 0{,}8x^3 + 1{,}6x^2 - 1{,}1$; können solche Symmetrien bezüglich anderer Achsen als der y-Achse aufweisen.
Dies lässt sich allerdings rechnerisch nicht mit den obigen Verfahren nachweisen.

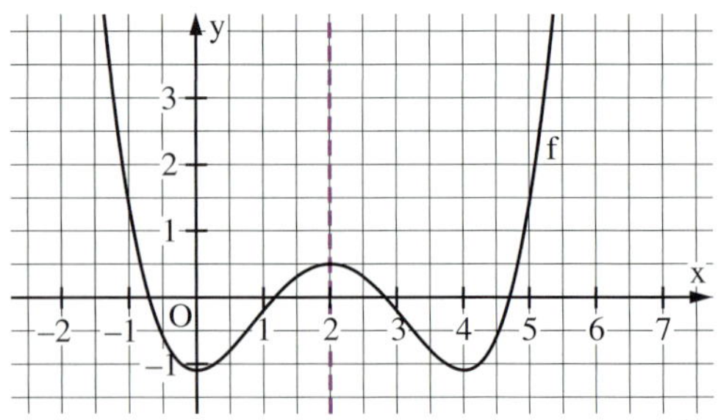

Man kann nachweisen, dass f(x) in der Form $f(x) = 0{,}1 \cdot (x-2)^4 - 0{,}8 \cdot (x-2)^2 + 0{,}5$ geschrieben werden kann. Daran erkennt man, dass der Graph von f aus dem Graphen der bezüglich der y-Achse symmetrischen Funktion $g\colon x \mapsto 0{,}1x^4 - 0{,}8x^2 + 0{,}5$ durch Verschiebung um 2 Einheiten nach rechts hervorgeht und deshalb symmetrisch bezüglich der Gerade $x = 2$ ist.

Beispiel 1

Überprüfe, ob die Funktion f: $x \mapsto \frac{5x}{x^2+1}$ gerade oder ungerade ist. Zeichne dazu zunächst den Graphen z. B. mit einem Funktionsplotter. Welche Symmetrie liegt offenbar vor? Überprüfe dies rechnerisch.

Lösung:

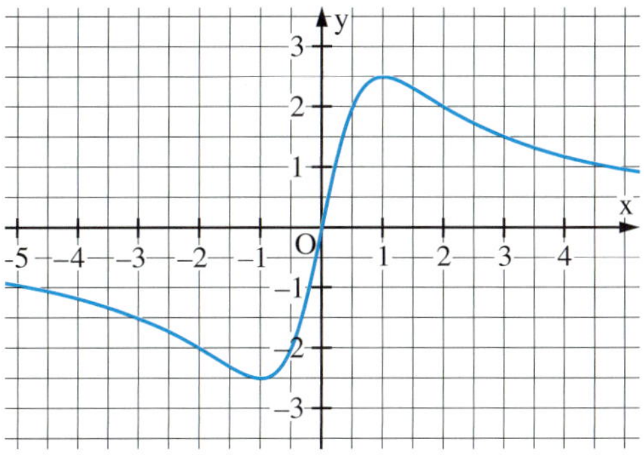

Der Graph von f ist offenbar punktsymmetrisch bezüglich des Koordinatenursprungs.

Rechnerische Überprüfung:

$f(-x) = \frac{5(-x)}{(-x)^2+1} = \frac{-5x}{x^2+1} = -\frac{5x}{x^2+1} = -f(x)$

Beispiel 2

Untersuche, ob die Funktionen g_1 und g_2 gerade oder ungerade sind.

g_1: $x \mapsto 3x^4 - 5x^2 + 3$

g_2: $x \mapsto 0{,}5x^3 - 2x - 1$

Zeichne die Graphen der Funktionen in ein gemeinsames Koordinatensystem.

Lösung:

$g_1(x)$ hat nur gerade Exponenten, g_1 ist also gerade; g_2 ist weder gerade noch ungerade, da neben Potenzen mit ungeraden Exponenten auch eine Potenz mit geradem Exponent $(1 \cdot x^0)$ vorkommt.

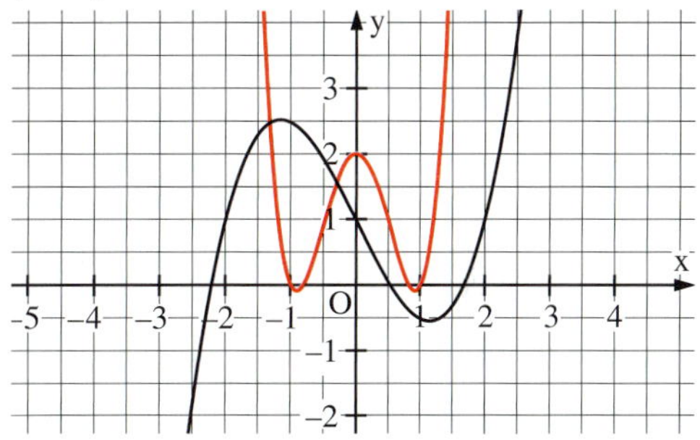

Beispiel 3

Überprüfe rechnerisch, ob die Funktion f: $x \mapsto \sin\left(4x + \frac{\pi}{2}\right)$ eine besondere Symmetrie aufweist. Zeichne den Funktionsgraphen anschließend.

Lösung:

Rechnerisch

$f(-x) = \sin\left(4(-x) + \frac{\pi}{2}\right) = \sin\left(-4x + \frac{\pi}{2}\right)$

$= \cos(-4x) = \cos(4x)$

$= \sin\left(4x + \frac{\pi}{2}\right) = f(x)$

Der Graph von f ist also achsensymmetrisch bezüglich der y-Achse.

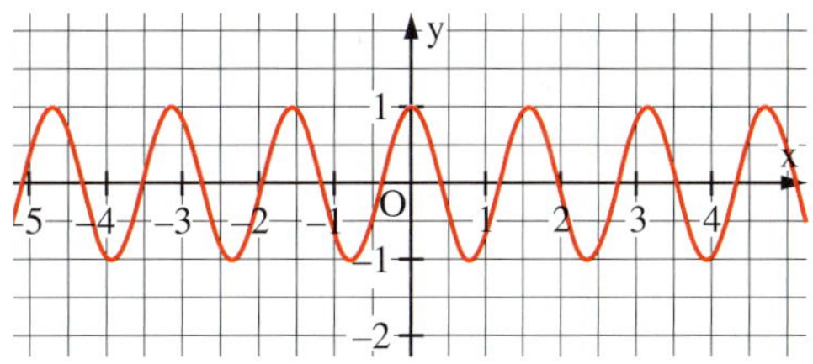

Aufgaben

3

Skizziere den Graphen der angegebenen Funktion.

Untersuche rechnerisch, ob der Graph Symmetrieeigenschaften besitzt.

a) f: $x \mapsto \sin x$ b) f: $x \mapsto \cos x$
c) g: $x \mapsto \frac{1}{x}$ d) g: $x \mapsto \frac{1}{x^2}$
e) h: $x \mapsto 2x^2 - 1$ f) h: $x \mapsto 1{,}5^x$
g) f: $x \mapsto 2x + 1$ h) f: $x \mapsto 1{,}8$
i) g: $x \mapsto x^3$ k) g: $x \mapsto -0{,}8x$
l) h: $x \mapsto \frac{1}{x-1}$ m) h: $x \mapsto \frac{1}{x^2-1}$
n) f: $x \mapsto 1 + \sin x$ o) f: $x \mapsto 1 + \cos x$

4

Entscheide rechnerisch, ob die Funktion einen bezüglich der y-Achse achsensymmetrischen oder einen bezüglich des Koordinatenursprungs punktsymmetrischen Graphen besitzt. Zeichne den Graphen anschließend mit einem Funktionsplotter.

a) $f(x) = x(2x - 1)$
b) $g(x) = \frac{2}{x^2+1}$
c) $f(x) = 0{,}25x^2 \sin x$
d) $f(x) = |x|$
e) $g(x) = (x - 1)(x^2 + 1)$
f) $f(x) = \cos x - 2x$

5

Bilde aus den Buchstaben hinter den geraden Funktionen bzw. hinter den ungeraden Funktionen bzw. hinter denen, die weder gerade noch ungerade sind, jeweils ein Lösungswort aus der Biologie.

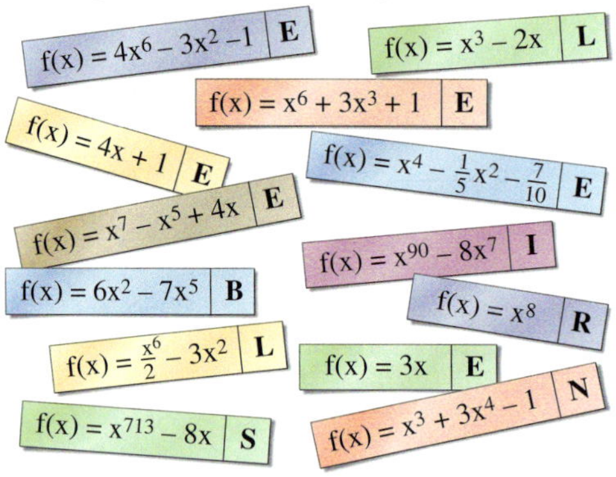

6

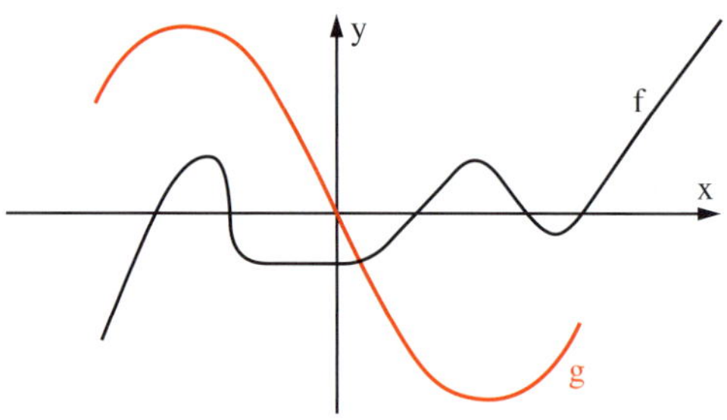

Beschreibe für f und g den Steigungsverlauf des Graphen in Worten.

7

a) Gib den Term einer Funktion an, die bei $x = -2$ eine Nullstelle besitzt und die gerade ist.

b) Gib den Term einer Funktion an, die bei $x = -2$ eine Nullstelle besitzt und die ungerade ist.

8

a) Begründe, warum eine ungerade Funktion immer eine ungerade Anzahl an Nullstellen besitzt.

b) Begründe, warum eine gerade Funktion eine gerade, aber auch eine ungerade Zahl an Nullstellen besitzen kann. Gib ein einfaches Unterscheidungsmerkmal zwischen den beiden Fällen an.

9

Untersuche, ob es eine (oder mehrere) Zahl(en) gibt, die für t so eingesetzt werden können, dass die Funktion eine Symmetrie bezüglich der y-Achse oder des Koordinatenursprungs aufweist.

a) $f: x \mapsto x^3 + t$ b) $f: x \mapsto 3x^2 + t$

c) $f: x \mapsto (x + t)^2$

d) $f: x \mapsto 2x^2 + (t - 1)x - 2$

10

Entscheide bei den nachfolgenden Aussagen jeweils, ob sie richtig oder falsch sind. Begründe deine Entscheidung.

a) Falls $f(0) = 1$, kann f nicht gerade sein.

b) Falls $f(0) = 1$, kann f nicht ungerade sein.

c) Falls $f(1) = f(-1)$, kann f nicht ungerade sein.

d) Es gibt eine Funktion, die sowohl gerade als auch ungerade ist.

e) Verschiebt man den Graphen einer geraden Funktion, so erhält man den Graphen einer Funktion, die nicht gerade ist.

f) Verschiebt man den Graphen einer ungeraden Funktion in y-Richtung, so erhält man den Graphen einer Funktion, die nicht ungerade ist.

g) Streckt man den Graphen einer geraden Funktion in y-Richtung, so entsteht der Graph einer geraden Funktion.

*11

Gegeben ist die Funktion f. Bestimme den Term einer Funktion g, deren Graph die angegebene Symmetrieeigenschaft besitzt und aus dem Graphen von f durch Verschiebung hervorgeht. Beschreibe die Symmetrie des Graphen von f.

a) $f: x \mapsto \frac{1}{3} \cdot x^3 + x^2 + 5x + 15$.
Der Graph von g ist punktsymmetrisch bezüglich des Koordinatenursprungs.

b) $f: x \mapsto 2x^4 - 8x^3 + 9x^2 - 2x + 1$.
Der Graph von g ist achsensymmetrisch bezüglich der y-Achse.

G 12

Skizziere die Graphen von $f: x \mapsto 3 \cdot 1{,}1^x$ und $g: x \mapsto 6{,}5 \cdot 0{,}8^x$ und berechne die Koordinaten ihres Schnittpunktes.

4 Grenzwerte im Unendlichen

1

Rechts ist ein Ausschnitt des Graphen der Funktion $f\colon x \mapsto \frac{1{,}8x - 4}{3 - 0{,}5x}$ gezeichnet.
Wie verhalten sich die Funktionswerte für immer größer werdende x-Werte?
Lässt sich dies anhand des Ausschnitts erkennen? Lege deine Überlegungen dar.
Skizziere den Graphen in einem größeren Bereich.

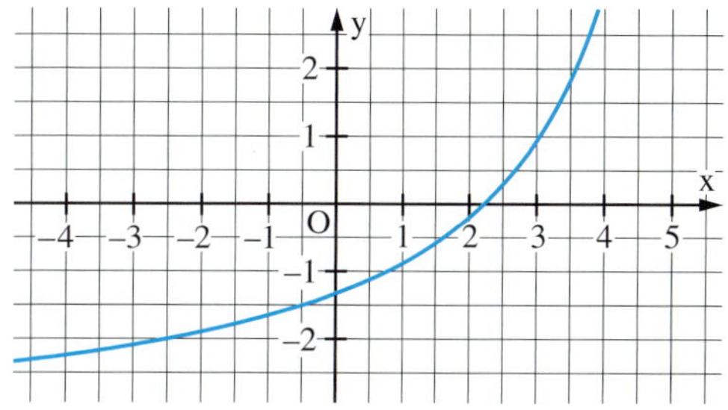

2

An einem heißen Sommertag stellt Willi bei einer Lufttemperatur von 30 °C ein Glas gekühlte Limonade (5 °C) auf den Terrassentisch. Statt die Limonade zu trinken, misst er die Temperatur nach einer Minute, nach zwei Minuten, … und erhält die rechts stehende Tabelle.

Zeit t	Temperatur T
0 min	5 °C
1 min	7,5 °C
2 min	9,8 °C
3 min	12,8 °C
4 min	14,5 °C

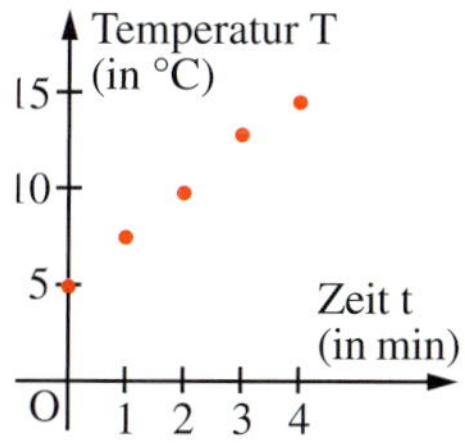

a) Erkläre, warum sich die Veränderung der Temperatur im Laufe der Zeit durch den Funktionsterm $T(t) = 30 - 25 \cdot 0{,}9^t$ (t in Minuten; T in °C) gut beschreiben lässt.

b) Diskutiert die Frage, wann die Temperatur der Limonade gleich der Umgebungstemperatur von 30 °C ist.

Bei gebrochen rationalen Funktionen haben wir bereits das Verhalten von Funktionswerten für immer größer werdende x-Werte untersucht. Häufig kann man dieses Verhalten, wie beispielsweise bei der Funktion $f\colon x \mapsto \frac{2x + 5}{x}$, nicht unmittelbar anhand des Funktionsterms erkennen, weil sowohl der Zähler als auch der Nenner für wachsende x-Werte immer größer wird.
Eine geeignete Wertetabelle sowie die Betrachtung des Funktionsgraphen gibt jedoch Hinweise:

x	y
–14	1,6
–10	1,5
–5	1,0
–2	–0,5
2	4,5
5	3,0
10	2,5
14	2,4

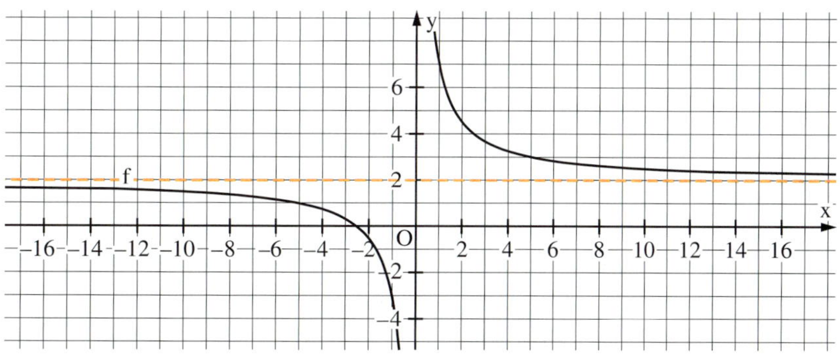

Es liegt die Vermutung nahe, dass sich die Funktionswerte für größer werdende x-Werte immer mehr dem Wert 2 nähern.
Dies wird im Folgenden durch eine genauere Betrachtung des Funktionsterms und geschickte Umformung bestätigt.

Man erhält:

$f(x) = \frac{2x+5}{x} = \frac{2x}{x} + \frac{5}{x} = 2 + \frac{5}{x}$

Für große x-Werte wird der zweite Summand sehr klein und die Funktionswerte nähern sich für wachsende x-Werte immer weiter der Zahl 2 an.

Die Zahl 2 nennt man deshalb den Grenzwert der Funktion f für x gegen plus unendlich und schreibt kurz: $\lim\limits_{x \to +\infty} \left(2 + \frac{5}{x}\right) = 2$.

*Eine Funktion, die für x gegen $-\infty$ oder für x gegen $+\infty$ einen Grenzwert a besitzt, bezeichnet man dort auch als **konvergent**.*

> Kommen die Funktionswerte f(x) einer Funktion f für beliebig groß werdende x-Werte einer Zahl a beliebig nahe, so nennt man a den Grenzwert der Funktion f für x gegen plus unendlich ($x \to +\infty$).
>
> Schreibweise: $\lim\limits_{x \to +\infty} f(x) = a$
>
> Die Gerade $y = a$ ist waagrechte Asymptote des Graphen von f.
>
> 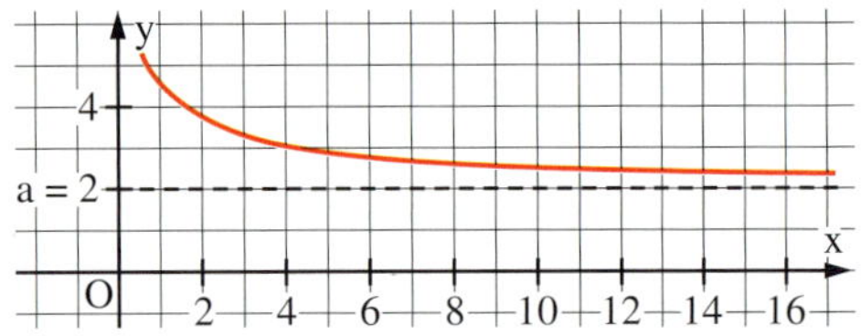
>
>
> Entsprechend ist der Grenzwert einer Funktion f für $x \to -\infty$ definiert.

Bemerkungen

(1) Die Sprechweise „kommen die Funktionswerte für beliebig große x-Werte einer Zahl a beliebig nahe" bedeutet: **Jede** vorgegebene Abweichung von a (und sei sie auch noch so klein) wird von den Funktionswerten der Funktion **ab** einem bestimmten x-Wert **ständig** unterschritten.

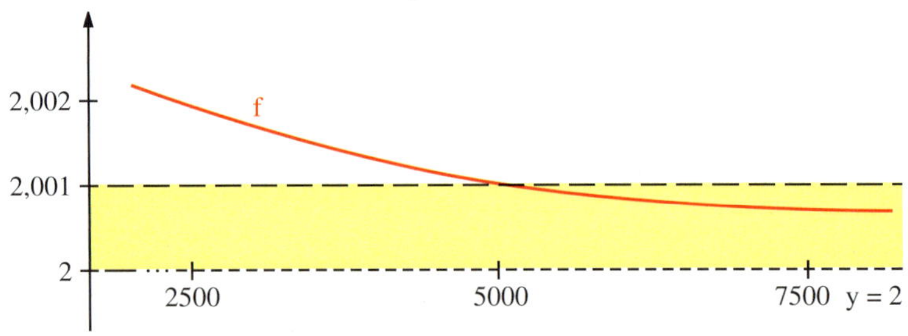

Gibt man beispielsweise für die Funktion $f: x \mapsto 2 + \frac{5}{x}$ als Abweichung 0,001 vom Wert 2 vor, so wird für $x > 5000$ von den Funktionswerten diese Abweichung unterschritten.
Denn für $x > 5000$ gilt: $2 + \frac{5}{x} < 2{,}001$.
Gibt man als Abweichung 0,0001 vor, so wird diese Abweichung von den Funktionswerten für $x > 50\,000$ unterschritten.

(2) Nicht immer nähert sich der Graph einer Funktion seiner Asymptoten, nur von einer Seite. Plottet man beispielsweise den Graphen der Funktion $g: x \mapsto \frac{\sin x}{x}$, so erkennt man: $\lim\limits_{x \to +\infty} \frac{\sin x}{x} = 0$

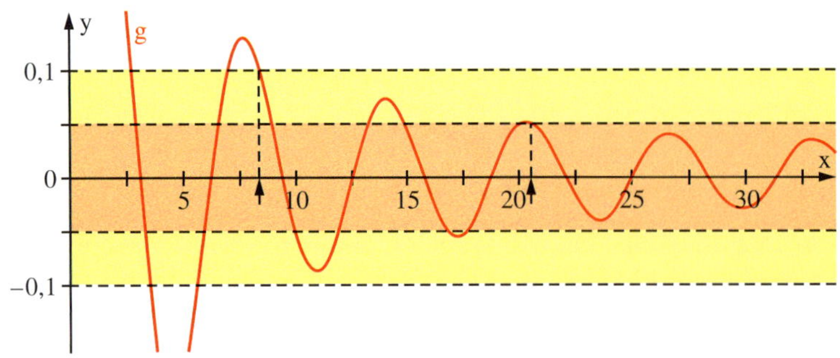

Der Graph der Funktion g schwankt jedoch um die Asymptote $y = 0$. Die Schwankungsbreite wird dabei immer kleiner, sodass auch hier die Funktionswerte jede „Umgebung" von $y = 0$ ab einem bestimmten x-Wert nicht mehr verlassen.
Hier ist beispielsweise zu erkennen, dass $|g(x) - 0| < 0{,}1$ etwa ab $x = 8$ für alle größeren x-Werte richtig ist und $|g(x) - 0| < 0{,}05$ etwa ab $x = 21$.

Viele Funktionen besitzen keinen Grenzwert für $x \to +\infty$ oder $x \to -\infty$.

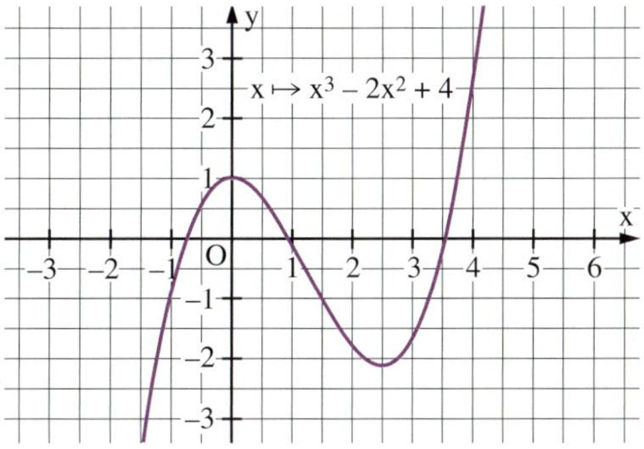

So haben wir für Funktionen wie
f: $x \mapsto x^3 - 2x^2 + 4$
bereits gesehen, dass ihre Funktionswerte für beliebig große x-Werte beliebig groß werden.

Auch wenn es sich nicht um einen Grenzwert im oben definierten Sinn handelt, verwendet man zur Beschreibung dieser Verhaltensweise die illustrierenden Schreibweisen
$\lim\limits_{x \to +\infty} f(x) = +\infty$ bzw. $\lim\limits_{x \to -\infty} f(x) = -\infty$.

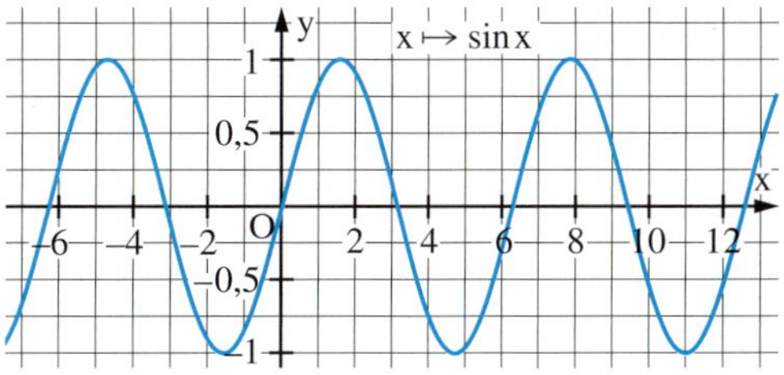

Auch die Funktion
g: $x \mapsto \sin x$
besitzt keinen Grenzwert im Unendlichen.

Dabei werden die Funktionswerte allerdings nicht beliebig groß, sondern „schwanken" immer in der gleichen Weise.

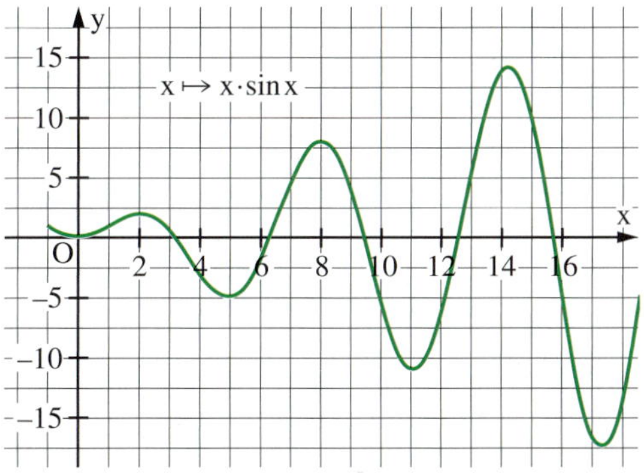

Bei der Funktion h: $x \mapsto x \sin x$ werden die Funktionswerte betragsmäßig beliebig groß, schwanken jedoch gleichzeitig.
Hier ist daher sogar die illustrierende Schreibweise $\lim\limits_{x \to +\infty} h(x) = \infty$ unzulässig.

Funktionen, die – in welcher der beschriebenen Weisen auch immer – keinen Grenzwert im Unendlichen besitzen, bezeichnet man als **divergent**.

Grenzwert existiert: konvergent

Grenzwert existiert nicht: divergent

Beispiel 1

Untersuche den Funktionsterm und entscheide, ob die Funktion einen Grenzwert für $x \to +\infty$ und/oder einen Grenzwert für $x \to -\infty$ besitzt.
Gib gegebenenfalls die Grenzwerte der Funktion an.

a) f: $x \mapsto \cos x$

b) g: $x \mapsto \frac{3}{2x - 1}$

c) h: $x \mapsto \frac{3x - 2}{2x - 1}$

d) f: $x \mapsto x^2 - 3x + 2$

e) g: $x \mapsto x - \frac{2}{x}$

f) h: $x \mapsto 4 - \frac{2}{x}$.

Lösung:

a) Die Funktionswerte schwanken zwischen −1 und 1. Es existiert kein Grenzwert.

b) Der Nenner des Funktionsterms wird für $x \to \pm\infty$ betragsmäßig beliebig groß.
Daher gilt: $\lim\limits_{x \to +\infty} g(x) = \lim\limits_{x \to -\infty} g(x) = 0$.

c) Wegen $h(x) = \frac{3x - 2}{2x - 1} = \frac{x\left(3 - \frac{2}{x}\right)}{x\left(2 - \frac{1}{x}\right)} = \frac{3 - \frac{2}{x}}{2 - \frac{1}{x}}$

ist $\lim\limits_{x \to +\infty} h(x) = \lim\limits_{x \to -\infty} h(x) = \frac{3}{2}$.

d) Die Funktionswerte werden für $x \to \pm\infty$ betragsmäßig beliebig groß.
Es existiert kein Grenzwert.

e) $\lim\limits_{x \to \pm\infty} g(x) = \pm\infty$, f) $\lim\limits_{x \to \pm\infty} h(x) = 4$

Beispiel 2

Gegeben ist die Funktion $f\colon x \mapsto 0{,}5^x$.

a) Berechne $f(1), f(2), f(5), f(10), f(15)$.

b) Begründe, dass $f(z) > f(z+1)$ immer richtig ist.
Beschreibe den Verlauf des Graphen von f.
Gib den Grenzwert $\lim\limits_{x\to+\infty} f(x)$ an.

c) Berechne den x-Wert, ab dem der Graph der Funktion weniger als 0,1 (0,01; 0,001) vom Grenzwert entfernt ist.

d) Zeichne den Graphen mit einem Funktionsplotter im Bereich [–1; 7].

e) Zeichne den Graphen zusammen mit der Gerade $y = 0{,}1$ und $y = 0{,}01$ so, dass zwei der in c) bestimmten Werte ablesbar sind.

Lösung:

a) $f(1) = 0{,}5$
$f(2) = 0{,}25$
$f(5) = 0{,}031$
$f(10) = 9{,}8 \cdot 10^{-4}$
$f(15) = 3{,}1 \cdot 10^{-5}$

b) $f(z+1) = 0{,}5^{z+1} = 0{,}5^z \cdot 0{,}5^1 = 0{,}5 \cdot f(z)$
Also ist $f(z+1) < f(z)$.
Der Graph fällt.
Es ist $\lim\limits_{x\to+\infty} f(x) = 0$.

c) $f(x) = 0{,}5^x = 0{,}1 \Rightarrow \log_{0,5} 0{,}1 = 3{,}32$
$f(x) = 0{,}5^x = 0{,}01 \Rightarrow \log_{0,5} 0{,}01 = 6{,}64$
$f(x) = 0{,}5^x = 0{,}001 \Rightarrow \log_{0,5} 0{,}001 = 9{,}97$

d)
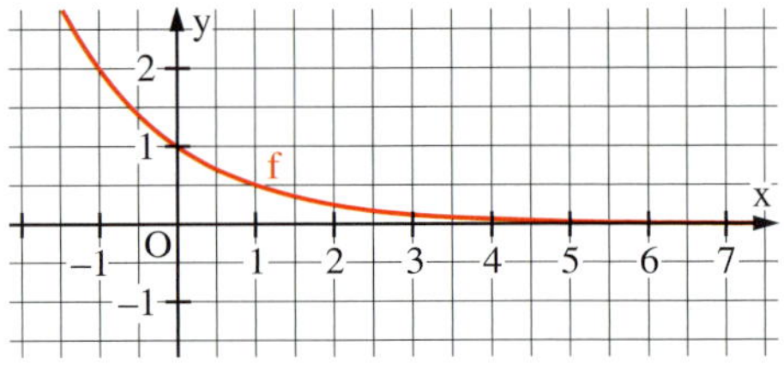

e)
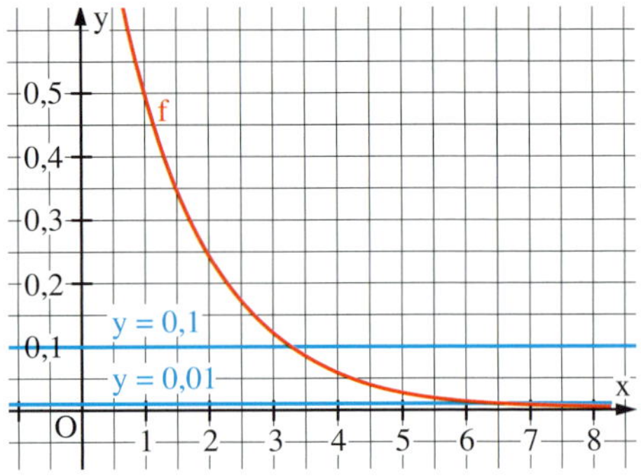

Es lässt sich ablesen:
$f(x) = 0{,}1 \Rightarrow x \approx 3{,}3$
$f(x) = 0{,}01 \Rightarrow x \approx 6{,}5$

Aufgaben

3

Gib den Grenzwert allein durch Betrachten des Funktionsterms an. Vergleiche deine Ergebnisse mit den Graphen der Funktionen, die du anschließend mit einem Funktionsplotter zeichnest.

a) $\lim\limits_{x\to+\infty} \frac{3}{x}$

b) $\lim\limits_{x\to-\infty} \frac{3}{x}$

c) $\lim\limits_{x\to+\infty} \frac{-5}{x-2}$

d) $\lim\limits_{x\to+\infty} 4^x$

e) $\lim\limits_{x\to-\infty} 4^x$

f) $\lim\limits_{x\to+\infty} \frac{x-5}{x-4}$

g) $\lim\limits_{x\to+\infty} \frac{3x+1}{x^2}$

h) $\lim\limits_{x\to-\infty} \cos\left(\frac{x}{3}\right)$

i) $\lim\limits_{x\to-\infty} x^3 - 1$

k) $\lim\limits_{x\to+\infty} \frac{x-1}{2x-x^2}$

4

Untersuche, für welche x-Werte die Funktionswerte der Funktion $f\colon x \mapsto \frac{3}{x}$ von ihrem Grenzwert um weniger als 0,1 (0,01; 0,001; 0,0001) entfernt sind.

5

Gegeben sind die Funktionen $f\colon x \mapsto 4^x$ und $g\colon x \mapsto 0{,}25^x$.

a) Gib die Grenzwerte
$\lim\limits_{x\to+\infty} f(x)$, $\lim\limits_{x\to-\infty} f(x)$,
$\lim\limits_{x\to+\infty} g(x)$, $\lim\limits_{x\to-\infty} g(x)$
an, sofern sie existieren.

b) Welcher Zusammenhang besteht zwischen den Graphen von f und g? Erkläre diesen Zusammenhang anhand der Funktionsterme.

c) Für welche x-Werte sind die Funktionswerte von f weniger als 0,1 (0,01; 0,001) vom Grenzwert $\lim\limits_{x\to-\infty} f(x)$ entfernt?

d) Zeichne den Graphen von f mit einem Funktionsplotter gemeinsam mit der Geraden $y = 0{,}01$ so, dass einer der in c) ermittelten Bereiche ablesbar ist.

6 (💻)

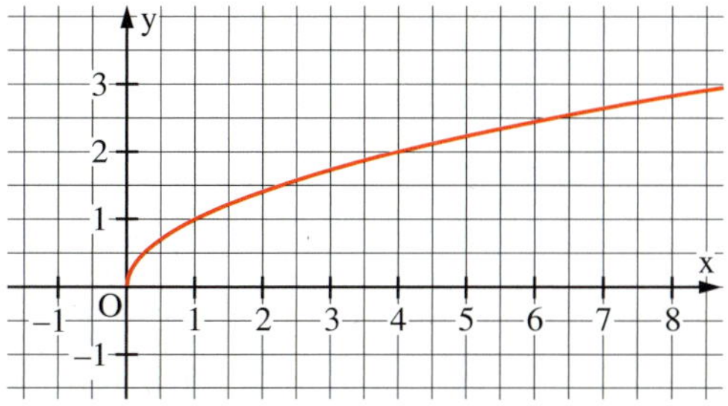

Oben ist der Graph der Funktion $f: x \mapsto \sqrt{x}$ gezeichnet.

a) Stelle eine Vermutung an, wie groß $\lim\limits_{x \to +\infty} f(x)$ wohl ist.
Ermittle anschließend Funktionswerte für große x-Werte. Bestätigen diese deine Vermutung?

b) Ermittle x-Werte für die $f(x) > 1000$ ($f(x) > 100\,000$; $f(x) > 10^7$) gilt und begründe damit: $\lim\limits_{x \to +\infty} f(x) = +\infty$

c) Zeichne den Graphen von f mit einem Funktionsplotter im Bereich $[0;\ 10^6]$ und im Bereich $[0;\ 10^{14}]$.

7

Bestimme die Gleichung der waagrechten Asymptote der gegebenen Funktion und gib den Grenzwert für $x \to +\infty$ an.

a) $f: x \mapsto \frac{4}{x-2}$ b) $f: x \mapsto \frac{3x+4}{2x+1}$

c) $f: x \mapsto 3 - \frac{2}{x+1}$ d) $f: x \mapsto \frac{2x}{x^2+1}$

8 (💻)

Lisa sagt: „Ich habe den Graphen der Funktion $f: x \mapsto 0{,}001\,x^4 - 0{,}3\,x^2 + 5$ mit meinem Funktionsplotter gezeichnet."

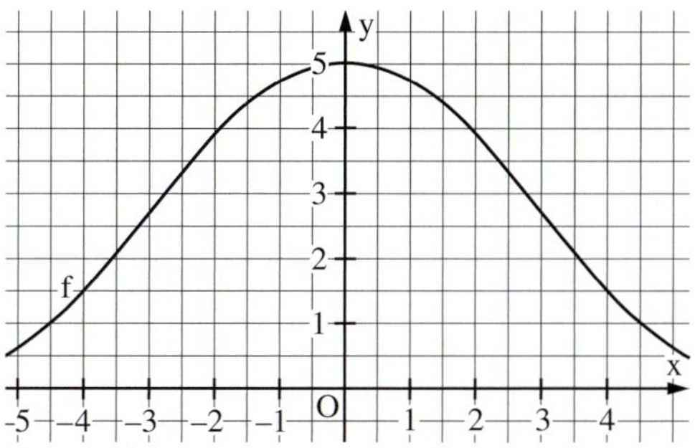

„Es ist leicht zu sehen, dass der Grenzwert im Unendlichen 0 ist." Hat sie recht?

9

a) Gib drei Funktionen an, die den Grenzwert 1 für x gegen $+\infty$ besitzen.
Bestimme den Grenzwert der von dir gewählten Funktionen für x gegen $-\infty$.

b) Gib eine Funktion an, die für x gegen $+\infty$ und für x gegen $-\infty$ divergiert und nur positive Funktionswerte besitzt.

c) Gib jeweils eine Funktion f an, für die $\lim\limits_{x \to -\infty} f(x) = -\infty$ und $\lim\limits_{x \to +\infty} f(x) = +\infty$ gilt und die zwei (drei, vier) Nullstellen besitzt.

10

Karin sagt: „Wenn eine Funktion immer unterhalb der Gerade $y = 2$ liegt und ihr Graph in ganz $\mathbb{R}^+$ ansteigt, dann ist der Grenzwert für x gegen $+\infty$ gleich 2." Kannst du ihre Aussage widerlegen?

11

Gegeben ist die Funktion $f: x \mapsto \frac{1}{x}\cos x$.

a) Gib die maximal mögliche Definitionsmenge von f an.

b) Untersuche, ob der Graph der Funktion eine Symmetrieeigenschaft besitzt.

c) Beschreibe, wie sich der Verlauf der Kosinuskurve durch den Vorfaktor verändert. Verwende gegebenenfalls einen Funktionsplotter.

d) Wie lautet $\lim\limits_{x \to -\infty} f(x)$?

e) Gib einen x-Wert an, ab dem alle Funktionswerte um weniger als 0,01 vom Grenzwert entfernt sind.

f) Betrachte im Vergleich zu f die unter a) bis d) genannten Fragestellungen für die Funktion $g: x \mapsto \frac{1}{x} + \cos x$.

G 12

Bestimme das Volumen und den Oberflächeninhalt des Körpers, der aus einem Kegel, einem Zylinder und einer Halbkugel zusammengesetzt ist.

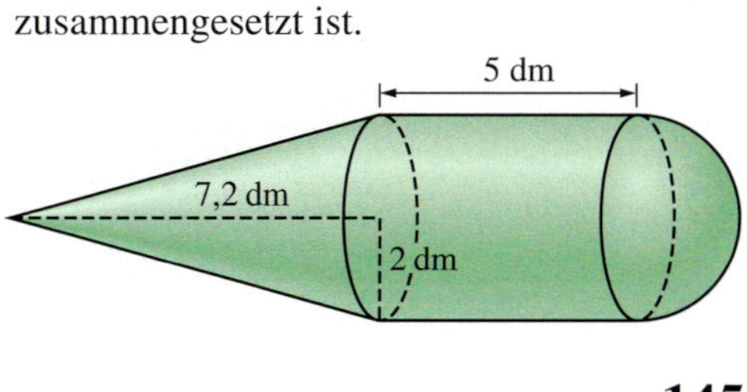

5 Funktionsuntersuchungen

Wir kennen schon verschiedene Funktionstypen: lineare Funktion, gebrochen rationale Funktion ...

1

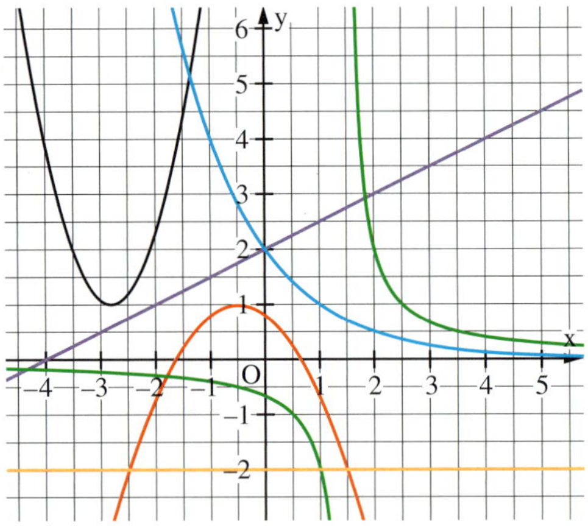

Welche Graphen gehören zu gleichen Funktionstypen? Gib für die verschiedenen Typen Eigenschaften an.

2

f: $x \mapsto 3\sin(x - \pi)$

p: $x \mapsto \frac{2x}{2x-1}$

k: $x \mapsto 3^x$

h: $x \mapsto -0{,}5x + 5$

g: $x \mapsto (x+2)^2 - 1$

r: $x \mapsto x^2(x-4)(x^2-1)$

Asymptote $y = 1$

Vier verschiedene Nullstellen

Wertemenge $W = [-3;3]$

Nullstelle bei $x = 10$

Scheitel bei $S(-2|-1)$

Schnittpunkt mit der y-Achse bei $(0|1)$

a) Welche Kärtchen gehören zusammen? Begründe deine Entscheidungen genau.
b) Gib zu jeder Funktion eine weitere Eigenschaft an.

Die folgende Zusammenstellung gibt einen Überblick über Beispiele bereits bekannter Funktionstypen. Die in der Mitte aufgeführten Merkmale beziehen sich auf das jeweils angegebene Beispiel und sind zum Skizzieren des zugehörigen Graphen hilfreich. Manche Merkmale können direkt am Term abgelesen werden, andere erhält man erst durch Berechnungen mit Hilfe des Funktionsterms.

Funktionstyp	Merkmale der angegebenen Beispielfunktion	Graph
Lineare Funktion (Ganzrationale Funktion ersten Grades) f: $x \mapsto -\frac{2}{3}x + 3$	$D_{max} = \mathbb{R}$ $W = \mathbb{R}$ Graph: fallende Gerade Steigung: $m = -\frac{2}{3}$ y-Achsenabschnitt: $t = f(0) = 3$ Nullstelle: $x = 4{,}5$	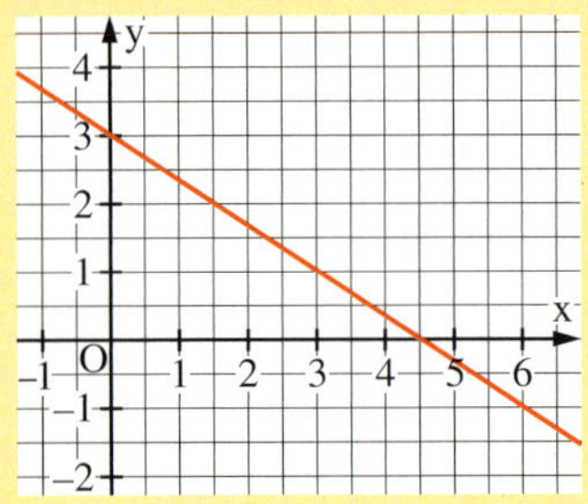
Quadratische Funktion (Ganzrationale Funktion zweiten Grades) f: $x \mapsto 2x^2 + 2x - 4$ $= 2(x+2)(x-1)$	$D_{max} = \mathbb{R}$ Graph: Nach oben offene Parabel, die enger als die Normalparabel ist. Nullstellen: $x_1 = -2;\ x_2 = 1$ $f(0) = -4$ Scheitel: $S(-0{,}5\|-4{,}5)$ $W = [-4{,}5; +\infty[$ Symmetrie bezüglich der Geraden $x = -0{,}5$	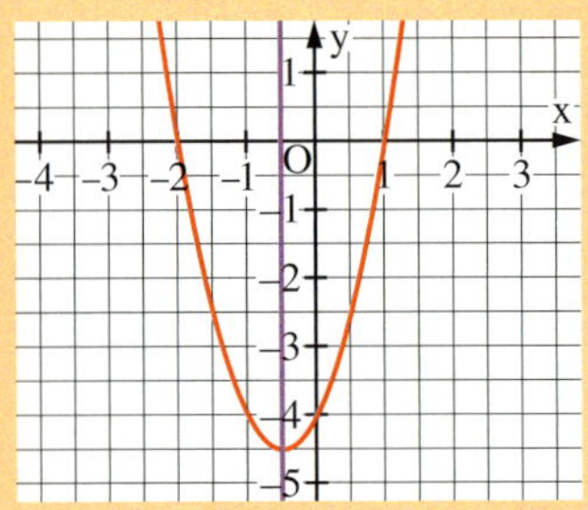

Funktionstyp	Merkmale der angegebenen Beispielfunktion	Graph
Ganzrationale Funktion höheren Grades $f\colon x \mapsto \frac{1}{5}x^5 + \frac{1}{5}x^4 - x^3 - x^2$ $= \frac{1}{5}x^2(x+1)(x^2-5)$	$D_{max} = \mathbb{R}$ $W = \mathbb{R}$ Graph: Verlauf „von links unten nach rechts oben“ Verhalten im Unendlichen: $\lim\limits_{x \to +\infty} f(x) = +\infty$ $\lim\limits_{x \to -\infty} f(x) = -\infty$ Nullstellen: $x_1 = 0$ (doppelt) $x_2 = -1$ $x_3 = \sqrt{5}$ $x_4 = -\sqrt{5}$	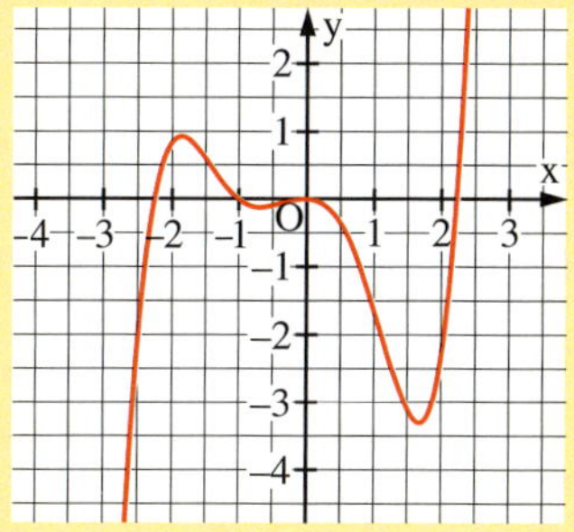
Gebrochen rationale Funktion $f\colon x \mapsto \frac{-3x+2}{4x-6}$	$D_{max} = \mathbb{R}\backslash\{1{,}5\}$ Asymptoten: $x = 1{,}5$ $y = -\frac{3}{4}$ $W = \mathbb{R}\backslash\left\{-\frac{3}{4}\right\}$ Nullstelle: $x = \frac{2}{3}$ $f(0) = -\frac{1}{3}$	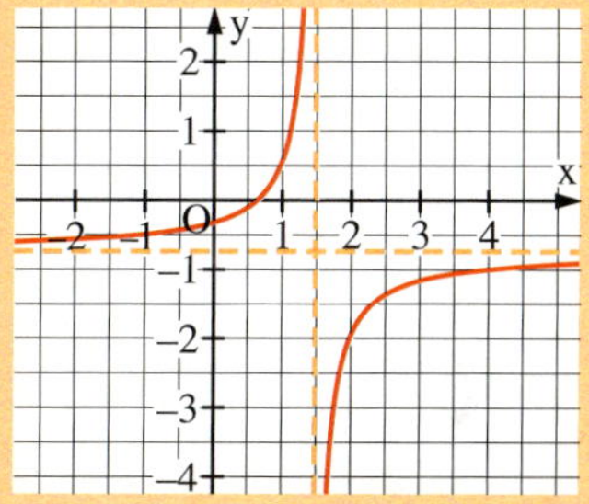
Trigonometrische Funktion $f\colon x \mapsto 2\sin(x+1)$	$D_{max} = \mathbb{R}$ $W = [-2; 2]$ Graph: in y-Richtung gestreckte Sinuskurve Amplitude: 2 Periode: 2π Verschiebung in x-Richtung: -1 Nullstellen: $x_0 = -1$; $x_1 = \pi - 1$; allgemein $x_k = k\pi - 1$	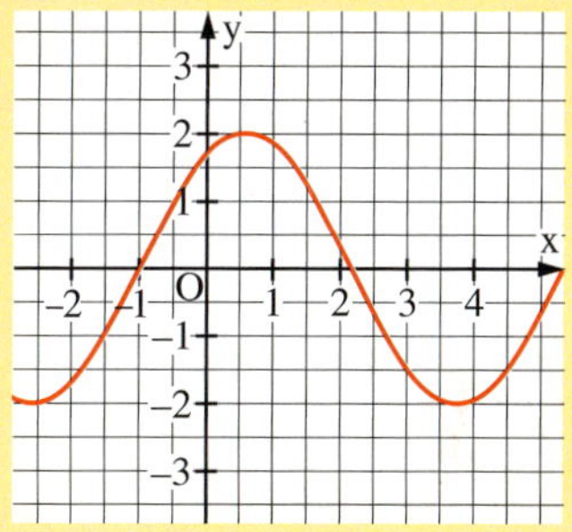
Exponentialfunktion $f\colon x \mapsto 1{,}5 \cdot 2^x$	$D_{max} = \mathbb{R}$ $W = \mathbb{R}^+$ Graph: durchgehend steigend Asymptote: $y = 0$ (für $x \to -\infty$) Nullstelle: keine $f(0) = 1{,}5$	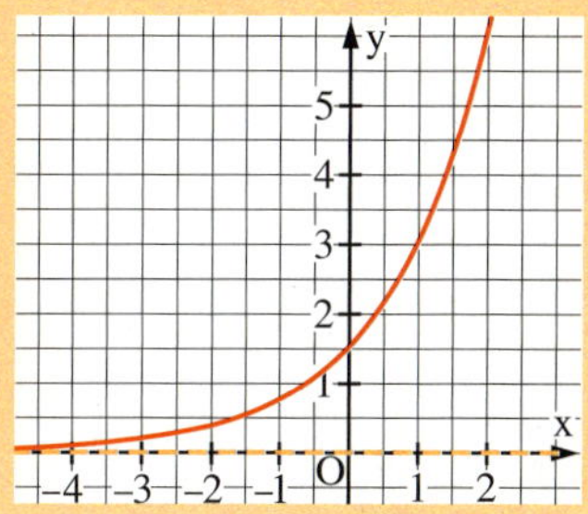

Über diese bekannten Funktionstypen hinaus kann man jeden Term in einer Variablen als Funktionsterm auffassen. Beispielsweise erhält man mit dem Term $\sqrt{x+1}$ die Funktion: $f\colon x \mapsto \sqrt{x+1}$, eine sogenannte Wurzelfunktion, die für $x \in [-1; +\infty[$ definiert ist. Ihr Graph ist rechts abgebildet.

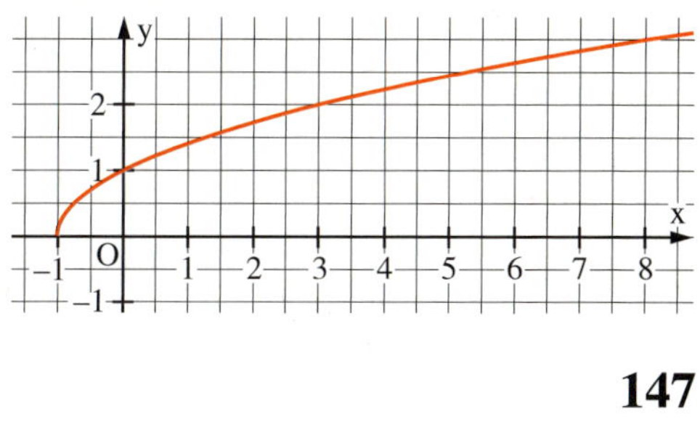

Strategie: Zurückführen auf Bekanntes

Kombiniert man Funktionsterme verschiedener Funktionen zum Beispiel mit Hilfe der Grundrechenarten, ergeben sich Terme, die ebenso als Funktionsterme interpretiert werden können. Auf diese Weise kann man viele „neue" Funktionen definieren. Beispiele hierfür sind $f\colon x \mapsto x + \frac{1}{x}$, $g\colon x \mapsto \frac{1}{x} + \cos x$ oder $k\colon x \mapsto x \cdot \sin x$. Um Informationen über den Verlauf des Graphen einer solchen kombinierten Funktion zu gewinnen, ist es zweckmäßig, zunächst die einzelnen Bestandteile und deren Eigenschaften zu betrachten. Mit diesen Kenntnissen ist es dann häufig möglich, eine Skizze des Graphen zu erstellen.

Dies wird im Folgenden am Beispiel der Funktion: $f\colon x \mapsto x + \frac{1}{x}$ $(D = \mathbb{R}^+)$ aufgezeigt.
Da der Funktionsterm aus zwei Summanden besteht, ist es sinnvoll, die Graphen der beiden Teilfunktionen $f_1\colon x \mapsto x$ und $f_2\colon x \mapsto \frac{1}{x}$ zu betrachten.
Für x-Werte nahe bei null entspricht der Graph von f nahezu dem Graphen von f_2, da die Funktionswerte von f_1 kaum etwas zur Summe beitragen. Für große x-Werte ist es genau umgekehrt. Dazwischen muss der Graph einen tiefsten Punkt annehmen.

Strategie: Rückwärts arbeiten (Ausschlussprinzip)

Beispiel 1
Entscheide, welcher der folgenden Graphen zur Funktion $x \mapsto 0{,}4\,x \cdot \sin x$ gehört.

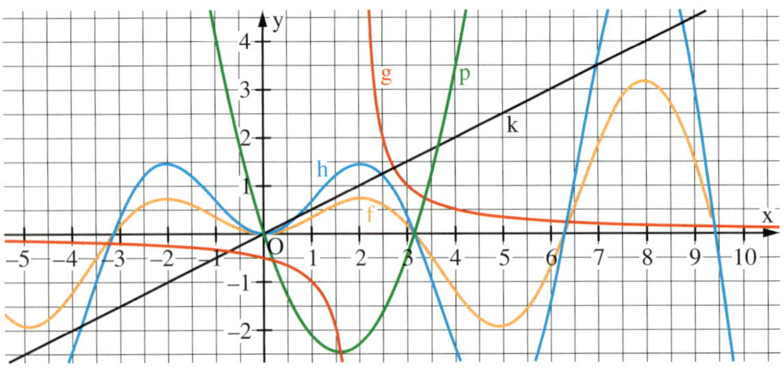

Lösung:
G_k scheidet aus, da es sich dabei um die Gerade mit der Gleichung $y = 0{,}5\,x$ handelt. Ebenso G_g, da g keine Nullstelle besitzt, $x \mapsto 0{,}4\,x \cdot \sin x$ jedoch z. B. bei $x = 0$. Darüber hinaus hat $x \mapsto 0{,}4\,x \cdot \sin x$ bei allen Vielfachen von π eine Nullstelle, daher ist G_p auch nicht passend. Die Funktionswerte von $x \mapsto \sin x$ schwanken immer zwischen null und eins, also verläuft der Graph von $x \mapsto 0{,}4\,x \cdot \sin x$ im positiven Bereich immer unterhalb von G_k. Daher scheidet G_h aus und G_f ist der gesuchte Graph.

Beispiel 2
Sandra möchte den Graphen der Funktion $f\colon x \mapsto \frac{0{,}5\,x - 2}{x}$ plotten und erhält den rechts dargestellten Graphen. Begründe, warum der Graph falsch ist. Was hat Sandra vermutlich bei der Eingabe falsch gemacht?

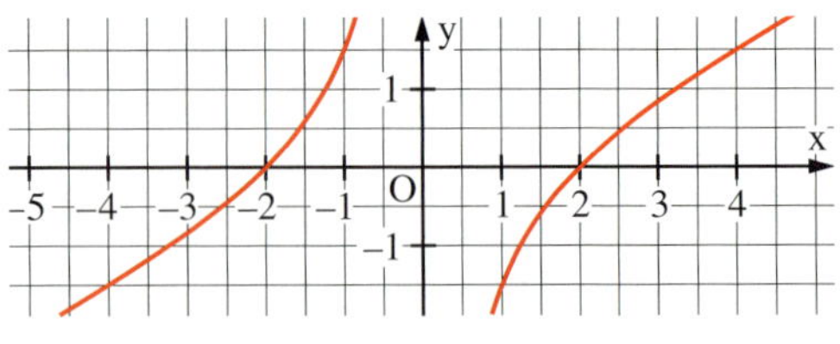

Lösung:
Der Graph schneidet die x-Achse bei $x = 2$. Da aber $f(2) = -0{,}5 \neq 0$, kann der Graph nicht zu f gehören. Sandra hat wohl $0{,}5\,x - \frac{2}{x}$ eingegeben, d. h., den Graphen von $g\colon x \mapsto 0{,}5\,x - \frac{2}{x}$ geplottet. Diese Vermutung liegt nahe, da $g(-2) = g(2) = 0$ gilt. Außerdem scheint sich der Graph für betragsmäßig große x-Werte dem Graphen der Funktion $x \mapsto 0{,}5\,x$ zu nähern.

Aufgaben

3

Nenne zum angegebenen Funktionstyp je eine Beispielfunktion und gib möglichst viele Merkmale (z. B. Nullstelle(n), Grenzwert(e), maximale Definitionsmenge, Verlauf des Graphen, ...) der Funktion bzw. ihres Graphen an.

a) Ganzrationale Funktion 3. Grades
b) Ganzrationale Funktion 4. Grades
c) Gebrochen rationale Funktion
d) Trigonometrische Funktion
e) Exponentialfunktion

4

Erinnerung:
Ein Produkt ist genau dann null, wenn einer der Faktoren null ist.

Lösungssalat zu 4 d) – k):

Bestimme die Nullstelle(n) der Funktion.

a) $s \mapsto 2s^3 - s^2 - 2s$ b) $t \mapsto (t+1)\cdot 2^t$
c) $x \mapsto 2\sin(x - \pi)$ d) $t \mapsto \sqrt{t+5}$
e) $x \mapsto \frac{x-2}{2x+3}$ f) $x \mapsto \frac{2}{x+3}$
g) $x \mapsto 2x\cdot\sqrt{x-3}$ h) $s \mapsto (4^s - 2)\cdot s^2$
i) $t \mapsto (t^2-1)(2t+1)^2(t-4)$
k) $x \mapsto (x^4 - 5x^2 + 4)(x^2 + 2)$

5

Ordne die gegebenen Funktionen zunächst nach Funktionstypen und entscheide dann, welcher Graph zu welcher Funktion gehört. Begründe. Es ergibt sich ein Lösungswort.

6 Graphendiktat I

Skizziere in ein Koordinatensystem den Graphen einer beliebigen Funktion so, dass dein Nachbar den Graphen nicht sieht. Beschreibe ihm anschließend das Steigungsverhalten deines Graphen, sodass er gemäß deiner Beschreibung den Graphen in ein eigenes Koordinatensystem zeichnen kann. Vergleicht eure Graphen. Sind sie ungefähr gleich? Vertauscht nun die Rollen.

7 💻

Skizziere mit Hilfe der Graphen der beiden Teilterme den Graphen der angegebenen Funktion. Überprüfe dann dein Ergebnis, indem du den Graphen der Funktion mit einem Funktionsplotter zeichnest.

a) $f\colon x \mapsto 2x + \frac{1}{x}$ für $x > 0$
b) $h\colon x \mapsto \frac{1}{x} + (x+2)$ für $x \in \mathbb{R}\setminus\{0\}$
c) $g\colon x \mapsto x^{-1} - x$ für $x \in \mathbb{R}\setminus\{0\}$
d) $r\colon x \mapsto (x-1)^2 + (-x^2 + 2x - 1)$ für $x \in \mathbb{R}$
e) $k\colon x \mapsto 0{,}5x + \frac{1}{x-2}$ für $x > 2$
f) $p\colon x \mapsto (-2x+3) + 2^x$ für $x \in \mathbb{R}$
g) $q\colon x \mapsto \frac{1}{x} + x^2$ für $x \in \mathbb{R}\setminus\{0\}$

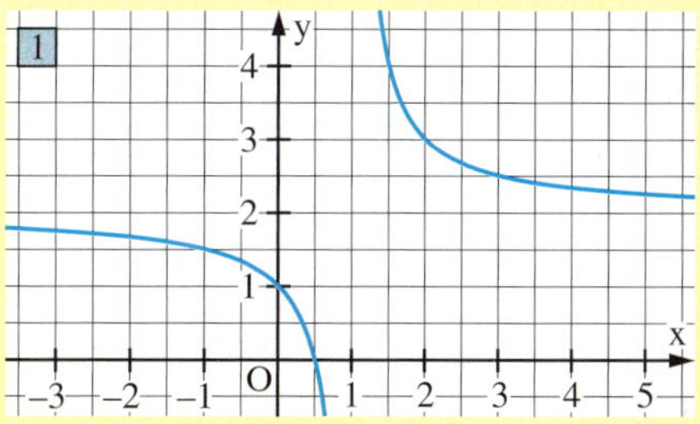

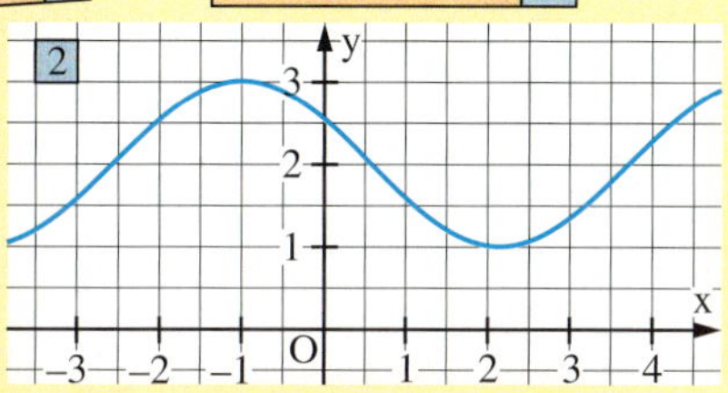

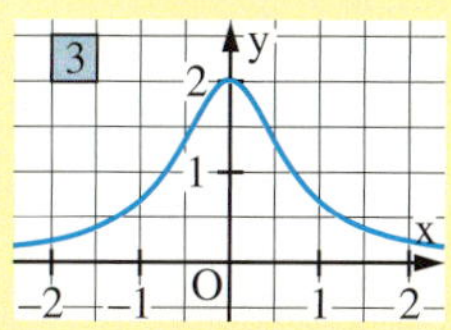

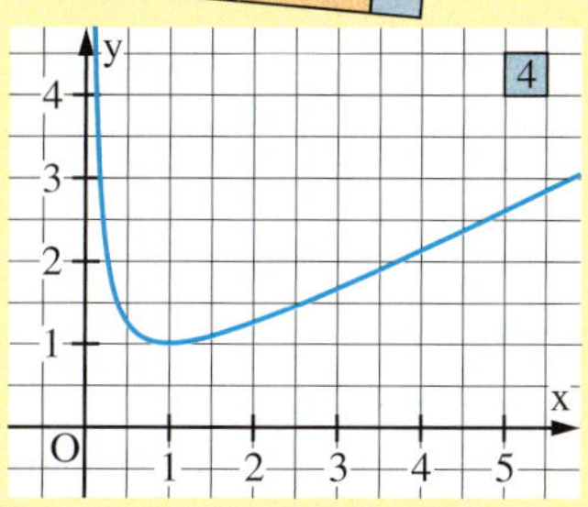

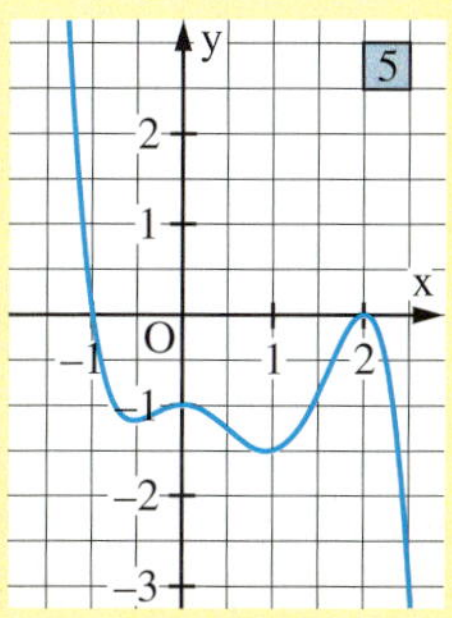

- $a\colon x \mapsto \cos(x+1)+2$ S
- $b\colon x \mapsto x^6 + x - 1$ H
- $c\colon x \mapsto 2\cdot 2^x$ L
- $d\colon x \mapsto \frac{1}{x} + x$ L
- $e\colon x \mapsto \sqrt{x+4}$ O
- $f\colon x \mapsto -2x - 1$ I
- $g\colon x \mapsto 2^x - 2$ P
- $h\colon x \mapsto x^{-1} + 1$ Z
- $i\colon x \mapsto 0{,}5x^5 - 1{,}5x^4 + 0{,}25x^3 + 1{,}25x^2 - 1$ D
- $j\colon x \mapsto (-2x^5 - x^2)x^{-2}$ E
- $k\colon x \mapsto \frac{1}{2}x$ I
- $l\colon x \mapsto \frac{1}{x-1} - 2$ L
- $m\colon x \mapsto \cos(x-1)+2$ T
- $n\colon x \mapsto 5x^4 - 1$ E
- $o\colon x \mapsto \frac{1}{0{,}5 + x^2}$ U
- $p\colon x \mapsto \frac{0{,}5}{x} + x$ M
- $q\colon x \mapsto \cos(x+1) + 1{,}5$ F
- $r\colon x \mapsto x^{-0{,}5}$ C
- $s\colon x \mapsto -0{,}5x^5 + 1{,}5x^4 - 0{,}25x^3 - 1{,}25x^2 - 1$ P
- $t\colon x \mapsto -0{,}5x^5 - 1$ N
- $u\colon x \mapsto 2 + \frac{1}{x-1}$ E
- $v\colon x \mapsto \sin(x+1) + 2$ B
- $w\colon x \mapsto (x-1)^2 + 1$ K
- $y\colon x \mapsto \frac{0{,}5}{x} + 0{,}5x$ A
- $z\colon x \mapsto \frac{1}{x+1} + 2$ R

8

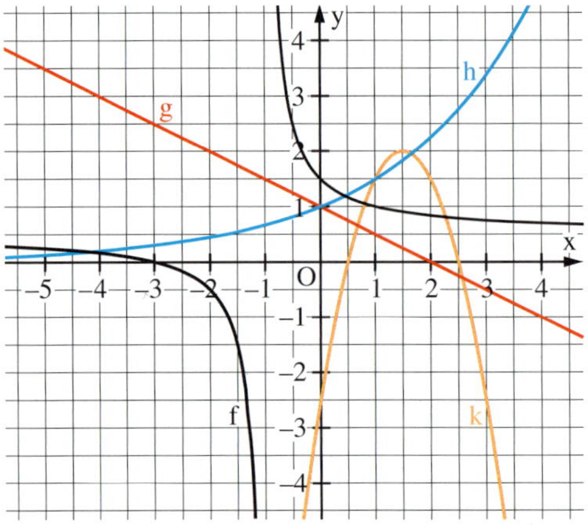

Die Abbildung zeigt vier verschiedene Funktionsgraphen. Jede Funktion gehört zu einem der Funktionstypen von S. 146 bzw. S. 147.

a) Nenne jeweils möglichst viele Merkmale der Funktion bzw. ihres Graphen und gib an, um welchen Funktionstyp es sich handelt.

b) Bestimme jeweils den Funktionsterm.

Hinweis zu Aufgabe 9: Mögliche Merkmale sind Nullstellen, Grenzwerte, Asymptoten, Symmetrieverhalten …

Erinnerung:
Typischer Verlauf von Graphen bei Nullstellen verschiedener Ordnung:

Einfache Nullstelle:

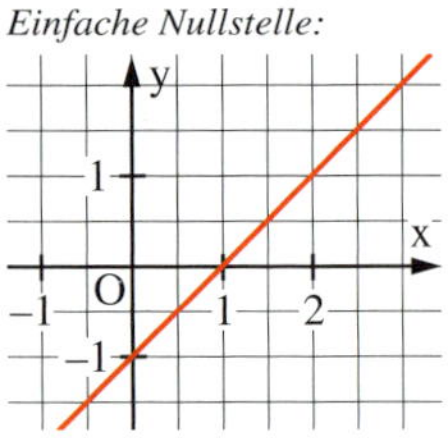

Doppelte Nullstelle:

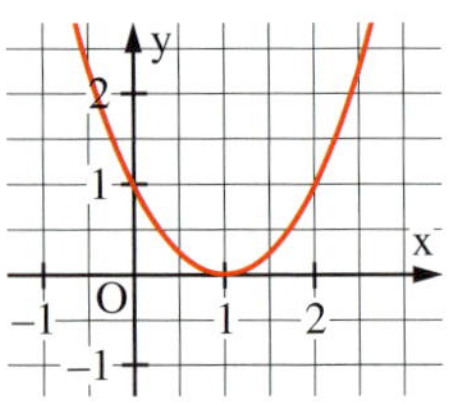

9 Graphendiktat II

Skizziere in einem Koordinatensystem den Graphen einer ganzrationalen oder gebrochenrationalen Funktion, sodass dein Nachbar den Graphen nicht sieht. Teile ihm Merkmale der Funktion bzw. des Graphen mit, sodass er den Graphen zeichnen kann. Vergleicht anschließend die Graphen.

10 💻

Ermittle, soweit vorhanden, die Definitionslücken und die Nullstellen der Funktion und gib an, für welche x-Werte der zugehörige Graph ober- bzw. unterhalb der x-Achse verläuft. Skizziere einen möglichen Graphen. Überprüfe deine Ergebnisse mit einem Funktionsplotter.

a) $h\colon x \mapsto (x+1)\cdot(x-2)^2$

b) $f\colon x \mapsto 2x^4 - x^3 + 4x^2 - 4x^4$

c) $g\colon x \mapsto \frac{1}{x+3} - 2$

d) $h\colon x \mapsto -(2x+2)(x-0{,}5)(x^2+2)$

e) $g\colon x \mapsto \frac{2x-3}{0{,}5x+1{,}5}$

f) $f\colon x \mapsto x^5 + 3x^4 + x^3 - x^2 - 4$

11 💻

Benutze den Funktionsplotter, um die Grenzwerte $\lim\limits_{x\to+\infty} f(x)$, $\lim\limits_{x\to-\infty} f(x)$ zu erkennen (sofern sie existieren). Beachte dabei, dass es sinnvoll und manchmal notwendig ist, verschiedene x- oder y-Bereiche zu betrachten.

a) $f\colon x \mapsto \frac{2\cdot x}{2^x}$

b) $f\colon x \mapsto \frac{x^2}{1{,}2^x}$

c) $f\colon x \mapsto \frac{2x+0{,}2}{0{,}02x^2}$

d) $f\colon x \mapsto 3^{-x}x^3$

e) $f\colon x \mapsto \frac{1}{x^4} + \frac{0{,}1x-1}{2x+2}$

f) $f\colon x \mapsto x^{\frac{1}{x}}$

g) $f\colon x \mapsto \left(\frac{1}{2}\right)^x \cdot \cos(2x) + \frac{10\sin x}{x}$

12

Für $x \geqq 0$ soll der Verlauf des Graphen der Funktion $p\colon x \mapsto 0{,}5x\cdot\sin x$ mit Hilfe der Funktionen $f\colon x \mapsto 0{,}5x$; $g\colon x \mapsto -0{,}5x$ und $h\colon x \mapsto \sin x$ entwickelt werden.
Die Abbildung zeigt für $x \geqq 0$ die Graphen der Funktionen f, g und h:

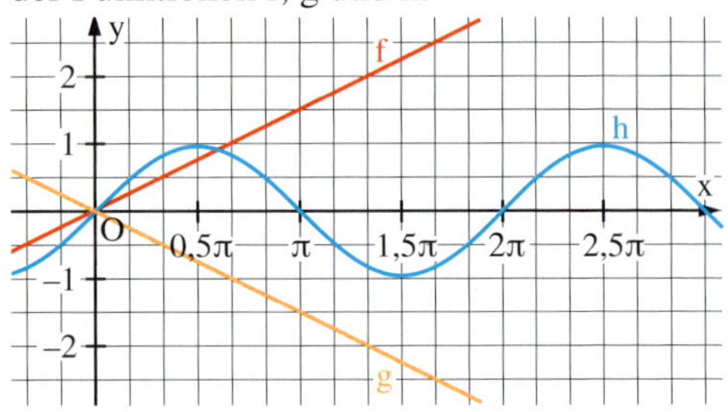

a) Zeichne für $x \geqq 0$ selbst die Graphen von f und g in ein Koordinatensystem.

b) Gib unter Verwendung des Graphen von h die Nullstellen x_k von p für $x \geqq 0$ an und markiere sie in deiner Zeichnung.

c) Begründe, warum der Graph von p für $x = 0{,}5\pi$; $2{,}5\pi$; $4{,}5\pi$; ... den Graphen von f berührt. Für welche x-Werte berührt der Graph von p den Graphen von g?

d) Ergänze die Berührpunkte in deiner Zeichnung.

e) Skizziere nun unter Verwendung der bisherigen Informationen den Graphen der Funktion p.

f) Ergänze den Graphen für $x < 0$.

g) Skizziere für $x \in \mathbb{R}$ in ähnlicher Weise die Graphen der folgenden Funktionen:
(1) $x \mapsto 0{,}5x\cdot\cos x$
(2) $x \mapsto (x+1)\cdot\sin x$

13

Für $x \geqq \frac{1}{2}$ sind drei Graphen gezeichnet. Begründe, welcher der Graphen zur Funktion $x \mapsto 1{,}5\sqrt{x - \frac{1}{2}}$ gehört.

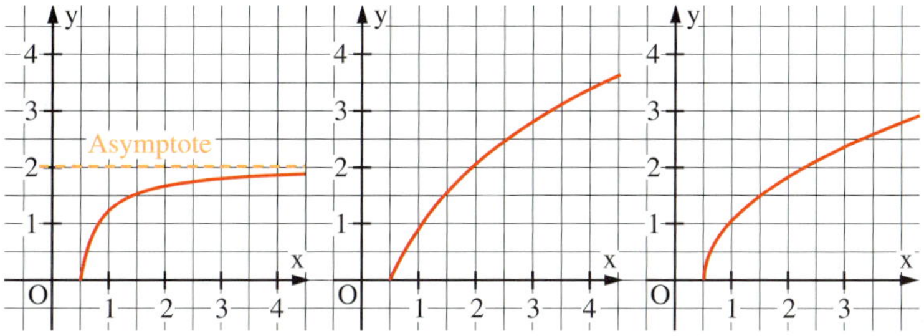

14

Entscheide, welcher der folgenden Graphen zur Funktion $x \mapsto 0{,}6x \cdot [\cos(0{,}5x)]^2$ gehört.

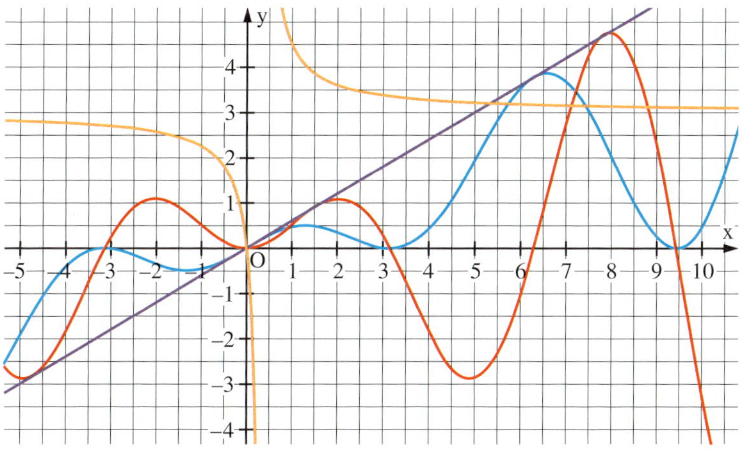

15

Gegeben ist f: $x \mapsto \frac{1}{x^2 + 0{,}25} - 2$.

a) Begründe, warum für die maximale Definitionsmenge $D_{max} = \mathbb{R}$ gilt.

b) Welche Symmetrie weist der Graph von f auf? Begründe.

c) Begründe: Für $x = 0$ ergibt sich der größtmögliche Funktionswert. Gib f(0) an.

d) Bestimme $\lim\limits_{x \to +\infty} f(x)$ und $\lim\limits_{x \to -\infty} f(x)$.

e) Es ist bekannt, dass der Graph von f für $x > 0$ fällt. Begründe unter Verwendung bisheriger Ergebnisse, dass f genau zwei Nullstellen besitzt. Berechne die Nullstellen.

f) Skizziere den Graphen von f in ein Koordinatensystem.

16 Der stärkere Funktionsterm gewinnt

Bei diesem Spiel treten jeweils zwei Schüler gegeneinander an. Beide denken sich einen Funktionsterm f(x) aus, für den $f(5) = 10$ gilt. Dann berechnen sie für $x = 0;\ 1;\ 2;\ ...\ 9;\ 10$ die Funktionswerte und tragen sie in die gemeinsame Wertetabelle ein.

Nun werden zunächst für $x = 0$ die Funktionswerte $f_1(x)$ und $f_2(x)$ verglichen. Der Spieler, dessen Funktionswert höher ist, wird als Sieger eingetragen und erhält einen Punkt. Entsprechend wird für alle weiteren x-Werte verfahren. Gewonnen hat derjenige, der die meisten Punkte gesammelt hat.

x	Spieler 1 $f_1(x)$	Spieler 2 $f_2(x)$	Sieger
0			
1			
2			
3			
4			
5	10	10	–
6			
7			
8			
9			
10			

Kooperative Spielvarianten (die Bedingung $f(5) = 10$ gilt nach wie vor):

(1) Beide Spieler versuchen gemeinsam zwei Funktionsterme zu erstellen, die bestimmte Bedingungen erfüllen: Zum Beispiel $f_1(x)$ gewinnt für keinen (einen, zwei, ...) x-Werte.

(2) Beide Spieler skizzieren gemeinsam die Graphen zweier Terme $f_1(x)$ und $f_2(x)$, die abwechselnd gewinnen (für $x = 0$ gewinnt $f_1(x)$, für $x = 1$ gewinnt $f_2(x)$, für $x = 2$ wieder $f_1(x)$ usw.).

G 17

Begründe: Im gleichschenkligen Dreieck ist die Verbindungsstrecke der Höhenfußpunkte, die auf den Schenkeln liegen, zur Basis parallel.

Rückblick

Verschieben von Funktionsgraphen
Sind zwei Funktionen f und g gegeben und gilt
$g(x) = f(x + a) + b$,
so entsteht der Graph von g aus dem Graphen von f durch Verschiebung um $-a$ in x-Richtung und um b in y-Richtung.

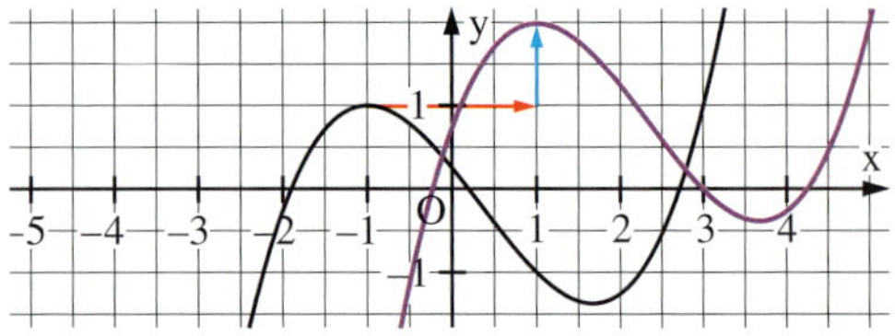

Strecken von Funktionsgraphen
Gilt für zwei Funktionen f und g die Gleichung $g(x) = k \cdot f(x)$ mit $k > 0$, so ist der Graph von g gegenüber demjenigen von f in y-Richtung von der x-Achse aus mit dem Streckungsfaktor k gestreckt.

Gilt für zwei Funktionen f und h die Gleichung $h(x) = f(kx)$ mit $k > 0$, so ist der Graph von h gegenüber demjenigen von f in x-Richtung von der y-Achse aus mit dem Streckungsfaktor $\frac{1}{k}$ gestreckt.

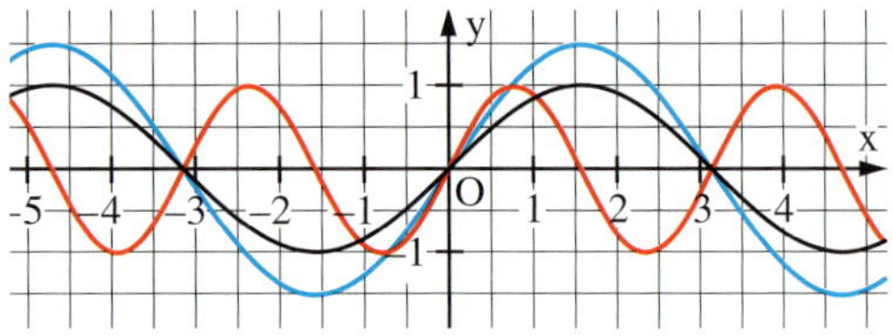

$f(x) = \sin x$; $g(x) = 1{,}5 \sin x$; $h(x) = \sin(2x)$

Spiegeln von Funktionsgraphen
Der Graph der Funktion g mit
$g(x) = -f(x)$
geht aus dem Graphen von f durch Spiegelung an der x-Achse hervor.

Der Graph der Funktion h mit
$h(x) = f(-x)$
geht aus dem Graphen von f durch Spiegelung an der y-Achse hervor.

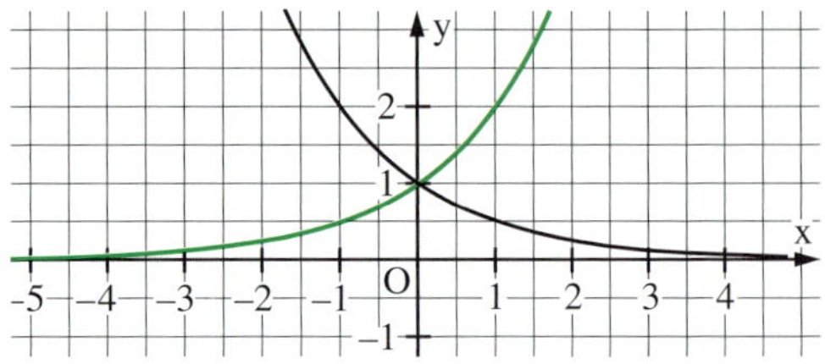

Der grüne Graph geht aus dem schwarzen Graph durch Spiegelung an der y-Achse hervor.

Symmetrie von Funktionsgraphen
Gilt für eine Funktion f mit der Definitionsmenge D_f für alle $x \in D_f$
$f(-x) = f(x)$,
so ist der Graph von f achsensymmetrisch bezüglich der y-Achse.
Gilt für eine Funktion f mit der Definitionsmenge D_f für alle $x \in D_f$
$f(-x) = -f(x)$,
so ist der Graph von f punktsymmetrisch bezüglich des Koordinatenursprungs.
Der Graph einer ganzrationalen Funktion f ist genau dann achsensymmetrisch (punktsymmetrisch), wenn im Funktionsterm f(x) nur x-Potenzen mit geraden (ungeraden) Exponenten vorkommen.

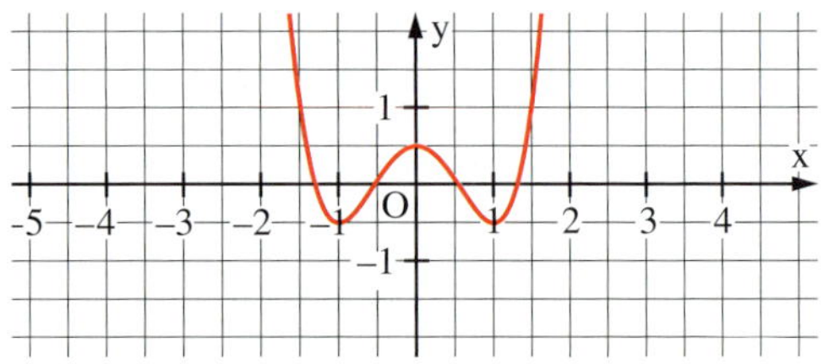

Der Graph von $f(x) = x^4 - 2x^2 + 0{,}5$ ist achsensymmetrisch bezüglich der y-Achse.

Grenzwerte im Unendlichen
Kommen die Funktionswerte f(x) einer Funktion f für beliebig groß werdende x-Werte einer Zahl a beliebig nahe, so nennt man a den Grenzwert der Funktion f für x gegen plus unendlich $(x \to +\infty)$.
Schreibweise: $\lim\limits_{x \to +\infty} f(x) = a$
Die Gerade $y = a$ ist waagrechte Asymptote des Graphen von f.
Entsprechend ist $\lim\limits_{x \to -\infty} f(x)$ definiert.

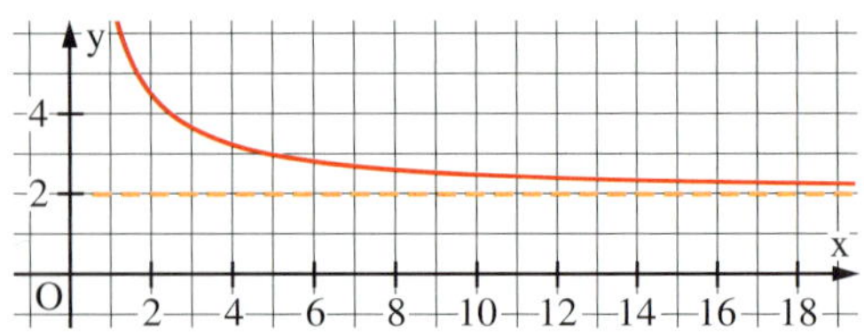

$\lim\limits_{x \to +\infty} \left(2 + \frac{5}{x}\right) = 2$

Aufgaben zum Üben und Wiederholen

1
Zeichne in ein gemeinsames Koordinatensystem die Graphen der Funktionen
$f: x \mapsto \cos x$, $g: x \mapsto g(x) = f(x) + 1$ und
$h: x \mapsto hx = f(x + 1)$.

2
Gegeben ist die Funktion
$g: x \mapsto x^3 - 2x^2 - 3x$.
a) Bestimme die Nullstellen von g und skizziere den Verlauf des Graphen von g.
b) Gib die Nullstellen der Funktionen h_1, h_2 und h_3 an, für die gilt: $h_1(x) = g(x + 2)$; $h_2(x) = 3g(x)$; $h_3(x) = g(2x)$.
c) Skizziere den Verlauf der Graphen von h_1, h_2 und h_3 zum Graphen von g.

3
Zeichne in ein gemeinsames Koordinatensystem die Graphen der Funktionen
$f: x \mapsto x^2 - 2$; $g: x \mapsto g(x) = f(2x)$ und
$h: x \mapsto h(x) = 2f(x)$.

4
Bestimme jeweils die Funktionen, die zu den farbig gezeichneten Graphen gehören.

a)
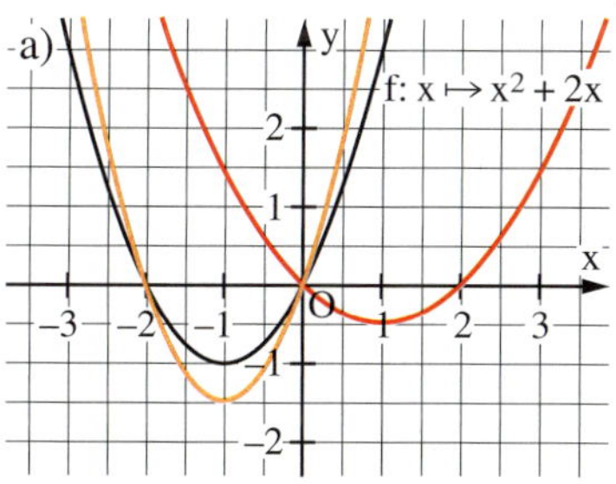

b)
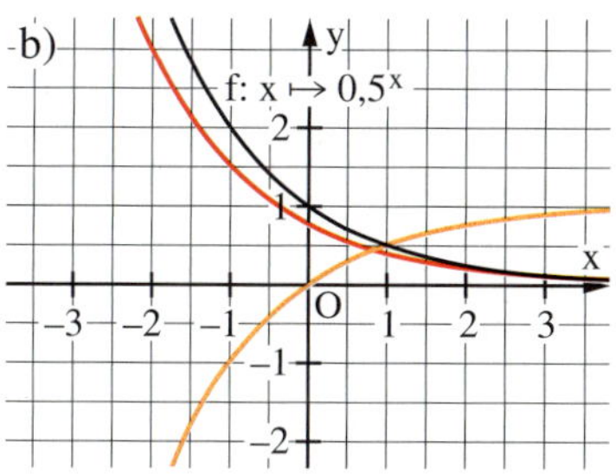

Die Lösungen zu den Aufgaben dieser Seite findest du auf den Seiten 169 und 170.

5
Löse die Gleichung. Verwende anschließend einen Funktionsplotter, um zu überprüfen, ob dein Ergebnis stimmen kann.
a) $4(x - 2) - 1{,}5 = 2$ b) $\frac{2}{x} = 2x$
c) $1{,}5^x = 12$ d) $x^3 - 3x^2 + 3x = 1$
e) $\cos x = 0{,}5$ f) $\frac{4x - 3}{2x + 1} = 3$

6
Gib zwei Funktionen mit dem Grenzwert -1 für $x \to +\infty$ an. Bestimme den Grenzwert der von dir gefundenen Funktionen für $x \to -\infty$.

7
Untersuche, ob die Funktion eine Symmetrieeigenschaft besitzt.
a) $f: x \mapsto \sin(2x)$ b) $g: z \mapsto 0{,}5z^2 - 2$
c) $h: x \mapsto 3x^3 - x + 1$ d) $f: x \mapsto \frac{1}{x^2 - 1}$
e) $f: z \mapsto 2^z$ f) $g: x \mapsto (x - 1)(x + 1)$

8
Gegeben ist die Funktion
$f: x \mapsto x^3 + 6x^2 + 6x - 4$. Der Graph einer weiteren Funktion g ist gegenüber dem Graphen von f in x-Richtung um 2 Einheiten nach rechts verschoben.
a) Bestimme den Funktionsterm von g.
b) Was lässt sich über die Symmetrie der Graphen von g und von f sagen?

9
Bestimme die Grenzwerte
$\lim\limits_{x \to +\infty} f(x)$ und $\lim\limits_{x \to -\infty} f(x)$,
sofern sie existieren.
a) $f: x \mapsto \frac{x - 1}{x + 2}$ b) $f: x \mapsto \frac{1 + x}{x^2}$
c) $f: x \mapsto 0{,}25^x$ d) $f: x \mapsto 2\cos x$
e) $f: x \mapsto x^2 - 1$ f) $f: x \mapsto \frac{1}{x} - 3$

10
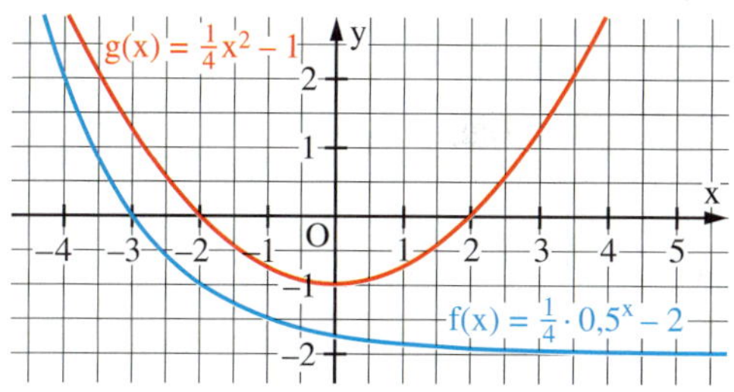

a) Von welchem Funktionstyp ist g? Aus welchen Typen ist f zusammengesetzt? Gib Merkmale der Funktionen an.
b) Die Funktion h mit $h(x) = f(x) + g(x)$ wird betrachtet. Weist G_h eine Symmetrie auf? Bestimme mit Hilfe der gezeichneten Graphen die Nullstelle(n) von h.
c) Die Funktion k mit $k(x) = f(x) \cdot g(x)$ wird betrachtet. Gib die Nullstellen von k an. In welchen Bereichen verläuft G_k oberhalb der x-Achse?
d) Schneiden sich die Graphen G_f und G_g? Begründe deine Entscheidung.

Strategisch vorgehen

Das Schachpferd hat auch in diesem Buch immer wieder auf grundlegende Strategien zur Lösung mathematischer Probleme hingewiesen. Solche Stragegien helfen vor allem dann, wenn ein unbekanntes Problem zu lösen ist, und nicht sofort eine mathematische Technik zur Lösung erkennbar ist. Mehrere sehr vielseitig anwendbare Strategien sind in den vorangegangenen Büchern bereits vorgestellt worden.

Strategie A: **Systematisches Probieren**
ist sehr häufig anwendbar – achte darauf, systematisch vorzugehen, nicht ziellos.

Strategie B: **Die Darstellung von Sachverhalten in Zeichnungen und Diagrammen**
hilft oft zur besseren Vorstellung einer Problemsituation.

Strategie C: **Das Invarianzprinzip**
ist manchmal schwerer zu erkennen – führt aber oft sehr schnell und elegant zum Ziel.

Strategie D: **Gleichungen**
können ein Problem unter Verwendung von Variablen beschreiben.
Das Lösen der Gleichung(en) führt dann zu einer Lösung des Problems.

Strategie E: **Geschicktes Abschätzen (Fermi-Strategie)**
ermöglicht es, Fragestellungen zu bearbeiten, bei denen exakte Daten fehlen.

Strategie F: **Betrachten einer geeigneter Ebene**
kann räumliche geometrische Probleme auf Situationen in der Ebene zurückführen.

Strategie G: **Einzeichnen von Hilfslinien**
Lässt in einem geometrischen Problem geeignete Figuren entstehen, die eine Weiterarbeit an Hand bekannter Zusammenhänge ermöglichen.

Zur Abrundung sollen nun noch drei sehr grundlegende mathematische Strategien näher betrachtet werden.

Strategie H: **Betrachten eines Extremfalls**
Das Betrachten eines extremen Falls kann helfen, eine Aufgabenstellung so weit zu verstehen, dass man dann auch im allgemeinen Fall mit der Problemstellung weiter kommt.

Musteraufgabe: Streichholzparallelogramm
Mit Streichhölzern wurden die Seiten eines Parallelogramms so gelegt, dass die längere Diagonale genau 5 Hölzer lang ist.
Ist es möglich, dass sich die Seiten des Parallelogramms um zwei Streichholzlängen unterscheiden und wie lang sind sie dann?

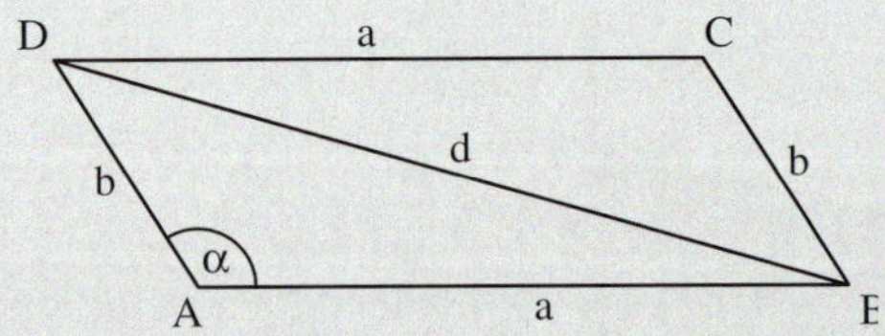

Strategie H: **Betrachten einer Extremfalls**
Maximilian wendet den Kosinussatz an und erhält damit für die Diagonale
$d = \sqrt{a^2 + b^2 - 2ab\cos\alpha}$
Betrachtet er die beiden Extremfälle $\alpha = 90°$ und $\alpha = 180°$ für den stumpfen Winkel α,
so erkennt er wegen $\cos 90° = 0$ und $\cos 180° = -1$,
dass d zwischen $\sqrt{a^2 + b^2}$ und $\sqrt{a^2 + b^2 + 2ab} = |a + b|$ liegen kann,
also für $a = 4$ und $b = 2$ zwischen $\sqrt{16 + 4} = \sqrt{20} \approx 4{,}3$ und $|4 + 2| = 6$.
Damit gibt es zwischen 90° und 180° einen Winkel α, für den $a = 4$ und $b = 2$ und $d = 5$ gilt.

Musteraufgabe: Merkhilfe

„Dieser blöde Kosinussatz“, schimpft Georg. Ich habe mir schon wieder nicht merken können, ob er
(1) $c^2 = a^2 + b^2 - 2ab \cdot \cos\alpha$ oder
(2) $b^2 = a^2 + c^2 - 2ac \cdot \cos\alpha$ oder
(3) $a^2 = b^2 + c^2 - 2bc \cdot \cos\alpha$ lautet.

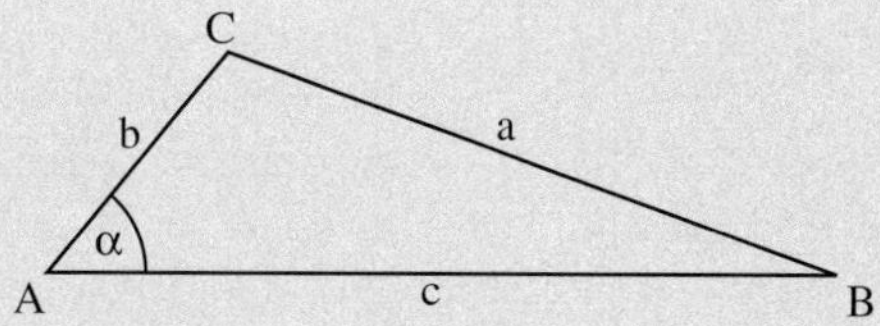

Strategie H: **Betrachten eines Extremfalls**

Maximilian hilft ihm:
Wenn du dir den Sonderfall $\alpha = 90°$ vorstellst, ist $\cos\alpha = 0$ und du erhältst die Aussage des Satzes von Pythagoras mit der Hypotenuse a, nämlich $a^2 = b^2 + c^2$.
Also ist die Gleichung (3) die richtige.

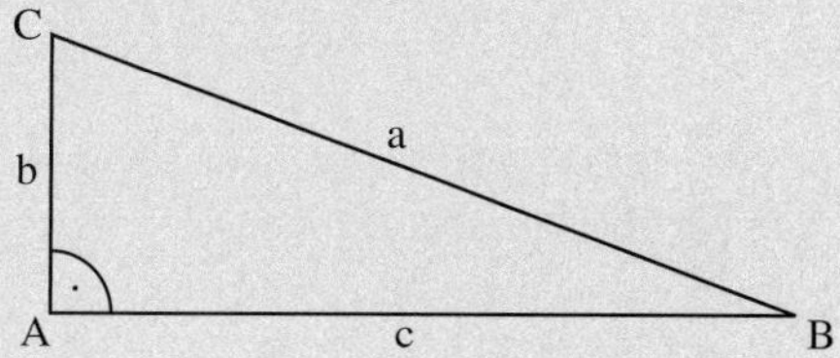

1

Begründe, dass es zwei unterschiedliche Parallelogramme gibt, die beide die gleichen Seitenlängen besitzen und deren Fläche $5{,}6\,cm^2$ bzw. $0{,}56\,cm^2$ beträgt.

Strategie I: **Betrachten des Gegenteils**

Manchmal ist es einfacher, das Gegenteil zu betrachten, um so der eigentlichen Frage auf die Spur zu kommen. So ist eine verbreitete Technik bei Beweisen, das Gegenteil einer Aussage als richtig anzunehmen und dann nach einem Widerspruch zu suchen.
In der Stochastik ist es häufig hilfreich, das Gegenereignis zu betrachten.

Musteraufgabe: Wer kann die Zahlen zählen?

Georg und Helge streiten sich. Georg ist der Ansicht, dass es doch irgendeine größte natürliche Zahl geben muss; Helge bestreitet das, kann Georg aber nicht überzeugen.

Strategie I: **Betrachten des Gegenteils**

Anita meint: Es gibt unendlich viele natürliche Zahlen und damit auch keine größte. Das kann man leicht sehen, wenn man zunächst **das Gegenteil annimmt**, also dass es eine größte natürliche Zahl gibt, nämlich die Zahl z. Zählt man zu dieser Zahl z eins hinzu, so erhält man die Zahl $z + 1$. Das ist aber wieder eine natürliche Zahl und damit war die Annahme, dass z die größte Zahl sei, falsch. Also kann es keine größte natürliche Zahl geben.

Anita hat in ihrer Beweisführung das Gegenteil der zu beweisenden Behauptung betrachtet. Sie hat gezeigt, dass die Annahme, dieses Gegenteil sei richtig, zu einem Widerspruch führt. Man nennt diese häufig verwendete Beweismethode den „Beweis durch Widerspruch“ oder „Widerspruchsbeweis“.

Musteraufgabe: Genau eine 6

Wie groß ist die Wahrscheinlichkeit, beim Werfen von zwei Würfeln mindestens eine 6 zu erhalten?

Strategie I: **Betrachten des Gegenteils**

Anita erkennt, dass sich das Ereignis A: „mindestens eine 6“ aus sehr unterschiedlichen einzelnen Ereignissen zusammensetzt. Das Gegenereignis $\overline{A}$ jedoch lautet „keine 6“ und hat die Wahrscheinlichkeit
$P(\overline{A}) = \frac{5}{6} \cdot \frac{5}{6} = \frac{25}{36}$. Daher ist $P(A) = 1 - \frac{25}{36} = \frac{11}{36}$.

2
Zeige, dass es unendlich viele Primzahlen gibt. Hinweis: Nimm an, es gäbe viele Primzahlen und betrachte deren Produkt.

3
Berechne die Wahrscheinlichkeit des Ereignisses, beim Werfen von drei Würfeln eine oder zwei Sechsen zu haben.

Strategie K: **Rückwärts arbeiten**
In verschiedenen Situationen, in denen eine direkte Lösung möglich aber aufwendig ist, führt ein Arbeiten in Rückwärtsrichtung manchmal zu einer deutlich schnelleren und eleganteren Problemlösung.

Musteraufgabe: Eine Schüssel Kirschen
Auf dem Küchentisch steht eine Schüssel leckerer roter Kirschen. Wenn Klaus ein Viertel dieser Kirschen aufisst und seine Schwester Tine vom Rest ein Drittel, dann sind noch 12 Kirschen in der Schüssel.
Wie viele Kirschen waren es am Anfang?

Strategie K: **Rückwärts arbeiten**
Betrachtet man die Fragestellung „von vorne“, so kann man die ursprüngliche Zahl an Kirschen mit x bezeichnen und eine Gleichung für x aufstellen.
Reto erkennt jedoch, dass es einfacher ist, von hinten anzufangen. Die 12 am Ende verbliebenen Kirschen sind zwei Drittel des Restes, denn Tine hat ja ein Drittel des Restes gegessen. Damit bestand dieser Rest aus 18 Kirschen (von denen Tine 6 gegessen hat). Dieser Rest ist jedoch drei Viertel der Anfangszahl, die demnach 24 betrug (denn drei Viertel von 24 sind 18). Es waren also 24 Kirschen in der Schüssel, von denen Klaus und Tine je 6 gegessen haben.

Musteraufgabe: Ausschließen
Welches ist das Ergebnis der Division 24,492 : 7,8 (wenn sicher ist, dass eines der Ergebnisse wirklich stimmt.)?

3,05 A | 3,17 B | 3,1 C
3,21 D | 3,14 E | 3,22 F

Strategie K: **Rückwärts arbeiten**
Reto erkennt, dass ihm die vorgegebene Ergebnisauswahl hilft, die Aufgabe sehr schnell zu lösen: Weil das Ergebnis, multipliziert mit 7,8 die Zahl 24,492 ergeben muss, muss insbesondere die letzte Stelle des Ergebnisses multipliziert mit der letzten Stelle von 7,8: also der 8, die letzte Stelle von 24,492, also die 2, ergeben. Daher kann nur 3,14 das richtige Ergebnis sein, denn $4 \cdot 8 = 32$.

Schnelles Lösen von Aufgaben nach diesem **Ausschlussprinzip**, das eine spezielle Form des „Rückwärts arbeiten“ darstellt, ist gerade bei Testaufgaben, wie zum Beispiel in den Jahrgangsstufentests, immer wieder gefragt.

4
Welches ist die richtige Lösung der Division 939,72 : 38,2 ?

25,3 A | 24,6 B | 26,7 C
26,4 D | 24,2 E | 25,8 F

5
Frau Klug zeigt ihrem Mann einen Apfel. Der ist übrig, nachdem ich die Äpfel an unsere Kinder verteilt habe: Anton hat die Hälfte der Äpfel und einen halben Apfel erhalten, dann nacheinander ebenso Berta, Christina und Daniel jeweils die Hälfte vom Rest und einen halben Apfel.
Wie viele Äpfel waren es denn?

6 Mitternachtssonne

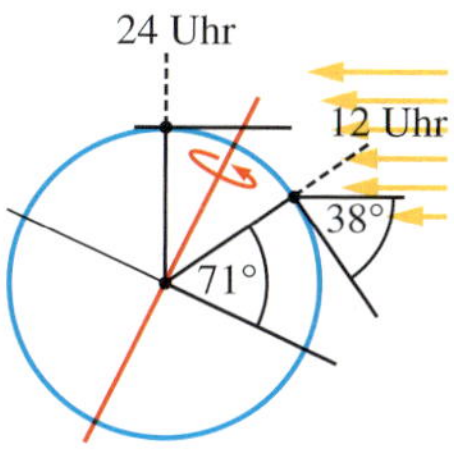

Am Nordkap, dem nördlichsten Punkt Europas auf etwa 71° nördlicher Breite, geht die Sonne von etwa Mitte Mai bis Ende Juli nicht unter, d. h., sie sinkt auch um Mitternacht nicht unter den Horizont.
Die obige Bildfolge zeigt die Sonnenstände stündlich im Tageslauf; sie beginnt links zum Zeitpunkt 19 Uhr. Um 12 Uhr mittags steht die Sonne unter einem Erhebungswinkel von 38° über dem Horizont, um Mitternacht steht sie am Horizont, der Erhebungswinkel beträgt also 0°. An der nebenstehenden Darstellung kann man erkennen, wie der Sonnenstand (= Erhebungswinkel) gemessen wird.

a) Informiere dich über Begriffe wie Mitternachtssonne, Polartag und Polarnacht. Wodurch wird das Phänomen der Mitternachtssonne verursacht?

b) In der obigen Bildfolge wird durch die Sonne eine (gedachte) Kurve gebildet, die der Sinuskurve ähnlich ist.
Diese Sonnenstandskurve lässt sich näherungsweise durch eine Sinusfunktion mit einer Gleichung der Form
$h(t) = a \cdot \sin(b \cdot t + c)$
beschreiben. Bestimme a, b und c.
Lege dazu die Sinuskurve so ins Koordinatensystem wie es das folgende Bild nahe legt. Dabei wird die Zeitdauer t nach Mitternacht in Stunden gemessen, die Höhe (= Sonnenstand) in Grad.

c) Zeichne den Graphen der Funktion h im Bereich $0 < t < 18$ z. B. auf eine Folie und lege diese zum Vergleich auf die Bildfolge von oben. Wähle dazu die Einheit auf den Koordinatenachsen passend zu den Maßen in der Bildfolge.

d) Ermittle aus der Bildfolge (ausgehend vom Sonnenstand am Mittag) näherungsweise die Sonnenstände um 1 Uhr, 2 Uhr, 3 Uhr, …, 11 Uhr und vergleiche mit den Werten, welche die in Aufgabe b) gefundene Sinusfunktion liefert. Wo ist die Abweichung am größten, wo am kleinsten? Gib sie absolut und prozentual an.

e) Erläutere, warum eine Parabel, die durch den höchsten Punkt und die beiden tiefsten Punkte geht, sich nicht zur Beschreibung der Sonnenstandskurve eignet.

f) Im Bereich zwischen 6 Uhr und 18 Uhr kann die Sonnenstandskurve jedoch durch eine Parabel angenähert werden. Stelle ihre Funktionsgleichung auf. Vergleiche die sich ergebenden Werte für den Sonnenstand mit den in Aufgabe d) aus der Bildfolge ermittelten Werten. Welche der beiden Näherungen, Sinusfunktion und quadratische Funktion, erscheint im betrachteten Bereich besser?

g) Auch die ganzrationale Funktion 4. Grades
$f: t \mapsto \frac{38}{12^4} \cdot t^4 - \frac{76}{12^2} \cdot t^2 + 19$
kann im Bereich $-12 < t < 12$ zur Beschreibung der Sonnenstandskurve dienen. Wie muss dazu das Koordinatensystem gelegt werden?
Skizziere zunächst den Graphen und zeige durch Berechnung von Funktionswerten und Nullstellen, dass sich f als Näherungsfunktion eignet.

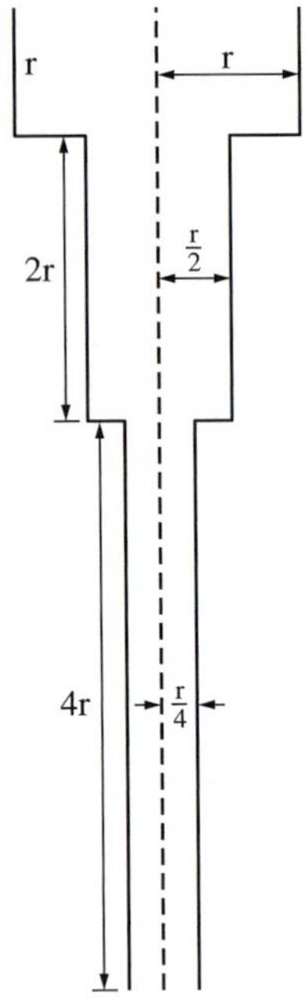

7 Ein merkwürdiger Trichter

a) Das Bild auf dem Rand zeigt den Querschnitt eines stufenförmigen Trichters, wobei jede Stufe aus einem Zylinder besteht. Der oberste Zylinder mit dem Radius r und der Höhe r hat ein Volumen von $1000\,cm^3$.
Berechne den Inhalt seiner Mantelfläche.

b) Berechne die Volumina und die Inhalte der Mantelflächen der zweiten und dritten Stufe des Trichters.

c) Der theoretische Durchmesser des Wasserstoffatoms beträgt $1{,}06 \cdot 10^{-10}\,m$.
Ab welcher Stufe unterschreitet der Radius des Trichters diesen Wert?

d) Denke dir den Trichter trotzdem unbegrenzt so fortgesetzt, dass bei jeder folgenden Stufe der Radius halbiert und die Höhe verdoppelt wird. Welches Flüssigkeitsvolumen kann dieser Trichter höchstens fassen?
Erläutere deine Überlegungen.

e) Dieser Trichter wird mit Farbe gefüllt. Reicht die im Trichter enthaltene Farbmenge aus, um die Außenfläche des Trichters zu streichen? Erläutere deine Antwort.

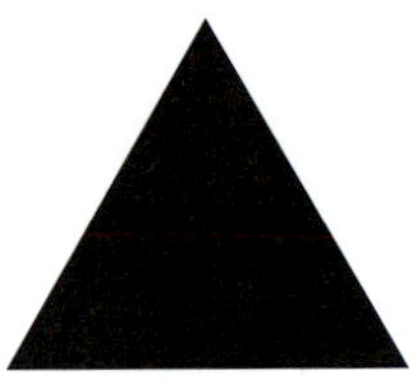

Hinweis: Gehe bei allen Teilaufgaben von der Seitenlänge 12 cm für die 0. Stufe aus.

8 Sierpinski-Dreieck

Die Bilder zeigen die 0., 1. und 2. Stufe des nach dem polnischen Mathematiker Sierpinski benannten Dreiecks.

a) Beschreibe, wie man schrittweise aus einer Stufe des Sierpinski-Dreiecks die nächste Stufe erhält.

b) Berechne jeweils für die nullte und die erste Stufe des Sierpinski-Dreiecks den Inhalt der schwarzen Flächen.

c) Bestimme den Term zur Berechnung des Flächeninhalts der n-ten Stufe. Ab welcher Stufe ist dieser Flächeninhalt kleiner als $1\,mm^2$?

d) Ab welcher Stufe ist die Summe der Seitenlängen aller schwarzen Dreiecke des Sierpinski-Dreiecks länger als 1 km?

4. Stufe des Sierpinski-Dreiecks

9 π-Bestimmung im Zufallsexperiment

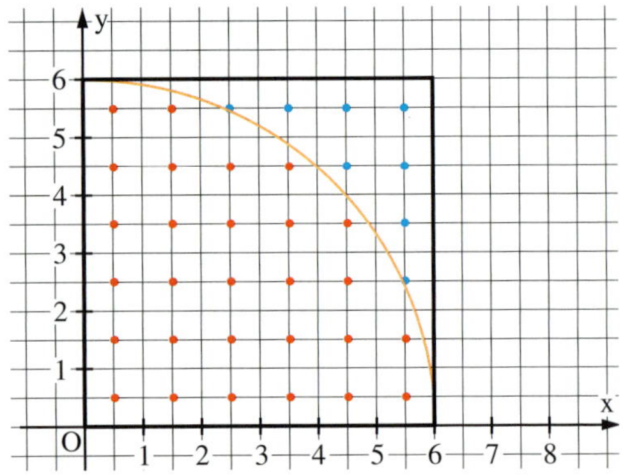

Wirft man einen weißen und einen schwarzen Würfel gleichzeitig und trägt in ein Koordinatensystem den Punkt P ein, dessen x-Koordinate die um 0,5 verminderte Augenzahl des weißen Würfels und dessen y-Koordinate die um 0,5 verminderte Augenzahl des schwarzen Würfel ist, so erhält man einen der 36 Punkte des abgebildeten Quadrats. Liegt der Punkt innerhalb des eingezeichneten Viertelkreises, so wird er als Treffer gezählt.

a) Wie groß ist die Wahrscheinlichkeit für einen Treffer? Inwiefern ergibt sich hieraus für π der Nährungswert $\frac{28}{9}$?

b) Führe das Würfelexperiment $n = 100$mal durch und notiere die Anzahl t der Treffer. Inwiefern liefert der Term $\frac{4t}{n}$ einen Näherungswert für π?

c) Bildet aus den Einzelergebnissen in der Klasse ein Zufallsexperiment mit wachsender Zahl n und beobachtet die Entwicklung des Näherungswertes.

Bei der π-Bestimmung mit der sogenannten **Monte-Carlo-Methode** wird mit Hilfe eines Computers ein Punkteregen aus n Punkten auf das Einheitsquadrat erzeugt und die Zahl t der Treffer gezählt. Die Koordinaten x_p und y_p der Punkte sind Zufallszahlen zwischen 0 und 1. Für einen Treffer muss gelten:

$x_p^2 + y_p^2 \leqq 1.$

d) Erstelle ein Tabellenkalkulationsprogramm zur Durchführung des Zufallsexperiments und erprobe es für verschiedene n. Warum lässt sich hiermit ein besserer Näherungswert für π ermitteln als mit dem Würfelexperiment in Aufgabe b) und c)?

10 Die „Inseln der Schafe“

Auf den Färöer-Inseln (Schafsinseln) im Nordatlantik leben etwa 70 000 Schafe und 48 000 Menschen. Noch heute ist die Schafhaltung für die dortigen Bauern von entscheidender Bedeutung.
Auf einer rechteckigen Weidefläche mit 4,50 m Breite und 8,40 m Länge ist an einem Eckpfosten ein Schaf mit einer 3,10 m langen Schnur angebunden (siehe Bild).

a) Welchen Anteil der eingezäunten Weidefläche hat es bereits abgegrast?

b) Um wie viel muss die Schnur mindestens verlängert werden, damit das Schaf das Gras der gesamten eingezäunten Fläche fressen kann?

c) Julia und Steffi überlegen, wie lang die Schnur sein müsste, damit das Schaf die Hälfte dieser Weidefläche abgrasen kann. Julia meint, die Schnur müsste mindestens eine Länge von 5,20 m haben, Steffi dagegen denkt, dass 20 cm weniger reichen könnten.
Entscheide durch Rechnung, wer recht hat.

d) Besteht ein proportionaler Zusammenhang zwischen der Länge der Schnur und der abgegrasten Fläche? Begründe.

e) Schafhaltung ist für 5000 Färinger, Fischfang für 10 000 eine Einnahmequelle, während 3000 sowohl Schafhaltung als auch Fischfang betreiben. Wie viele Färinger leben weder vom Fischfang noch von der Schafhaltung?

Hinweis zu f), g): Rechne mit einem mittleren Erdradius von 6370 km

f)

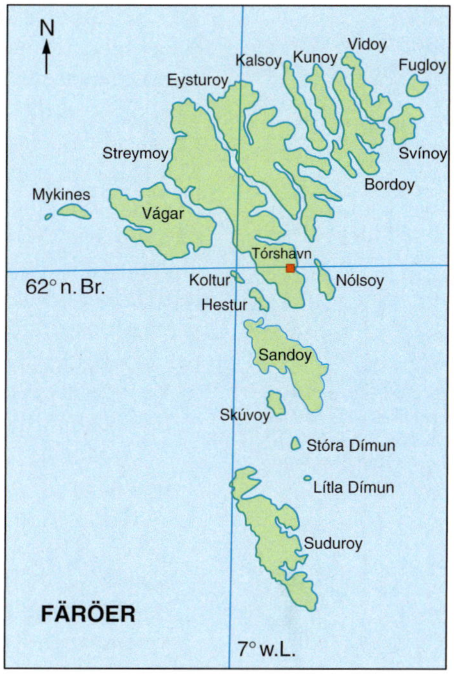

Mit welcher Geschwindigkeit „kreist“ ein Schaf auf den Färöer-Inseln um die Erdachse? Vergleiche diese Geschwindigkeit mit der deines Heimatortes.

g) Berechne die Entfernung der Färöer von den Hebriden auf der Basis der in den beiden Karten angegebenen Breitenkreise.

h) Ermittle am Globus die Entfernung zwischen Torshavn, der Hauptstadt der Färöer, und München möglichst genau. Beschreibe dein Vorgehen.

Hinweis:
Es empfielt sich zunächst die Aufgabe 13 zu lösen.

11 Abzahlen eines Kredits

Heiko möchte unbedingt jetzt ein neues beeindruckendes Auto, obwohl sein gespartes Geld nicht reicht.
Er beschließt, einen Kredit in Höhe von $K = 15\,000$ € aufzunehmen.
Er ist mit einer monatlichen Rückzahlungsrate von $R = 300$ € einverstanden und beginnt mit der Rückzahlung einen Monat nach Erhalt des Kredits. Die am Ende eines jeden Monats fälligen Schuldzinsen betragen $p = 0{,}4\,\%$ der verbliebenen Restschuld.

Die Formel gestattet die schrittweise Berechnung von K(n) mit Hilfe eines Tabellenkalkulationsprogramms.

a) Zur schrittweisen Berechnung des Schuldkontostandes K(n) am Ende des n-ten Monats hat er folgende Formel gefunden:
$$K(n) = K(n-1) \cdot q - R$$
mit $K(0) = K$ und $q = 1 + p$
Begründe die Gültigkeit dieser Formel und berechne $K(1), \ldots, K(5)$ für den vereinbarten Kredit.

Hinweis:
Verwende das Ergebnis der Teilaufgabe 13 b)

b) Zur direkten Berechnung seines Schuldenstandes K(n) hat er folgende Formel gefunden:
$$K(n) = K \cdot q^n - R \cdot \frac{q^n - 1}{q - 1}$$
Begründe die Gültigkeit der Formel und berechne mit ihrer Hilfe den Kontostand für den oben vereinbarten Kredit nach 12 Monaten.

c) Nach wie vielen Monaten ist der Kredit abbezahlt?
Um wie viel Euro hat sich der Kauf des Autos durch die Aufnahme des Kredits verteuert? Gib das Ergebnis auch in Prozent an.

12 Die Möndchen des Hippokrates

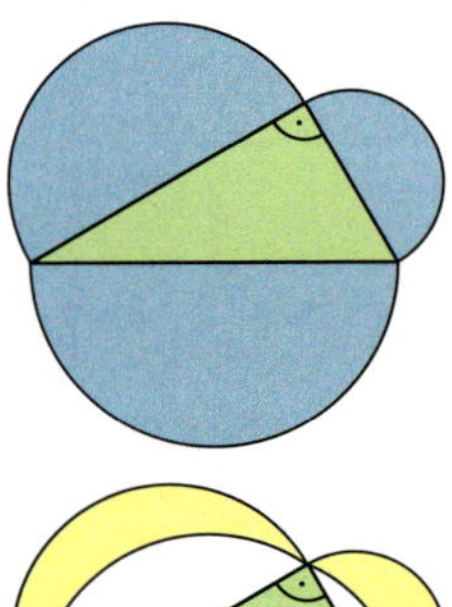

a) Zeige: Zeichnet man über den Seiten eines rechtwinkligen Dreiecks Halbkreise, so sind die Flächeninhalte der Halbkreise über den Katheten zusammen ebenso groß wie der Flächeninhalt des Halbkreises über der Hypotenuse.

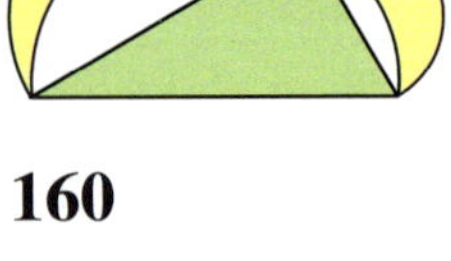

b) Zeige, dass in der linken Abbildung die gelben Flächen (die sogenannten Möndchen des Hippokrates) zusammen den gleichen Inhalt wie die grüne Fläche haben.

13 Private Altersvorsorge

Die staatliche Rente wird in Zukunft nur noch eine Grundversorgung sichern. Um der drohenden Altersarmut zu begegnen, wird dringend empfohlen, selbst für eine zusätzliche Altersversorgung zu sparen.
Der 25-jährige Peter Sorgsam befasst sich mit dem Problem.
Er will bis zu seinem 65. Lebensjahr mit Zinseszinsen ein Kapital von $K = 300\,000$ € ansparen. Er überlegt, welchen Betrag S er zu Beginn eines jeden Jahres einzahlen müsste, wenn er mit dem jährlichen Zinssatz p rechnen kann.

a) Zur schrittweisen Berechnung des Kontostandes K(n) am Ende des n-ten Jahres aus dem Kontostand $K(n-1)$ des Vorjahres hat er folgende Formel aufgestellt:
$$K(n) = [K(n-1) + S] \cdot q$$
Dabei ist $q = 1 + p$ und $K(0) = 0$.
Beschreibe diese Formel mit Worten.
Berechne schrittweise die Kontostände $K(1), \ldots, K(5)$ für $p = 4\,\%$ und $S = 2500$ €.

b) Die Summe $s(n) = 1 + q + q^2 + \ldots + q^n$ tritt in der folgenden Teilaufgabe c) auf.
Begründe: $s(n) = \frac{q^{n+1} - 1}{q - 1}$
Bilde dazu die Differenz $q \cdot s(n) - s(n)$.

c) Zur direkten Berechnung von K(n) hat er folgende Formel gefunden:
$$K(n) = S \cdot q \cdot \frac{q^n - 1}{q - 1}.$$
Begründe die Gültigkeit dieser Formel mit dem Ergebnis der Teilaufgabe b).
Berechne K(10) und K(29) für $S = 2500$ € und $p = 4\,\%$.

d) Welchen Betrag S müsste Peter Sorgsam zu Beginn eines jeden Jahres einzahlen, um $K = 300\,000$ € anzusparen, wenn er für den ganzen Zeitraum mit $p = 4\,\%$ ($5\,\%$) rechnet?

e) Hätte es sich gelohnt, mit dem Sparplan fünf Jahre früher zu beginnen, also 45 statt 40 Jahre einzuzahlen? Wie viel Prozent mehr hätte er dann am Ende auf dem Konto, wenn er jährlich den in Teilaufgabe d) errechneten Betrag S einzahlt und das Kapital mit $4\,\%$ ($5\,\%$) verzinst wird?

14 Medizinische Wunder

Zur Behandlung einer bestimmten Krankheit kommt ein neues Medikament auf den Markt. Es soll weniger Nebenwirkungen als das bisher übliche haben, allerdings auch deutlich teurer sein. Der Hersteller des neuen Medikaments legt folgende Studie vor: Von 3000 Patienten, die die Krankheit hatten, wurden 1000 mit den neuen, die anderen mit dem bisher üblichen Medikament behandelt. Bei 24 Patienten, die mit dem neuen Medikament behandelt wurden und bei 60, die nach der bisher üblichen Methode behandelt wurden, stellten sich Nebenwirkungen ein.

a) Stelle die Situation in einem Baumdiagramm und einer Vierfeldertafel dar.

b) Mit welcher bedingten Wahrscheinlichkeit treten bei einem zufällig ausgewählten Patienten, der mit dem bisher üblichen Medikament behandelt wird, Nebenwirkungen auf.

c) Mit welcher Wahrscheinlichkeit treten bei einem zufällig ausgewählten Patienten keine Nebenwirkungen auf?

d) Bei einem Patienten treten Nebenwirkungen auf. Mit welcher Wahrscheinlichkeit wurde er mit dem neuen bzw. bisher üblichen Medikamenten behandelt?

e) Ein Pharmavertreter, ein Arzt und ein Vertreter der Gesundheitsbehörde äußern sich wie nebenstehend auf dem Rand. Nimm zu den drei Aussagen begründet Stellung und erläutere, wie die Personen zu ihren Aussagen gekommen sind.

Ein Pharmavertreter für das neue Medikament sagt: „Das Risiko für Nebenwirkungen sinkt um 60 %“.

Ein Arzt sagt zu den Ergebnissen: „Das Risiko für Nebenwirkungen sinkt nur um 20 %“.

Ein Vertreter der Gesundheitsbehörde meint: „Das Risiko für Nebenwirkungen sinkt lediglich um 0,6 %“.

f) Der Vorstand des Pharmakonzerns sieht sich die Entwicklung des Unternehmensgewinns im letzten Jahr an:
Auf der Hauptversammlung zeigt er die Graphik nicht und sagt zur Entwicklung des Gewinns: „Dem Gewinneinbruch um 50 % in den ersten Monaten des Jahres folgte nach einer kurzen Phase der Stagnation ein Gewinnsprung von 200 auf 320 Mio. €, der auf die Einführung unseres neuen Medikaments zurückzuführen ist. Dieser Gewinnzuwachs von 60 % gleicht den anfänglichen Rückgang um 50 % mehr als aus“. Nimm Stellung zur Aussage des Vorstands.

Entwicklung des Unternehmensgewinns im letzten Jahr

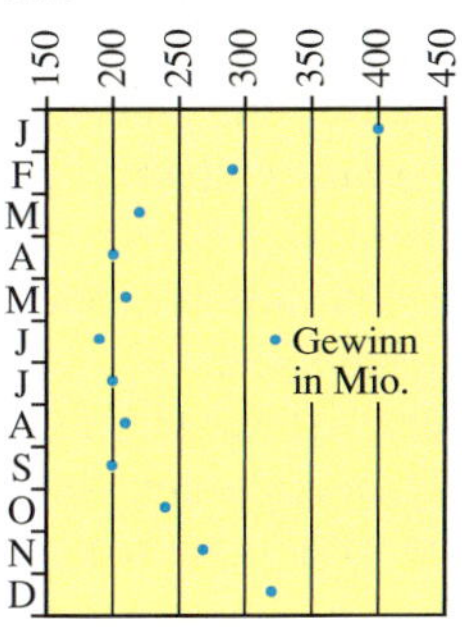

15 Die Sichel des Archimedes

Die in der folgenden Figur gelb gefärbte Fläche nennt man „Sichel des Archimedes“.

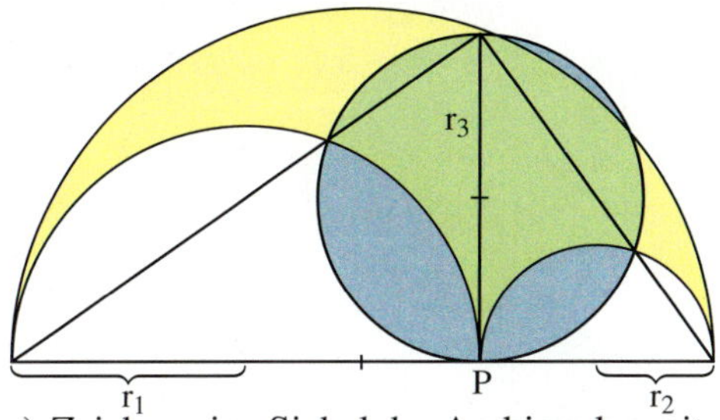

a) Zeichne eine Sichel des Archimedes mit selbst gewählten Maßen. Setze dazu den Punkt P an einer beliebigen Stelle auf den Halbkreisdurchmesser. Berechne nun unter Verwendung deiner Maße den Flächeninhalt der Sichel und den Flächeninhalt des blau gefärbten Kreises.

b) Zeige, dass für jede beliebige Lage des Punktes P die Archimedische Sichel und der blau gefärbte Kreis gleichen Flächeninhalt haben. (Tipp: Höhensatz.)

16 Zylindervariationen

Ein Zylinder hat den Grundkreisradius r und die Höhe h.

a) Wie ändert sich das Volumen des Zylinders, wenn der Grundkreisradius (die Höhe) verdoppelt wird?

b) Wie ändert sich der Inhalt der Mantelfläche des Zylinders, wenn der Grundkreisradius (die Höhe) verdoppelt wird?

c) Um wie viel Prozent muss der Grundkreisradius vergrößert werden, damit sich das Volumen des Zylinders verdreifacht?

d) Das Zylindervolumen kann als Funktion des Grundkreisradiuses (der Höhe) aufgefasst werden. Trage die zugehörigen Graphen für drei verschiedene fest gewählte Höhen (Grundkreisradien) in ein Koordinatensystem ein.

e) Dem Zylinder wird eine Kugel maximaler Größe einbeschrieben. Wie viel Prozent des Zylindervolumens nimmt das Kugelvolumen ein?
Unter welchen Bedingungen wird der Prozentsatz maximal?

17 Abheben mit Klett

Fünf Ballonfahrerteams starten zu einem Wettzielfahren. Die Abbildung zeigt das Team vom Heißluftballon „ALPHA“.

a) Ermittle das ungefähre Volumen V des Heißluftballons. Schätze dazu notwendige Maße anhand der Abbildungen. Beschreibe deine Überlegungen zur Berechnung.

b) Der Ballon erfährt eine Auftriebskraft F_A, die betragsmäßig gleich dem Gewicht der von ihm verdrängten Außenluft ist, also: $F_A = \varrho_a \cdot g \cdot V$
Er steigt, wenn $F_A > G$, wobei G das Gesamtgewicht des Ballons (einschließlich Hülle, Korb, Brenner und Personen) bedeutet.
Bei etwa welchem Gesamtgewicht kann der abgebildete Heißluftballon noch steigen, wenn man die auf der Randspalte angegebenen Luftdichten zugrunde legt?

Am Startplatz beträgt außerhalb des Ballons bei 20 °C Lufttemperatur die Dichte der Luft $\varrho_a = 1{,}14\,\frac{kg}{m^3}$ und innerhalb des Ballons bei 90 °C die Dichte der Luft $\varrho_i = 0{,}89\,\frac{kg}{m^3}$.

c) Am Startort herrscht im Durchschnitt an 30 % aller Tage schlechtes Wetter. Sonst ist das Wetter gut. Die Wetterprognosen sind in 20 % aller Fälle falsch. Die Wahrscheinlichkeit dafür, dass wirklich schlechtes Wetter herrscht und dies auch richtig vorhergesagt wird, liegt bei 24 %. Wie groß ist die Wahrscheinlichkeit dafür, dass am Starttag schönes Wetter herrscht und dies auch zutreffend prognostiziert wird?

d) Weil es beim Start beinahe zu einer Kollision zweier eng benachbarter Ballone kam, musste ein Ballon notlanden. Die Mitglieder der Crew sehen einen anderen Ballon, der bereits eine Höhe von 600 m erreicht hat, genau senkrecht über sich. Unter welchem Blickwinkel δ sehen sie jenen Ballon, dessen Durchmesser ca. 20 m beträgt?
Schätze ab, wie viele Personen das Ballonteam jenes Ballons maximal umfassen kann.

e) Ein Team, welches mit einem relativ kleinen Ballon (Durchmesser 16 m) am Start war, blies zu viel heiße Luft in die Hülle und stieg infolgedessen in eine ungünstige Höhenströmung auf, die es weit abtrieb.
Ein Mitglied der Alpha-Crew wollte wissen, wie weit der andere Ballon zurückliegt. Dazu streckte er seinen rechten Arm aus, fokussierte den Delta-Ballon und stellte fest, dass er den Ballon genau mit einer Daumenbreite abdecken konnte. Berechne angenähert mit Hilfe deiner Armlänge und Daumenbreite, wie weit die beiden Ballone wohl voneinander entfernt sind.

18 Test

Die folgenden Aufgaben bilden einen Test, der auch wichtige Lerninhalte vergangener Jahrgangsstufen beinhaltet.

a)
Bestimme die Lösung der Gleichung:
$\frac{1}{x+2} + \frac{1}{x} = 2$

b)
Ein kugelförmiges Glas für einen Goldfisch hat den Durchmesser 30 cm. Es werden 5 *l* Wasser hineingeschüttet. Wie viel Prozent des Volumens nimmt das Wasser ein?

c)
Löse das folgende Gleichungssystem:
(I) $y - x - 1 = 0$
(II) $x^2 + y^2 - 1 = 0$

d)

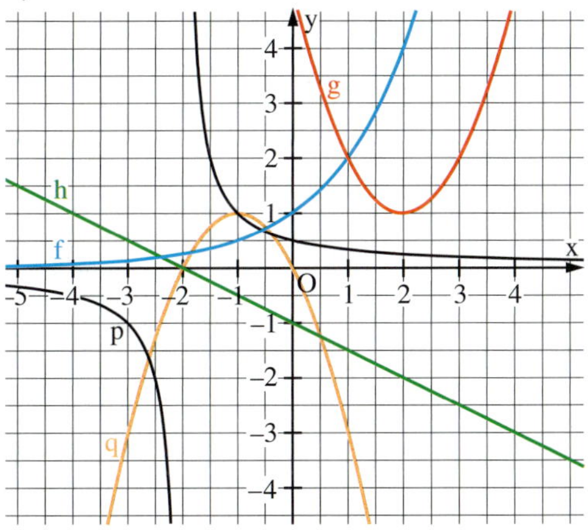

Ordne jedem Graphen die passende Funktionsvorschrift zu:

i) $x \mapsto 0{,}5^x$
ii) $x \mapsto x^2 - 4x + 5$
iii) $x \mapsto \frac{-1}{x-2}$
iv) $x \mapsto -\frac{1}{2}x - 1$
v) $x \mapsto -x(2 + x)$
vi) $x \mapsto 2^x$
vii) $x \mapsto -x^2 + 2x$
viii) $x \mapsto -x - \frac{1}{2}$
ix) $x \mapsto \frac{1}{2+x}$
x) $x \mapsto (x-1)^2 + 2$

e)
Bestimme folgende Grenzwerte:

i) $\lim\limits_{x \to \infty} \left(\frac{1}{x-1} - 2\right)$
ii) $\lim\limits_{x \to \infty} \frac{2x-3}{1-3x}$
iii) $\lim\limits_{x \to -\infty} 2^x$
iv) $\lim\limits_{x \to \infty} \frac{\sin x}{3x}$

f)
Im Juli ist an jedem Tag mit 60 % Wahrscheinlichkeit Badewetter. Wenn Badewetter ist, geht Holger mit 70 % Wahrscheinlichkeit ins Freibad. Falls kein Badewetter ist, trifft man ihn trotzdem mit 10 % Wahrscheinlichkeit im Freibad an, da er dort mit Freunden Volleyball spielt.
i) Lege eine passende Vierfeldertafel an.
ii) Mit welcher Wahrscheinlichkeit ist Holger an einem Julitag im Freibad?
iii) Mit welcher Wahrscheinlichkeit ist an einem Julitag Badewetter, wenn Holger im Freibad ist?

g)
Skizziere jeweils den Graphen unter Berücksichtigung der Nullstellen.
f: $x \mapsto x^3 - x^2$
g: $x \mapsto (x-2)^2 \cdot (x^2 - 1)$
h: $x \mapsto (x-2)^2 \cdot (x^2 - 4)$

h)

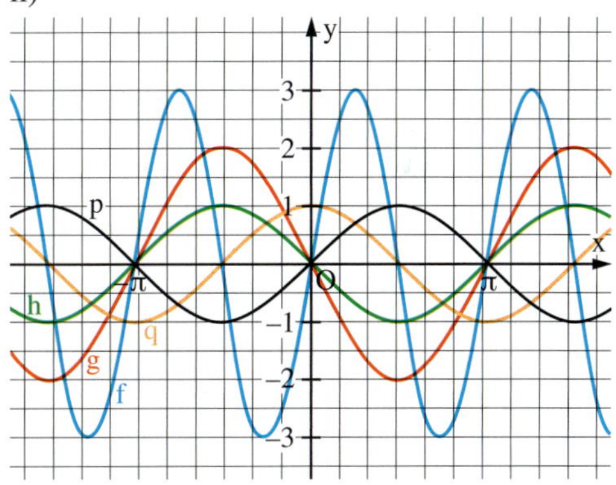

Alle Graphen gehören zu Funktionen mit der Funktionsgleichung $y = a \sin(bx + c)$. Bestimme jeweils a, b und c.

j)
Welche Aussagen sind wahr, welche falsch?
i) Jede ganzrationale Funktion hat mindestens eine Nullstelle.
ii) Ganzrationale Funktionen, deren Grad eine gerade Zahl ist, haben achsensymmetrische Graphen.

Rückblick, Seite 35

1

$r_1 = 5\,m$:
Umfang mit TR-Wert:
$U_1 = 2 \cdot 5\,m \cdot \pi \approx 31{,}41592654\,m$
Umfang mit $\pi = 3{,}14$:
$U_1' = 2 \cdot 5\,m \cdot 3{,}14 = 31{,}4\,m$
Fehler: $U_1 - U_1' = 0{,}01592654\,m$
$= 15{,}92654\,mm$
prozentualer Fehler:
$\frac{U_1 - U_1'}{U_1} = \frac{0{,}01592654\,m}{31{,}41592654\,m} \approx 0{,}5‰$
$r_2 = 5\,km$
Umfang mit TR-Wert:
$U_2 = 2 \cdot 5\,km \cdot \pi \approx 31{,}41592654\,km$
Umfang mit $\pi = 3{,}14$:
$U_2' = 2 \cdot 5\,km \cdot 3{,}14 = 31{,}4\,km$
Fehler: $U_2 - U_2' = 0{,}01592654\,km$
$= 15{,}92654\,m$
prozentualer Fehler:
$\frac{U_2 - U_2'}{U_2} \approx 0{,}5‰$
Der prozentuale Fehler ist in beiden Fällen gleich groß, da bei der Berechnung von U_2 der Fehler zwar 1000-mal so groß ist wie der Fehler bei Berechnung von U_1, aber auch der Grundwert 1000-mal so groß ist.

2

a) $A = A_{Sektor} - A_{Kreis} = \frac{45°}{360°} \cdot (20\,cm)^2\pi - \left(\frac{5\,cm}{2}\right)^2 \cdot \pi \approx 137\,cm^2$

b) $A = A_{Sektor\ groß} - A_{Sektor\ klein}$
$= \frac{90°}{360°} \cdot (15\,cm)^2\pi - \frac{90°}{360°} \cdot (7{,}5\,cm)^2\pi$
$= \frac{1}{4} \cdot 168{,}75\,cm^2 \cdot \pi \approx 133\,cm^2$

c) $A = A_{Halbkreis} - A_{Segment}$
$= A_{Halbkreis} - (A_{Sektor} - A_{\triangle})$
$= \frac{1}{2}\left(\frac{15}{2}cm\right)^2\pi - \left(\frac{60°}{360°} \cdot (15\,cm)^2 \cdot \pi - \frac{1}{2} \cdot 15\,cm \cdot \frac{\sqrt{3}}{2} \cdot 15\,cm\right) \approx 68\,cm^2$

3

a) $V = V_{Zylinder} + V_{Kugel}$
$= (2\,m)^2\pi \cdot 11\,m + \frac{4}{3}(2\,m)^3 \cdot \pi$
$\approx 171{,}74\,m^3$
$O = M_{Zylinder} + O_{Kugel}$
$= 2 \cdot 2\,m \cdot \pi \cdot 11\,m + 4 \cdot (2\,m)^2 \cdot \pi$
$\approx 188{,}50\,m^2$

b) $V = V_{Halbkugel} + V_{Kegel}$
$= \frac{1}{2} \cdot \frac{4}{3} \cdot (2{,}2\,cm)^3 \cdot \pi + \frac{1}{3} \cdot (2{,}2\,cm)^2 \cdot \pi \cdot 1{,}9\,cm$
$\approx 31{,}93\,cm^3$

Erinnerung:
Inhalt M der Mantelfläche des Kegels: $M = r \cdot s \cdot \pi$ *mit* $s = \sqrt{r^2 + h^2}$
(s Länge der Mantellinie)
$O = \frac{1}{2} \cdot O_{Kugel} + M_{Kegel}$
$= \frac{1}{2} \cdot 4 \cdot (2{,}2\,cm)^2 \cdot \pi + 2{,}2\,cm \cdot \sqrt{(2{,}2\,cm)^2 + (1{,}9\,cm)^2} \cdot \pi$
$\approx 50{,}50\,cm^2$

c) $V = V_{Zylinder} - V_{Halbkugel}$
$= (4\,dm)^2\pi \cdot 4\,dm - \frac{1}{2} \cdot \frac{4}{3}(4\,dm)^3 \cdot \pi$
$\approx 67{,}02\,dm^3$
$O = M_{Zylinder} + A_{Kreis} + \frac{1}{2} \cdot O_{Kugel}$
$= 8\,dm \cdot \pi \cdot 4\,dm + (4\,dm)^2 \cdot \pi + \frac{1}{2} \cdot 4 \cdot (4\,dm)^2 \cdot \pi \approx 251{,}33\,dm^3$

4

a) Rote Farbe: $\frac{1}{2} \cdot O_{Kugel} = \frac{1}{2} \cdot 4r^2\pi = 2r^2\pi$
Blaue Farbe: $M_{Kegel} = r \cdot s \cdot \pi$;
$s = \sqrt{r^2 + h^2} = \sqrt{2r^2} = r\sqrt{2}$, da $h = r$, $r > 0$ (s Länge der Mantellinie), also $M_{Kegel} = r \cdot r\sqrt{2} \cdot \pi = \sqrt{2}\,r^2\pi$
Verbrauch der roten Farbe: Verbrauch der blauen Farbe $= 2 : \sqrt{2} = \sqrt{2} : 1$, d. h., es wird $\sqrt{2}$-mal ($\approx$ 1,4-mal) so viel rote Farbe gebraucht.

b) $A_H = 2r^2\pi$ (vgl. a))
$A_S = r^2\pi$
Die rot gestrichene Fläche ist um 100 % größer als die des Schnittkreises S.

c) $V_H = \frac{1}{2} \cdot \frac{4}{3}r^3\pi = \frac{2}{3}r^3\pi$;
$V_K = \frac{1}{3} \cdot r^2\pi \cdot h = \frac{1}{3}r^3\pi$, da $h = r$
Das Volumen der Halbkugel ist doppelt so groß wie das des Kegels.

5

$V_{Würfel} = a^3$; $O_{Würfel} = 6a^2$
$V_{Kugeln} = n^3 \cdot \frac{4}{3} \cdot \left(\frac{a}{2n}\right)^3 \cdot \pi = \frac{1}{6}\pi a^3 \approx \frac{1}{2}a^3$;
$O_{Kugeln} = n^3 \cdot 4 \cdot \left(\frac{a}{2n}\right)^2 \cdot \pi = a^2 n\pi \approx 3a^2 n$
Vergleich:
Die Kugeln nehmen etwa die Hälfte des Volumens des Würfels ein, ihre Oberfläche ist für $n > 2$ etwa $\frac{n}{2}$-mal so groß wie die Oberfläche des Würfels; für $n = 2$ sind die Oberflächen etwa gleich groß und für $n = 1$ ist die Oberfläche der Kugel etwa halb so groß wie die Oberfläche des Würfels.
Volumen der „Luft“: $V_L = a^3 - \frac{a^3}{6}\pi$ ist unabhängig von n.

6

a) 72° im Bogenmaß:
$\frac{72°}{360°} \cdot 2\pi = \frac{2}{5}\pi \approx 1{,}26$

b) 1,8 im Gradmaß: $\frac{1{,}8}{2\pi} \cdot 360° \approx 103°$

c) $\frac{\pi}{5}$ im Gradmaß: $\frac{\frac{\pi}{5}}{2\pi} \cdot 360° = \frac{360°}{10} = 36°$

d) 243° im Bogenmaß: $\frac{243°}{360°} \cdot 2\pi \approx 4{,}24$

e) $\frac{11\pi}{6}$ im Gradmaß: $\frac{\frac{11\pi}{6}}{2\pi} \cdot 360°$
$= \frac{11}{12} \cdot 360° = \frac{11}{6} \cdot 180° = 330°$

7

a) $b = \frac{35°}{360°} \cdot 2 \cdot 9{,}5\,cm \cdot \pi = 5{,}8\,cm$
$A = \frac{35°}{360°} \cdot (9{,}5\,cm)^2 \cdot \pi = 27{,}6\,cm^2$

b) $b = \frac{\alpha}{360°} \cdot 2 \cdot r \cdot \pi \Rightarrow \alpha = \frac{b}{2r\pi} \cdot 360°$
$= \frac{7{,}5\,cm}{2 \cdot 2{,}5\,cm\,\pi} \cdot 360° = 172°$
$A = \frac{172°}{360°} \cdot (2{,}5\,cm)^2 \cdot \pi = 9{,}4\,cm^2$

c) $b = \frac{\alpha}{360°} \cdot 2r\pi \Rightarrow r = \frac{360°}{\alpha} \cdot \frac{b}{2\pi}$
$= \frac{360°}{60°} \cdot \frac{12\,cm}{2\pi} = 11{,}5\,cm$
$A = \frac{60°}{360°} \cdot (11{,}5\,cm)^2\pi = 69{,}2\,cm^2$

d) $A = \frac{\alpha}{360°} \cdot r^2\pi \Rightarrow \alpha = \frac{A}{r^2\pi} \cdot 360°$
$= \frac{17{,}6\,cm^2}{(4{,}0\,cm)^2\pi} \cdot 360° = 126°$
$b = \frac{126°}{360°} \cdot 2 \cdot 4{,}0\,cm \cdot \pi = 8{,}8\,cm$

8

$V_{Öltropfen} = \frac{4}{3} \cdot (2{,}5\,mm)^3 \cdot \pi$ (Kugel)
$V_{Ölfleck} = (500\,mm)^2 \cdot \pi \cdot h$ (Zylinder)
$\frac{4}{3} \cdot (2{,}5\,mm)^3 \cdot \pi = (500\,mm)^2 \cdot \pi \cdot h$
$\Rightarrow h = \frac{4}{3} \cdot \frac{(2{,}5\,mm)^3}{(500\,mm)^2} = 8{,}\overline{3} \cdot 10^{-5}\,mm$
Der Ölfleck ist $8{,}\overline{3} \cdot 10^{-5}\,mm$ ($\approx$ 0,000083 mm) dick.

9

a) $1000 \cdot V_{kleine\ Kugel}$
$= 1000 \cdot \frac{4}{3} \cdot \left(\frac{d}{2}\right)^3 \cdot \pi = \frac{4}{3} \cdot \left(\frac{10d}{2}\right)^3\pi$
$V_{große\ Kugel} = \frac{4}{3} \cdot R^3 \cdot \pi \Rightarrow R = 5d$
Der Durchmesser der großen Kugel beträgt 10 d.

b) $1000 \cdot O_{kleine\ Kugel} = 1000 \cdot 4\left(\frac{d}{2}\right)^2\pi$
$= 1000\,d^2\pi$
$O_{große\ Kugel} = 4 \cdot R^2 \cdot \pi = 4 \cdot 25\,d^2\pi$
$= 100\,d^2\pi$
Die Oberfläche der 1000 kleinen Kugeln ist 10-mal so groß wie die Oberfläche der großen Kugel.

10

1. Möglichkeit: Näherung durch die Kugeloberfläche möglich, da die Goldschicht sehr dünn ist (vgl. S. 23, A 15c):

$O_{Kugel} = 4\cdot(19\,cm)^2\cdot\pi$

$V_{Goldschicht} = \frac{10}{19{,}3}\,cm^3;$

$4\cdot(19\,cm)^2\cdot\pi\cdot h = \frac{10}{19{,}3}\,cm^3$

$\Rightarrow\ h \approx 0{,}000\,11\,cm \approx 0{,}001\,mm$

2. Möglichkeit: Berechnung der Goldschicht aus der Differenz „Kugelvolumen mit Goldschicht“ – „Kugelvolumen ohne Goldschicht“:

$\frac{4}{3}\cdot r^3\pi - \frac{4}{3}\cdot(19\,cm)^3\cdot\pi = \frac{10}{19{,}3}\,cm^3$

(r = Radius der Kugel mit Goldschicht)

$\frac{4}{3}\pi\,(r^3 - (19\,cm)^3) = \frac{10}{19{,}3}\,cm^3$

$\Rightarrow\ r^3 \approx 6859{,}124\,cm^3$

$\Rightarrow\ r \approx 19{,}000\,11\,cm$

$\Rightarrow$ Dicke der Goldschicht: $\approx 0{,}001\,mm$

11

a) $b = \frac{0{,}53°}{360°}\cdot 2\cdot 150\cdot 10^6\,km\cdot\pi$
$\approx 1{,}388\cdot 10^6\,km$

b) $d - b = 1{,}392\cdot 10^6\,km - 1{,}388\cdot 10^6\,km$
$= 0{,}004\cdot 10^6\,km = 4000\,km$

c) 1 Jahr: volle Umkreisung der Sonne

$\Rightarrow$ Weg $s = U$
$= 2\cdot r\cdot\pi$
$= 2\cdot 150\cdot 10^6\,km\cdot\pi$
$\approx 942\cdot 10^6\,km$

1 Tag: $\frac{1}{365}$ einer vollen Umkreisung

$\Rightarrow\ \alpha = \frac{360°}{365}$

$\Rightarrow$ Weg $s = b$
$= \frac{\alpha}{360}\cdot 2r\pi$
$= \frac{1}{365}\cdot 2\cdot 150\cdot 10^6\,km\cdot\pi$
$\approx 2{,}58\cdot 10^6\,km$

1 Stunde: $\frac{1}{24\cdot 365}$ einer vollen Umkreisung

$\Rightarrow\ \alpha = \frac{360°}{365\cdot 24}$

$\Rightarrow$ Weg $s = b$
$= \frac{1}{365\cdot 24}\cdot 2\cdot 150\cdot 10^6\,km\cdot\pi$
$\approx 1{,}1\cdot 10^5\,km$

d) $v = \frac{s}{t} = \frac{110\,000\,km}{1\,h} = 1{,}1\cdot 10^5\,\frac{km}{h}$

$\left(= \frac{942\cdot 10^6\,km}{365\cdot 24\,h} = \frac{2{,}58\cdot 10^6\,km}{24\,h}\right)$

Rückblick, Seite 63

1

a) $\alpha_1 \approx 60{,}9°$ $\quad\gamma_1 \approx 79{,}1°$
$c_1 \approx 11{,}46\,m$
$\alpha_2 \approx 119{,}1°$ $\quad\gamma_2 \approx 20{,}9°$
$c_2 \approx 4{,}16\,m$
2 Lösungen. Der gegebene Winkel β liegt der kleineren Seite b gegenüber, daher SsW nicht anwendbar.

b) $\alpha \approx 21{,}5°$ $\quad\beta \approx 28{,}2°$
$\gamma \approx 130{,}3°$
1 Lösung. Nach SSS eindeutig.

c) $\alpha \approx 83{,}5°$ $\quad b \approx 10{,}47\,m$
$c \approx 16{,}61\,m$
1 Lösung. Nach WSW eindeutig.

d) Keine Lösung.
Der Sinussatz liefert $\sin\beta > 1$.

2

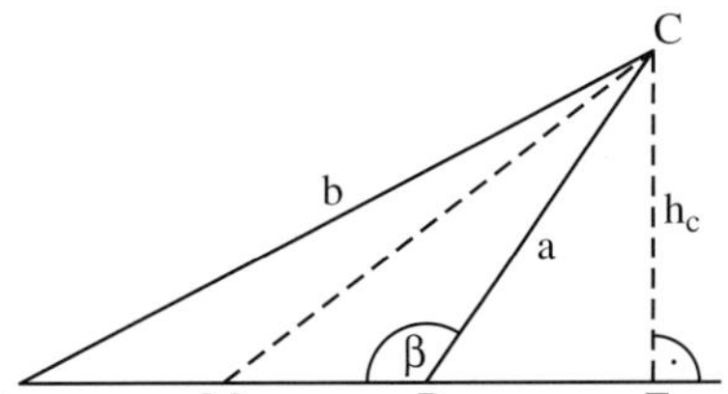

$\triangle MBC$: $\overline{MC}^2 = \left(\frac{c}{2}\right)^2 + a^2 - 2\cdot\left(\frac{c}{2}\right)\cdot a\cdot\cos\beta$

$\Rightarrow\ \beta \approx 108{,}8°$

$\triangle ABC$: $b^2 = c^2 + a^2 - 2ac\cdot\cos\beta$

$\Rightarrow\ b \approx 6{,}8\,cm$

$\frac{\sin\alpha}{\sin\beta} = \frac{a}{b}$

$\Rightarrow\ \sin\alpha \approx \frac{3{,}8\cdot\sin 108{,}8°}{6{,}8}$

$\Rightarrow\ \alpha \approx 31{,}9°$

$\Rightarrow\ \gamma \approx 39{,}3°$

$\triangle AFC$: $h_c = b\cdot\sin\alpha \quad\Rightarrow\ h_c \approx 3{,}6\,cm$

3

a)

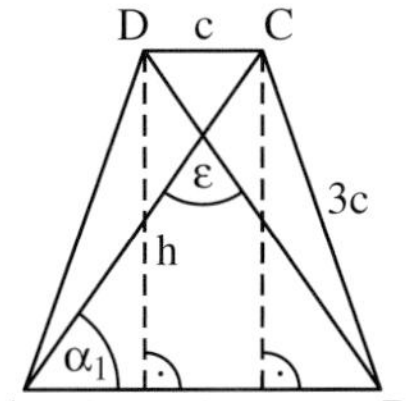

$h^2 + c^2 = 9c^2 \Rightarrow h = 2\cdot\sqrt{2}\,c$

$\tan\alpha_1 = \frac{h}{2c} = \sqrt{2} \Rightarrow \alpha_1 \approx 54{,}7°$

$\Rightarrow\ \varepsilon = 180° - 2\alpha_1 \approx 70{,}6°$

b) $\overline{AB} = 2b;\ \overline{BC} = b;\ \overline{AC} = \sqrt{2}\,b$

$\triangle ABC$:

$b^2 = 4b^2 + 2b^2 - 2\cdot 2b\cdot\sqrt{2}\,b\cdot\cos\alpha_1$

$\Rightarrow\ \cos\alpha_1 = \frac{5}{8}\sqrt{2}$

$\Rightarrow\ \alpha_1 \approx 27{,}9°$

$\Rightarrow\ \varepsilon = 180° - 2\alpha_1$
$\approx 124{,}2°$

4

Der Graph (1) gehört zur Funktion g, da z. B. die Punkte $(\pi|0)$ und $(0|1)$ die Funktionsgleichung erfüllen:

$g(\pi) = \sin 2\pi = 0$ und

$g(0) = \sin\frac{\pi}{2} = 1.$

Der Graph (2) gehört zu f, da z. B. die Koordinaten der Punkte $\left(\frac{7}{6}\pi\middle|0\right)$ und $\left(\frac{\pi}{2}\middle|-1\right)$ die Funktionsgleichung erfüllen.

5

a) $x = 45°$ $(135°;\ 405°;\ 495°)$
bzw. $x = \frac{\pi}{4}$ $\left(\frac{3}{4}\pi;\ \frac{9}{4}\pi;\ \frac{11}{4}\pi\right)$

b) $x = -150°$ $(150°;\ 210°;\ 510°;\ 570°)$
bzw. $x = -\frac{5}{6}\pi$ $\left(\frac{5}{6}\pi;\ \frac{7}{6}\pi;\ 2\frac{5}{6}\pi;\ 3\frac{1}{6}\pi\right)$

c) Der Taschenrechner liefert
$\frac{x}{2} \approx -37{,}84°$
$\Rightarrow\ x \approx -75{,}68°$ $(435{,}68°;\ 644{,}32°)$
bzw. $x \approx -1{,}32$ $(7{,}60;\ 11{,}25)$

6

$P \in G_f$: $0 = a\cdot\sin\left(\frac{3}{2}\pi + c\right)$

$\Rightarrow$ z. B. $c = \frac{\pi}{2}$

$Q \in G_f$: $1 = a\cdot\sin\left(-\frac{1}{3}\pi + c\right)$

$\Rightarrow\ a = 2$ $\left(\text{für } c = \frac{\pi}{2}\right)$

also $f(x) = 2\cdot\sin\left(2x + \frac{\pi}{2}\right)$

7

$\alpha \approx 42{,}8°$ $\beta \approx 74{,}3°$ $\gamma \approx 62{,}9°$

Abweichungen um 0,1° können sich durch eine andere Reihenfolge der Berechnung ergeben.

8

$a = 2{,}5$ $b = 2$ $c = -\frac{2}{3}\pi$

9

a) Amplitude ist 2; Periode ist 2π

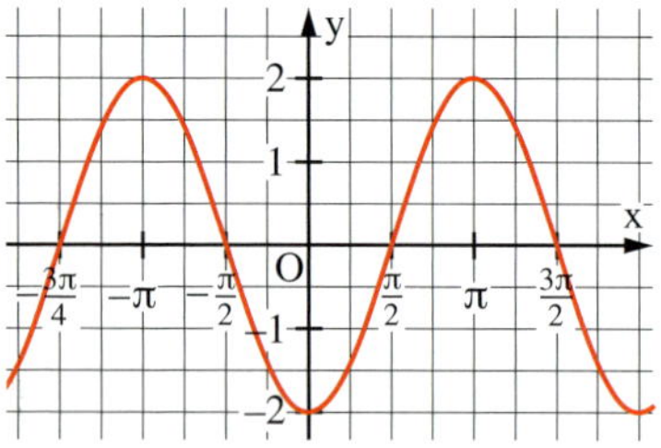

b) Amplitude ist 1; Periode ist 1

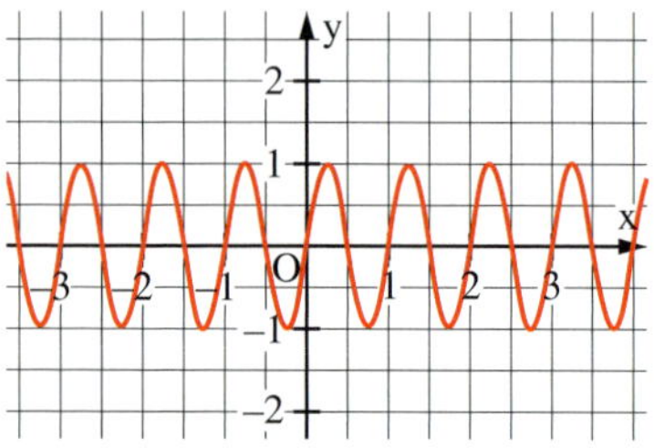

c) Amplitude ist 3; Periode ist π

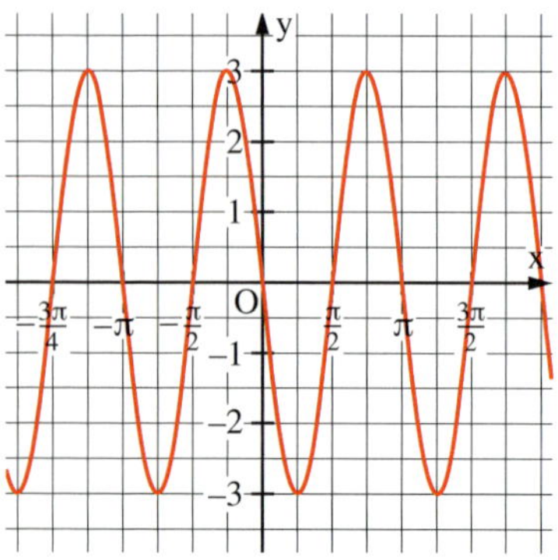

d) Amplitude ist $\frac{1}{2}$; Periode ist 4

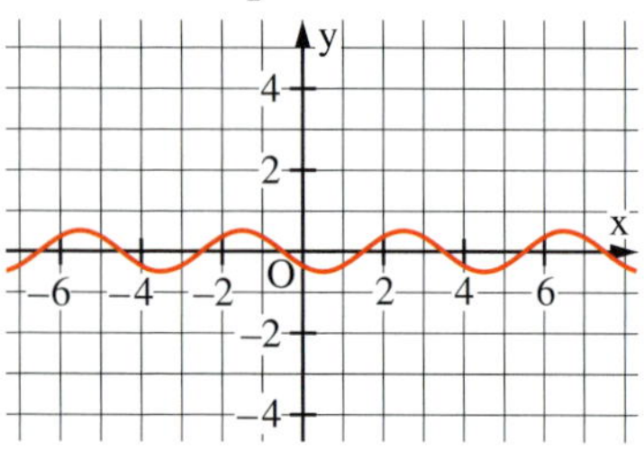

10

Die Kräfte $\overrightarrow{D_1}$ und $\overrightarrow{D_2}$ sind senkrecht zu den Wänden der Rinne gerichtet.

Folglich ist $\sphericalangle\left(\overrightarrow{D_1}, \overrightarrow{F}\right) = 50°$ und

$\sphericalangle\left(\overrightarrow{F}, \overrightarrow{D_2}\right) = 30°$.

Mit dem Sinussatz ergibt sich

$D_1 = \frac{\sin 30°}{\sin 100°} \cdot F \approx 304{,}6\ \text{N}$

$D_2 = \frac{\sin 50°}{\sin 100°} \cdot F \approx 466{,}7\ \text{N}$

Rückblick, Seite 91

1

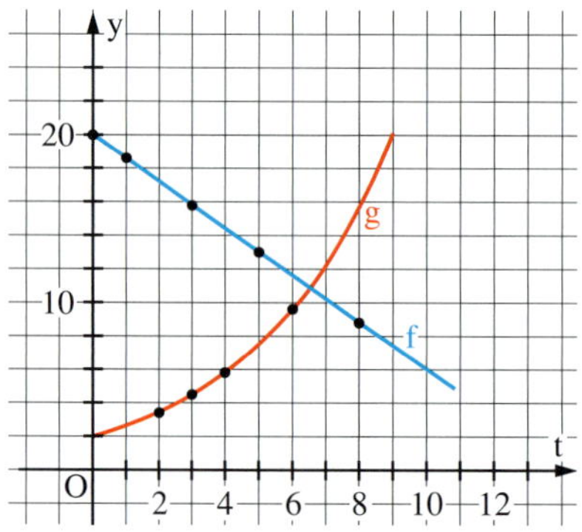

Vermutung: f beschreibt lineares Wachstum

Begründung: $\frac{15{,}8 - 18{,}6}{3 - 1} = -1{,}4$

$\frac{13{,}0 - 15{,}8}{5 - 3} = -1{,}4$

$\frac{8{,}8 - 13{,}0}{8 - 5} = -1{,}4$

Ansatz: $f(t) = f(0) - 1{,}4t$

$f(1) = f(0) - 1{,}4 = 18{,}6$

$\Rightarrow f(0) = 20$

$f(t) = 20 - 1{,}4t$

Vermutung: g beschreibt exponentielles Wachstum

Begründung: $\frac{4{,}394}{3{,}38} = 1{,}3$; $\frac{5{,}7122}{4{,}394} = 1{,}3$

$\frac{9{,}653\,618}{5{,}7122} = 1{,}69 = 1{,}3^2$

Ansatz: $g(t) = g(0) \cdot 1{,}3^t$

$g(1) = g(0) \cdot 1{,}3^2 = 3{,}38$

$\Rightarrow g(0) = 2$

$g(t) = 2 \cdot 1{,}3^t$

2

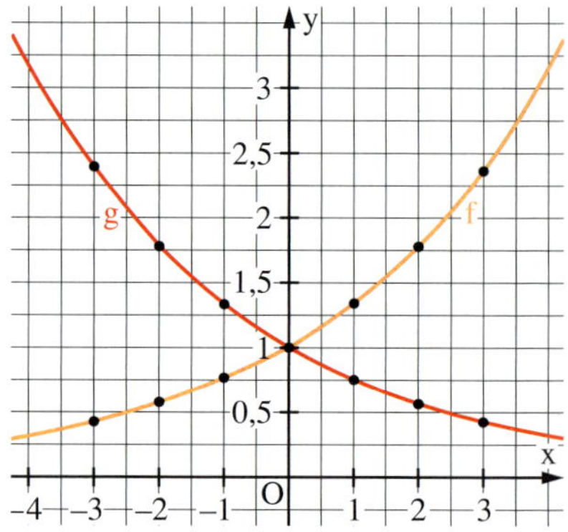

a) G_f ist steigend, weil

$\left(\frac{4}{3}\right)^{x+h} = \left(\frac{4}{3}\right)^{x} \cdot \left(\frac{4}{3}\right)^{h} > \left(\frac{4}{3}\right)^{x}$ denn

$\left(\frac{4}{3}\right)^{h} > 1$ für $h > 0$

G_g ist fallend, weil

$\left(\frac{3}{4}\right)^{x+h} = \left(\frac{3}{4}\right)^{x} \cdot \left(\frac{3}{4}\right)^{h} < \left(\frac{3}{4}\right)^{x}$,

denn $\left(\frac{3}{4}\right)^{h} < 1$ für $h > 0$

b) $g(x) = \left(\frac{3}{4}\right)^{x} = \left(\frac{4}{3}\right)^{-x} = f(-x)$

Man erhält den Graphen von g, indem man den Graphen von f an der y-Achse spiegelt.

3

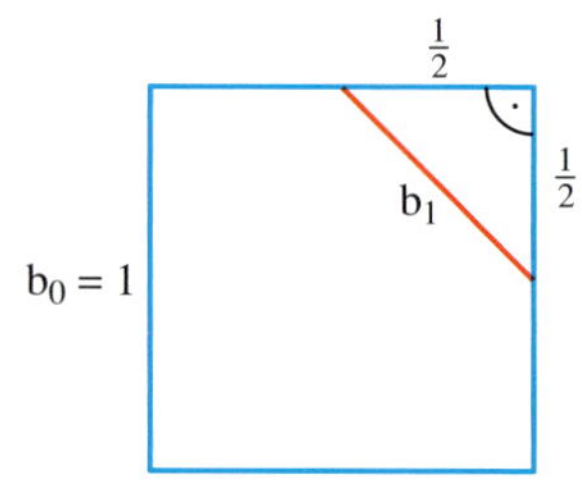

Seitenlänge b_1: $b_1^2 = \frac{1}{4} + \frac{1}{4} = \frac{1}{2}$

$\Rightarrow b_1 = \frac{1}{2}\sqrt{2}$

Wachstumsfaktor: $\frac{1}{2}\sqrt{2}$

$U(n) = U(0) \cdot \left(\frac{1}{2}\sqrt{2}\right)^n$

$\left(\frac{1}{2}\sqrt{2}\right)^n < \frac{1}{1000}$

Durch Probieren:

$U(20) \approx U_0 \cdot 9{,}8 \cdot 10^{-4} < 0{,}001 \cdot U_0$

4

$f(t) = b \cdot a^t$ $b = f(0) = 50$

$f(4) = 20 \Rightarrow 20 = 50 \cdot a^4 \Rightarrow a \approx 0{,}8$

$f(t) = 50 \cdot 0{,}8^t$

Abgelesene Halbwertszeit: $t \approx 3$

Bestätigung: $f(3) = 50 \cdot 0{,}8^3$

$= 25{,}6 \approx 25$

5

a) $f(x) = b \cdot a^x$
$f(0) = 6 \Rightarrow b = 6$
$f(1) = 2 \Rightarrow 2 = 6 \cdot a^1 \Rightarrow a = \frac{1}{3}$
$f(x) = 6 \cdot \left(\frac{1}{3}\right)^x$

b) $f(-2) = 5 \Rightarrow$ (I) $b \cdot a^{-2} = 5$
$f(2) = 20 \Rightarrow$ (II) $b \cdot a^2 = 20$
(II):(I) $a^4 = 4 \Rightarrow a = \sqrt{2}$
in (II) $b \cdot 2 = 20$
$\Rightarrow b = 10$
$f(x) = 10 \cdot \left(\sqrt{2}\right)^x = 10 \cdot 2^{\frac{x}{2}}$

6

a) $2^x = 512$
$2^x = 2^9$
$x = 9$

b) $2^x = 0{,}125$
$2^x = \frac{1}{8}$
$2^x = 2^{-3}$
$x = -3$

c) $0{,}5^x = 64$
$2^{-x} = 2^6$
$x = -6$

d) $5^x = 0{,}0016$
$5^x = \frac{1}{625}$
$5^x = 5^{-4}$
$x = -4$

7

a) $5^x = 150$
$x \cdot \lg 5 = \lg 150$
$x = \frac{\lg 150}{\lg 5} = 3{,}1132\ldots \approx 3{,}11$

b) $0{,}2^x = 4$
$x = \frac{\lg 4}{\lg 0{,}2} = -0{,}86135\ldots \approx -0{,}86$

c) $0{,}5^x = 0{,}8$
$x = \frac{\lg 0{,}8}{\lg 0{,}5} = 0{,}32192\ldots \approx 0{,}32$

8

$\lg 2^{32\,582\,657} = 32\,582\,657 \cdot \lg 2$
$\approx 9\,808\,357{,}095$
$\Rightarrow 2^{32\,582\,657} \approx 10^{9\,808\,357} \cdot 10^{0{,}095}$
$\approx 1{,}2 \cdot 10^{9\,808\,357}$
$2^{32\,582\,657} - 1 \approx 1{,}2 \cdot 10^{9\,808\,357}$

9

a) $\log_a (a^2 b c^3)$
$= \log_a a^2 + \log_a b + \log_a c^3$
$= 2 \cdot \log_a a + \log_a b + 3 \log_a c$
$= 2 + \log_a b + 3 \log_a c$

b) $\log_a \sqrt[3]{x^2 y^5} = \frac{2}{3} \log_a x + \frac{5}{3} \log_a y$

10

a) $\lg \frac{x}{4}$

b) $\log_a x^2 - \log_a \sqrt{2x} + \log_a a^3$
$= \log_a \frac{x^2 \cdot a^3}{\sqrt{2x}} = \log_a \frac{x^{1{,}5} \cdot a^3}{\sqrt{2}}$

c) $\lg \frac{9a^2 - 16b^6}{3a - 4b^3} = \lg (3a + 4b^3)$

11

a) $2^{2x} = 2^{-3} \Rightarrow x = -1{,}5$

b) $0{,}5^x \cdot 0{,}5^{-5} = 15$
$0{,}5^x = 0{,}46875$
$x = \frac{\lg 0{,}46875}{\lg 0{,}5} \approx 1{,}093$

c) $\lg x^3 = \lg 8$
$x^3 = 8 \Rightarrow x = 2$

d) $(3x + 2) \cdot \lg 7 = x$
$x = \frac{2 \cdot \lg 7}{1 - 3 \cdot \lg 7} \approx -1{,}1$

e) $5^x = z$
$z^2 - 20z - 125 = 0$
$z_1 = 25 \Rightarrow 5^x = 25 \Rightarrow x = 2$
$z_2 = -5$ liefert keine Lösung, da $5^x > 0$ sein muss.

f) $4^{2x} - 17 \cdot 4^x + 4^2 = 0$
$4^x = z \Rightarrow z^2 - 17z + 16 = 0$
$z_1 = 16 \Rightarrow 4^x = 16 \Rightarrow x = 2$
$z_2 = 1 \Rightarrow 4^x = 1 \Rightarrow x = 0$

12

a) $f(t) = f(0) \cdot 8^t$
$2 = 8^t \Rightarrow t = \frac{1}{3}$
Die Verdopplungszeit beträgt 20 Minuten.

b) $f(t) = 100 \cdot 8^t$
$10^9 = 100 \cdot 8^t$
$8^t = 10^7 \Rightarrow t \approx 7{,}75$
Nach 7 Std. 45 min sind es etwa 1 Milliarde Bakterien.

Rückblick, Seite 107

1

a)

	Bluejeans	$\overline{\text{Bluejeans}}$	
T-Shirt	80	10	90
$\overline{\text{T-Shirt}}$	20	10	30
	100	20	120

b) $\frac{20 + 80 + 10}{120} = \frac{11}{12}$

2

	Y	$\overline{Y}$	
X	0,4	0,4	0,8
$\overline{X}$	0,05	0,15	0,2
	0,45	0,55	1

$P(Y) = 0{,}45$
$P(X \cap Y) = 0{,}4$
$P_Y(X) = \frac{0{,}40}{0{,}45} = \frac{8}{9} \approx 0{,}89$
$P_X(Y) = \frac{0{,}4}{0{,}8} = \frac{1}{2} = 0{,}5$
$P(X \cup Y) = 0{,}4 + 0{,}4 + 0{,}05 = 0{,}85$

3

	R	$\overline{R}$	
Z	2	7	9
$\overline{Z}$	6	5	11
	8	12	20

$P_{\overline{R}}(Z) = \frac{7}{12}$

4

a) $P(A \cap B) = 0{,}4 \cdot 0{,}2 = 0{,}08$
$P_A(B) = 0{,}2$

b) $P(\overline{B}) = 0{,}4 \cdot 0{,}8 + 0{,}6 \cdot 0{,}7 = 0{,}74$

c) Strategie: Gegenereignis
$P(A \cup B) = 1 - P(\overline{A} \cap \overline{B})$
$= 1 - 0{,}6 \cdot 0{,}7 = 0{,}58$
Alternative
$P(A \cup B)$
$= 0{,}4 \cdot 0{,}2 + 0{,}4 \cdot 0{,}8 + 0{,}6 \cdot 0{,}3 = 0{,}58$

d)

	A	$\overline{A}$	
B	0,08	0,18	0,26
$\overline{B}$	0,32	0,42	0,74
	0,4	0,6	1

5

Damit die Laplace-Annahme gerechtfertigt ist, müssen die beiden Würfel unterschieden werden. Somit enthält die Ergebnismenge $6^2 = 36$ Ergebnisse.

a) Die Augensumme ist gerade, wenn beide Würfel eine gerade Augenzahl oder beide eine ungerade Augenzahl zeigen. $|\text{Gerade}| = 3 \cdot 3 + 3 \cdot 3 = 18$
Da es nur eine gerade Primzahl (2) gibt, gilt: $|\text{Gerade} \cap \text{Prim}| = 1$
$P_{\text{Gerade}}(\text{Prim}) = \frac{1}{18}$

b) $|\text{Ungerade}| = |\Omega| - |\text{Gerade}|$
$= 36 - 18 = 18$
$|\text{Prim} \cap \text{Ungerade}| = 14$
(Nachzählen)
$P_{\text{Ungerade}}(\text{Prim}) = \frac{14}{18} = \frac{7}{9}$

c) $P_{\text{Prim}}(\text{Ungerade}) = \frac{14}{15}$

6

	> 1,70 m	≦ 1,70 m	
B	z	b – z	b
$\overline{B}$	g – z	1 – g – (b – z) = 1 – g – b + z	1 – b
	g	1 – g	1

Also ist iii) richtig.

7

a) S: „Summe kleiner 5“ $|S| = 6$
B: „blauer Würfel zeigt 1“
$|S \cap B| = 3$
$P_S(B) = \frac{3}{6} = \frac{1}{2}$

b) R: „roter Würfel zeigt größere Augenzahl als blauer“
$|R| = 15$ (Nachzählen)
$|R \cap B| = 5$
$P_R(B) = \frac{5}{15} = \frac{1}{3}$

8

A: „Ausschuss“
R: „Bauteil wird reklamiert“

a)

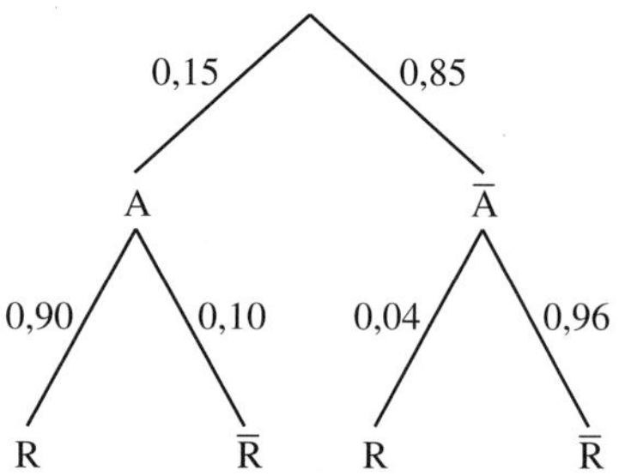

$P(A \cap R) = 0{,}15 \cdot 0{,}9 = 0{,}135$
$P(\overline{A} \cap R) = 0{,}85 \cdot 0{,}04 = 0{,}034$

	A	$\overline{A}$	
R	0,135	0,034	0,169
$\overline{R}$	0,015	0,816	0,831
	0,15	0,85	1

b) $P_R(A) = \frac{0{,}135}{0{,}169} \approx 80\,\%$

c) $P_{\overline{R}}(\overline{A}) = \frac{0{,}816}{0{,}831} \approx 98\,\%$

Rückblick, Seite 125

1

a) Der Grad von f muss geradzahlig sein, da A im II. und B im I. Quadranten liegt $W = \mathbb{R}_0^+$

b) Aus den Bedingungen $2 = a \cdot (-2)^n$ und $10{,}125 = a \cdot 3^n$ erhält man $n = 4$ und $a = \frac{1}{8}$.

c) Beispiele: $g_1(x) = 2$; $g_2(x) = 0{,}5\,x^2$; $g_3(x) = x^2 - 2$; $g_4(x) = 0{,}25\,x^2 + 1$; $g_5(x) = -x^6 + 66$

2

Nicht ganzrationale Funktionen:
e, g, k und q.

$a(x) = 5x^3 - x + 4$:
Grad: 3
Koeffizienten: $a_3 = 5$; $a_2 = 0$;
$a_1 = -1$; $a_0 = 4$
Verlauf:
„von links unten nach rechts oben“

$b(x) = 2x^3 + 12x^2 + 24x + 16$:
Grad: 3
Koeffizienten: $a_3 = 2$; $a_2 = 12$;
$a_1 = 24$; $a_0 = 16$
Verlauf:
„von links unten nach rechts oben“

$c(x) = -3x^2 + n$:
Grad: 2
Koeffizienten: $a_2 = -3$; $a_1 = 0$;
$a_0 = n$
Verlauf:
„von links unten nach rechts unten“

$d(x) = -2x^9 + x^5$:
Grad: 9
Koeffizienten: $a_9 = -2$; $a_5 = 1$;
$a_8 = a_7 = a_6 = a_4 = a_3 = a_2 = a_1 = a_0 = 0$;
Verlauf:
„von links oben nach rechts unten“

$f(x) = -x^8 + 1{,}5x^6 + 6x^3 + 6$:
Grad: 8
Koeffizienten: $a_8 = -1$; $a_7 = 0$;
$a_6 = 1{,}5$; $a_5 = a_4 = 0$;
$a_3 = 6$; $a_2 = a_1 = 0$;
$a_0 = 6$
Verlauf:
„von links unten nach rechts unten“

$h(x) = -3x^6 - \frac{1}{2}x^2$:
Grad: 6
Koeffizienten: $a_6 = -3$;
$a_5 = a_4 = a_3 = 0$;
$a_2 = -\frac{1}{2}$;
$a_1 = a_0 = 0$
Verlauf:
„von links unten nach rechts unten“

$n(x) = -0{,}6x^5 + 2x^3 - 0{,}3x^2 + 1$:
Grad: 5
Koeffizienten: $a_5 = -0{,}6$; $a_4 = 0$;
$a_3 = 2$; $a_2 = -0{,}3$;
$a_1 = 0$; $a_0 = 1$
Verlauf:
„von links oben nach rechts unten“

$p(x) = x^n + 8x^3 - 12x^2 + 6x - 1$:
Grad: n, falls $n > 3$; 3, falls $n \leqq 3$
Koeffizienten: Falls $n > 3$: $a_n = 1$;
$a_3 = 8$; $a_2 = -12$;
$a_1 = 6$; $a_0 = -1$
Falls $n = 3$:
$a_3 = 9$; $a_2 = -12$;
$a_1 = 6$; $a_0 = -1$
Falls $n = 2$:
$a_3 = 8$; $a_2 = -11$;
$a_1 = 6$; $a_0 = -1$
Falls $n = 1$:
$a_3 = 8$; $a_2 = -12$;
$a_1 = 7$; $a_0 = -1$
Falls $n = 0$:
$a_3 = 8$; $a_2 = -12$;
$a_1 = 6$; $a_0 = 0$
Verlauf:
Falls $n > 3$ und gerade:
„von links oben nach rechts oben“
Falls $n > 3$ und ungerade:
„von links unten nach rechts oben“
Falls $n \leqq 3$:
„von links unten nach rechts oben“

$r(x) = -4x + 1$:
Grad: 1
Koeffizienten: $a_1 = -4$; $a_0 = 1$;
Verlauf:
„von links oben nach rechts unten“

3

a) In die Formel $V = \left(\frac{d}{2}\right)^2 \pi h$ für das Volumen geht der Durchmesser quadratisch ein. Wegen $d' = 1{,}5\,d$ vergrößert sich die Grundfläche der zylinderförmigen Regentonne also um den Faktor $1{,}5^2 = 2{,}25$. Daher muss
$h' = \frac{h}{2{,}25} = \frac{4}{9}h$ gelten.

b) h wird um $\frac{5}{9}h$ auf $\frac{4}{9}h$ verkleinert, d.h. um $\frac{5}{9} \approx 55{,}6\,\%$.

4

(Es müssem keine Terme angegeben werden.)

a) Zum Beispiel:

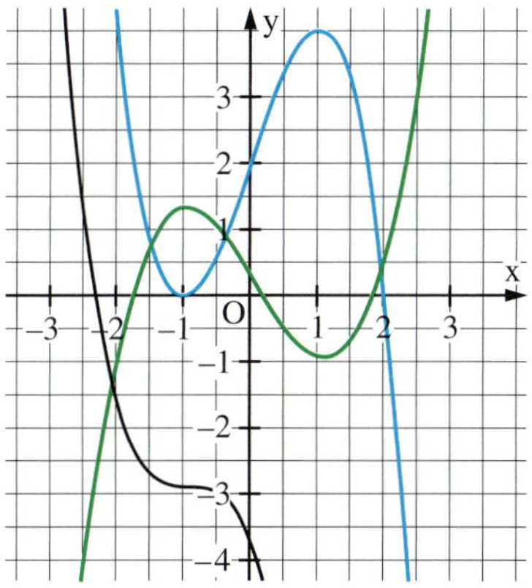

b) Zum Beispiel:

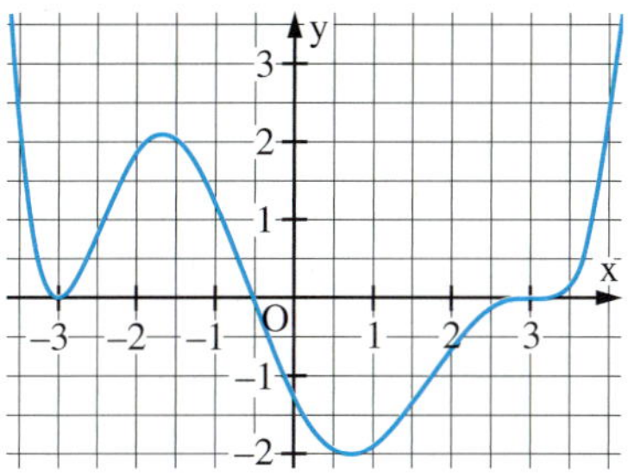

5

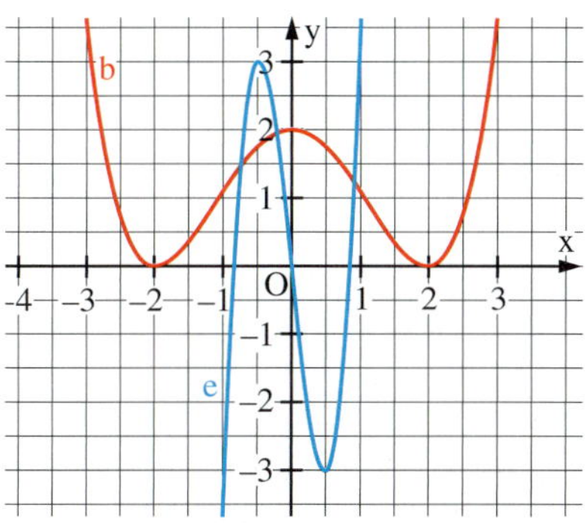

a) $t_1 = 3$; $t_2 = \sqrt{6}$; $t_3 = -\sqrt{6}$

b) $a_1 = -2$; $a_2 = 2$ (jeweils doppelt)

c) $u_1 = -2$; $u_2 = -1$; $u_3 = 1$ (alle einfach)

d) $v_1 = 1$

e) $k(a) = 3a[(2a + 1)^2 - (4a + 4)]$
$= 3a(4a^2 - 3)$
$a_1 = 0$; $a_2 = -\sqrt{0{,}75}$; $a_3 = \sqrt{0{,}75}$

f) $r(t) = t^6 - 9t^3 + 8$
$t_1 = 1$; $t_2 = 2$

6

Für f gilt $a_4 = 1$ und für g gilt $a_3 = 1$.
Daher kann man die Funktionsterme von f und g folgendermaßen schreiben:
$f(x) = x(x - 2)^2(x + 1)$ und
$g(x) = x(x - 1)(x + 1)$.
Gleichsetzen liefert
$x(x - 2)^2(x + 1) = x(x - 1)(x + 1)$.
Daraus erhält man sofort $x_1 = 0$ und $x_2 = -1$. Diese beiden Schnittstellen sind auch aus der Abbildung entnehmbar.
Damit verbleibt $(x - 2)^2 = (x - 1)$ oder
$x^2 - 5x + 5 = 0$
Die Lösungen dieser Gleichung sind
$x_3 = \frac{5 - \sqrt{5}}{2}$ und $x_4 = \frac{5 + \sqrt{5}}{2}$
Durch Einsetzen der x-Werte in beispielsweise g(x) ergeben sich die zugehörigen y-Werte und insgesamt folgende Schnittpunkte (Koordinaten von S_3 und S_4 sind Näherungswerte):
$S_1(-1|0)$; $S_2(0|0)$; $S_3(1{,}38|1{,}26)$;
$S_4(3{,}62|43{,}74)$

7

a) Es gilt $\frac{h}{2 - r} = \frac{2}{2}$ $\Rightarrow$ $h = 2 - r$
$\Rightarrow$ $V = \pi r^2 \cdot (2 - r) = \pi(2r^2 - r^3)$

b) $r_1 = 0$ und $r_2 = 2$
Bei diesen r-Werten ist das Volumen null.

c)

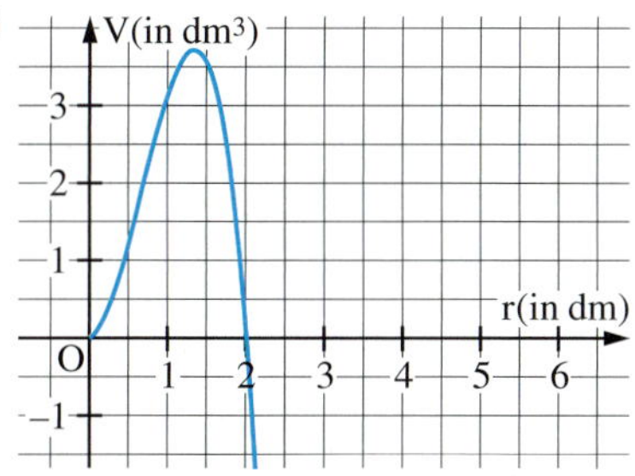

d) Es muss gelten: $\pi(2r^2 - r^3) = \pi$
$\Leftrightarrow$ $-r^3 + 2r^2 - 1 = 0$
$\Leftrightarrow$ $(r - 1)(-r^2 + r + 1) = 0$
$r_1 = 1$; $r_2 = \frac{-1 - \sqrt{5}}{-2} \approx 1{,}62$;
$r_3 = \frac{-1 + \sqrt{5}}{-2} \approx -0{,}62$
Da $r_3 < 0$, kommt diese Lösung nicht in Frage.
Somit hat der Zylinder für $r_1 = 1$ und $r_2 \approx 1{,}62$ das Volumen π (in dm³).

Rückblick, Seite 153

1

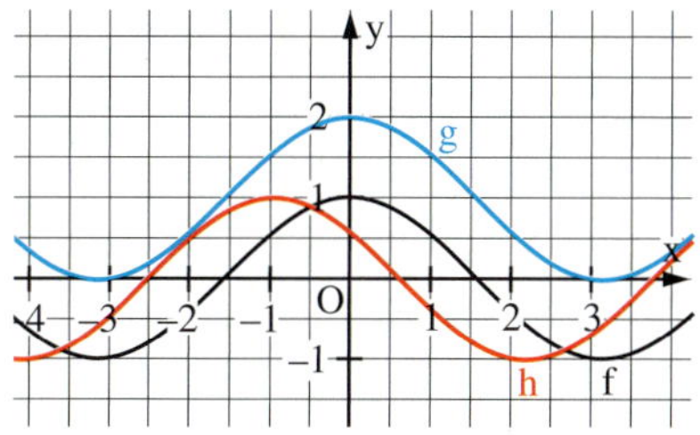

2

a) $x^3 - 2x^2 - 3x = 0$
$x(x^2 - 2x - 3) = 0$ $\Rightarrow$ $x_1 = 0$
$x_{2/3} = \frac{2 \pm \sqrt{4 + 4 \cdot 3}}{2} = \frac{2 \pm 4}{4} = \begin{cases} x_2 = -1 \\ x_3 = 3 \end{cases}$

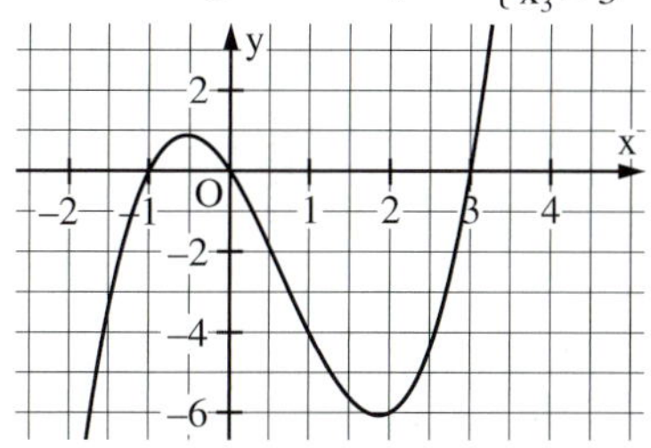

b) $h_1(x) = g(x + 2)$: Nullstellen $x_1 = -2$; $x_2 = -3$; $x_3 = 1$ (verschoben um 2 Einheiten nach links)
$h_2(x) = 3g(x)$: Nullstellen
$x_1 = 0$; $x_2 = -1$; $x_3 = 3$ wie g
$h_3(x) = g(2x)$: Nullstellen
$x_1 = 0$; $x_2 = -\frac{1}{2}$; $x_3 = \frac{3}{2}$

c)

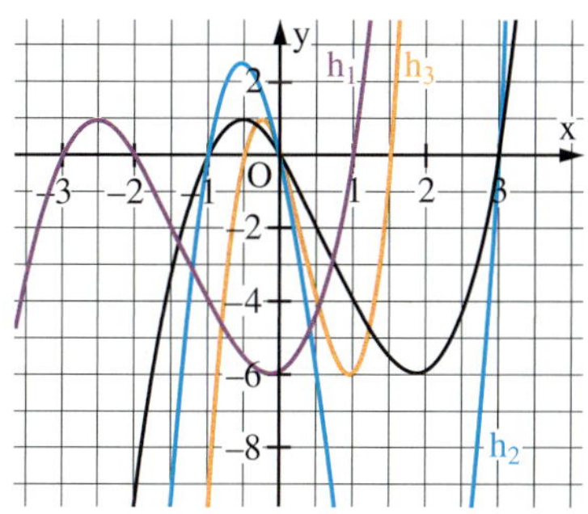

3

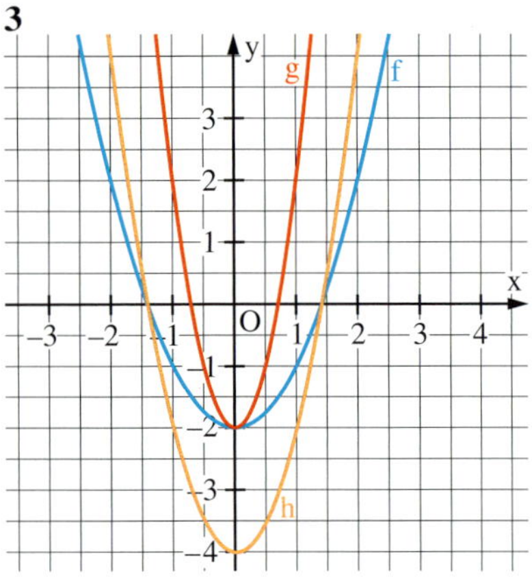

4

a) orange: $g(x) = 1{,}5 \cdot f(x) = 1{,}5x^2 + 3x$
rot: $h(x) = 0{,}5 \cdot f(-x) = 0{,}5x^2 - x$

b) orange: $g(x) = -f(x) + 1 = -0{,}5^x + 1$
rot: $h(x) = f(x+0{,}5) = 0{,}5^{x+0{,}5}$
$= 0{,}5^{\frac{1}{2}} \cdot 0{,}5^x = \sqrt{\frac{1}{2}} \cdot 0{,}5^x$

5

a) $4x - 8 - 1{,}5 = 2 \Rightarrow 4x = 11{,}5$
$\Rightarrow x = \frac{23}{8}$

b) $2 = 2x^2 \Rightarrow x^2 = 1$
$x_1 = -1;\ x_2 = 1$

c) $1{,}5^x = 12 \Rightarrow \lg(1{,}5^x) = \lg(12)$
$\Rightarrow x \cdot \lg(1{,}5) = \lg(12)$
$\Rightarrow x = \frac{\lg 12}{\lg 1{,}5} \approx 6{,}1$

d) $x^3 - 3x^2 + 3x - 1 = 0$
$x_1 = 1$ (Ausprobieren!)
$(x^3 - 3x^2 + 3x - 1) : (x-1) = x^2 - 2x + 1$
$\Rightarrow x_2 = x_3 = 1$ (= x_1; also eine dreifache Nullstelle)

e) $\cos x = 0{,}5 \Rightarrow x = \frac{\pi}{3} + 2k\pi$
oder $x = \frac{5}{3}\pi + 2l\pi$
mit $k, l \in \mathbb{Z}$

f) $4x - 3 = 3(2x + 1)$
$\Rightarrow 4x - 3 = 6x + 3 \Rightarrow x = -3$

6

Beispiele:
$f(x) = \frac{1-x}{x+2}$
$\lim\limits_{x \to +\infty} f(x) = \lim\limits_{x \to -\infty} f(x) = -1$
$g(x) = 2^{-x} - 1$
$\lim\limits_{x \to +\infty} g(x) = -1$
$\lim\limits_{x \to -\infty} g(x) = +\infty$

7

a) $f(-x) = \sin(-2x) = -\sin(2x)$
$= -f(x)$
Punktsymmetrie des Funktionsgraphen zum Koordinationsursprung

b) $g(-z) = 0{,}5(-z)^2 - 2 = 0{,}5z^2 - 2$
$= f(z)$
Achsensymmetrie zur y-Achse

c) gerade und ungerade Exponenten im Term von h: keine Symmetrie

d) $f(x) = \frac{1}{(-x)^2 - 1} = \frac{1}{x^2 - 1} = f(x)$
Achsensymmetrie zur y-Achse

e) $f(-z) = 2^{-z}$
keine Symmetrie

f) $g(x) = x^2 - 1$
nur gerade Exponenten:
Achsensymmetrie zur y-Achse

8

a) $f(x) = x^3 + 6x^2 + 6x - 4$
$g(x) = f(x-2)$
$= (x-2)^3 + 6(x-2)^2 + 6(x-2) - 4$
$= x^3 - 6x^2 + 12x - 8 + 6x^2 - 24x + 24 + 6x - 12 - 4$
$= x^3 - 6x$

b) Da $g(x)$ nur ungerade Exponenten besitzt, ist der Graph von g punktsymmetrisch zum Koordinatenursprung.
Da der Graph von f im Vergleich zum Graphen von g um 2 Einheiten nach links verschoben ist, ist der Graph von f punktsymmetrisch zum Punkt $(-2|0)$

9

a) $\lim\limits_{x \to +\infty} \frac{x-1}{x+2} = \lim\limits_{x \to -\infty} \frac{x-1}{x+2} = 1$

da $f(x) = \frac{x\left(1 - \frac{1}{x}\right)}{x\left(1 + \frac{2}{x}\right)} = \frac{1 - \frac{1}{x}}{1 + \frac{2}{x}}$

b) $\lim\limits_{x \to +\infty} \frac{1+x}{x^2} = \lim\limits_{x \to -\infty} \frac{1+x}{x^2} = 0$

da $g(x) = \frac{x\left(\frac{1}{x} + 1\right)}{x^2} = \frac{\frac{1}{x} + 1}{x}$

c) $\lim\limits_{z \to +\infty} 0{,}25^z = 0;\ \lim\limits_{z \to -\infty} 0{,}25^z = +\infty$

d) Es existiert kein Grenzwert.

e) Es existiert kein Grenzwert.

$\lim\limits_{x \to +\infty} x^2 - 1 = \lim\limits_{x \to -\infty} x^2 - 1 = +\infty$

f) $\lim\limits_{x \to +\infty} \frac{1}{x} - 3 = \lim\limits_{x \to -\infty} \frac{1}{x} - 3 = -3$

10

a) Bei g handelt es sich um eine quadratische Funktion. f ist aus einer Exponentialfunktion und einer konstanten Funktion zusammengesetzt.
Merkmale für g:
g hat Nullstellen bei
$x_1 = -2$ und
$x_2 = 2$,
es gilt: $g(0) = -1$
$D_{max} = \mathbb{R}$, $W = [-1; +\infty[$
Der Graph ist eine nach oben geöffnete Parabel, die weiter als die Normalparabel ist.
Der Scheitel liegt bei $(0|-1)$.
Der Graph weist eine Symmetrie zur y-Achse auf.
Merkmale für f:
f hat eine Nullstelle bei $x = -3$,
es gilt: $f(0) = -1{,}75$
$D_{max} = \mathbb{R}$, $W =]-2; +\infty[$
Der Graph hat die Asymptote $y = -2$.
Der Graph fällt.

b) G_h weist keine Symmetrie auf, da G_g symmetrisch zur y-Achse und G_f jedoch nicht symmetrisch ist.
Die Nullstellen von h sind dann $x_1 \approx -2{,}5$ und $x_2 \approx 3{,}5$ (Für diese Stellen sind die zugehörigen Punkte auf den Graphen von g und f gleich weit von der x-Achse entfernt.)

c) Die Nullstellen von k sind dann $x_1 = -3;\ x_2 = -2$ und $x_3 = 2$.
Für $x \in]-\infty; -3[$ und für $x \in]-2; 2[$ verläuft G_k oberhalb der x-Achse.

d) Ja, sie schneiden sich. Im dargestellten Bereich ist für alle x-Werte der zugehörige Funktionswert von g größer als der zugehörige Funktionswert von f. Für zum Beispiel $x = -6$ ist es aber umgekehrt: $f(-6) = 14$ und $g(-6) = 8$. Also muss einen Schnittpunkt der beiden Graphen geben.

Mathematische Begriffe und Bezeichnungen

1 Zahlen und Mengen

$\mathbb{N}$; $\mathbb{N}_0$	Menge der natürlichen Zahlen; $\mathbb{N}$ und die Null
$\mathbb{Z}$	Menge der ganzen Zahlen
$\mathbb{Q}$	Menge der rationalen Zahlen
$\mathbb{R}$	Menge der reellen Zahlen
$\{\}$ oder $\emptyset$	leere Menge
$\mathbb{Q}\setminus\{0; 1\}$; $\Omega\setminus A$	$\mathbb{Q}$ ohne 0 und 1; Ω ohne A
$\overline{A}$	Gegenereignis zum Ereignis A: $\overline{A} = \Omega\setminus A$
(a; b)	Paar: Die Reihenfolge von a und b ist von Bedeutung
$\{a; b\}$	Menge: Die Reihenfolge von a und b ist unerheblich
$\in$, $\notin$	ist Element von, ist nicht Element von
$\subset$	ist Teilmenge von
$\{x \mid x > 3\}$	Menge aller Zahlen x, für die gilt: $x > 3$
[a; b],]a; b[	Intervall mit Endpunkten, ohne Endpunkte
T(26)	Menge aller Teiler von 26
V(4)	Menge aller Vielfachen von 4
kgV	kleinstes gemeinsames Vielfaches
$\Rightarrow$ $\Leftrightarrow$	daraus folgt; ist gleichbedeutend mit

2 Funktionen

$x \mapsto y$; $x \mapsto 2x$	x wird abgebildet auf y; auf 2x (Funktionsvorschrift)
$y = 0{,}5x^2 - 2$	Funktionsgleichung mit dem Funktionsterm $0{,}5x^2 - 2$
f(x)	abkürzende Schreibweise für einen Funktionsterm
D_f; W_f	Definitionsmenge; Wertemenge der Funktion f
G_f	Graph der Funktion f

3 Geometrie

P; Q; R; …	Punkte
$P(x \mid y)$	Punkt P mit 1. Koordinate x und 2. Koordinate y: z. B. $P(2 \mid 3)$
PQ	Gerade durch die Punkte P und Q
[PQ]; $\overline{PQ}$	Strecke mit den Endpunkten P und Q; Länge der Strecke [PQ]
[PQ	Halbgerade durch P und Q mit Anfangspunkt P
g; h; k …	Geraden, Halbgeraden
a; b; c; …	Strecken, auch Länge der Strecken (z. B. a = 3 cm)
$g \perp h$	g ist senkrecht zu h
$g \parallel h$	g ist parallel zu h
$\sphericalangle(g,h)$	Winkel mit den Schenkeln g und h
$\sphericalangle ABC$	Winkel mit dem Scheitel B und den Schenkeln [BA und [BC
α; β; γ	Winkel; auch dessen Größe (z. B. $\alpha = 35°$)
h_a; h_b; h_c	Höhe, die senkrecht zur Seite a; b; c ist
$m_{[AB]}$; m_a	Mittelsenkrechte der Strecke [AB] bzw. a
w_α; w_β	Winkelhalbierende von α; β
k(M; r)	Kreis um M mit Radius r
ΔABC	Dreieck mit den Eckpunkten A, B und C
$F \cong G$	Figuren F und G sind kongruent
$F \sim G$	Figuren F und G sind ähnlich

Register

Bildquellennachweis

8.1 Klett-Archiv (Barbara Sy), Stuttgart; **9.1** Deutsches Museum, München; **12.1** MEV Verlag GmbH, Augsburg; **18.1** Imago Stock & People, Berlin; **19.1** Klett-Archiv (Heike Tomaschek), Stuttgart; **19.2** Picture-Alliance (akg-images), Frankfurt; **19.3** Corbis (Streichan), Düsseldorf; **20.1** Klett-Archiv (Christine Kestler), Stuttgart; **20.2** Matthew Moore (Matthew Moore), Jamestown NY; **21.1** iStockphoto (RF), Calgary, Alberta; **24.1** (Visum, Serge Attal); **25.1** Mauritius Images, Mittenwald; **30.1** Klett-Archiv (Barbara Sy), Stuttgart; **31.1** MEV Verlag GmbH, Augsburg; **33.1** Klett-Archiv (Barbara Sy), Stuttgart; **51.1** Getty Images RF (PhotoDisc), München; **51.2** Prof. Dr. Manfred Keil, Neckargemünd; **58.1** Okapia (NAS/Th. R Taylor), Frankfurt; **58.2** Deutsches Museum, München; **59.2** MEV Verlag GmbH, Augsburg; **59.3** Getty Images RF (Eyewire), München; **59.4** Getty Images RF, München; **59.5** creativ collection Verlag GmbH, Freiburg; **59.6** Cameron Books Ltd., Dumfriesshire; **59.7** Astrofoto (Shigemi Numazawa), Sörth; **61.1** Picture-Alliance (MP/Leemage), Frankfurt; **61.2** Klett-Archiv (Erwin Spehr), Stuttgart; **66.1** Picture-Alliance (Daniel Karmann), Frankfurt; **72.1** Westend61, Fürstenfeldbruck; **85.1** Ullstein Bild GmbH (Ullstein bild - Reuters), Berlin; **85.2** FOCUS, Hamburg; **85.3** BPK, Berlin; **85.4** MEV Verlag GmbH, Augsburg; **85.6** Picture-Alliance (Frank Rumpenhorst - Picture-alliance/dpa/dpaweb), Frankfurt; **88.1** Ullstein Bild GmbH, Berlin; **89.1** MEV Verlag GmbH, Augsburg; **98.1** Klett-Archiv, Stuttgart; **123.1** Ullstein Bild GmbH, Berlin; **123.2** Interfoto, München; **157.1** Getty Images (Husmo Foto, Skoye), München; **159.1** Klett-Archiv (Christine Kestler), Stuttgart; **162.1** Klett-Archiv (Thomas Thiessen), Stuttgart; **163.1** MEV Verlag GmbH, Augsburg.

Nicht in allen Fällen war es uns möglich, den Rechteinhaber der Abbildungen ausfindig zu machen. Berechtigte Ansprüche werden selbstverständlich im Rahmen der üblichen Vereinbarungen abgegolten.